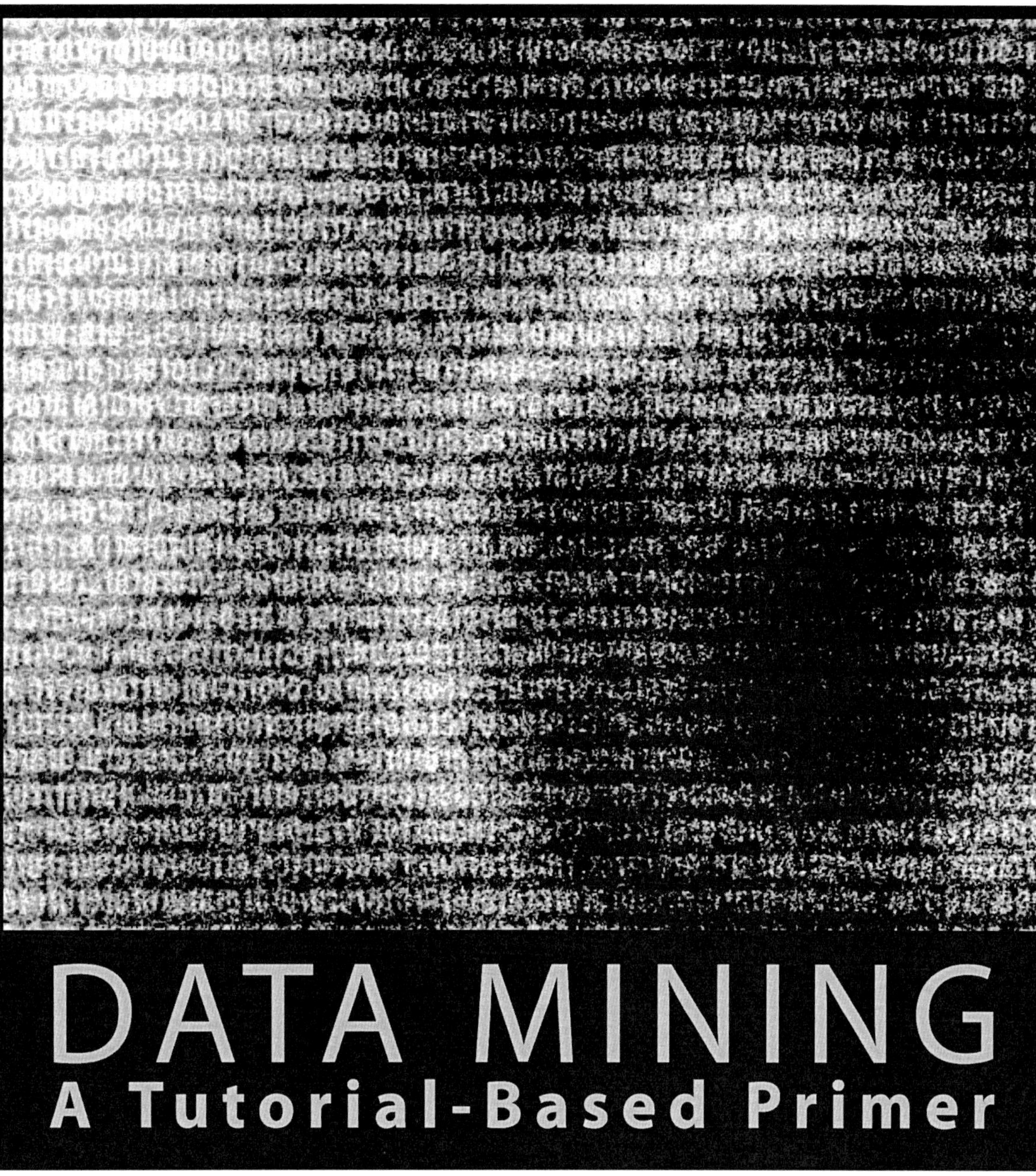

DATA MINING
A Tutorial-Based Primer

데이터 마이닝 가볍게 따라하기

저자 Richard J. Roiger · Michael W. Geatz | 역자 김현철

PEARSON Addison Wesley

홍릉과학출판사

Data Mining

A TUTORIAL-BASED PRIMER

Richard J. Roiger | Michael W. Geatz 저
김현철 역

Preface

*데이터 마이닝*은 데이터에 들어 있는 유용한 패턴을 찾는 과정이다. 그렇게 찾아진 패턴을 사용하여 현재의 어떠한 현상을 이해하여 설명하고 혹은 미래의 어떠한 결과를 예측하고자 하는 것이 데이터 마이닝을 하는 목적이다. 다음과 같은 데이터 마이닝 과정의 여러 면들이 그동안 연구되어 왔다.

- 데이터 수집과 저장
- 데이터 선택과 준비
- 모델 구성과 테스트
- 결과의 해석과 검증
- 모델의 응용

단 한 권의 책이 데이터 마이닝 과정의 모든 분야를 자세히 다룬다는 것은 불가능하다. 비록 이 책에서는 데이터 마이닝과 지식발견(knowledge discovery) 분야의 모든 분야를 어느 정도는 다루고 있지만 그 중에서도 "*모델의 구성과 테스트*"에 초점을 두고 있다. 물론 "*결과의 해석과 검증*" 부분도 다루고 있다.

데이터 마이닝 절차에 대한 이해를 돕기 위하여 마이크로소프트사의 엑셀에 기반 한 데이터 마이닝 도구를 제공하여 독자들이 데이터 마이닝 모델을 실험적으로 만들고 테스트해 볼 수 있도록 하였다. 지능적 데이터 분석기(iDA: Intelligent data Analyzer)는 Information Acumen Corporation사의 제품인데 시각적 학습 환경, 통합 도구, 데이터 마이닝 절차 지원 등을 제공함으로써 회사 혹은 기술적 분석가들에게 도움을 주고자 하였다. 우리가 이 제품을 이 책에서 제공하고는 있지만 추가로 혹은 별도로 다른 소프트웨어 패키지를 사용할 수도 있다. 함께 제공된 이 소프트웨어와 직접적으로 관련된 부분은 제4장, 9장 그리고 제5장의 10절이다.

목적

우리는 다음과 같은 학생들의 학습 목표를 돕기 위해 이 책을 집필하였다.

- 데이터 마이닝이 무엇인지, 그리고 실제 문제를 해결하는 데 그 데이터 마이닝이 어떻게 사용되는지를 이해할 수 있도록 함.
- 특정 문제의 해결에 있어서 데이터 마이닝 솔루션이 적당한지에 대해 판단할 수 있도록 함.
- 지식발견(knowledge discovery) 절차의 모든 단계를 이해하고 그 중 데이터 마이닝 단계로부터의 결과에 대한 리포트를 작성할 수 있게 하고자 함.
- 기본적인 통계 혹은 비통계적 기법들을 적용하여 데이터 마이닝 단계의 결과를 평가할 수 있게 하고자 함.
- 여러 가지 데이터 마이닝 전략들을 이해하고 각 전략들이 언제 적절히 사용될 수 있는지에 대해 알 수 있도록 함.
- 여러 데이터 마이닝 기법들이 어떻게 문제해결을 위한 모델을 만드는지에 대하여 충분히 이해할 수 있도록 함.
- 데이터 웨어하우스가 무엇인지, 그리고 그 데이터 웨어하우스가 어떻게 새로운 비즈니스 기회를 만들어 내는지를 이해할 수 있도록 함.
- OLAP(on-line analytical processing)이 무엇인지, 그리고 그것이 어떻게 데이터 분석에 사용되는지를 이해할 수 있도록 함.
- 인간의 행위를 대리실행(emulate)하는 일반적 모델인 전문가 시스템에 대한 이해.
- 목표 트리를 사용한 규칙기반 시스템(rule-based system)의 설계에 대한 이해.
- 지능형 에이전트는 일상생활에서 우리를 보조할 수 있는 컴퓨터 프로그램이라는 것을 이해할 수 있도록 함.
- 전문가 시스템의 문제해결 방법과 데이터 마이닝 전략을 통합하여 해결할 수 있는 문제의 유형을 이해하기.
- 이 책에서 제공되는 소프트웨어를 사용하여 실제 문제를 해결해 볼 수 있도록 함.

대상 독자

이 책 내용의 대부분은 우리가 경영학이나 컴퓨터과학을 전공 혹은 부전공하는 학부생을 대상으로 한 한 학기짜리 데이터 마이닝 입문 과목을 강의하면서 준비한 것이다. 또한 우리 강의는 규칙기반 전문가 시스템과 지능형 에이전트에 대한 내용도 포함하고 있다. 이 책을 집필하고 있는 지금, 우리는 크게 세 그룹의 독자들을 생각하고 있다.

- **교육자** 데이터 마이닝과 지능형 시스템에 대한 한 시간 강의, 워크샵, 혹은 한 학기 강의를 생각하고 있는 교수 혹은 강사.
- **학생** 데이터 마이닝에 대하여 공부하고 간단한 데이터 마이닝 도구를 사용하여 실습을 해보고 싶어 하는 학생.
- **비즈니스 전문가** 데이터 마이닝과 지능형 시스템이 기업의 경영상 문제를 해결하는 데 도움이 될 수 있는지를 알고 싶어 하는 기업의 업무 담당자.

| 각 장(Chapter)의 특징 |

모델을 만드는 것은 예술(art)적인 면과 과학(science)적인 면이 동시에 필요한 것이며, 우리는 이 책에서 '직접 해보면서 학습하는 것(learning by doing)'의 방법을 채택했다. 우리의 이러한 관점은 이 책의 곳곳에서 다음과 같은 특징들로 보여주고 있다.

- **간단하면서도 자세한 예제**. 우리는 데이터 마이닝을 둘러싼 불필요한 부분들은 최대한 억제하고, 데이터 마이닝 기법을 이용하여 어떻게 모델을 만드는지에 대한 간단하고 자세한 예제들을 보여주도록 했다.
- **전체적인 튜토리얼 스타일**. 제4, 5, 6, 7, 9, 10장에서는 데이터 분석에 대한 따라하기 쉬운 단계별 튜토리얼을 제공한다.
- **데이터 마이닝 세션**. 학생들이 이 책에서 제공된 소프트웨어를 사용하여 데이터 마이닝 프로세스의 단계들을 따라서 해 볼 수 있도록 하였다. 각 세션은 알아보기 쉽게 하기 위하여 특별히 눈에 띄는 글자로 표시하였다.
- **데이터 마이닝에서 사용하는 데이터집합**. 기업경영, 의료, 그리고 과학 분야에서의 다양한 데이터집합을 제공하여 데이터 마이닝을 해 볼 수 있도록 하였다.
- **사이드 박스**. 사이드 박스에서는 데이터 마이닝의 데이터집합들을 소개하고 중요한 정보를 제공하도록 하였다.
- **데이터 마이닝 웹 사이트**. 흥미로운 데이터집합을 포함하고 있는 여러 가지 웹 사이트의 링크를 제공하였다.
- **데이터 분석 도구**. 엑셀에 들어 있는 여러 가지 유용한 데이터 분석 도구들을 보여주었다. 선형 회귀분석을 위한 엑셀의 *LINEST 기능*이라든가 데이터를 요약하고 분석하기 위한 *pivot tables* 같은 것이 그 예가 될 수 있다.
- **핵심 용어 정의**. 각 장에서는 여러 가지 핵심 용어들을 소개하였다. 이들 용어의 정의는 각 장의 제일 마지막에 제공하였다.
- **각 장 마다의 연습 문제**. 매 장의 마지막 부분에 있는 연습 문제는 각 장에서 나온 기법과 개념을 보다 확고히 하게 한다. 연습 문제는 리뷰 문제, 데이터 마이닝 문제, 계

산 문제, 이렇게 세 가지 카테고리로 나누었다. 이들 연습 문제는 실습 상황에 맞게 사용될 수 있다.

- *리뷰 문제*는 각 장에 나온 개념과 내용에 대한 기본적인 문제들이다. 이들 문제는 각 장에서 전달하려고 하는 주요 학습 내용을 독자들이 이해하고 있는지를 확인해 볼 수 있도록 하였다.
- *데이터 마이닝 문제*는 학습자들이 데이터 마이닝 도구를 사용하여 데이터 마이닝 작업을 해 볼 수 있도록 하는 문제들이다.
- *계산 문제*는 학습자들이 계산을 해보도록 한다는 점에서 약간 수학 냄새를 풍긴다. 계산 문제의 대부분은 보다 상위 학생들에게 적절한 문제들이다.

| 각 장(Chapter)의 내용 |

각 장의 순서와 책 내용의 분류는 데이터 마이닝과 전문가 시스템에 대한 다년간의 강의 경험을 바탕으로 구성하였다.

Part I 에서는 데이터 마이닝 프로세스를 이해하기 위한 기본적인 자료들을 소개한다. 이 부분에서는 가볍게 따라가기 쉽게 내용을 구성하였다. 기본적인 데이터 마이닝 개념, 전략, 기법이 소개된다. 학생들은 데이터 마이닝으로 해결될 수 있는 문제의 유형에 대하여 학습하고 이 책에서 제공된 소프트웨어에 친숙해 지게 된다. 데이터 마이닝이 성공적으로 적용된 실세계의 몇 가지 사례들이 설명된다.

일단 기본적인 개념들이 이해된 다음에는, Part II 에서 KDD를 소개함으로써 데이터 마이닝 문제해결을 구체화시킨다. KDD 모델은 데이터 마이닝에 과학적 방법을 적용한 것이다. 데이터 사전처리 과정이 데이터 마이닝 작업의 성공에 있어서 핵심적인 부분이라는 사실이 강조된다. 특별히 데이터 웨어하우스의 역할과 데이터 마이닝 평가기법도 이야기 된다.

Part III에서는 고급 데이터 마이닝 방법들이 설명된다. 신경망 학습, 시계열 분석, 로지스틱 회귀 분석, 웹기반 데이터 마이닝과 같은 최근 관심 주제들이 설명된다. iDA 신경망 소프트웨어 사용에 대한 튜토리얼도 제공된다.

비록 데이터 마이닝이 많은 어플리케이션에서는 적절한 솔루션이라 하더라도, 때에 따라서는 적절하지 못할 때도 있다. 다행히 그런 경우에도 유용한 의사결정 모델을 만들 수 있는 다른 옵션들이 있다. Part IV에서는 의사결정 프로세스 모델을 만드는데, 대안 방법으로서 규칙기반 시스템과 지능형 에이전트를 살펴본다. 특히, 복잡한 문제를 해결하는 데에 이들 기법과 데이터 마이닝을 합치는 쪽에 설명을 하고 있다.

이 책의 각 장에서 보여주는 내용에 대한 개략적인 설명은 다음과 같다.

Part I 데이터 마이닝 기초

- **제1장**은 데이터 마이닝 프로세스의 전반적 개관을 보여준다. 특히, 데이터 마이닝이 언제 적절한 문제해결 기법으로 사용될 수 있는지에 대해 학생들이 결정할 수 있도록 하고 있다.
- **제2장**은 여러 가지 일반적인 데이터 마이닝 전략가 기법을 간략하게 비교 설명하고 있다. 데이터 마이닝의 결과 값을 평가하는 기본적인 방법도 설명한다.
- **제3장**은 결정트리, 연관 규칙 생성을 위한 *apriori* 알고리즘, unsupervised 클러스터링을 위한 K-Means 알고리즘 그리고 두 가지의 유전자 학습 기법을 설명한다. 특정 문제 해결에 어떤 데이터 마이닝 기법이 사용되어야 하는지를 결정하는 데 도움을 줄 수 있는 도구도 제공된다.
- **제4장**은 데이터 마이닝 도구인 iDA 소프트웨어에 대한 튜토리얼을 제공한다. Supervised 학습과 unsupervised 클러스터링을 수행하는 일반적인 방법론이 설명된다.

Part II 지식 발견(Knowledge Discovery)을 위한 툴

- **제5장**에서는 데이터 마이닝을 사용한 문제해결 방법론으로서의 KDD 프로세스 모델을 소개한다. 이 모델의 간략화한 형태를 사용하여 두 가지 데이터 마이닝 문제 해결에 사용한다.
- **제6장**에서는 데이터 웨어하우스와 OLAP에 대하여 간단히 소개한다. 엑셀 pivot tables을 사용하여 데이터를 분석하는 튜토리얼이 포함되어 있다.
- **제7장**에서는 데이터 마이닝 작업의 결과물을 평가하기 위한 통계적 그리고 비통계적 방법을 설명한다. 엑셀을 사용하여 어트리뷰트 상관도(correlation)를 계산하고 산점도(scatterplot) 다이어그램을 만드는 사용법도 제공한다.

Part III 고급 데이터 마이닝 기법

- **제8장**에서는 두 가지의 인기 있는 신경망 모델을 보여준다. 보다 기술적인 면에 관심 있는 학생들을 위하여 신경망 훈련에 대한 자세한 설명도 제공된다.
- **제9장**에서는 iDA 신경망 소프트웨어를 사용하여 데이터 마이닝 문제를 해결하는 튜토리얼을 제공한다. Unsupervised 신경망 클러스터링의 결과를 평가하는데 supervised 학습을 사용하는 방법도 설명된다.
- **제10장**에서는 여러 가지 통계적 기법들이 설명된다. 특히 선형 회귀분석, 로지스틱 회귀분석, Bayes 분류기, 그리고 세 가지의 unsupervised 데이터 마이닝 방법이 설명된다. 엑셀의 LINEST 기능을 사용하여 선형회귀분석을 하는 방법도 제공된다.
- **제11장**에서는 시계열 분석, 웹기반 마이닝, 텍스트 마이닝을 수행하는 기법을 소개한

다. 모델 성능 향상을 위한 방법으로서 배깅과 부스팅도 또한 설명된다.

Part IV 지능형 시스템

Part IV의 장들과 부록 C, D, E의 내용은 이 책과 함께 제공되는 CD에 Adobe PDF 파일로 들어 있다. 따라서 이 내용을 읽으려면 당신 컴퓨터에 Adobe Acrobat Reader가 설치되어 있어야 한다. 이것은 www.adobe.com에 가면 무료로 다운로드 받을 수 있다.

- **제12장**은 인공지능과 규칙기반 시스템에 대한 소개를 한다. 목표트리를 사용하여 규칙기반 시스템을 만드는 방법론이 설명된다.
- **제13장**은 규칙기반 시스템에서의 불확실성(uncertainty)에 대해 설명한다. 불확실 정보에 대한 추론 방법으로서 퍼지로직과 Bayes 추론이 설명된다.
- **제14장**은 우리의 일상생활에 도움을 줄 수 있는 컴퓨터 프로그램으로서 지능형 에이전트에 대해 소개한다. 어려운 문제 해결을 위한 지능형 에이전트, 데이터 마이닝, 전문가 시스템을 통합하는 모델이 설명된다.

| 보조 자료 |

이 책에는 데이터 마이닝 도구인 iDA 소프트웨어 패키지와 데이터집합이 함께 제공된다. 수업을 직접 담당하는 교수/강사에게는 특별히 추가 자료가 또 제공된다. 다음은 이들 보조자료에 대한 설명은 다음과 같다.

iDA 소프트웨어 패키지

데이터 마이닝 전문가에게 요구되는 기술은 실험 학습을 통하여 얻어진다. iDA 소프트웨어는 학생들에게 이러한 필요한 실습경험의 기회를 주도록 만들어 졌다. 여러 장에서 iDA 소프트웨어를 사용하여 학생들에게 중요한 데이터 마이닝 개념을 보여주고 있다. 제4, 5, 7, 9, 10, 11, 13장에서는 iDA 소프트웨어를 사용하여야 하는 연습 문제를 제공하고 있다.

iDA는 전처리기, 보고서 생성기, 그리고 세 가지의 데이터 마이닝 도구로 이루어져 있다. 그 세 가지 도구는 supervised 학습과 unsupervised 클러스터링을 위한 ESX, supervised backprogapation 모델과 unsupervised SOM(self-organizing maps)을 만들기 위한 신경망, 그리고 생성규칙(production rule) 생성기이다. iDA는 엑셀 메뉴에 추가되는(add-on) 기능이므로, 사용자 인터페이스는 엑셀이 된다. 그 유연성과 사용의 편리함 때문에 우리는 iDA를 이 책에서 사용한다.

iDA 데이터집합 패키지

iDA 소프트웨어에는 여러 가지 데이터집합이 들어 있다. 그 데이터집합은 세 가지의 일반적인 어플리케이션 분야에서 가져온 것인데, 그것은 기업경영, 의료 보건, 그리고 과학 분야이다. 모든 데이터집합은 엑셀 포맷으로 되어 있으며 바로 사용할 수 있도록 되어 있다.

데이터집합은 다음과 같이 여러 가지 면에서 설명되어 질 수가 있는데, 즉, 데이터 인스턴스의 개수, 어트리뷰트의 개수, 유실(missing) 혹은 노이즈 데이터의 양, 데이터 어트리뷰트가 명확히 정의되었는지, 데이터가 범주형인지 수치형인지 또는 섞인 것인지, 클래스는 잘 정의가 되었는지, 시간적 요소가 데이터에 들어가 있는지, 클래스들을 잘 구분해 낼 수 있는 입력 어트리뷰트로 구성되어 있는지, 입력 어트리뷰트가 상호 상관관계에 있는지 등과 같은 것들이다. 이들 요인은 데이터 마이닝 수행에 영향을 미치기 때문에, iDA 데이터집합은 이와 같은 면들을 잘 고려하여 만들어 졌다. 데이터집합은 또한 일반적인 목적으로도 사용할 수 있도록 만들었다. 특히 이 데이터집합은

- 처음 시작하는 학생들에게 실험데이터로 제공됨으로써 학생이 데이터 전처리와 같은 이슈 때문에 고생하지 않고도 데이터 마이닝 프로세스를 경험해 볼 수 있도록 했다.
- 데이터 마이닝에 적절한 다양한 문제 분야와 문제 유형을 보여주었다.
- 데이터 마이닝 결과물을 설명하였다.
- 지식발견(knowledge discovery) 절차를 보여주었다.
- 여러 가지 데이터 마이닝 시법을 가지고 실험을 해야만 어떤 특정 데이터집합에 대한 가장 좋은 모델을 만들 수 있을 것이라는 것을 알게 한다.

다음은 iDA 소프트웨어 패키지에 들어 있는 데이터집합에 대한 간략한 설명이다. 여기서는 각 데이터집합에 대한 특징을 간단하게 설명하고 있다.

비즈니스 어플리케이션

The Credit Card Promotion Dataset (신용카드 프로모션 데이터집합). 신용카드 고객에 대한 가상의 데이터집합인데 그 고객이 다양한 프로모션에 대하여 그것을 구입하는지, 거부하는지에 대한 정보를 가지고 있는 데이터집합이다. 이 데이터집합은 이 책에서 논의된 많은 데이터 마이닝 기법을 보여주는 데 사용된다.

The Credit Card Screening Dataset (신용카드 심사 데이터집합). 이 파일은 신용카드를 신청한 사람들에 대한 데이터를 가지고 있다. 출력 어트리뷰트는 각 개인의 신용카드 신청이 승인되었는지 거부되었는지를 나타낸다. 입력 어트리뷰트는 데이터의 보안을 위한 의미 없는 기호들로 변형되었다.

The Deer Hunters Dataset (사슴 사냥꾼 데이터집합). 이 데이터집합은 사냥꾼이 다음번 사냥 여행에서 더 많은 돈을 지출할 의사가 있는지 아닌지에 대한 정보를 가지고 있

다. 이 데이터에는 별 관련성이 별로 없는(irrelevant) 입력 어트리뷰트들도 포함하고 있다.

The Stock Index Dataset (주식 지표 데이터집합). 나스닥과 다우존스 산업 평균에 대한 주별 마감가격에 대한 정보가 시계열로 표현되어 있다.

의료 보건

The Cardiology Patient Dataset (심장병 환자 데이터집합). 이 데이터집합은 두 그룹에 대한 의료 정보를 가지고 있다. 첫 번째 그룹의 사람들은 한 번 이상 심장마비를 경험한 사람들이고 두 번째 그룹은 심장마비를 경험하지 않은 사람들이다. 범주적 그리고 수치적 어트리뷰트가 잘 섞여 있다.

The Spine Clinic Dataset (척추 클리닉 데이터집합). 이 데이터집합은 척추 수술을 받았던 사람들에 대한 의료정보를 가지고 있다. 이들 중 일부는 정상생활로 돌아왔고 또 일부는 그러질 못했다. 각 어트리뷰트에 대한 정확한 의미는 포함되지 않았다. 이 데이터집합도 역시 수치적 그리고 범주적 어트리뷰트를 모두 가지고 있다.

과학

The Gamma Ray Burst Dataset (감마광선 폭발 데이터집합). 이 데이터집합은 개별적인 감마광선 폭발에 대한 정보가 기록되어 있다. 감마광선 폭발은 우리의 태양계 바깥에서 발생된 잠깐의 감마광선 발화를 말한다. 이 폭발은 1991년 4월과 1993년 3월 사이에 나사(NASA)의 감마광선 관측소의 BATSE에 의해 관측된 것이다. 나사의 우주인들은 감마광선 폭발에 여러 클래스가 있다는 것에 대하여는 동의하지만, 특정한 클래스의 구조에 대하여서는 동의하지 않는다.

Landsat Image Dataset (랜드셋* 이미지 데이터집합). 이 데이터집합은 지구표면의 부분들에 대한 디지털화된 위성사진을 픽셀의 정보로 가지고 있다. 각 인스턴스는 15개 카테고리 중의 하나로 분류된다. 클래스의 수가 많기 때문에 분류정확도는 모델마다 적절한 파라미터 값 선택에 영향을 받는다.

The Temperature Dataset (온도 데이터집합). 이 데이터집합은 미국 56개 도시의 1월 평균 최저기온(화씨)를 가지고 있다. 각 도시의 위도와 경도 값도 포함되어 있다. 모든 어트리뷰트는 수치적 어트리뷰트이다.

* 역자의 주: 미국의 지구자원 탐사 위성.

기타

The Titanic Dataset (타이타닉 데이터집합). 이 데이터집합은 2201개의 인스턴스를 가진다. 각 인스턴스는 타이타닉 호에 승선한 승객과 승무원의 어트리뷰트를 설명한다. 출력 어트리뷰트는 그 승객 혹은 승무원이 타이타닉호의 침몰에서 살아남았는지 그렇지 못했는지를 보여준다.

강사 보조자료

다음 보조자료들은 강사가 강의를 준비하고 시험문제를 만드는 데 도움을 주기 위한 것이다.

- **파워포인트 슬라이드.** 이 책의 모든 그림과 표는 파워포인트 프리젠테이션에 들어 있다.
- **테스트 문제.** 각 장마다 여러 개의 시험문제들이 제공된다.
- **연습 문제에 대한 답.** 대부분의 연습 문제에 대한 답이 제공된다.
- **강의 계획기(planner).** 강의 형태와 토론 사항에 대한 아이디어에 대한 내용을 제공한다. 또한 몇몇 연습 문제를 실습 환경에서 사용하기 위한 고려사항과 제안을 제공한다.

이들 보조자료는 자격을 갖춘 강사에게만 제공된다. 이 자료를 받으려면 출판사의 담당자에게 연락하던지 Computing@aw.com에 이메일을 보내면 된다.

| 수업 구성의 예 |

데이터 마이닝의 독점과 제한점에 특히 관심 있는 독자들은 제1, 2, 5, 6장을 읽을 것을 권한다. 간단한 실습 기회를 원한다면 제4장도 포함시키면 좋다.

이 책의 Par I, II, III에는 데이터 마이닝과 지식발견의 소개를 위한 강의에서 사용될 수 있는 자료들이 있다. Part IV를 포함하면 이 책은 데이터 마이닝과 지식발견을 강조하게 되는 데이터 마이닝/전문가시스템의 통합에 대한 내용을 위해 사용될 수 있다. 이 책을 사용하는 사람들을 위해 요구되는 선수지식은 그리 많이 필요하지는 않다. 스프레드시트 연산, 기본적인 통계, 그리고 기본적인 대수(algebra)에 대한 기초지식이 있다면 도움이 될 것이다.

제1장에서는 제2장부터 14장까지의 내용에 대한 기본 내용구조를 보여준다. 제2장에서는 제3장부터 11장까지의 내용에 대한 필요한 배경정보를 준다. 제4장은 제1장이 끝난 다음에 바로 다루어질 수 있다. 일단 제2장과 3장을 공부한 후에는 제4장부터 7장까지, 그리고 제10장부터 12장까지의 대부분 내용은 순서에 관계없이 다루어 질 수 있다. 제9장은 제8장이 끝난 후에 해야 하며, 제13장과 14장은 제12장이 끝난 후에 해야 한다.

이 책은 MIS나 컴퓨터과학 전공의 학부학생 수업에 적절하다. 이 책은 또한 데이터 마이닝과 지식발견에 대한 실제 실습 지식을 필요로 하는 대학원생들에게 튜토리얼의 역할을 할 수 있다. 이 책의 대부분은 한 학기에 마칠 수 있을 것이라 생각한다. 수업을 구성하는데 몇 가지 옵션은 다음과 같다.

MIS 전공/부전공 학부학생을 위한 기초 데이터 마이닝 수업

제1장부터 6장까지 자세히 다룬다. 하지만 제3장의 3.3절과 3.4절은 생략하거나 가볍게 훑고 넘어가도 된다. iDA 소프트웨어도구를 잘 다루고 싶은 학생은 제4장에 충분한 시간을 확보하자.

만약 학생이 기초적인 통계 지식이 부족하다면, 제7장은 생략하거나 가볍게 훑고 넘어가도 된다. 만약 제7장을 생략한다면 2.5절(성능 평가) 내용에 더 많은 시간을 할애 하도록 하자. 최소한 하나 이상의 경영통계 수업을 들은 학생이라면 제7장의 내용을 공부하는데 문제가 없을 것이다.

제8장은 다루어야 하는데 8.5절은 생략해도 된다. 제9장에 많은 시간을 들여야 한다. 제9장에서는 iDA 신경망 소프트웨어 도구를 사용하는 방법을 학생들에게 보여준다.

제10장은 옵션이다. 통계 배경지식이 있는 학생에게는 Bayes 분류기뿐만 아니라 선형 그리고 로지스틱 회귀분석이 흥미 있을 내용이다. 제11장에서는 모든 학생들이 웹기반 데이터 마이닝, 텍스트 데이터 마이닝 그리고 시계열 분석도 공부할 필요가 있다. 11.4절은 옵션이다. 그리고 만약 시간이 허락한다면 규칙기반 시스템(제12장)에 대하여 하루나 이틀정도 강의를 하는 것도 권장한다.

데이터 마이닝이 강조되는 지능형 시스템에 대한 학부 MIS 수업

MIS 학부학생을 위한 데이터 마이닝 수업 계획을 따르면 된다. 제12장부터 14장까지의 모든 내용을 다루어라. 이 추가부분 학습을 위한 시간을 맞추기 위해선 이미 언급된 빼도 되는 절은 생략해도 된다. 만약 시간이 허락한다면, 제12장부터 14장에서 간단한 규칙기반 시스템을 만드는 도구를 가지고 학생들이 간단한 실습을 해 볼 수 있도록 하자.

컴퓨터과학 전공/부전공 학부학생을 위한 기초 데이터 마이닝 수업

제1장부터 5장까지 자세히 다룬다. 하루나 이틀정도는 제6장의 내용을 다루어서 학생들에게 데이터 웨어하우스 설계에 대한 기본적인 이해를 돕게 한다. 제7장부터 11장까지의 내용을 모두 다루도록 한다. 만약 시간이 문제가 된다면 10.4절, 10.5절, 11.4절의 내용을 조금 희생할 수는 있다. 시간이 조금 여유가 있다면 제12장의 내용을 다루도록 하자.

보다 강도 높은 수업을 하려고 한다면, 부록 C(결정트리 어트리뷰트 선택)의 내용과 부록 D(성능평가에 사용되는 통계)의 내용을 정규수업에 포함시켜 가르칠 것을 권한다. 그리고 학생들이 *www.kdnuggets.com*에서 데이터 마이닝 공개 소프트웨어를 다운로드 받아서 실험을 해 볼 수 있도록 해도 된다.

◎ 데이터 마이닝이 강조되는 지능형 시스템에 대한 학부 컴퓨터과학 수업

컴퓨터과학 학부생들을 위한 데이터 마이닝 수업 계획을 그대로 따른다. 추가로, 제12장부터 제14장까지의 내용을 다루도록 하자. 만약 시간이 문제라면 제10장과 11장에서는 특별히 관심 있는 내용의 절만 다루도록 하자. 계획의 예 한 가지는 10.1절, 10.2절, 그리고 10.4절을 다루는 것이다.

시간이 허락한다면 제12장부터 제14장까지 추가하여 학생들에게 규칙기반 전문가시스템을 만드는 도구를 가지고 간단한 실험을 할 수 있는 기회를 주도록 하자. 그리고 학생들이 *www.kdnuggets.com*에서 데이터 마이닝 공개 소프트웨어를 다운로드 받아서 실험을 해 볼 수 있도록 해도 된다.

◎ 데이터 마이닝 단기 과정

데이터 마이닝에 대한 실제 실습 지식을 빨리 얻고 싶은 학부 혹은 대학원 학생들은 제1, 2, 4, 5장을 보아야 한다. 신경망에 대한 실제 실습 지식은 제8장(8.1절에서 8.4절까지)과 제9장을 공부하면 된다.

Acknowledgments

이 책이 나오기까지 많은 사람들의 도움을 받았습니다. 데이터 마이닝 성능 평가에 중요한 지적을 해주시고 도움을 주신 David Haglin과 Jon Hakkila에게 빚을 졌습니다. 이 분들은 또한 이 책에 포함된 여러 가지 데이터집합을 정리하여 주었습니다. 이 책의 각 장들을 점검해 준 Yifan Tang과 Suzy에게도 큰 감사를 드립니다. 그리고 이 책이 출판되기 전 버전으로 미리 함께 공부해준 경영학과 전산과학과의 학부학생 모두에게도 감사를 표합니다.

이 책의 출판 코디네이터인 Keith Henry에게도 또한 감사드리며, 이렇게 책이 훌륭하게 나올 수 있도록 도움을 준 Addison-Wesley의 모든 분들에게 특별한 감사를 드립니다. 이 책의 편집 일을 해주신 Maite Suarez-Rivas에게 깊은 감사를 전합니다. 마지막으로 이 책을 리뷰해주신 다음 분들에게 감사드립니다. 그 분들이 해주신 건설적인 코멘트는 책의 교정에 정말 큰 도움이 되었습니다.

Ananth Grama *Purdue University*

John Keane *Department of Computation, MNIST-UK*

Selwyn Piramuthu *Decision and Information Sciences, University of Florida*

Mary Ann Robbert *Bentley College*

Lynne Stokes *Southern Methodist University*

Stuart A. Varden *Pace University*

역자 머리말

제가 십년 넘게 데이터 마이닝을 공부하고 연구하면서 보아온 많은 책들 중에서도 이 책은 가장 쉽고 실감나게 데이터 마이닝의 전반적인 내용을 모두 설명하고 있습니다. 이 책은 대학의 학부학생들뿐만 아니라, 데이터 마이닝을 처음 접하는 대학원생들과 기업에서 관련 업무를 담당하는 직장인들에게 매우 적합한 입문서라고 판단됩니다. 이 분들에게 좀 더 구체적인 도움을 드려야겠다는 생각으로 이 책의 번역을 시작했습니다.

번역 작업이 얼마나 어려운 작업이라는 것을 특히 이 책의 번역을 통하여 많이 느꼈습니다. 특히 이러한 전문 서적의 번역은 원본의 내용을 완전히 이해하고 있어야만 적절한 번역이 가능하기 때문에 더욱 그러합니다. 전문 용어는 어떻게 적절히 번역할 것인가, 같은 용어라도 상황에 따라서 다르게 사용되는 경우는 어떻게 할 것인가, 직역을 할 것인가 혹은 의역은 어느 정도까지 할 것인가 등의 문제는 이번 번역 작업 내내 저를 괴롭혔습니다.

특히 가장 어려웠던 부분은 용어에 대한 것이었습니다. 새롭게 등장하는 전문 기술용어는 한글로 어디서도 번역되어 보지 못한 것들이 수두룩합니다. 그리고 그것을 굳이 한글로 번역해야 할 뚜렷한 이유를 찾지 못하는 경우도 많습니다. 억지로 번역된 한글용어는 그 본래의 의미를 왜곡하는 경우가 많기 때문입니다. 그리고 아예 한글로 번역할 수 없는 경우도 있습니다. 전문 기술용어의 번역은 그 용어의 본질적 의미를 보다 정확하게 전달하려는 것에 그 목적이 있기 때문에, 만약 번역에 의하여 그 의미에 혼란을 주는 경우가 있다면 번역을 할 필요는 없다고 생각합니다. 따라서 이 책에서는 최대한 전문용어를 한글화 하려고 노력하였으나, 어떠한 용어는 그리고 문맥에 따라서는 원래 용어를 그대로 사용한 경우가 많이 있습니다.

이러한 전문서적의 번역은 우리나라와 같이 이러한 전문서적 독자층이 매우 얇은 상황에서는, 들어가는 노력에 비하여 그 기여는 무척 보잘 것 없을 것이라는 생각이 들기도 합니다. 하지만 그러한 경제논리로만 따진다면, 이러한 전문서적의 번역은 우리나라에서 거의 이루어지지 않을 것입니다. 그럼에도 이러한 번역물이 출판되는 것은 출판사와 번역자의 사명감과 봉사심 때문이라고 생각합니다. 그 오랜 번역 기간 동안 인내해주시고 격려해주신 홍릉과학출판사의 신선 상무님을 비롯한 편집부 선생님들에게 감사와 격려를 드립니다. 그 이외에도 많은 사람들 특히 초벌번역(4장-채정병, 6/7장/연습 문제-김교준, 9

장-김연주/채지은, 교정-김길한)에 애써 준 INI연구실의 대학원생들에게 감사드립니다. 더 많은 시간을 함께 해주지 못해서 항상 미안한 착한 아이 동준과 민아, 그리고 아내에게도 고맙다는 말을 전합니다.

2007년 가을

김현철

고려대학교 사범대학 컴퓨터교육과

Contents

Part I 데이터 마이닝의 기초

Chapter 10 통계적 기법 · 303

Chapter 11 그 외의 특별한 기법들 · 341

부록 A iDA 소프트웨어 · 368

부록 B 데이터 마이닝에서 사용된 데이터 집합 · 374

Part I 데이터 마이닝의 기초

Chapter 1
데이터 마이닝: 처음 훑어보기

이 장에서 학습할 내용

데이터 마이닝의 정의와 그것을 이용한 문제해결 방법
컴퓨터를 사용한 개념 정의 학습
문제해결의 유용한 전략으로서 데이터 마이닝의 사용
비슷한 목적으로 사용되고 있는 전문가 시스템과 데이터 마이닝의 차이점
Supervised 학습은 미리 정의된 클래스가 있는 데이터들로부터 개념 정의 모델을 만들어 나간다는 것
Unsupervised 클러스터링은 미리 정의된 클래스가 없는 데이터로부터 모델을 만들어 나간다는 것
분류모델은 새로운 데이터를 분류하기 위한 것
문제 해결에 데이터 마이닝이 성공적으로 사용되고 있는 분야들과 사례

이 장에서는 데이터 마이닝(Data Mining)과 지식발견(Knowledge Discovery)이라는 매력적인 분야에 대한 소개를 한다. 우리는 여기서 데이터 마이닝의 기본 지식들과 그리고 그것들이 세상의 실제 문제를 해결하는 데 어떻게 사용이 되는지를 학습하게 될 것이다. 1.1절에서는 데이터 마이닝의 정의에 대하여, 1.2절에서는 개념 정의(concept definition) 학습에 컴퓨터가 사용되고 그것이 어떻게 유용한 패턴으로 변환되는지에 대하여 설명한다. 1.3절에서는 데이터 마이닝에 적합한 문제 종류에 대하여 설명하고, 1.4절에서는 전문가 시스템(expert system)에 대한 소개를 통하여 인간 전문가로부터 문제 해결 지식을 추출하여 모델을 만들어 가는 방법을 보여준다. 1.5절에서는 데이터 마이닝의 간단한 모델을 소개하고, 1.6절에서는 간단한 형태의 테이블 탐색(table search)은 왜 적절한 데이터 마이닝 전략이 아닌지에 대하여 설명한다. 1.7절에서는 여러 가지 데이터 마이닝 응용사례들을 자세히 설명한다. 다른 장들과 마찬가지로 이 장에서도 마지막 부분에 짧은 요약과 주요 용어 정의, 그리고 연습 문제를 제공한다.

1.1 데이터 마이닝: 정의

데이터 마이닝(Data Mining)은 컴퓨터 학습 기법들을 사용하여 데이터들로부터 지식(Knowledge)을 자동으로 분석하거나 추출하는 과정이라고 정의할 수 있다. 데이터 마이닝의 목적은 데이터 속에 감추어져 있는 어떠한 경향과 패턴을 찾는 것이다. 최근에 Ray Kurzwell[1)]은 인간이 수행하는 학습의 98%는 패턴 인식(pattern recognition)이라고 말했다.

데이터 마이닝으로부터 얻어진 지식은 모델(model) 혹은 일반화된 데이터의 형태로 제공된다. 여러 가지 데이터 마이닝 기법들이 있지만 대부분 방법들은 **귀납적 학습**(induction-based learning)을 사용한다. 귀납적 학습은 학습되어질 개념의 세부 사례들을 관찰하여 그것으로 일반화된 개념 정의를 만들어 가는 과정을 말한다. 다음은 귀납적 학습의 과정으로 얻어지는 지식의 예들을 보여주고 있다.

- 왜 그 많은 TV 골프 중계방송들이 온라인 증권거래 회사의 광고협찬을 받고 있는지 궁금해본 적이 있는가? 가장 큰 이유는 모든 온라인 투자가들의 70% 이상이 골프를 치는 40대 이상의 남자들이기 때문이다. 게다가 모든 주식 투자가들의 60% 이상은 골프를 친다.
- 노인들 잡지에 왜 음반 회사들이 랩 음악 광고를 내는지 이해되는가? 노인들도 그들의 십대 손자 손녀들에게 선물하려고 랩 음악을 구입한다는 것을 알면 이해될 것이다.
- 신용카드회사들이 심지어 카드 주인이 도난 사실을 알고 있지 못할 때에도 도둑맞은 신용카드의 부정사용을 때로는 알아낼 수 있다는 것을 알고 있는가? 많은 신용카드 회사들이 고객의 신용카드 구매 습관을 일반화된 모델로 만들어 가지고 있다가 어떤 사람이 그 고객의 구매 습관에 맞지 않는 구매를 하려고 할 때 그 카드의 분실 및 오용 가능성을 카드 회사에 알려준다.

이들 세 가지 예를 보면 왜 데이터 마이닝이 데이터로부터 유용한 지식을 추출해내는 기법으로 많이 선호되고 있는지를 쉽게 알 수 있다. 이 장의 뒤부분과 이 책의 전반에 걸쳐 우리는 데이터 마이닝이 실제 세상의 문제들을 해결하는 많은 사례들을 보게 될 것이다.

지식발견(KDD: Knowledge Discovery in Databases)이라는 용어는 데이터 마이닝이라는

1) 역자의 주: 음성인식 소프트웨어의 아버지라고 불리며 Kurzwell 키보드의 설계자이다.

용어와 많이 혼용되어 사용되고 있다. 전문적으로 말한다면 KDD는 과학적 연구방법을 데이터 마이닝에 적용하는 것을 말한다. 데이터 마이닝 작업 뿐만 아니라, 일반적인 KDD 모델은 데이터 마이닝 작업수행 후 그것에 따라서 의사결정을 하는 것, 그리고 데이터를 준비하고 추출하는 방법론까지를 포함한다. 어떠한 어플리케이션에서 여러 장소에 저장되어 있는 대용량의 데이터를 분석하는 일을 해야 할 때에, 데이터의 추출과 준비는 발견(discovery)과정 중에서 가장 시간이 많이 걸리는 부분이다. 데이터 마이닝이라는 용어가 일반적으로 인기 있는 용어로 사용되면서 데이터 마이닝과 KDD를 구분하는 것에 그리 큰 신경을 쓰지는 않지만 그래도 우리는 그 차이점은 알아야 하며 제5장에서는 인기 있는 KDD 모델 두 가지를 소개할 것이다.

1.2 컴퓨터와 학습

정의에서 알 수 있듯이 데이터 마이닝은 학습(learning)에 관한 것이다. 학습의 과정은 매우 복잡한데 다음과 같은 네 가지 레벨로 나눌 수 있다(Merril and Tennyson, 1977):

- **사실(Facts)** 참 혹은 진리(truth)인 내용을 '사실'이라고 한다.
- **개념(Concepts)** 어떤 공통된 특징을 갖는 객체(objects), 기호(symbols), 혹은 사건(events)들로 묶여진 집합
- **절차(Procedure)** 목표를 이루기 위하여 행하여지는 행위의 순차적 과정. 우리는 절차를 일상생활에서 뿐만 아니라 어려운 문제 해결에도 사용할 수 있다.
- **원리(Principles)** 학습의 가장 높은 레벨. 원리는 다른 진리(truths)에 기본 및 근거가 되는 일반화된 진리나 법칙을 말한다.

컴퓨터는 개념 학습(Concept Learning)에 매우 유용하다. 개념(Concept)[2)]은 데이터 마이닝의 산출물이다. 데이터 마이닝 도구를 통하여 학습된 개념은 대개 트리(tree) 구조, 규칙(rules), 네트워크(networks) 구조 혹은 수학 공식(mathematical equations)의 형태

2) 역자의 주: 이 책에서 사용하는 '개념(Concept)'이라는 용어는 매우 포괄적인 의미를 지닌다. 어떤 자신만의 특징을 가지고 있는 물리적인 혹은 비물리적인 객체라고 말할 수 있다. 예를 들어, '사람, 침팬지, 말, 그림, 종교' 등등이 각각의 개념이라고 할 수 있고, 각 개념은 그 실제 사례인 인스턴스들을 가지고 있고, 그 각 개념을 특징짓는 요소들인 어트리뷰트를 가진다.

를 취한다. 트리 구조나 생성 규칙은 인간이 해석하고 이해하기 쉬운 형태이지만, 네트워크나 수학 공식의 형태는 블랙박스 개념 구조라서 그 속에 있는 지식은 쉽게 이해할 수 없다는 단점이 있다. 이 책에서 우리는 이것 뿐만 아니라 다른 여러 구조들도 살펴볼 것이다. 먼저 개념에 대한 세 가지의 일반적인 관점을 보도록 하자.

I 개념을 보는 세 가지 관점 I

개념(concept)이란 것은 여러 다른 관점에서 볼 수 있다. 각 관점을 이해하면 우리는 이 책에서 설명되는 데이터 마이닝 기법들을 분류하기 좀 더 쉬울 것이다. 각 관점을 정의하고 살펴보도록 하자.

전통적인 관점(classical view)에서는 모든 개념들은 명확하게 정의되는 속성을 가진다고 말한다. 이 명확하게 정의된 속성들을 가지고 어떤 아이템이 어떤 개념의 사례인지 아닌지를 판단한다. 이 전통적인 관점의 정의는 명확하기 때문에 잘못 해석할 여지가 없다. 이 개념의 모든 사례들은 모두 다 똑같은 대표성을 가지는 것으로 본다. 이 전통적인 관점에서 무담보 신용대출에 대한 신용 위험도[3]의 정의를 규칙(rule)의 형태로 보이면 다음과 같다.

IF Annual Income 〉= 30,000	**만약** 연봉〉= 3만불
& Years at Current Position 〉=5	& 현 직장 근무연수 〉=5
& Owns Home = True	& 주택소유 여부 = True
THEN Good Credit Risk = True	**그러면** Good Credit Risk = True

이 전통적인 관점의 규칙은 규칙의 모든 조건이 다 만족해야 good credit risk가 된다는 것을 말한다.

확률적 관점 그리고 전형적 사례 관점(Exemplar View)은 모두 개념 표현에 정의된 속성이 필요하지 않다는 점에서 서로 비슷하다. **확률적 관점**(Probabilistic View)에서 개념은 그 구성원들의 확률적 속성들에 의하여 표현된다. 이것은 사람이 하나하나의 사례 관찰로부터 얻어진 일반성으로 개념을 저장하고 기억해낸다는 가정을 하고 있다. Good credit risk의 정의를 확률적 관점으로 이야기하면 다음과 같다.

- 대출금상환이 체납된 적이 없는 사람들의 평균 연봉은 $30,000이다.
- Good credit risk를 가진 대부분 사람들은 같은 회사에 적어도 5년 동안 근무하고 있다.
- Good credit risk를 가진 대부분은 집을 소유하고 있다.

3) 역자의 주: credit risk는 은행대출이나 신용카드 회사에서 사용하는 고객의 '신용위험도'를 의미한다. good credit risk는 "신용위험도 양호" 정도로 해석하도록 하자.

이 정의는 good credit risk의 대표적 특징에 대한 일반적인 가이드라인을 보여준다. 전통적 관점 정의와 달리, 이 정의는 어떤 특정 사람에게 불안전한 대출을 제공할 것인가 말 것인가에 대한 대답을 결정하는 데 바로 적용할 수는 없지만 그러한 의사결정 과정에 도움을 줄 수는 있다. 대신 이 확률적 관점은 분류 클래스(즉, good credit risk이냐 혹은 bad credit risk이냐의 두 가지 클래스)에 속할 확률을 제공할 수 있다. 예를 들어, 연봉이 $27,000이고 같은 직장에 4년간 근무한 어느 주택소유자는 확률 0.85%로 good credit risk 이라고 분류될 수 있다.

전형적 사례 관점(Exemplar View)[4]에서는 한 인스턴스(instance)[5]가 어떤 개념의 example과 충분히 유사하다면 그 인스턴스를 그 개념의 example라고 한다. 이 관점에서는 사람들이 개념의 전형적인 사례(exemplar)를 저장하고 그것을 사용하여 새로운 인스턴스를 분류하는 데에 사용한다는 가정을 사용한다. 다시 good credit risk의 예를 생각해보자. 대출 신청자의 경우가 good credit risk를 대표하는 몇 가지 인스턴스들과 충분히 비슷한가를 보고 그의 good credit risk 여부를 결정한다. Good credit risk의 몇 가지 가능한 대표 사례들을 보면 다음과 같다.

Example #1:

Annual Income = 32,000	연봉 = 32,000
Number of Years at Current Position = 6	현 직장 근무연수 = 6
Homeowner	주택소유자

Example #2:

Annual Income = 52,000	연봉 = 52,000
Number of Years at Current Position = 16	현 직장 근무연수 = 16
Renter	전세/월세

Example #3:

Annual Income = 28,000	연봉 = 28,000
Number of Years at Current Position = 12	현 직장 근무연수 = 12
Homeowner	주택소유자

확률적 관점과 마찬가지로 전형적 사례 관점에서도 각 분류 클래스(즉, good 또는 bad의 두 가지 클래스)에 개념 멤버십[6]의 확률을 부여할 수가 있다.

이상과 같이 보았듯이 개념은 최소 세 개의 관점에서 연구될 수 있으며 또한 여러 가지

4) 역자의 주: Exemplar는 전형, 견본, 사본, 표본, 대표적 사례, 모범 등을 의미하는 용어이다.
5) 역자의 주: 인스턴스는 하나의 case, 실제 발생한 하나의 예를 이르는 것이며, example은 그 개념을 나타내는 대표적인 예를 의미할 때 사용한다. 그 개념에서 발생하는 많은 인스턴스들 중에서 그 개념을 표현하는 대표적인 것이 example이라고 말할 수도 있다.
6) 역자의 주: 멤버쉽 확률은 어느 클래스에 속할 확률이라고 보면 된다.

다른 방법으로 정의될 수 있다. Supervised 학습은 아마도 가장 많이 알려진, 그리고 데이터 마이닝에서 가장 많이 사용되는 개념 학습 방법이라고 할 수 있다. 다음 절에서 계속 설명을 이어가도록 하자.

| Supervised 학습[7] |

어린아이들은 귀납적 방법(induction)을 사용하여 기본적인 개념 정의를 형성한다. 동물, 식물 혹은 건물 모양 등과 같은 개념의 인스턴스들을 보고 또 이름들을 듣고, 그 개념을 정의하는 데 사용되는 여러 가지 특징 요소들을 정하고 자신만의 분류 모델을 만들어 낸다. 나중에, 그는 그가 만든 모델을 사용하여 비슷한 형태의 객체가 무엇인지를 판단하게 된다. 이런 형태의 학습을 '귀납법칙 기반(induction-based) supervised 개념 학습' 혹은 그냥 'supervised 학습'이라고 부른다.

Supervised 학습은 두 가지 측면의 목적을 가진다. 먼저, 학습하려고 하는 개념(concepts)의 인스턴스(즉, examples들과 non-examples[8]들로 이루어진 데이터의 집합)들로부터 supervised 학습을 사용하여 분류 모델(classification model)을 만들기 위한 것이다. 두 번째로는, 일단 분류 모델이 만들어지면 그것을 사용하여 새로 주어진 인스턴스를 분류하기 위한 것이다. 비록 모델 생성은 귀납적(inductive)이지만 그 모델을 이용하여 추가된 인스턴스를 분류하는 것은 연역적(deductive) 과정이라고 할 수 있다.

Supervised 학습의 아이디어를 좀 더 명확하게 살펴보기 위하여 표 1.1에 제시된 가상의 데이터 집합을 생각해보자. 이 데이터는 실제 상황 데이터는 아니고 단지 설명만 하기 위하여 간단히 만들어 본 것이다. 이 표는 '어트리뷰트-값(attribute-value)'의 형태로 되어 있는데 첫 번째 행에는 각 어트리뷰트들의 이름들이 나열되어 있고, 그 아래에는 각 어트리뷰트들의 값(value)이 표시되어 있다. 어트리뷰트들 중에서 sore throat(목 아픔), fever(열), swollen glands(부은 갑상선), congestion(코 막힘), headache(두통)는 어떤 특정한 병을 가진 사람이 경험하는 증상들인데 이들을 입력 어트리뷰트(input attribute)라고 부르고 모델을 만드는 데 사용된다. Diagnosis(진단)라는 어트리뷰트는 바로 우리가 예측하려고 하는 값인데, 이것을 우리는 클래스(class) 또는 출력 어트리뷰트(output attribute)라고 부른다.[9]

7) 역자의 주: 우리말로는 '지도학습' 혹은 '교사학습'이라는 용어를 사용한다. 반대 개념인 unsupervised learning은 '자율학습' 혹은 '비교사학습'이라는 용어를 사용한다. 이 책에서는 용어의 혼란을 피하기 위하여 그냥 supervised learning, unsupervised leaning이라는 용어를 그대로 사용하기로 한다.
8) 역자의 주: 예를 들어 '백인'이라는 개념이 있다고 할 때, example은 백인 instance이고, non-example은 백인이 아닌 instance이다. positive instance와 negative instance라고도 부른다.
9) 역자의 주: 즉, 입력 어트리뷰트들(input attributes)의 값을 사용하여 출력 어트리뷰트들(output attributes 혹은 class)의 값을 예측하려고 하는 것이다.

표 1.1 질병진단을 위한 가상의 Training 데이터

Patient ID#	Sore Throat	Fever	Swollen Glands	Congestion	Headache	Diagnosis
1	Yes	Yes	Yes	Yes	Yes	Strep throat
2	No	No	No	Yes	Yes	Allergy
3	Yes	Yes	No	Yes	No	Cold
4	Yes	No	Yes	No	No	Strep throat
5	No	Yes	No	Yes	No	Cold
6	No	No	No	Yes	No	Allergy
7	No	No	Yes	No	No	Strep throat
8	Yes	No	No	Yes	Yes	Allergy
9	No	Yes	No	Yes	Yes	Cold
10	Yes	Yes	No	Yes	Yes	Cold

표 1.1의 두 번째 줄에서부터의 각각의 줄은 하나의 인스턴스(instance)이다. 그 각각의 줄은 환자 한명의 질병 증세들을 보여주고 있다. 예를 들어, 환자 번호 ID=1은 목이 아프고, 열이 있고 갑상선(glands)이 부었고 코가 막히고 두통이 있는 증세가 있고, 병명은 strep throat(인두염)으로 진단되었다.

표 1.1에 있는 데이터에 대한 일반화된 모델을 개발하려고 한다고 해보자. 비록 데이터 집합의 크기가 작음에도 불구하고 일반화된 표현 모델을 만드는 것은 매우 어려운 일인데, 그것은 각 어트리뷰트들의 상대적 중요성 그리고 그들 간의 관계를 알아야 하기 때문이다. 다행스럽게도 적절한 supervised 학습 알고리즘을 사용하여 그것을 할 수가 있다.

| Supervised 학습: 결정 트리의 예 |

표 1.1에 있는 데이터를 C4.5(Quinlan, 1993)로 표현하였다. C4.5는 입력된 인스턴스들을 결정 트리(decision tree)[10]의 형태로 만들어 일반화시키는 supervised 학습 프로그램이다. 결정 트리라고 불리는 간단한 트리 구조에서 터미널 노드에서는 결정된 결과 클래스를 보여주고, 나머지 노드에서는 어트리뷰트들을 테스트한다. 결정 트리가 가지는 장점은 우선 우리가 보고 이해하기가 쉽고, 규칙의 형태로 쉽게 변환이 되고, 그리고 비교적 좋은 실험 결과가 나온다는 것이다. 결정 트리를 만드는 supervised 알고리즘은 3장에서 자세

10) 역자의 주: Decision tree는 결정나무 혹은 결정 트리로 번역된다. 자료구조에서 말하는 tree(트리) 형태를 가지고 있으며 의사결정(decision making)에 사용된다고 하여 decision tree라고 부른다. 이 책에서는 결정 트리라는 용어를 사용하기로 한다.

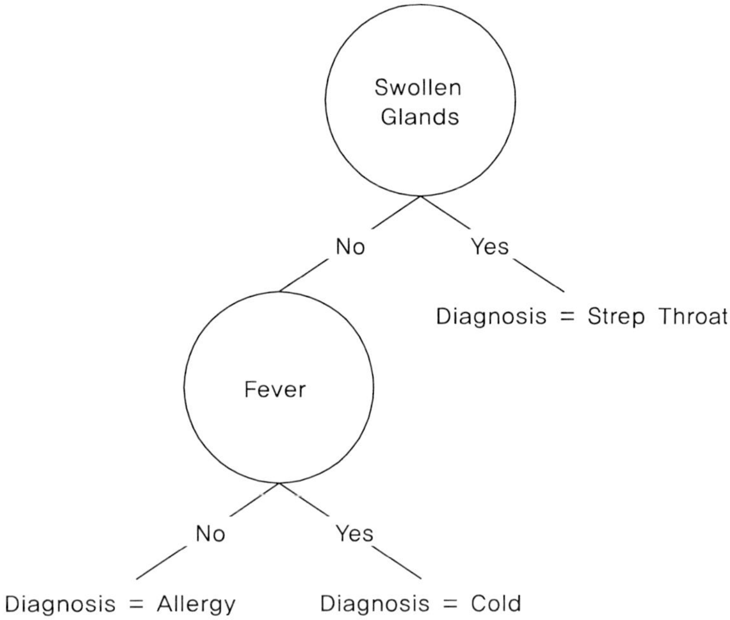

그림 1.1 표 1.1의 데이터에 대한 결정 트리

히 소개된다.

그림 1.1은 표 1.1의 데이터로부터 만들어진 결정 트리를 보여주고 있다. 이 결정 트리는 그 테이블 데이터를 일반화하여 트리 형태로 표현한 것이다. 살펴보자면

- 만약 환자가 swollen glands를 가지고 있다면, 진단은 strep throat(인두염)이다.
- 만약 환자가 swollen glands는 없지만 fever는 있다면, 진단은 cold(감기)이다.
- 만약 환자가 swollen glands와 fever 모두 없다면, 진단은 allergy(알레르기)이다.

이 결정 트리를 보면 우리는 단지 swollen glands와 fever만 가지고도 정확하게 환자를

표 1.2 분류 클래스를 모르는 데이터 인스턴스

Patient ID#	Sore Throat	Fever	Swollen Glands	Congestion	Headache	Diagnosis
11	No	No	Yes	Yes	Yes	?
12	Yes	Yes	No	No	Yes	?
13	No	No	No	No	Yes	?

진단할 수 있음을 알 수 있다. 즉 어트리뷰트들 중에서 sore throat, congestion 그리고 headache는 어떠한 역할도 하고 있지 않음을 알 수 있다. 여기에서 보았듯이 우리는 결정 트리로 데이터를 일반화하였고, 정확한 진단에 필요한 중요한 어트리뷰트들과 어트리뷰트들간의 관계에 대한 요약을 볼 수 있었다.

결정 트리 모델을 만드는 데 사용된 인스턴스들을 training 데이터라고 부른다. 여기서 그 training 인스턴스들은 그 모델에 의해 정확하게 분류되는 인스턴스들만이라고 하자. 하지만 이 모델은 그 분류 클래스가 알려져 있지 않은 새로운 인스턴스도 정확히 분류할 수도 있다. 이 모델이 얼마나 잘 일반적으로 사용될 수 있는지를 알기 위하여 우리는 test 집합을 사용하여 그 모델의 정확도(accuracy)를 테스트한다. test 집합안의 인스턴스들은 이미 그 분류 클래스를 가지고 있다. 그렇게 해서 우리는 그 모델이 결정한 분류 클래스와 우리가 이미 알고 있는 클래스를 비교하여 그 test 집합에 대한 분류 정확성을 계산할 수 있고, 그것으로 우리는 그 모델의 성능을 짐작할 수가 있는 것이다.

결정 트리를 사용하여 표 1.2에 나와 있는 처음 두 인스턴스들을 분류하여 보자.

- ID-11의 환자는 swollen glands에 yes값을 가지므로, 결정 트리의 루트 노드에서 오른쪽 링크를 따라 내려가면 터미널 노드, 즉 진단은 strep throat라는 것이라고 결정한다.
- ID-12의 환자는 swollen glands에 no값을 가지므로 왼쪽 링크를 따라 내려가고, 그 다음 노드에서 fever값이 yes이므로 오른쪽 링크를 따라 다시 내려가서 터미널 노드, 즉 진단은 cold라고 결정한다.

우리는 어떠한 결정 트리도 **생성규칙**(production rules)들로 변환시킬 수 있다. 생성규칙은 다음과 같은 형태를 가진다.

IF *antecedent conditions* THEN *consequent conditions*	IF 선행 조건들 THEN 결과

선행 조건(antecedent conditions)에서는 입력 어트리뷰트들의 값이나 값의 범위를 제시하고, 결과(consequent conditions)에서는 출력 어트리뷰트들의 값이나 값의 범위를 보여준다. 결정 트리를 생성 규칙들로 변환하는 것은 간단하다. 루트 노드에서 시작해서 터미널 노드 쪽으로 따라가면서 하나의 규칙(rule)이 만들어진다. 즉, 규칙(rule)의 선행 조건들은 그 루트 노드에서 터미널 노드까지 가는 길에 있는 어트리뷰트 값들의 조합이라고 할 수 있다. 그리고 그 터미널 노드에 있는 값이 그 규칙의 결과(consequence) 부분이 되

는 것이다. 다음은 그림 1.1의 결정 트리에서 얻어진 생성 규칙 세 가지를 보여주고 있다.

- **IF** Swollen Glands = Yes
  THEN Diagnosis = Strep Throat
- **IF** Swollen Glands = No & Fever = Yes
  THEN Diagnosis = Cold
- **IF** Swollen Glands = No & Fever = No
  THEN Diagnosis = Allergy

위의 생성규칙을 사용하여 ID=13의 환자 인스턴스를 분류해보도록 하자. 환자 번호 ID=13 인스턴스의 swollen glands가 no이므로 첫 번째 규칙을 그냥 지나가고, fever도 no이므로 두 번째 규칙도 해당이 되지 않는다. 세 번째 규칙이 두 가지 조건 모두를 만족하므로 세 번째 규칙을 적용하여 이 환자는 allergy를 가진 것이라고 진단내릴 수 있다.

| Unsupervised 클러스터링 |

Supervised 학습과 달리 unsupervised 클러스터링[11)]은 모델을 만들 때, 분류 클래스가 미리 정의되어 있지 않은 데이터 인스턴스들을 사용한다. 데이터 인스턴스들은 클러스터링 시스템에서 정의된 유사도(similarity scheme)에 의하여 비슷한 것들끼리 함께 그룹지어 진다. 여러 평가 기법들을 사용하여 클러스터를 분석해 볼 수 있다.

표 1.3의 가상의 데이터를 보면서 supervised 학습과 unsupervised 클러스터링을 좀 더 자세히 구분해보도록 하자. 이 테이블은 Acme투자회사에 위탁 계좌를 가지고 있는 5명의 고객들에 대한 정보 일부를 보여주고 있다. 어트리뷰트들인 customer ID(고객 아이디), sex(성별), favorite recreation(여가활동), income(연봉)은 고객에 대한 내용이며, account type(계좌 유형)은 그 계좌가 개인(individual) 계좌인지, 연계(joint) 계좌인지, 아니면 대리관리(custodial) 계좌인지를 나타낸다. Transaction method(거래방법)는 주식의 매수와 매도를 온라인(online)으로 할 것인지 아니면 중개인(broker)을 통하여 할 것인지를 보여주고, Trade/month(월평균 거래 횟수)는 월별로 주식거래의 평균 횟수를 나타낸다. 마지막으로 그 계좌가 margin account(신용거래 계좌)이면 고객은 투자회사로부터 돈을 빌려서 새로운 증권을 살수가 있다.

11) 역자의 주: cluster는 '군집'이라고 번역되며, 비슷한 것들끼리의 무리, 집단, 그룹을 의미한다. clustering은 '군집화'라고 번역되며 cluster를 구성해나가는 것을 의미한다. 이 책에서는 클러스터, 클러스터링이라는 용어를 사용하기로 한다.

표 1.3　Acme 투자회사

Customer ID	Account Type	Margin Account	Transaction Method	Trades/ Month	Sex	Age	Favorite Recreation	Annual Income
1005	Joint	No	Online	12.5	F	30-39	Tennis	40-59K
1013	Custodial	No	Broker	0.5	F	50-59	Sking	80-99K
1245	Joint	No	Online	3.6	M	20-29	Golf	20-39K
2110	Individual	Yes	Broker	22.3	M	30-39	Fishing	40-59K
1001	Individual	Yes	Online	5.0	M	40-49	Golf	60-79K

주식 중개 데이터에 데이터 마이닝을 이용하여 그 안에 들어 있는 가능한 패턴을 찾는다고 해보자. 그것을 위하여서는 다음 사항들이 먼저 정리되어야 한다.

1. 온라인 투자가에 대한 일반적인 프로필을 만들 수 있는가? 만들 수 있다면, 온라인 투자가가 중개인을 통한 투자가와 어떤 다른 특성을 가지는가?
2. 처음에 신용거래 계좌를 가지고 있지 않은 새 고객이 나중에 그것을 가질 것인지를 판단할 수 있는가?
3. 새 투자가의 월평균 거래 횟수를 정확하게 예측할 수 있는 모델을 만들 수 있는가?
4. 남성 투자가와 여성 투자가들 사이의 차이를 설명하는 특성은 무엇인가?

각 질문은 supervised 데이터 마이닝에 대한 것들이다. 왜냐하면 각 질문들은 분명히 미리 정의된 출력 클래스 집합을 나타내는 어트리뷰트들을 제시하고 있기 때문이다. 질문 1에서는 transaction method(거래방법)가 출력 어트리뷰트이다. 질문 2에서의 출력 어트리뷰트는 margin account(신용거래 계좌)이며, 질문 3에서는 trade/month(월평균 거래 횟수)이고 질문 4에서는 sex(성별)이다. 이들 각 질문에 대한 대답은 기존 고객을 위한 마케팅 전략 뿐만 아니라 신규고객을 위한 광고 캠페인을 만드는 데에도 사용될 수 있다.

또는 그 데이터에 대한 일반적인 질문을 할 수도 있다. unsupervised 클러스터링을 위한 질문의 예를 두 가지를 보도록 하자.

1. 어떠한 어트리뷰트에 의하여 Acme투자회사의 고객들이 비슷한 고객끼리 그룹지어지는가?
2. 고객들을 여러 그룹으로 나누어지게 하는 어트리뷰트의 값과 그 값 차이는 무엇인가?

많은 unsupervised 클러스터링 시스템들은 사용자가 전체 클러스터의 개수를 미리 정하도록 하고 있지만, 다른 일부 시스템은 가장 적절한 클러스터들의 수를 자체적으로 정하는 알고리즘을 사용하기도 한다. 어느 것이든 간에 클러스터링 시스템은 인스턴스들을 의미 있는 클러스터들로 그룹지으려고 할 것이다. Acme투자회사 데이터를 unsupervised 클러스터링 모델을 사용하여 세 개의 클러스터들을 만들었을 때, 각 클러스터를 규칙(rule)으로 표현해보면 다음과 같다.

IF *Margin Account* = *Yes* & *Age* = *20~29* & *Annual Income* = 40–59K[12)]
THEN *Cluster* =1
{accuracy = 0.80, coverage = 0.50}

IF *Account Type* = *Custodial* & *Favorite Recreation* = *Skiing*
& *Annual Incomc* = 80–90K
THEN *Cluster* =2
{accuracy = 0.95, coverage = 0.35}

IF *Account Type* = *Joint* & *Trade/Month* 〉5 & *Transaction Method* = *Online*
THEN *Cluster* =3
{accuracy = 0.82, coverage = 0.65}

위의 각 규칙 마지막에 accuracy(정확률)와 coverage(적용률)가 첨부되었다. 이들 값은 규칙의 신뢰성(confidence)과 중요성(significance)에 대한 중요한 정보를 준다. 클러스터 1의 규칙은 accuracy 0.8인데, 이것은 이 규칙의 선행조건들을 만족하는 모든 경우들 중에 20%만 에러라는(즉, 80%는 정확하다는) 것을 의미한다.[13)] Coverage 0.5는 이 클러스터(즉 클러스터 1)에 있는 인스턴스들 중에서 50%가 규칙의 선행조건을 만족하는 것을 의미한다.[14)]

클러스터 1의 규칙, 즉 괜찮은 연봉을 가진 젊은 투자가가 덜 보수적인 투자를 한다는 것은 상식적으로 예상할 수 있는 것이므로 그리 놀라운 규칙은 아니다. 마찬가지로 클러스터3도 그리 새로운 규칙을 발견했다고 보기는 어렵다. 하지만, 클러스터 2의 규칙은 예측하기 쉬운 것은 아니며 따라서 유용한 규칙이라고 할 수 있다. 따라서 Acme투자회사는 이

12) 역자의 주: K는 1,000을 의미한다. 따라서 59K는 59,000 달러를 말한다. 미국에서 일반적으로 연봉을 이야기할 때에는 K를 붙여 이야기한다.
13) 역자의 주: 즉, 규칙 1의 선행조건을 모두 만족하는 인스턴스들 중에 80%는 클러스터 1에 속하고 나머지 20%는 다른 클러스터에 속한다는 말이다.
14) 역자의 주: 전체 인스턴스들 중에서가 아니라, 클러스터 1안에 있는 인스턴스들 중에 이 규칙의 선행조건을 만족하는 것이 50%라는 의미이다.

규칙에서 얻은 지식을 이용하여 스키잡지에 자식과 손자/손녀들을 위한 대리관리(custodial) 계좌 광고에 더 많은 광고비를 배정할 수 있을 것이다.

앞에 보여준 간단한 예로서 우리는 이제 supervised 학습과 unsupervised 클러스터링에 대한 기본적인 개념을 이해할 수 있을 것이다. 좀 더 어려운 문제들 즉 문제정의, 데이터 준비, 데이터 마이닝 전략 선택, 성능평가와 같은 주제들은 이 책의 나머지 장들에서 이야기되어 질 것이다. 다음 절에서는 문제해결 전략에 데이터 마이닝을 언제 사용할 것인지에 대한 가이드라인이 소개될 것이다.

1.3 데이터 마이닝에 적합한 문제

내가 가지고 있는 어떤 문제에 대한 해결 전략으로 데이터 마이닝을 사용하는 것이 적절한지 아니면 그렇지 않는지를 판단하는 것은 쉽지 않은 일이다. 먼저 다음의 네 가지 질문을 생각해보도록 하자.

1. 문제를 명확하게 정의할 수 있는가?
2. 잠재적으로 의미 있는 데이터가 존재하는가?
3. 그 데이터는 은닉 지식(hidden knowledge)이 들어 있는 것인지 아니면 단지 사실적 데이터들만 있어서 보고용(reporting) 목적으로만 유용한 것인지?
4. 데이터 마이닝을 적용하여 얻어진 지식을 적용하였을 때 예상되는 이익이 데이터 처리 비용보다 클 것인가? (즉, 사용할만한 가치가 있는가?)

네 번째 질문도 어렵지만 처음 두 가지 질문도 간단하게 대답할 수 있는 것은 아니다. 특정문제에 대하여 이들 질문에 대답할 수 있도록 해주는 여러 도구들이 이 책의 뒤 장에 다루어지게 될 것이다. 하지만 세 번째 질문에 대하여서는 간단한 몇 가지 예를 통하여 그 대답을 얻을 수 있다. 먼저 네 가지 종류의 지식을 구별하여 보도록 하자.

| 데이터 마이닝 혹은 데이터베이스 질의(Query) |

지식(knowledge)은 일반적으로 네 가지 종류로 정의할 수 있는데 이것은 우리가 어떤 경우에 데이터 마이닝을 사용하는 것이 좋은지를 판단하는 데 도움을 줄 것이다.

- **단순지식(Shallow Knowledge)**은 그 내용이 본질적으로 사실적인 것을 말한다. 이러한 단순 지식 데이터베이스에 쉽게 저장되고 관리될 수 있으며, 따라서 SQL과 같은 데이터베이스 질의 언어를 사용하여 쉽게 추출해 낼 수 있다.
- **다차원 지식(Multidimensional Knowledge)** 또한 사실적인 내용이다. 하지만 이 경우에는 데이터가 다차원 형태로 저장된다. OLAP(On-line Analytical Processing) 도구가 다차원 데이터에 사용될 수 있다.
- **은닉 지식(Hidden Knowledge)**은 SQL과 같은 데이터베이스 질의 언어로는 쉽게 발견할 수 없는 패턴이나 규칙성을 말한다. 하지만 데이터 마이닝 알고리즘은 쉽게 그러한 패턴을 찾을 수 있다.
- **심층 지식(Deep Knowledge)**은 찾으려고 하는 방향을 우리가 제공하여 줄 때에만 찾을 수 있다.

데이터베이스 질의 언어(Database Query Language)와 OLAP은 우리가 찾으려고 하는 것이 무엇인지 명확할 때, 데이터베이스 안에서 그러한 정보를 찾거나 보고(report)하는데 사용할 수 있는 매우 훌륭한 도구이다. 예를 들어 데이터베이스 질의는 다음과 같은 정보를 추출하는 데 쉽게 사용될 수 있다.

- 가스그릴 구입에 신용카드를 사용한 Acme 백화점 고객 명단
- 연평균 질병 결근일수가 5일 이하인 40세 이상 직원 명단
- 한번 이상의 심장마비를 경험했고 콜레스테롤 수치가 200 이하인 환자 명단
- 1월 달에 식품을 $300 이상을 신용카드로 구매한 고객 명단

이들 질의의 결과는 의사결정에 도움이 되는 귀중한 정보를 매우 효율적으로 제공하여 준다. 하지만 데이터 마이닝은 한발 더 나아가서 우리가 찾고자 하는 정보가 무엇인지 불확실할 때에도 잠재적으로 유용한 정보를 제공할 수 있고, 심지어 우리가 전혀 생각하지도 못했던 유용한 정보를 제공해줄 수 있는 능력까지 가지고 있다!

데이터 마이닝으로 할 수 있는 몇 가지 간단한 예를 보도록 하자:

- 신용카드 고지서에 함께 첨부한 프로모션을 사용한 고객의 일반화된 프로파일 개발
- 할부금을 제시간에 납부할 사람과 그렇지 못할 가능성이 있는 사람을 구분해내는 것
- 하늘 이미지 데이터에서 흐린 물체를 분류하는 것
- 허리 디스크 수술을 한 환자가 언제 다시 일상생활을 출근할 수 있을지를 예측하는 것

데이터베이스 질의로도 앞의 예들을 해결할 수 있을지 모르지만 성공의 가능성은 매우 낮다. 하지만 데이터 마이닝으로는 성공할 가능성이 매우 높다. 다음 절에서는 좀 더 구체적인 예를 사용하여 데이터 마이닝과 데이터 질의를 좀 더 명확하게 구분해보도록 하자.

| 데이터 마이닝 vs 데이터베이스 질의: 사례 |

좀 더 구체적인 예를 통하여 어떤 경우에 데이터 마이닝이 문제해결 전략으로 적절하게 사용될 수 있을지를 살펴보도록 하자. 다시 한 번 표 1.1의 가상 데이터를 사용하도록 하자. 이미 설명되었지만 이 데이터는 개별 환자, 증세, 그리고 해당 질병에 대한 정보를 가지고 있다. 데이터베이스가 매우 작기 때문에 개별 데이터를 살펴보아도 간단히 패턴을 찾을 수 있을 것 같이 보인다. 원한다면 수천 개의 레코드와 더 많은 어트리뷰트들을 가진 더 큰 데이터베이스를 상상해보도록 하자.

처음 해야 하는 것은, 우리가 그 데이터 집합에서 찾고자 하는 것에 대한 일반적 가설(hypothesis)을 만드는 것이다. 가설은 데이터에 대하여 우리가 옳다고 믿는 것에 대한 타당한 추측을 말한다. 일반적 가설을 다음과 같이 세울 수가 있다.

> 데이터 집합에서 몇 개의 어트리뷰트들은 질병, 즉 strep throat, cold 혹은 allergy를 가진 환자들을 정확하게 판별해내는 데 관련이 있다.

개인적 경험으로 swollen glands가 strep throat를 예측하는 데 중요한 단서가 될 것이라는 것을 알고 있다고 해보자. 따라서 우리는 두 번째 가설을 다음과 같이 세울 수 있다.

> Swollen glands는 strep throat에 필요충분(necessary and sufficient) 조건이다.

이 가설을 검정(test)하기 위하여 다음의 두 가지 질의(queries)를 만든다.

1. *Diagnosis = Strep Throat & Swollen Glands = No*를 만족하는 모든 환자의 목록
2. *Diagnosis = Cold or Diagnosis Allergy and Swollen Glands = Yes*를 만족하는 모든 환자의 목록

첫 번째 질의의 결과는 공집합으로 나온다. 따라서 우리는 swollen glands는 strep throat를 위한 필요조건(necessary condition)이라고 결론지을 수 있다. 즉, strep throat를 가진 모든 환자는 swollen glands를 가진다. 두 번째 질의 결과 또한 공집합으로 나오는데 이것은 strep throat가 아닌 환자는 swollen glands를 가지지 않은 것을 의미한다.

앞의 두 질의의 결과를 합하여 우리는 swollen glands는 strep throat의 필요충분 조건이라고 결론지을 수 있다. 우리는 다음과 같은 일반화된 규칙을 만들 수 있다.

IF *Swollen Glands = Yes*
THEN *Diagnosis = Strep Throat*

다음으로 우리는 cold(감기) 환자와 allergy 환자를 구별하는 규칙을 찾아보자. 같은 방법으로 우리는 그럴 것이라고 생각되는 가설을 세운 후에 테이블 질의를 통해 그 가설을 검정해 볼 수가 있다. 설명된 이러한 과정은 **수동 데이터 마이닝**(manual data mining)이라고 불리기도 한다. 질의를 만들어 데이터에서 패턴을 찾는 이 과정은, 우리가 찾고자 하는 것이 무엇인지를 대충 알고 있을 때 효과적이다. 즉 가능한 가설을 만들어 낼 수 있는 경우에 효과적이다. 또한 데이터베이스가 충분히 작거나 어트리뷰트들과 그들간의 관계에 대하여 충분한 지식이 있다면 이 방법이 적절할 것이다. 하지만 이런 경우가 아니라면 성공의 가능성은 별로 없다.

1.4 전문가 시스템 혹은 데이터 마이닝

데이터 마이닝이나 데이터 질의 방법이 문제해결 전략으로 적절하지 않을 때도 있다. 특히 필요한 데이터가 충분하지 않을 때에는 더욱 그렇다. 데이터 마이닝을 사용할 수 없을 때에는 다른 방법을 사용하여 유용한 의사결정 모델을 만들어야 하는데 그 한 가지 방법은 문제 해결방법을 알고 있는 사람을 찾는 것이다.

어려운 분야에서의 문제를 해결할 수 있는 능력을 가진 사람을 우리는 그 분야의 **전문가**(expert)라고 부른다. 예를 들면 질병을 빠르게 진단할 수 있는 의사, 초를 다투는 의사결정을 내릴 수 있는 회사 경영자, 우리의 힘든 개인적 문제를 상담하여 도와주는 데 탁월한 능력을 가진 카운슬러 등이 있다. 전문가들은 교육과 경험을 통해서 그들의 기술을 습득한다. 오랜 시간 동안의 경험을 통하여 전문가는 문제를 빨리 그리고 효율적으로 해결하는 기술을 습득한다.

컴퓨터 과학자들은 **전문가 시스템**(expert system)이라고 하는 컴퓨터 프로그램을 개발하여 특정 분야에서 인간 전문가의 문제해결 기술을 흉내내어 보려고 했다. **흉내**(emulate)라는 단어는 '~처럼 행동한다(act like)'라는 의미이다. 컴퓨터 프로그램으로 인간 전문가를

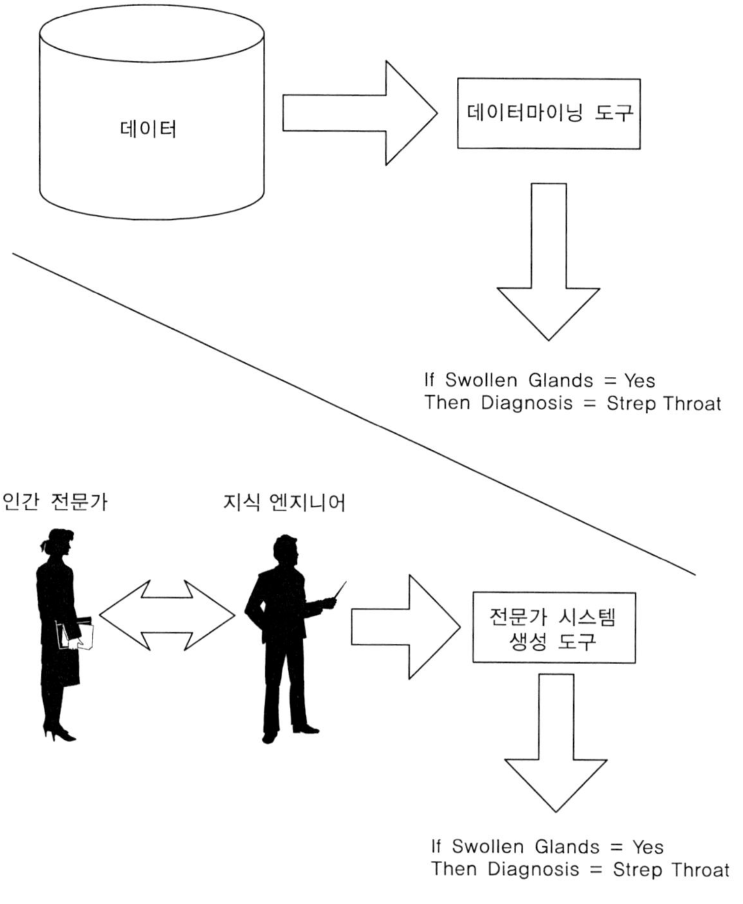

그림 1.2 데이터 마이닝과 전문가 시스템

흉내낸다는 것은 그 프로그램이 인간 전문가가 사용하는 것과 비슷한 방법을 사용하여 문제를 해결하여야 한다는 것이다. 하지만 우리는 인간 두뇌에 대하여서는 아직도 많은 것을 모르고 있기 때문에 이들 프로그램은 인간 전문가의 지식을 특정 문제 상황에 적용하는 방법보다는 전문가의 지식 자체를 흉내내는 데에 초점을 두고 있다. 인간 전문가는 종종 그들이 알고 있는 것을 기술(describe)하기 위하여 규칙(rule)을 사용하기 때문에 대부분의 전문가 시스템은 지식저장의 매체로서 규칙(rule)을 사용한다.

그림 1.2는 우리가 사용했던 질병진단 도메인에서 데이터 마이닝과 전문가 시스템의 문제해결 방법론을 비교하여 보여주고 있다. 데이터 마이닝 방법은 데이터 마이닝 도구를 사용하여 표 1.1에 있는 데이터로부터 strep throat를 진단하는 규칙을 만들어 낸다. 반면에, 전문가 시스템 방법은 데이터보다는 인간 전문가로부터 규칙을 이끌어 낸다. 이 과정

에는 전문가, 그리고 지식 엔지니어 이렇게 최소 두 명이 필요하다. 지식 엔지니어(Knowledge Engineer)는 전문가와의 상호작용을 통하여 전문가의 지식을 끄집어내는 역할을 하는 사람이다. 일단 끄집어 내면 지식 전문가는 여러 가지 자동 도구를 사용하여 그 새로운 지식에 대한 컴퓨터 모델을 만들어 낸다. 그림 1.2의 예에서처럼 인간 전문가가 의사라고 할 때 그에게서 끄집어 낸 지식을 기술한 모델은 데이터 마이닝 과정으로 만들어진 모델과 일치하는 것을 볼 수 있다. 이 책의 Part IV에서 우리는 전문가 시스템과 데이터 마이닝이 어떻게 어려운 문제 해결에 함께 적용되는지 보도록 하겠다.

1.5 데이터 마이닝 프로세스를 위한 간단한 모델

일반적으로 데이터 마이닝은 네 가지 프로세스로 정의할 수 있다. 데이터 마이닝 작업을 수행하기 위하여 우리는:

1. 분석할 데이터를 수집하고 정리한다.
2. 데이터 마이닝 소프트웨어 프로그램에 이 데이터를 집어 넣는다.
3. 나온 결과를 해석한다.
4. 결과를 새로운 문제나 상황에 적용한다.

그림 1.3은 이 네 단계 데이터 마이닝 프로세스 모델을 그림으로 보여주고 있다. 그림 1.3을 보면서 데이터 마이닝 프로세스의 각 단계를 설명하도록 하겠다.

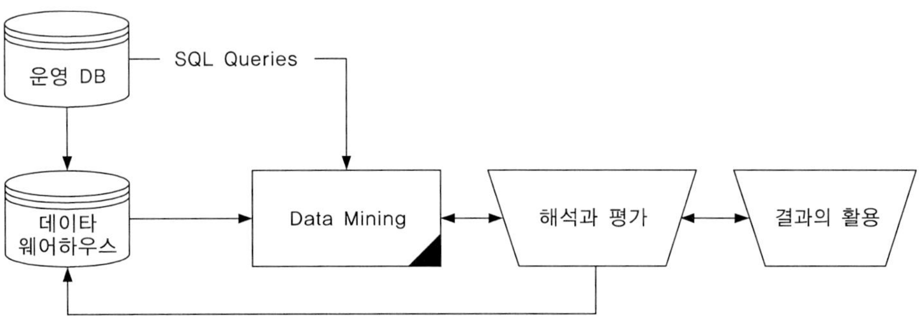

그림 1.3 데이터 마이닝 프로세스를 위한 간단한 모델

| 데이터 수집과 정리 |

데이터 마이닝에는 데이터가 필요하다. 데이터는 몇 개의 데이터베이스에 나누어 저장된 엄청난 양일 수도 있고 혹은 하나의 파일에 불과 몇 백 개의 레코드만으로만 구성될 수도 있다. 데이터 마이닝 알고리즘에서 효과적인 모델을 만들기 위해서 수백만 개의 인스턴스들이 있어야 한다는 생각은 사람들이 많이 가지고 있는 일반적인 오해이다. 사실 대부분의 데이터 마이닝 도구는 수백 혹은 수천 개의 타당한 레코드만 있어도 좋은 모델을 만들어 낼 수 있다. 따라서 일단 문제가 정의되면, 제일 먼저 할 일은 타당한, 관련된 데이터 집합을 수집하고 정리하는 것이다. 이 부분은 많은 시간과 노력이 소비된다. 데이터 마이닝에서 사용될 데이터를 가져오는 것에는 보통 다음 세 가지 경우가 있다.

1. 데이터 웨어하우스에 있는 데이터를 가져오는 것.
2. 관계형 데이터베이스(relational database)에서 데이터를 가져오는 것.
3. 일반 파일(flat file)이나 스프레드시트에서 데이터를 가져오는 것.

| 데이터 웨어하우스 |

보통 데이터는 하나 혹은 그 이상의 **운영 데이터베이스**(operational[15] database)로부터 모아온다. 운영 데이터베이스는 트랜잭션 기반으로 되어 있고 대부분 관계형 데이터베이스(relational database)로 설계된다. 관계형 모델로 만들어진 운영 데이터베이스는 정규화된(normalized) 테이블을 가지는데 이것은 개별 데이터 레코드들 간의 중복성을 줄이고 접근속도를 향상시킨다. 예를 들어, 특정 고객이 여러 관계형 테이블에 나타나는 데이터를 가지고 있어도 각 테이블은 다른 관점에서 그 고객을 본다.

그림 1.3에서 데이터가 운영 데이터베이스 환경에서 **데이터 웨어하우스**(data warehouse)로 옮겨지는 것을 볼 수 있는데, 데이터 웨어하우스는 트랜잭션 데이터 처리보다는 의사결정 지원을 위해 설계된 '과거 데이터의 데이터베이스(historical database)'라고 할 수 있다.[16] 따라서 의사결정 지원에 필요한 데이터만 운영 데이터베이스에서 뽑아내어 데이터 웨어하우스에 집어넣는다. 운영 데이터베이스에서 데이터 웨어하우스로의 데이터 이동작업은 보통 하루 업무가 끝난 후에 하루 단위로 계속 진행되는 작업이다. 웨어하우스에 들어가기 전에 각 데이터 아이템은 시간이 찍히고(time-stamped), 필요한 경우에는 변환도 되고, 에러 체크도 된다. 이 이동작업은 복잡한 과정이며 특히 여러 개의 운영 데이터베이

15) 역자의 주: operational database는 실제 현재 운영하고 있는 데이터베이스를 말한다.
16) Kimball et al., 1998

스가 있을 때엔 더욱 그러하다. 일단 옮겨지면 데이터 웨어하우스안의 데이터는 읽을 수만 있게 되며, 수정 · 삭제는 특별한 조건에서만 허락된다.

데이터 웨어하우스는 같은 주제(예를 들어, 고객)에 관련된 모든 데이터들을 같은 테이블에 저장한다. 이것이 데이터 웨어하우스와 운영 데이터베이스와의 차이점이다. 운영 데이터베이스에서는 트랜잭션 처리에 가장 적합하도록 정보를 저장한다. 데이터 웨어하우스는 트랜잭션 중심이 아니라 주제 중심이므로, 아마 데이터의 중복성이 존재하게 될 것이다. 데이터 웨어하우스에 저장된 바로 그 중복성을 데이터 마이닝이 패턴을 발견하는 데 사용하는 것이다. 6장에서 데이터 웨어하우스, 관계형 데이터베이스 그리고 OLAP에 대하여 좀 더 자세히 다루어질 것이다. 6장은 다른 장과 연관되어 있지 않은 독립적인 장이므로 이 주제에 대하여 공부하고 싶으면 언제든 순서에 관계 없이 읽으면 된다.

| 관계형 데이터베이스와 플랫(flat) 파일 |

그림 1.3을 보게 되면 만약 데이터 웨어하우스가 없더라도 SQL과 같은 데이터베이스 질의 언어를 사용하여 데이터 마이닝에 적합한 데이터 테이블을 직접 만들 수 있음을 보이고 있다. 마이닝할 데이터를 데이터 웨어하우스에서 바로 가져오든지 아니면 질의 언어를 통하여 가져오든지간에, 그 가져온 데이터를 우리가 사용할 데이터 마이닝 도구에서 요구하는 포맷으로 변환하여 주는 유틸리티 프로그램은 아마 필요할 것이다. 마지막으로, 데이터가 DB에 저장되어 있지 않거나 혹은 데이터의 양이 그리 많지 않다면, 데이터는 아마 일반 텍스트 파일(flat file)이나 스프레드시트에 저장되어 있을 수도 있다. 표 1.1은 데이터 마이닝 도구에서 사용하는 일반 파일의 형태이다.

| 데이터 마이닝 |

그림 1.3에서 보면 데이터 마이닝 프로세스의 그 다음 단계는 데이터를 마이닝하는 것이다. 하지만 데이터를 데이터 마이닝 도구에 넘기기 전에 몇 가지 결정해야 할 사항들이 있다.

1. Supervised 학습인가 아니면 unsupervised 클러스터링인가?
2. 가지고 있는 전체 데이터를 training 데이터와 test 데이터로 어떻게 나누어 사용할 것인가?[17)]
3. 어떤 어트리뷰트들을 사용할 것인가?
4. 대부분 데이터 마이닝 도구에서는 학습 파라미터 값을 정해주어야 한다. 파라미터

17) 역자의 주: training data는 모델을 만드는 데 사용하고, test data는 만들어진 모델을 테스트하는 데 사용한다.

값을 어떻게 지정해야 데이터를 가장 잘 표현하는 모델을 만들 수 있을까.

5장에서 이들 질문에 대답할 수 있는 여러 도구들을 제공할 것이다.

| 결과의 해석 |

결과 해석은 데이터 마이닝 도구의 출력 결과를 검토해서 발견된 것이 유용하고 흥미 있는 것인지를 결정하는 것이다. 그림 1.3에서 보면 만약 그 결과가 만족스럽지 못하다면 어트리뷰트들이나 인스턴스 등을 추가하여 데이터 마이닝 과정을 반복해볼 수가 있다. 또는 다시 데이터 웨어하우스로 돌아가서 데이터 추출 과정을 다시 할 수도 있다. 2장과 7장에서는 특정 모델의 유용성(useful) 여부를 결정하는 여러 기법들을 살펴본다.

| 결과의 활용 |

우리의 최종 목표는 발견한 지식을 새로운 상황에 적용해보고자 하는 것이다. 예를 들어, 데이터 마이닝 시장분석을 통하여 상품 X가 상품 Y와 거의 함께 팔린다는 것을 발견했다고 가정해보자. 이것의 흔한 예는 목요일에 아기 기저귀를 구입하는 사람의 대부분이 맥주도 함께 구입한다는 것이다. 이러한 발견은 처음에 놀랍고 의아하지만, 집에 어린아이가 있는 부부는 금요일이나 토요일 밤에 (술 마시러) 놀러 나가기보다는 집에서 주말을 쉬면서 보내는 것을 선호한다는 것을 생각하면 이해가 될 수 있을 것이다. 마케팅 분석가는 이러한 발견을 이용하여 기저귀를 사는 고객들이 아주 잘 볼 수 있는 곳에 맥주를 진열해둘 수가 있는 것이다.

1.6 탐색기법의 한계

데이터 마이닝은 비구조적인 데이터를 일반화된 모델(generalized model)로 표현하는 데 사용된다. 분류(classification) 문제 해결에는 또 다른 접근방법이 사용될 수 있는데, 그것은 다음과 같다.

- 분류 테이블을 만든다. 그 데이터 테이블에는 분류 클래스가 정해져 있는 모든 데이터 인스턴스를 포함하고 있다.

- 우리가 분류하고자 하는 새로운 인스턴스에 대하여
  - 테이블에 들어 있는 각 아이템과 새로운 아이템간의 유사도 점수를 모두 계산한다.
  - 가장 유사한 테이블 아이템을 찾고 그 아이템의 분류 클래스를 새로운 아이템의 분류 클래스로 정한다.
  - 새로 분류된 인스턴스를 분류 클래스와 함께 테이블에 추가한다.

이 방법을 NN 분류(Nearest Neighbor Classification)라고 한다. 지금 보았듯이 이 방법은 데이터들을 일반화된 모델로 만들어 그것을 이용하는 것이 아니라, 저장된 인스턴스 그 자체를 사용한다. 이 방법은 최소 세 가지 문제점을 가지고 있는데, 첫 번째는 만약 분류 테이블에 수백만 개의 레코드가 있다면 계산시간(computation time)이 엄청나게 오래 걸릴 것이다. 두 번째로는, relevant[18] 어트리뷰트와 irrelevant 어트리뷰트를 구분할 수 있는 방법이 없다는 것이며, 세 번째 문제점은 인스턴스들을 클래스로 분류하는 데 어느 어트리뷰트가 사용되는지에 대하여 알 수 없다는 것이다.

이 방법을 결정 트리처럼 일반화된 분류 모델을 만드는 방법과 비교할 때 첫 번째 문제점은 더욱 커진다. 두 번째 문제점을 설명하기 위하여 표 1.1의 데이터를 다시 보도록 하자. 이 테이블은 분류 클래스가 이미 알려진 인스턴스가 있으므로 NN 알고리즘(nearest neighbor algorithm)은 그 테이블 데이터를 사용하여 아래의 어트리뷰트 값을 가진 새로운 인스턴스를 분류할 수 있다.

Patient ID = 14
Sore Throat = *Yes*
Fever = *No*
Swollen Glands = *No*
Congestion = *No*
Headache = *No*

수치 값 어트리뷰트인 경우에는 간단히 유클리디언 거리(Euclidean distance)를 이용하여 인스턴스들간의 유사도를 계산할 수 있다. 하지만, 표 1.1의 데이터는 범주형(categorical) 데이터이므로 유사도 계산을 우리가 직접 정의해야 한다. 테이블의 각 아이템과

18) 역자의 주: relevant하다는 것은 의미가 있고 관련이 있다는 것을 말한다. 예를 들어서 student라는 개념(concept)에는 수많은 instance들이 있을 것이다. 그 instance들을 두 개의 분류 class, 즉 good과 bad로 분류한다고 하자. student의 instance에는 많은 attribute들이 있을 수 있는데 예를 들어 '성격', '성적'과 같은 attribute들은 이 instance를 class로 분류하는 데 중요한, 의미가 있는, 관련이 있는 relevant attribute들이라고 할 수 있고, '몸무게', '생일'과 같은 attribute들은 irrelevant한 것이라고 할 수 있다. 이 책에서는 relevant와 irrelevant의 용어를 그대로 사용하도록 하겠다.

이 인스턴스와의 유사도를 계산하기 위하여 우리는 단순히 어트리뷰트-값들이 일치하는 개수를 세도록 하자. 그렇게 하면 patient 1과 patient 9는 하나의 어트리뷰트가 일치(match)하고, patient 2,5,10과는 두 개가, patient 3,6,7,8과는 세 개가 일치한다. 마지막으로 patient 4와는 네 개가 일치한다.

그 새로운 인스턴스가 patient 4와 가장 잘 일치되었으니 NN 방법은 새로운 인스턴스의 분류 클래스를 patient 4의 것과 같은 strep throat로 결정한다. 하지만 그림 1.1에 보인 결정 트리에 이 새로운 인스턴스를 적용하면 정확한 진단은 allergy임을 알 수 있다. 결정 트리를 만들 때 사용된 training 데이터가 일반적으로 모집단을 대표하는 것이라고 가정을 한다면, NN 분류기(nearest neighbor classifier)는 이 환자를 잘못 진단한 것이라 할 수 있다. 또한 strep throat가 정말 잘못된 진단이라면 NN 분류 테이블에 이 새로운 인스턴스를 추가하면 이것으로 인해서 이후에도 비슷한 새로운 인스턴스들의 분류도 모두 계속 에러를 유발하게 될 것이다.

k-NN 분류기(K-nearest neighbor classifier)라는 약간 다른 방법은 하나가 아닌 k개의 NN(nearest neighbor)을 골라서 그 중에서 가장 공통되는 분류 클래스를 새로운 인스턴스의 클래스로 분류한다. 이 방법은 새로운 인스턴스가 하나의 잘못된 training 인스턴스 때문에 잘못 분류될 수 있는 가능성을 방지하여 준다. 어떤 방법이건 간에 NN 방법은 relevant 어트리뷰트들을 판단할 수 있는 방법이 없으며, 따라서 irrelevant 어트리뷰트들을 많이 가지고 있는 인스턴스의 경우에는 분류 에러율이 매우 높을 것이다. 또한 우리 추측과는 달리, 여러 개의 독립적인 어트리뷰트들을 가진 데이터 집합에서는 두 인스턴스들 간의 거리가 거의 똑같게 나올 것이다. 이것은 수십만 개의 레코드를 처리할 때에도 마찬가지이다.

이러한 단점이 있긴 하지만 만약 relevant 어트리뷰트들을 잘 고를 수만 있다면 NN 방법도 성공적으로 적용될 수 있다. 또한 분류할 인스턴스들을 각 클래스들의 대표적인 인스턴스 샘플들과만 비교한다면 계산 시간(computation time)도 어느 정도 줄일 수 있을 것이다. 마지막으로, 이 방법이 데이터를 일반화(generalization)시킬 수 있는 것은 아니지만 각 클래스의 가장 전형적인 인스턴스들을 살펴보면 그 클래스에 대한 대략의 이해는 할 수 있을 것이다.

1.7 데이터 마이닝 어플리케이션

데이터 마이닝에 적합한 문제 유형이 어떤 것들인지에 대한 이해를 높이기 위하여 데이터 마이닝이 실제 세상의 문제에 성공적으로 적용된 몇 가지 예를 살펴보도록 하자. 그런 다음에 특정 데이터 마이닝 분야를 자세히 보도록 하겠다.

| 어플리케이션 사례 |

데이터 마이닝이 실제 세상 문제 해결에 어떻게 적용되는지에 대한 몇 가지 예를 보도록 하자. 좀 더 많은 정보를 보고 싶다면 웹사이트 www.kdnuggets.com으로 가면 데이터 마이닝 응용분야, 회사, 구인정보, 공개 혹은 상용 소프트웨어, 세미나, 교육 등에 대한 정보를 볼 수 있다.

1. 부정사용 탐지(Fraud Detection)

- AT&T에서는 국제전화 부정사용을 발견하기 위하여 데이터 마이닝으로 개발한 시스템을 사용한다(Brachman et al., 1996).
- HNC Inc.에서 개발한 FALCON 시스템은 신용카드 부정사용 여부를 감시하여 알려주는 데 사용되고 있다(Brachman et al., 1996).
- Financial Crimes Enforcement Network AI System(FAIS)은 데이터 마이닝을 포함한 여러 기법을 사용하여 대형 금융거래에서 발생할 수 있는 돈세탁 행위를 발견하는 데 사용되고 있다(Senator et al., 1995).
- ASPEC(Advanced Security for Personal Communication) 유럽 리서치 그룹은 unsupervised 클러스터링을 이용하여 무선전화 네트워크에서의 부정사용을 탐지해내고 있다. 이 시스템은 각 사용자들의 사용 프로파일(usage profile) 뿐만 아니라 사용 기록까지 저장하여 사용한다. 현재의 사용 행위와 사용자의 과거 기록과의 차이가 발생하면 부정사용으로 의심하도록 되어 있다.

2. 의료보건(Health Care)

- Mitchell(1997)은 데이터 마이닝 사용에 대한 여러 전형적인 예들을 보여주고 있는데 그 중의 하나는 응급분만 위험성이 높은 여성을 예측할 수 있는 시스템이다.
- 의약 보험 및 약 처방 우편판매 회사인 Merck-Medco Managed Care는 데이터 마이닝을 사용하여 특정 환자들에게 덜 비싸지만 같은 효과를 가지는 약을 처방할 수 있게

되었다.

3. 기업과 재무(Business and Finance)

- 위기관리(risk management) 어플리케이션에서는 데이터 마이닝을 사용하여 보험료를 결정한다든지, 투자 포트폴리오를 관리하거나, 좋은 그리고 나쁜 신용위험도를 구분해내는 데 사용하고 있다. 월스트리트저널의 기사 'Looking for Patterns'에서 Lisa Granstein(1999)은 Farmer's Group, Inc[19]이 스포츠카를 가지고 있는 사람의 사고위험률이 오히려 높지 않다는 시나리오를 발견하는 데 데이터 마이닝이 어떻게 사용되었는지를 설명하고 있다. 이 시나리오의 조건은 집에 가족용으로 웨곤이나 세단형 차가 있는 사람이 두 번째 차로 스포츠카를 가지고 있는 경우이다.
- Bank of America 은행은 데이터 마이닝을 사용하여 어느 고객이 어느 은행상품을 이용하는지를 파악한다. 그래서 고객들에게 적절한 상품과 서비스를 제공하는 데 사용하고 있다(McCarthy, 1997).
- 덴버에 위치한 US West Communications이라는 회사는 2천5백만 명의 고객들을 서비스하고 있는데 고객의 가족 수, 가족의 나이, 위치 등과 같은 특성에 따라서 고객의 트렌드와 잠재요구를 예측하는 데 데이터 마이닝과 데이터 웨어하우스를 이용하고 있다. 그 예측 결과는 신규 고객의 가입이라든가 새로운 가입자를 위한 더 많은 서비스 권유 같은 것에 사용하고 있다.

4. 과학적 어플리케이션(Scientific Application)

- 감마선 폭발체(Gamma ray bursts)는 우리 태양계 바깥쪽에서 일어나는 짧은 시간의 감마선 섬광이다. 1000번 이상 이 현상이 관측 기록되어 있는데 과학자들은 일반적으로 두 가지 종류의 감마선 폭발체가 있다고 믿고 있었다. 하지만 Mukherjee et all(1998)은 통계적 클러스터 분석을 사용하여 세 번째 종류의 감마선 폭발체가 있다는 것을 발견하였다.
- Fayyad et al.(1996)은 하늘 이미지 분석, 금성(planet venus)에 있는 화산구 찾기, 지진 탐지 등과 같은 과학적 어플리케이션에 대하여 기술하고 있다.

5. 스포츠와 게임(Sports and Gaming)

- 토론토 Raptors 프로농구팀의 보조 코치인 Brian James는 IBM에서 NBA를 위해 특별히 개발한 데이터 마이닝/웨어하우징 도구인 Advanced Scout을 사용하여 선수의

19) 역자의 주: 미국의 보험회사

조합, 선발과 스카우트에 사용하고 있다(Baltazar, 2000).

- 게임 산업에서는 고객의 도박 트랜드에 대한 모델을 사용하여 어느 고객이 카지노에서 얼마의 돈을 쓸지(즉, 잃을지)를 판단한다.

| 고객의 내재 가치 |

고객의 내재 가치(intrinsic value)는 유사한 고객에 대하여 이미 알고 있는 가치에 기반한 고객의 기대 가치(expected value)를 말한다. 데이터 마이닝은 내재 가치를 예측하는 모델을 만드는 데 사용되고 있다. 일단 고객의 내재 가치가 결정되면, 적절한 마케팅 전략이 적용될 수 있을 것이다. 가치(value)가 고객이 매달 평균 지출하는 비용의 관점에서 정해진다고 하자. 이 경우의 아이디어는 고객이 어떤 주어진 달에 얼마를 지출할지를 예측하는 모델을 만들려는 것이다. 고객이 지출하는 액수는 그 고객의 실질가치와 비교하여 그 고객이 비슷한 특성을 가진 고객보다 더 많이 혹은 더 적게 지출하였는지를 판단한다.

좀 더 구체적인 예를 보도록 하자. 한 신용카드회사에서는 신규 고객의 카드 사용 패턴에 부정적인 (즉 돈을 덜 쓰기 시작했다던가 하는) 변화가 있는지 뿐만 아니라 신규 고객의 이탈률(다른 신용카드로 옮겨 가는 율)이 증가하지 않나 걱정하고 있다. 이러한 걱정을 덜기 위하여 이 회사는 데이터 마이닝 컨설팅 회사와 계약을 맺었다. 데이터 마이닝 전문가는 이미 있는 신용카드 소유자들의 데이터를 사용하여 고객의 지출과 카드사용 패턴을 예측할 수 있는 모델을 만든다. 중요 어트리뷰트들은 아마도 고객 나이, 연봉, 주소지, 월평균 계좌 잔액, 월별 신용구매 횟수 등이 될 것이다.

일단 그 모델이 만들어지면, 새로운 고객들에 대한 내재 가치를 예측하는 데 사용될 수 있을 것이다. 그림 1.4에서 Y축에는 예측되는 내재 가치가 X축에는 실제(actual)의 고객 가치가 각각 표시되어 있다. 이 그림을 보면 신규 고객은 다음 세 가지 경우 중 하나에 해당될 것이다.

1. 신규 고객의 내재 가치가 그들의 현재 가치와 같은 경우
   그림 1.4의 선위에 혹은 그 근처에 떨어지는 고객들이 있다. 이들은 카드 사용을 늘리는데 중간 정도의 공격적 마케팅 전략을 사용하면 큰 효과를 볼 수 있다.
2. 신규고객의 내재 가치가 그들의 실제(actual) 가치보다 큰 경우
   그림 1.4의 대각선보다 위쪽 부분에 있는 고객들인데, 이들은 공격적인 마케팅 전략이 사용되지 않으면 결국 신용카드 사용을 중지할 가능성이 높은 사람들이다.
3. 신규 고객의 내재 가치가 그들의 실제(actual) 가치보다 작은 경우
   그림 1.4의 대각선보다 아래 부분에 있는 고객들은 카드를 계속 사용하는 것에 대한 간헐적인 보상을 제공하는 비공격적인 마케팅 전략이 아마 가장 적절할 것이다.

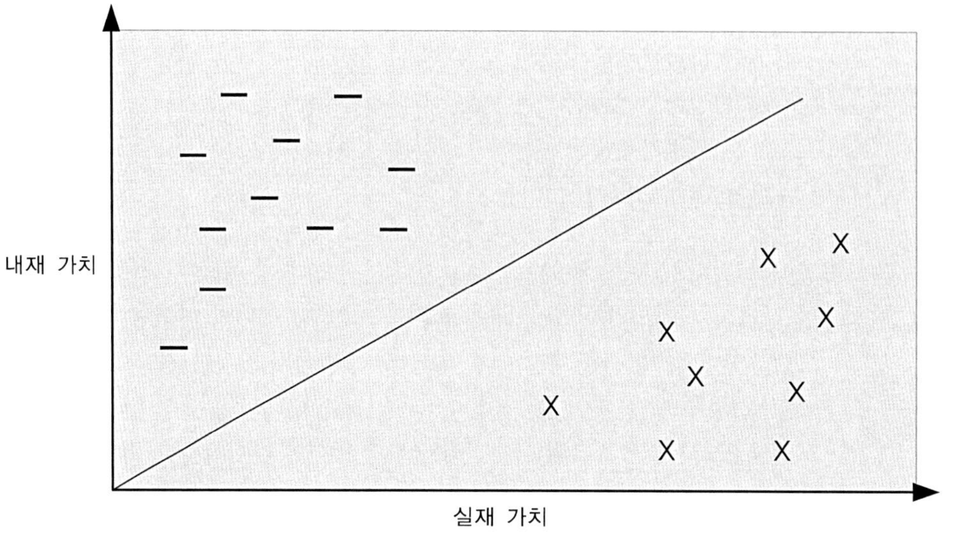

그림 1.4 고객의 내재 가치와 실제 가치

이 예는 고객 이탈률 방지와 미래 가치를 위한 전략을 프로파일하는 데 어떻게 데이터 마이닝이 사용되는지를 보여주고 있다. 다른 모든 데이터 마이닝 문제들과 마찬가지로, 내재 가치 모델의 성공은 모델 개발에 들인 시간과 노력 뿐만 아니라 좋은 품질의 데이터를 확보할 수 있는 능력에 좌우된다.

1.8 요약

데이터 마이닝은 데이터에 숨겨진 패턴을 찾아 낼 수 있는 모델을 만드는 귀납적 학습전략이다. 데이터 마이닝 알고리즘으로 만든 모델은 데이터를 개념적으로 일반화한 형태(conceptual generalization)라고 할 수 있다. 일반화(generalization)된 모습은 트리, 네트워크, 방정식, 혹은 규칙 집합의 형태가 될 수 있다. 데이터 질의는 데이터에 저장된 정보에 대해 우리가 생각했던 질문에 대답을 찾을 수 있도록 해준다. 데이터 마이닝은 우리가 전혀 생각하지도 못했던 질문에 대한 대답을 찾을 수 있도록 해준다는 점에서 데이터 질의와 다르다. 전문가 시스템은 의사결정 모델을 만드는 데 있어서 데이터가 아니라 인간의 지식을 사용한다. 품질 좋은 데이터가 없는 상황이면 문제해결에 전문가 시스템 방법이 가능한 대안이 될 수 있을 것이다.

데이터 마이닝 과정은 여러 단계를 가지는데, 먼저 데이터를 수집 준비하고, 데이터를 마이닝하고, 결과를 분석하고, 적절한 활용을 한다. 수집된 데이터는 하나 혹은 여러 개의 운영 데이터베이스, 데이터 웨어하우스 또는 플랫파일에 저장된다. 데이터는 supervised 학습 또는 unsupervised 클러스터링으로 마이닝된다. 가장 흔한 종류의 데이터 마이닝은 supervised이다. Supervised 학습에서는 분류 클래스가 이미 알려져 있는 인스턴스들을 사용하여 그 데이터를 표현하는 일반화된 모델을 만든다. 만들어진 모델은 이제 새로운, 이전에 분류되지 않은 인스턴스들을 분류하는 데 사용이 된다. Unsupervised 클러스터링에서는 미리 알려진 클래스가 없는 대신에 클러스터링 모델에서 정의된 인스턴스간 유사도에 의하여 인스턴스들이 유사한 것들 끼리 함께 그룹으로 만들어진다.

데이터 마이닝은 여러 분야에 걸친 문제들에 성공적으로 적용이 되어왔다. 다음 장들에서는 데이터 마이닝 프로세스의 각 단계에 대하여 학습할 것이다. 우리는 여러 가지 다른 데이터 마이닝 알고리즘에 대하여 배우고 그것들이 언제 어떻게 문제해결에 사용되어야 하는지에 대하여 배우게 된다. 우리 인간은 본능적으로 우리를 둘러싸고 있는 세상을 일반화하고 분류하고 있다. 그렇기 때문에 우리가 모델을 만드는 것은 자연스러운 것이며, 재미있고 그리고 해볼만한 가치가 있는 것이다.

1.9 핵심 용어

- **"어트리뷰트-값" 형식(Attribute-value format)** 테이블의 첫 번째 행은 어트리뷰트(속성)의 이름이 있다. 첫 행 이후에 테이블의 각 행은 테이블 열의 값(즉, 해당 어트리뷰트의 값)을 가지는 데이터 인스턴스가 있다.
- **고전적 관점(classical value)** 모든 개념은 명확히 정의된 고유성을 가진다는 관점
- **개념(concept)** 객체들, 기호들, 사건들의 집합으로 그들이 어떤 특성들을 공유하기 때문에 함께 그룹화된다.
- **데이터 마이닝(Data mining)** 데이터를 자동적으로 분석하고 지식(knowledge)을 추출하기 위하여 여러 컴퓨터 학습 기법을 사용하는 과정
- **데이터 웨어하우스(Data warehouse)** 데이터 처리보다는 의사 결정을 지원하기 위해서 설계된 과거 데이터의 데이터베이스

- **결정 트리(Decision tree)** 트리 구조인데, 거기서 터미널 노드는 의사결정 결과를 나타내어 주고, 그 외의 노드는 어트리뷰트에 대한 테스트를 나타낸다.
- **심층지식(Deep knowledge)** 찾고자하는 것에 대한 방향이 주어져야지만 찾을 수 있는 지식
- **흉내(Emulate)** 대리 실행되는 것
- **전형적 사례 관점(Exemplar view)** 새로운 인스턴스를 분류하기 위해서 사람들은 개념 exemplar(대표성 있는 전형적인 사례)를 저장하고 사용한다는 관점
- **전문가(Expert)** 어떤 도메인에서의 어려운 문제들을 풀 수 있는 능력을 가진 사람
- **전문가시스템(Export System)** 전문가처럼 행동을 흉내낼 수 있는 컴퓨터 프로그램
- **사실(Fact)** 참(truth)인 내용
- **은닉지식(Hidden knowledge)** 데이터베이스 질의만으로는 쉽게 찾을 수 없는 데이터 안의 패턴들과 규칙들. 그러나 데이터 마이닝 알고리즘들은 쉽게 이러한 패턴들을 찾을 수 있다.
- **가설(Hypothesis)** 실험 결과에 대한 타당성 있는 추측 혹은 예측
- **귀납적 학습(Induction-based learning)** 학습될 개념의 구체적 예제들을 관찰함으로써 일반적 개념 정의를 만드는 과정
- **입력 어트리뷰트(Input attribute)** 데이터 마이닝 알고리즘에서 데이터의 모델을 생성하는데 사용되는 어트리뷰트. 입력 어트리뷰트는 종종 독립 변수로서 언급되기도 한다.
- **인스턴스(Instance)** 어떤 개념(concept)에 대한 example, 혹은 nonexample
- **k-NN 분류기(K-nearest neighbor classifier)** NN(nearest neighbor) 분류기의 변형인데, 여기서 새로운 인스턴스는 K개의 NN 중에서 가장 공통되는 클래스로 분류가 된다.
- **KDD(Knowledge Discovery in Databases)** 데이터 마이닝을 위한 과학적인 방법의 어플리케이션
- **지식엔지니어(Knowledge engineer)** 전문가(expert)로부터 그들의 지식을 끄집어 내는 훈련된 사람
- **수동 데이터 마이닝(Manual data mining)** 데이터베이스 질의를 사용하여 데이터에서 숨겨진 패턴을 찾는 과정
- **다차원형 지식(Multidimensional knowledge)** 다차원 형식으로 저장된 사실적인 지식
- **NN 분류(Nearest neighbor classification)** 새로운 인스턴스는 훈련 데이터 중에서 그 인스턴스와 가장 가까운 거리의 인스턴스를 찾아서 분류한다.
- **운영 데이터베이스(Operational database)** 회사에서 매일 매일의 데이터 처리를 위해 설계

된 데이터베이스

- **출력 어트리뷰트(Output attribute)** Supervised 학습에서, 예측하려고 하는 출력에 대한 어트리뷰트
- **원리(Principle)** 다른 사실들을 기반으로 한 일반적인 법칙 혹은 사실
- **확률론적 관점(Probabilistic view)** 관찰을 통하여 만들어진 일반화의 형태로 개념을 저장하고 사용한다는 관점
- **절차(Procedure)** 특정 목표를 성취하기 위해서 설계된 행동의 단계적인 과정
- **생성 규칙(production rule)** 'IF 선행 조건들, THEN 결과'의 형식을 가진 규칙
- **단순 지식(Shallow knowledge)** 데이터베이스에 저장된 사실적인 지식
- **Supervised 학습(learning)** 알려진 데이터를 사용하여 뷰류 모델들을 만드는 과정
- **테스트 집합(Test set)** Supervised 학습으로 만들어낸 모델을 테스트하기 위하여 사용되는 데이터 인스턴스
- **Training 데이터(Training data)** Supervised 학습 모델들을 생성하는데 사용되는 데이터 인스턴스
- **Unsupervised 클러스터링(clustering)** 이미 정의된 클래스가 없는 데이터로부터 모델을 만드는 데이터 마이닝 방법

1.10 연습 문제

| 복습 문제 |

❶ 아래의 용어들의 차이를 구분하라.

a. 데이터 웨어하우스(data warehouse)와 운영 데이터베이스(operational database)
b. training 데이터와 test 데이터
c. 입력 어트리뷰트(input attribute)와 출력 어트리뷰트(output attribute)
d. 단순 지식(shallow knowledge)과 은닉 지식(hidden knowledge)
e. 전형적 사례 관점(exemplar view)과 확률론적 관점(probabilistic view)
f. 확률론적 관점(probabilistic view)과 고전적 관점(classical view)

g. supervised 학습과 unsupervised 클러스터링
h. 내재 가치(intrinsic value)와 실제 가치(actual value)

❷ 아래의 문제 시나리오들 각각에 대하여 해결책이 supervised 학습, unsupervised 클러스터링, 데이터베이스 질의 중에 어떠한 방법이 최상의 방법인지를 결정하시오. 테스트(검정)할만한 적절한 초기 가설들을 말하시오. Supervised 학습과 unsupervised 클러스터링 중에 최상의 방법을 결정하였다면, 문제를 해결하기 위해서 상대적으로 믿을 수 있는 입력 어트리뷰트들을 나열하라.

a. 허리 수술을 받고 복직한 사람들과 그렇지 않은 사람들과의 구별되는 특징은 무엇인가?
b. 현재 대형 자동차 생산업체는 가장 잘 팔리는 차량들 중의 한 모델의 타이어를 리콜(recall)하기 시작했다. 자동차 회사는 그 모델에서 유독 높은 사고율을 보이는 타이어 회사의 잘못으로 돌렸다. 타이어 업체는 자신들이 생산한 타이어들이 문제의 차량에 조립되었을 때에만 높은 사고 비율이 발생한다고 호소하였다. 누구의 책임인가?
c. 고객들이 나의 웹 사이트를 방문했을 때, 가장 함께 구매하기 쉬운 상품들은?
d. 우리 직원들이 매월 결근하는 횟수들의 비율은?
e. 개인의 키, 몸무게, 나이, 좋아하는 스포츠 관람 사이에서 찾을 수 있는 관계들은?

❸ 의사들은 질병 진단 및 수술 전문가이다. 의사들이 자신들의 능력들을 향상시키기 위해서 어떻게 귀납적인 방법을 사용하는지 설명하라.

❹ 웹사이트 www.kdnuggets.com을 방문하라.

a. 데이터 마이닝이 실세계의 문제들을 해결하는 데 어떻게 적용되는지에 대한 글들이 있는 곳을 찾는다.
b. DATASETS 링크를 따라 UCI KDD Database Repository에 가서 관심 있는 데이터 집합들을 훑어본다.

❺ '모범 학생'이라는 개념의 정의를 만들어 보아라.

a. 당신의 정의에 어떠한 어트리뷰트들이 사용되는가?
b. 고전적인 관점으로부터 모범 학생에 대한 정의를 해보라.
c. 확률론적 관점으로부터 모범 학생을 정의하라.
d. 전형적인 예제 관점으로 정의를 만들어보라.

❻ 표 1.1의 데이터에 대하여 Swollen Glands와 Fever 속성들을 사용하지 않고 결정 트리를 만들 때 어떤 일이 발생하는가?

Chapter 2
데이터 마이닝: 조금 더 자세히 보기

이 장에서 학습할 내용

주어진 문제에 대한 적절한 데이터 마이닝 전략의 선택
여러 데이터 마이닝 기법과 일반화된 모델을 만드는 방법
오분류 행렬(confusion matrix)을 사용한 supervised 학습자 모델의 평가 방법
Supervised 학습자 모델들의 성능 비교를 위한 Lift 측정 방법
Unsupervised 학습자 모델들을 평가하는 기본적인 기법

데이터 마이닝 분야는 계속 변하고 있지만 기본적인 전략들은 크게 변하지 않고 있다. 2.1절에서는 다섯 가지 기본 전략들과 각 전략에 적절한 문제의 예들을 설명한다. 데이터 마이닝 전략(strategies)은 문제 해결에 대한 접근방법 윤곽을 잡아주고, 데이터 마이닝 기법(techniques)은 그 전략을 적용하는 것이다. 2.2절부터 2.4절에서는 신용카드 프로모션에 대한 고객정보의 가상 데이터베이스를 사용하여 여러 데이터 마이닝 기법을 소개한다. 2.2절에서는 supervised 학습 기법들만 다루고 2.3절에서는 3장에서 자세히 다루게 될 연관규칙(association rules)에 대한 개요를, 2.4절에서는 unsupervised 클러스터링에 대해서 학습할 것이다. 1장에서 보았듯이 평가(evaluation)는 데이터 마이닝 프로세스에서 필수적인 것이며 2.5절에서는 몇 가지 기본적인 도구를 사용하여 이 평가 단계에 대하여 설명하도록 하겠다.

2.1 데이터 마이닝 전략

제1장에서 이미 언급되었듯이, 데이터 마이닝 전략(strategies)은 크게 supervised와 unsupervised로 분류된다. Supervised 학습은 입력 어트리뷰트를 사용하여 출력 어트리뷰트의 값을 예측하는 모델을 만드는데, 대부분의 데이터 마이닝 알고리즘에서는 단일 출력 어트리뷰트만을 사용한다. 하지만 여러 개의 출력 어트리뷰트들을 가진 데이터에 사용할 수 있는 supervised 기법도 있다. 출력 변수(Output variable)는 **종속 변수(dependent variable)**라고도 부르는데, 그 결과 값이 입력 어트리뷰트의 값에 따라서 결정되기 때문이다. 따라서 입력 어트리뷰트는 **독립 변수(independent attributes)**라고도 부른다. Unsupervised 학습인 경우에는 결과 어트리뷰트가 없기 때문에 모델을 만드는데 사용되는 모든 어트리뷰트들은 독립 변수이다.

Supervised 학습 전략은 또 출력 어트리뷰트들이 이산형(discrete)인지 범주형(categorical)인지에 따라서, 그리고 그 만들어진 모델이 현재 조건을 알기 위한 것인지 아니면 장래 결과에 대한 예측을 위한 것인지에 따라서 좀 더 세분화된다. 이번 절에서는 세 가지 unsupervised 학습 전략을 살펴보고 unsupervised 클러스터링에 대해서 좀 더 자세히 살펴보고 카탈로그와 상점에서 팔리는 소매 상품에서 연관성(associations)을 발견하는 전략을 소개한다. 그림 2.1은 우리가 학습할 다섯 가지 데이터 마이닝 전략을 보여주고 있다.

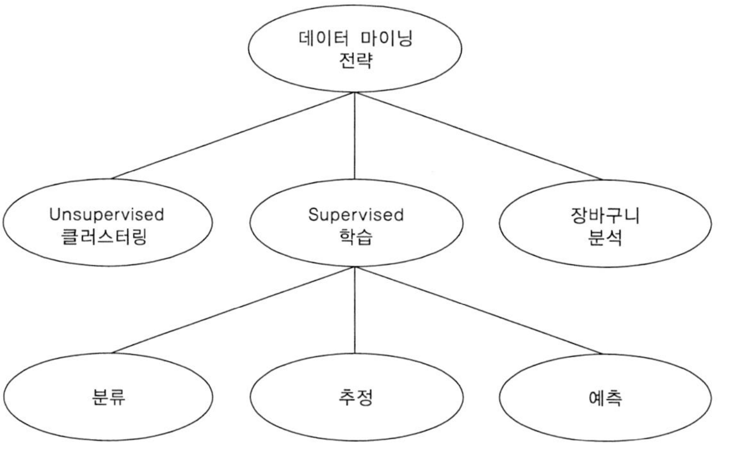

그림 2.1 데이터 마이닝 전략의 계층도

| 분류(Classification) |

분류(Classification)는 아마도 가장 잘 알려진 데이터 마이닝 전략일 것이다. 분류는 다음과 같은 세 가지의 공통된 특징을 갖는다.

- Supervised로 학습된다.[1)]
- 종속 변수[2)]는 범주형이다.
- 가장 중요한 것은 새로운 인스턴스들이 결과 클래스들 중의 하나로 분류되게 하는 모델을 만드는 것이다.

분류의 몇 가지 예는 아래와 같다.

- 심근경색을 앓고 있는 사람과 그렇지 않은 사람을 구별하는 특징들을 찾아내는 것.
- '성공한' 사람의 프로파일을 만드는 것.
- 신용카드의 부정사용 여부를 판단하는 것.
- 자동차 대출 신청자의 신용위험정도의 좋고 나쁨을 분류하는 것.
- 뇌경색 환자 중에서 남자와 여자를 구별하는 프로파일을 만드는 것.

위에 언급한 예들은 미래가 아닌 현재의 경우를 다루고 있다는 것에 주의해야 한다. 예를 들어 자동차 할부대출 신청 모델의 경우에는 신청자가 미래가 아니라 지금 시점에 신용상태가 좋은지 나쁜지를 결정하는 것이다. 반면에 예측(Prediction) 모델은 미래에 어떨 것인가에 대한 질문에 답을 할 수 있도록 설계된다. 예측 모델은 이 절의 후반에 설명된다.

| 추정(Estimation) |

분류(Classification)처럼 **추정**(estimation) 모델은 입력된 새로운 인스턴스에 대한 결과 어트리뷰트의 값을 알아내고자 하는 것이다. 하지만 분류와는 달리 추정 문제에서는 출력 어트리뷰트는 범주형이 아닌 수치 값을 갖는다. 추정 문제의 네 가지 예를 살펴보도록 하자.

- 천둥번개가 어느 곳까지 가는 데 몇 분이 걸리는지 추정
- 스포츠카를 소유하고 있는 사람의 연봉을 추정

1) 역자의 주: 즉 instance들에 대하여 미리 알려진 분류 class들이 있어서 이것을 반복하여 학습함으로써 그 class에 대한 모델을 만든다.
2) 역자의 주: 종속 변수(dependent variable)라는 용어는 통계에서 주로 사용하는 용어이며, 결과 어트리뷰트(output attribute) 혹은 분류 클래스(class)라고 생각하면 된다.

- 신용카드의 도난 가능성을 추정
- 감마선 폭발체의 길이를 추정

대부분의 supervised 기법은 분류 혹은 추정 중의 하나를 해결하는 것들이며 두 가지 모두에 적용할 수 있는 것은 드물다. 만약 우리가 사용하는 데이터 마이닝 도구가 둘 중의 하나에만 해당하는 것이면, 거기에 맞는 해결책이 나오도록 문제를 수정하면 된다. 알기 쉽게 설명하자면, 위에 언급한 분실된 신용카드 예에 나오는 training 데이터의 결과 어트리뷰트가 원래 0과 1 사이의 수치형 값이라고 한다면, 우리는 그 수치형 결과 값을 이산(discrete)값으로 변경하여 사용할 수 있다. 즉 결과 값이 0.0과 0.3이면 도난되지 않았음(unlikely), 0.3과 0.7 사이의 값이면 도난된 것 같음(likely), 그리고 0.7과 1.0 사이의 값이면 매우 도난되었을 것 같음(highly likely)처럼 이산적인 값들로 만들 수 있고, 이 같은 경우의 변환은 매우 간단하다. 하지만 화폐 액수를 이산적인 값들로 변경하는 것은 어려운 일이 될 것이다.

| 예측(Prediction) |

예측(Prediction)은 개념적으로 분류(classification) 또는 추정(estimation)과 유사하지만, 그것들과 달리 예측 모델은 현재의 행위가 아닌 미래에 일어날 결과를 결정하는 데 사용된다. 예측(prediction) 모델의 출력 어트리뷰트는 범주형(categorical)도 될 수 있고 수치형(numeric)도 될 수 있다. 예측을 위한 데이터 마이닝의 적절한 몇 가지 작업의 예를 들어보면 다음과 같다.

- 2002 NFL 시즌에 NFL 러닝백이 하게 될 터치다운의 총 개수를 예측하는 것.
- 신용카드 고객이 신용카드 대금 영수증과 함께 보내어진 특별 오퍼를 이용할 것인지를 예측하는 것.
- 다우존스 산업평균의 다음 주 종가를 예측하는 것.
- 전화가입자가 다음 세달 동안에 전화회사를 다른 곳으로 바꾸게 될 가능성을 예측하는 것.

분류나 추정 문제에 사용되는 대부분의 supervised 데이터 마이닝 기법들은 또한 예측 모델들을 만드는 데도 사용될 수 있다. 사실, 어느 모델이 분류, 추정, 또는 예측에 적절할 것인지는 본래 데이터의 성격에 의하여 결정된다. 이것을 보이기 위하여 실제 303명의 의료 기록을 살펴보도록 하자. 138개의 데이터는 환자의 심장 상태 정보를 가지고 있다. 데이터집합은 심장병 환자 데이터 집합(Cardiology Patient Dataset)이라는 설명 박스에 요약되어 있다.

심장병 환자 데이터 집합(The Cardiology Patient Dataset)

이 심장병 환자 데이터 집합은 이 책의 iDA 소프트웨어에 포함된 데이터 집합 패키지의 일부이다. 원래 데이터는 California의 Long Beach에 있는 VA Medical Center 병원에 있는 Dr. Robert에 의해 수집되었다. 이 데이터 집합의 전체 303개의 데이터 중에서 138개가 심장병을 겪고 있는 환자들의 정보이다. 원래 데이터 집합의 13개의 입력 어트리뷰트들은 수치형 변수이고, 하나의 결과 어트리뷰트들은 심장문제가 있는지 없는지를 표시하는 값으로 되어 있다. 이 데이터 집합은 나중에 Dr. John Gennari에 의해 수정되었는데 데이터 마이닝 도구를 시험해보기 위하여 7개의 수치형 어트리뷰트들을 범주형 데이터로 바꾸었다. 이 데이터 집합의 MS 엑셀 파일 이름은 각각 CardiologyNumerical.xls와 CardiologyCategorical.xls 이다. 이 데이터 집합은 실제 환자 데이터를 사용했다는 것과 다양한 데이터 마이닝 기법들을 실험해본 것이라는 점에서 흥미롭다. 우리는 이 데이터를 가지고 여러 가지 데이터 마이닝 기법을 사용하여 심장질환이 없는 환자와 있는 환자를 구별하는 프로파일을 개발해볼 수 있다.

이 데이터 집합에서 사용하는 어트리뷰트들과 그 값의 범위들이 표 2.1에 나와 있다. 두 가지 형태의 데이터 집합이 있는데 그 중의 하나는 모두 수치형 어트리뷰트들만 가지고 있는 것이고 다른 하나는 그 중 7개의 어트리뷰트들을 범주형(categorical)으로 변환한 것이다. Mixed Values라는 이름의 표의 열은 범주형으로 변환되지 않은 수치 어트리뷰트들을 보여준다. 예를 들어, Age는 양쪽 데이터 집합에서 모두 동일하다. 하지만 'Fasting Blood Sugar<120' 은 변환된 데이터 집합에서는 참(True) 또는 거짓(False)의 값, 즉 1과 0만 가진다.

표 2.2는 그 데이터 집합의 네 개의 인스턴스들을 보여준다. 그 중의 두 개는 각각의 클래스에서 가장 대표성 있는 exemplar들이고 나머지 두 개는 가장 대표성이 없는 클래스 멤버들이다. 가장 건강한 전형적인 사람(most typical healthy)과 가장 전형적인 환자(most typical sick) 사이의 차이점의 어떤 것들은 쉽게 예상할 수 있는 것들이다. 어트리뷰트 Resting ECG와 Induced Angina와 같은 경우가 그러하다. 하지만 놀랍게도 콜레스테롤(cholesterol)과 혈압(blood pressure)에서는 건강한 사람(healthy)과 환자(sick)들 사이에 어떤 차이를 발견할 수 없었다.

이 데이터에 대하여 생성 규칙 생성기(production rule generator)로 만든 두 개의 규칙을 보도록 하자. 개념(Concept) 클래스가 출력 어트리뷰트로 정의되어 있다.

표 2.1 심장병 환자 데이터

Attribute Name	Mixed Values	Numeric Values	Comments
Age	Numeric	Numeric	Age in years
Sex	Male, Female	1, 0	Patient gender
Chest Pain Type	Angina, Abnormal Angina, NoTang, Asymptomatic	1–4	NoTang=Nonanginal Pain
Blood Pressure	Numeric	Numeric	Resting blood pressure upon hospital admission
Cholesterol	Numeric	Numeric	Serum cholesterol
Fasting Blood Sugar<120	True, False	1, 0	Is fasting blood sugar less than 120?
Resting ECG	Normal, Abnormal, Hyp	0, 1, 2	Hyp=Left ventricular hypertrophy
Maximum Heart Rate	Numeric	Numeric	Maximum heart rate achieved
Induced Angina?	True, False	1, 0	Does the patient experience angina as a result of exercise?
Old Peak	Numeric	Numeric	ST depression induced by exercise relative to rest
Slope	Up, flat, down	1–3	Slope of the peak exercise ST segment
Number Colored Vessels	0, 1, 2, 3	0, 1, 2, 3	Number of major vessels colored by fluoroscopy
Thal	Normal fix, rev	3, 6, 7	Normal, fixed defect, reversible defect
Concept Class	Healthy, Sick	1, 0	Angiographic disease status

표 2.2 심장병 도메인에서 최대·최소로 전형적인 인스턴스들

Attribute Name	Most Typical Healthy Class	Least Typical Healthy class	Most Typical Sick Class	Least Typical Sick Class
Age	52	63	60	62
Sex	Male	Male	Male	Female
Chest Pain Type	NoTang	Angina	Asymptomatic	Asymptomatic
Blood Pressure	138	145	125	160
Cholesterol	223	233	258	164
Fasting Blood Sugar<120	False	True	False	False
Resting ECG	Normal	Hyp	Hyp	Hyp
Maximum Heart Rate	169	150	141	145
Induced Angina?	False	False	True	False
Old Peak	0	2.3	2.8	6.2
Slope	Up	Down	Flat	Down
Number Colored Vessels	0	0	1	3
Thal	Normal	Fix	Rev	Rev

IF *169 <= Maximum Heart Rate <= 202*
THEN *Concept Class = Healthy*
Rule accuracy: 85.07%
Rule coverage: 34.55%

IF *Thal = Rev & Chest Pain Type = Asymptomatic*
THEN *Concept Class = Sick*
Rule accuracy: 91.14%
Rule coverage: 52.17%

첫 번째 규칙의 경우에 정확도(accuracy)를 보면 만약 환자의 최고 심장 박동 수(maximum heart rate)가 169와 202 사이이면 건강한 사람(healthy)이라고 판단하여도 100번 중 85번 이상은 맞을 것이라는 것을 표시하는 것이다. 규칙(Rule) 적용범위(coverage)는 모든 건강한 사람들 중의 34% 이상이 최고 심장 박동 수를 그 정도로 가진다는 것을 표시한다. 이 지식을 표 2.2에 있는 최고 심장 박동 수값과 함께 보면, 건강한 사람은 더 높은 최고 심장 박동 수를 가진다는 것을 알 수 있다.

이 첫 번째 규칙은 분류인가, 아니면 예측인가. 만약 그것이 예측 규칙으로 사용한다면, 우리는 건강한 사람(healthy)들에게 다음과 같은 경고를 주는 데 사용할 수 있다.

경고 1: 당신의 최고 심장 박동 수(maximum heart rate)를 정기적으로 검사하십시오. 만약 그것이 떨어진다면 심장마비(heart attack)의 위험이 있을 수 있습니다!

만약 그 규칙이 예측이 아닌 분류에 사용된다면, 시나리오는

경고 2: 만약 당신이 심장마비를 앓고 있다면, 당신의 최고 심장박동 수는 감소할 것입니다.

어떤 경우든 간에 다음의 경고보다 더 강하게 이야기하기는 힘들다.

경고 3: 최고 심장 박동 수 때문에 심장마비가 유발될 수 있습니다.

즉, 데이터 마이닝으로 우리는 어트리뷰트들간의 관계(relationship)는 알 수 있지만 그 관계의 인과관계(causality)는 알지 못한다. 따라서 최고 심장 박동 수를 증가시키기 위하여 운동을 시작하는 것이 좋은 것일 수도, 혹은 그렇지 않은 것일 수도 있다.

위의 처음 두 경고 중의 어느 것이 맞는 것인지 여전히 의문이 남는다. 쉽게 대답되어질 수 있는 것이 아니다. 데이터 마이닝 전문가는 지금 보여준 것과 같은 규칙(rules)을 생성하는 모델을 개발할 수 있다. 그 다음에는 데이터 마이닝 전문가는 발견된 지식을 어떻게 사용할지를 결정하기 위하여서는 추가적인 정보(이 경우에는 의학전문가로부터의 정보)가 필요하게 될 것이다.

| Unsupervised 클러스터링 |

Unsupervised 클러스터링에서는 학습과정을 이끌어 갈 종속 변수(dependent variable)가 없다. 대신에 학습 프로그램은 클러스터가 적절히 만들어졌는지를 측정할 수 있는 척도를 사용하여 인스턴스들을 두 개 이상의 그룹으로 그룹화시킴으로써 지식 구조(knowledge structure)를 만든다. Unsupervised 클러스터링 전략의 주된 목적은 데이터에 들어 있는 개념 구조(concept structure)를 발견하는 것이다. Unsupervised 클러스터링은 일반적으로 다음의 예와 같이 사용된다.

- 데이터에 존재하는 의미 있는 관계가 개념(concepts)의 형태로 찾아질 수 있는지를 판단
- supervised 학습자 모델의 성능 평가
- supervised 학습에서 사용할 가장 적합한 입력 어트리뷰트들을 판단
- 이상치(Outlier)[3]를 판단

우리는 1장에서 unsupervised 클러스터링에 대한 예를 보았는데, 거기서는 Acme Investors 데이터베이스에 클러스터링을 적용하여 데이터에 숨겨져 있는 흥미로운 관계를 개념 클래스의 형태로 찾는 것을 보여주었다. unsupervised 클러스터링을 supervised 학습의 평가도구로 사용하는 것은 드문 것만은 아니다.

이것을 좀 더 자세히 살펴보기 위해 출력 어트리뷰트로 개념 클래스를 가진 심장환자 데이디를 사용하여 supcrvised 학습자 모델을 만들었다고 가정해보자. 이 supervised 모델을 평가하기 위하여 unsupervised 클러스터링 시스템에 training 인스턴스들을 집어넣고 그 인스턴스에서는 어트리뷰트 개념 클래스는 사용하지 않는 것으로 설정하였다. 그 다음에 그 unsupervised 모델의 출력을 봐서 각 개념 클래스(즉, 건강한 사람(healthy) 혹은 환자(sick))에 속한 인스턴스들이 자연스럽게 함께 클러스터가 되었는지를 본다. 만약 각 클래스에 속한 인스턴스들이 함께 클러스터가 되지 않았다면 우리가 사용한 어트리뷰트들은 건강한 사람(healthy)들을 심장문제가 있는 환자들과 분리할 수 있는 것들이 아니라고 판단할 수 있다. 이것은 그 supervised 모델의 성능이 그리 좋지 않을 가능성이 많다는 것을 암시할 수 있다. 한 가지 해결방법은 그 supervised 모델을 만드는 데 사용한 어트리뷰트와 인스턴스들을 다시 한 번 보는 것이다. 실제로 매번 다른 어트리뷰트들을 골라서 unsupervised 클러스터링을 반복하여 해봄으로써 supervised 학습자 모델을 만드는 데 가장 좋은 어트리뷰트들을 고를 수가 있다. 이런 방법으로 그 클래스들간을 가장 잘 분류할 수 있는 어트리뷰트들을 골라낼 수가 있을 것이다. 하지만 불행하게도 어트리뷰트들의 개수가 비록 작다 하더라도, 이런 기법은 계산 복잡도가 너무 커져서 사용하기가 힘들다.

Unsupervised 클러스터링은 또한 데이터에 들어 있을지도 모르는 비대표적인(atypical), 즉 별 관계 없는 인스턴스를 찾는 데 사용할 수 있다. 비대표적 인스턴스는 이상치(outliers)라고도 불린다. Outliers는 아주 큰 영향을 끼칠 수가 있으며, 따라서 있을 때마다 찾아내야 한다. 통계적 방법에서는 주로 Outliers를 없애는데 반하여 데이터 마이닝에서는 이상

3) 역자의 주: outlier는 통계용어로서, 비슷한 패턴 혹은 규칙성을 가지고 있는 데이터 무리들 중에서 그 패턴이나 규칙성을 따르지 않고 유별나게 이상한 값의 데이터가 있을 때 그것을 outlier라고 한다. 대부분 noise data, 즉 잘못된 데이터인 경우가 많다.

치들은 없애는 것이 아니라 어쩌면 우리가 찾으려고 하는 인스턴스일 수가 있다. 예를 들어, 신용카드의 부정사용을 찾아내는 어플리케이션에서는 그 부정사용을 찾는 것이 바로 데이터에서 이상치들을 찾는 것이다. 이상치들을 찾는 한 가지 방법은 unsupervised 클러스터링을 사용하여 다른 인스턴스들과 자연스럽게 그룹화되지 못하는 인스턴스들을 체크해보는 것이다.

| 장바구니 분석(Market Basket Analysis) |

장바구니 분석(market basket analysis)의 목적은 소매상품들간의 흥미로운 관계를 찾고자 하는 것이다. 장바구니 분석의 결과를 이용하여 소매상들은 프로모션을 설계하거나 상품을 진열하거나 크로스 마케팅(cross-marketing)[4] 전략을 짤 때 도움을 받을 수 있다. 연관 규칙(association rule) 알고리즘은 장바구니 분석을 데이터에 적용하는 데 사용된다. 연관 규칙은 이 장의 후반에 간략히 설명되고 3장에서 자세히 설명될 것이다.

2.2 Supervised 데이터 마이닝 기법들

데이터 마이닝 기법은 데이터 마이닝 전략을 데이터에 적용하는 데에 사용된다. 특정 데이터 마이닝 기법은 알고리즘, 그리고 그 알고리즘과 연관된 지식 구조(예를 들어 트리나 규칙집합)에 의하여 정의된다. 1장에서 우리는 가장 많이 사용되는 supervised 데이터 마이닝 기법으로 결정 트리를 소개했었다. 여기서는 supervised 데이터 마이닝 방법 몇 가지를 더 소개하도록 하겠다. 우리의 목적은 여러 가지 데이터 마이닝 기법들간의 비슷한 점들과 다른 점들에 대해 기본적인 이해를 하고자 하는 것이다.

| 신용카드 프로모션 데이터베이스 |

우리는 여기 소개될 데이터 마이닝 방법들을 설명하기 위하여 사용할 데이터는 **신용카드 프로모션 데이터베이스**(The Credit Card Promotion Database)라는 제목의 설명 박스에 요약되고 표 2.3에 제시된 가상의 데이터이다. 이 표는 Acme신용카드사가 발급한 신용카드

4) 역자의 주: 상호판매, 끼워팔기 등으로 번역되는데 다른 종류의 물건을 함께 묶어서 판매하는 것을 말한다. 예를 들어 DVD 영화와 그 원작소설을 함께 특별가격에 판매하는 것이 될 수 있다.

소지자의 정보 데이터베이스에서 추출한 데이터를 보여주고 있다. 표 2.3의 첫 번째 줄은 데이터 각 칼럼의 어트리뷰트 이름을 보여준다. 두 번째 칼럼부터 네 번째까지에 있는 값은 카드 소유자가 매달 청구서와 함께 보내지는 특정 프로모션을 사용했는지에 대한 정보를 보여준다. 다섯 번째 칼럼은 그 사람이 신용카드 보험을 가지고 있는지, 여섯 번째 칼럼은 성별을, 일곱 번째 칼럼은 나이를 보여준다. 표에 나온 첫 번째 고객은 연봉 $40,000과 $50,000 사이이며, 45세의 남자이고, 신용카드 청구서와 보내진 광고에 나온 잡지 하나 이상을 구독하며, 다른 신용카드 프로모션은 사용하지 않았고 신용카드 보험을 가지고 있다. 데이터 마이닝에 필요하다고 생각되는 어트리뷰트들의 일부는 이 표에 포함되지 않았다. 예를 들자면 프로모션 시기, 구매 액수, 매달 평균 카드사용 액수, 결혼여부 등이 될 수 있다. 자, 이 신용카드 프로모션 데이터베이스에서 우리가 무엇을 발견할 수 있을지 데이터 마이닝기법을 살펴보도록 하자.

신용카드 프로모션 데이터베이스(The Credit Card Promotion Database)

신용카드 회사들은 매달 청구서를 보낼 때 프로모션(즉, 판촉물 광고, 특별 할인 광고 등) 정보를 함께 보내어 고객들에게 가방, 잡지, 보석 등과 같은 물건들을 구매할 수 있는 기회를 제공한다. 새로운 프로모션을 하고 있는 신용카드 회사는 종종 고객들이 이 프로모션을 많이 선택하도록 하기위하여 현재 카드 잔액을 알리지 않고 청구서를 보내기도 한다. 정확한 데이터가 있는 경우에 예측 데이터 마이닝의 관점에서 앞으로 프로모션을 선택할 고객의 특성에 관한 어떠한 관계를 찾을 수 있을지도 모른다. 그렇게 하기 위하여서는 청구 대금이 없는 카드 소유자를 두 그룹으로 나눌 수 있다. 한 그룹은 새로운 프로모션을 선택할 가능성이 높은 사람들이 될 것인데 이 사람들에게는 청구 금액이 없더라도 프로모션 정보를 청구서와 함께 보내야 한다. 두 번째 그룹은 프로모션 구매 가능성이 낮은 사람들인데 이 사람들에게는 청구 금액이 없는 경우에는 매달 청구서를 보낼 필요가 없다. 그렇게 해서 신용카드 회사의 우표 값, 종이 값, 처리비용 등을 절약할 수 있다.

표 2.3의 신용카드 프로모션 데이터베이스는 Acme신용카드 회사의 신용카드를 가지고 있는 15명의 사람들에 대한 가상의 데이터이다. 이 데이터는 처음에 신용카드 신청서 작성 시 얻은 정보 뿐만 아니라 신용카드사가 보낸 프로모션 제안을 받아들인 적이 있는지 여부에 대한 정보도 포함하고 있다. 비록 데이터는 작은 크기이지만 우리의 문제를 설명하는 데는 좋은 예로 사용될 수 있을 것이다. 이 데이터베이스를 가지고 설명을 하도록 하겠다.

| 생성 규칙(Production Rules) |

1장에서 우리는 결정 트리를 생성규칙(production rules)으로 변환하는 것을 보았다. 하지만 생성규칙을 만들기 위하여 트리 구조를 먼저 만들어야 하는 것은 아니다. RuleMaker, 즉 이 책에 포함된 iDA 소프트웨어에 들어 있는 규칙 생성기는 수학의 집합 이론 연산과 비율을 이용하여 스프레드시트 데이터에서 규칙을 만들어 낸다. 이 장의 초반에 심장환자 데이터 집합에서 RuleMaker가 만들어낸 두 개의 규칙을 이미 보았다. RuleMaker를 신용카드 프로모션 데이터에도 적용하여 보자.

이번 실험에서는 Acme신용카드 회사는 표 2.3에서 전에 했었던 프로모션과 비슷한 새로운 생명보험 프로모션을 준비한다고 가정하도록 하자. 프로모션 자료들을 청구 대금이 있는 모든 카드 소유자에게 카드 청구서와 함께 보내진다. 데이터 마이닝을 사용하여 현재 신용카드 청구 대금은 프로모션을 선택할 가능성이 높은 사람들의 그룹에게 청구서를 보내고자 한다.

이 문제에서는 supervised 데이터 마이닝을 사용하고 거기서 출력 어트리뷰트로는 life insurance promotion(생명보험프로모션)을 선택하도록 한다. 우리의 목적은 다음 번 신용카드 청구서와 함께 보낼 생명보험 프로모션을 선택할 가능성이 높은 사람들의 프로파

표 2.3 신용카드 프로모션 데이터베이스

Income Range($)	Magazine Promotion	Watch Promotion	Life Insurance Promotion	Credit Card Insurance	Sex	Age
40–50K	Yes	No	No	No	Male	45
30–40K	Yes	Yes	Yes	No	Female	40
40–50K	No	No	No	No	Male	42
30–40K	Yes	Yes	Yes	Yes	Male	43
50–60K	Yes	No	Yes	No	Female	38
20–30K	No	No	No	No	Female	55
30–40K	Yes	No	Yes	Yes	Male	35
20–30K	No	Yes	No	No	Male	27
30–40K	Yes	No	No	No	Male	43
30–40K	Yes	Yes	Yes	No	Female	41
40–50K	No	Yes	Yes	No	Female	43
20–30K	No	Yes	Yes	No	Male	29
50–60K	Yes	Yes	Yes	No	Female	39
40–50K	No	Yes	No	No	Male	55
20–30K	No	No	Yes	Yes	Female	19

일을 만드는 것이다. 가능한 가설(hypothesis)은 다음과 같다.

> 하나 혹은 그 이상의 데이터 집합 어트리뷰트들의 조합이 생명보험 프로모션을 선택할 사람과 그렇지 않을 사람을 구별하는 데 역할을 할 것이다.

이 가설은 예측행위(predicted behavior)보다는 현재 상태의 관점에서 언급되었다. 하지만 만들어지는 규칙에 따라서 우리는 그 규칙을 분류 또는 예측에 사용할 수 있는지를 결정할 수 있을 것이다.

이 데이터를 가지고 iDA 규칙 생성기는 아래와 같은 네 개의 규칙을 생성했다.

1. **IF** Sex = Female & 19 <= Age <= 43
   THEN Life Insurance Promotion = Yes
   Rule Accuracy: 100.00%
   Rule Coverage: 66.67%
2. **IF** Sex = Male & Income Range = 40-50K
   THEN Life Insurance Promotion = No
   Rule Accuracy: 100.00%
   Rule Coverage: 50.00%
3. **IF** Credit Card Insurance = Yes
   THEN Life Insurance Promotion = Yes
   Rule Accuracy: 100.00%
   Rule Coverage: 33.33%
4. **IF** Income Range = 30-40K & Watch Promotion = Yes
   THEN Life Insurance Promotion = Yes
   Rule Accuracy: 100.00%
   Rule Coverage: 33.33%

첫 번째 규칙은 우리가 프로모션 정보와 함께 청구서를 나이 19세에서 43세 사이의 모든 여성에게 보낸다는 것을 보여준다. 비록 이 규칙의 적용 범위(coverage)는 66.67%이지만 이 나이에 들어가는 여성의 3분의 2가 프로모션을 선택할 것이라고 가정하는 것은 너무나 낙관적인 것일 것이다. 두 번째 규칙은 연봉 40K-50K 사이의 남자는 생명보험 프로모션에 별로 좋은 후보자들이 아니라는 것을 말해준다. Accuracy 100%라는 것은 우리의 샘플에서는 그 연봉의 남자는 단 한명도 그전에 생명보험 프로모션을 선택하지 않았다는 것을 말한다.

처음 두 개의 규칙은 지난 번 프로모션에 대한 정보가 들어 있지 않으므로 특별히 더 도움이 된다. 규칙의 조건이 모두 카드신청 시에 수집된 정보로만 되어 있다. 신용카드 보험은 처음에 카드 발급 시에 선택여부를 묻기 때문에 세 번째 규칙도 또한 유용하다. 하지만 네 번째 규칙은 그전의 프로모션을 접할 기회가 없었던 신규고객에게는 적용해볼 수가 없다. 신규고객에게는 처음 세 개의 규칙을 예측할 때(predictive) 사용하고 네 번째 규칙은 분류의 목적으로 (예측의 목적이 아니라) 사용할 수 있다.

| 신경망(Neural Networks) |

신경망은 인간의 뇌의 기능을 흉내내도록 설계된 서로 연결된 노드들의 집합이다. 인간의 뇌는 수십억 개의 뉴런을 가지고 있고 신경망은 대개는 기껏해야 100개 이하의 노드들을 가지므로 이들 둘간의 비교는 피상적일 수밖에 없다. 하지만, 신경망은 여러 분야에 걸쳐서 많은 문제들에 성공적으로 적용되어왔고 이러한 이유로 데이터 마이닝에서는 꽤 인기있는 기법으로 사용되고 있다.

많은 다른 형태의 신경망도 그동안 소개되어 왔으며 supervised 학습은 물론 unsupervised 클러스터링에도 사용될 수 있다. 어느 경우에나 신경망의 입력은 수치 값이어야 한다. 전방향(feed-forward) 신경망은 가장 많이 사용되는 supervised 학습자 모델이라고 할 수 있다. 그림 2.2는 3개의 층(layer)으로 이루어진 완전 연결(fully-connected) 전방향 신경망을 보여주고 있다. 이 신경망은 완전 연결(즉, 한 층에 있는 모든 노드들이 다음 층의 모든 노드들에 연결)되어 있고 각 연결(connection)은 연결 가중치(weight) 값을 가지고

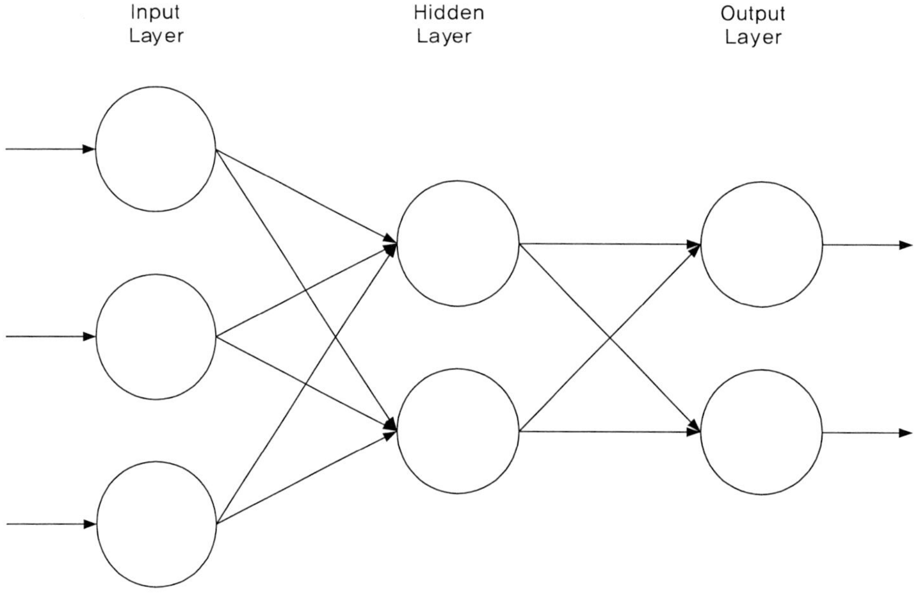

그림 2.2 다층(Multilayer) 완전 연결 신경망

있다(그림에는 안 보였음). 이 네트워크 구조에서 같은 층에 있는 노드들은 서로 연결되어 있지 않음에 주의해야 한다.

전방향 신경망에서는 각 인스턴스의 입력 어트리뷰트들의 값들이 입력층으로 들어가서 출력층으로 통과하여 나온다. 출력층은 하나 혹은 여러 개의 노드들을 가질 수 있다. 그림 2.2의 네트워크의 출력층은 두 개의 노드를 가지고 있다. 따라서 신경망의 출력은 순서가 있는 값의 짝이 될 것이다.

신경망은 두 단계로 작동한다. 첫 번째 단계는 학습(learning) 단계이다. 네트워크의 학습에서는 각 인스턴스의 입력 값들이 네트워크의 입력층으로 들어간다. 데이터에 있는 입력 어트리뷰트 하나가 입력층의 노드 하나에 해당한다. 신경망은 그 입력 값과 연결 가중치(connection weight)를 함께 사용하여 각 인스턴스에 대한 출력을 계산한다. 출력은 하나 혹은 여러 개의 값이 될 수 있다. 각 인스턴스의 계산된 출력은 기대할 수 있는 결과 값과 비교된다. 그 계산된 결과 값과 기대 결과 값 사이에 차이가 발생하면 연결 가중치를 고치면서 네트워크를 따라 뒤로 전파(propagate)되어간다. 정해진 만큼의 iteration이나 혹은 네트워크가 미리 지정된 최소 에러율에 도달하면 training은 멈춘다. 두 번째 단계에서는 네트워크 가중치 값들이 수정되고 그 네트워크는 새로운 인스턴스에 대한 출력값을 다시 계산한다.

우리의 iDA 소프트웨어 도구는 supervised 학습을 위한 전방향 신경망(feed-forward neural network) 뿐만 아니라 unsupervised 클러스터링을 위한 신경망도 포함한다. 이 supervised 네트워크 모델을 신용카드 프로모션 데이터에 적용하여 앞서 말한 가정을 검증해보았다. 다시 말하지만 출력 어트리뷰트는 생명보험 프로모션(life insurance promotion)이다. 우리는 예측 모델을 만들려고 하기 때문에 입력 어트리뷰트들은 연봉(income range), 신용카드 보험(credit card insurance), 성별(sex)과 연령(age)만 사용하도록 한다. 따라서 네트워크는 4개의 입력 노드와 하나의 출력 노드를 가진다. 우리 실험에서는 은닉층[5](hidden layer)에 4개의 노드를 사용하였다. 신경망이 범주형 데이터를 직접 다룰 수 없으므로 그 범주형 어트리뷰트 값을 그렇다(yes)는 1로 아니다(no)는 0으로 바꾸고, 남성(male)과 여성(female)도 1과 0으로 바꾸고, 연봉(income range)도 각 구역 범위로 나누어 데이터를 변환하였다.

출력 어트리뷰트인 생명보험 프로모션의 계산된 값과 실제(기대) 값이 표 2.4에 보여지고 있다. 대부분의 경우에 계산된 출력 값은 실제 값과 0.03 오차 이내에 있다. 이 train이 된 네트워크를 지금까지 사용된 적이 없는 인스턴스(new unknown instance)에 적용

5) 역자의 주: 입력층(input layer)과 출력층(output layer)의 사이에 있는 층(layer)을 은닉층(hidden layer)이라고 말한다.

하기 위하여서는 그 인스턴스의 어트리뷰트 값을 그 네트워크에 넣으면 출력 값이 얻어진다. 계산된 출력 값이 0에 가까우면 우리는 그 인스턴스는 생명보험 프로모션(life insurance promotion)을 선택할 가능성이 거의 없는 것으로 예측(predict)하고, 1에 가까우면 그 새로운 인스턴스는 그 프로모션을 받아들일 좋은 후보자라는 것을 보여준다.

신경망의 가장 큰 단점은 학습된 것에 대한 설명력(explanation)이 부족하다는 것이다[6]. 범주형 데이터를 수치형 데이터로 변환하는 것 또한 어려운 일이다. 8장에서는 두 가지 일반적인 신경망 학습 기법을 자세히 설명한다. 9장에서 우리는 iDA 신경망 소프트웨어를 사용하는 법을 배우게 된다.

| 통계적 회귀 분석(Statistical Regression) |

통계적 회귀 분석은 하나 이상의 입력 어트리뷰트들을 하나의 출력 어트리뷰트(수치 값 어트리뷰트)에 연결하는 수학 공식을 만들어서 수치 데이터 집합을 일반화시키는 supervised 학습 기법이다. 선형 회귀 분석(Linear regression) 모델은 출력 어트리뷰트의 값이 가중치가 있는 입력 어트리뷰트 값들의 선형적(linear) 합에 의하여 결정되게 한다. 표 2.3에 있는 데이터에 대한 선형 회귀 분석 방정식은 다음과 같다.

생명보험 프로모션 = 0.5909(신용카드 보험) − 0.5455(성별) + 0.7727

보다시피 생명보험 프로모션의 값은 '신용카드보험'과 '성별'이라는 두 어트리뷰트들의 선형(linear) 조합에 의하여 결정된다. 신경망에서처럼 모든 범주형 데이터는 변환시켰다(즉, 그렇다(yes)와 아니다(no)는 1과 0으로, 남성(male)과 여성(female)은 1과 0으로, 연봉 범위(income range) 값은 각 범위의 제일 작은 값으로 변환).

이 공식의 사용을 보기 위하여, 예를 들어 신용카드 보험이 없는 여자가 생명보험 프로모션을 가입할 후보자가 될 수 있는지를 결정한다고 가정하여 보자. 위의 공식을 사용하면

$$\begin{aligned}\text{생명보험 프로모션} &= 0.5959(0) - 0.5455(0) + 0.7727 \\ &= 0.7727\end{aligned}$$

값이 0.7727이면 1.0에 가까우므로 이 사람은 프로모션 제안을 선택할 가능성이 높다고 결론 내릴 수가 있다.

6) 역자의 주: a trained neural network에서 학습된 지식을 규칙의 형태로 추출하여 무엇을 학습했는지를 설명하려는 시도는 90년대에 일부 연구들이 성공적으로 진행되었다.

표 2.4 신경망 학습: 실제값과 계산된 값

Instance Number	Life Insurance Promotion	Computed Output
1	0	0.024
2	1	0.998
3	0	0.023
4	1	0.986
5	1	0.999
6	0	0.050
7	1	0.999
8	0	0.262
9	0	0.060
10	1	0.997
11	1	0.999
12	1	0.776
13	1	0.999
14	0	0.023
15	1	0.999

비록 비선형적(nonlinear)인 회귀 분석도 있지만 선형 모델이 가장 많이 사용된다. 선형 회귀 분석은 데이터가 직선 함수로 정확하게 모델화될 수 있는 경우에 적절하다. 엑셀에는 여러 가지 통계적 방법들이 이미 들어 있는데 선형 회귀 분석도 이미 들어 있는 기능이다. 10장에서 엑셀의 LINEST 기능을 사용하여 선형 회귀 모델을 만드는 것을 보도록 하겠다.

2.3 연관 규칙

이름에서 알 수 있듯이 **연관 규칙**(association rule) 마이닝 기법은 데이터베이스에 있는 어트리뷰트들간의 흥미 있는 연관성을 발견하는 데 사용된다. 전통적인 생성 규칙(production rule)의 모습과는 달리, 연관 규칙은 하나 혹은 하나 이상의 출력 어트리뷰트들을 가질 수 있다. 또한 어떤 규칙(rule)에서는 출력 어트리뷰트들이지만 다른 규칙에서는 입력 어트리뷰트들로 사용될 수도 있다. 연관 규칙은 잠재적으로 관심 있는 상품들의 모든 가능한 그룹 조합을 탐색할 수 있기 때문에 장바구니 분석에서 가장 인기 있는 기법으로 사용된다. 이러한 이유로 인하여 얼마 안 되는 개수의 어트리뷰트들도 수백 개의 연관 규칙을 만들어 낼 수 있는 것이다.

Agrawal et al(1993)에 의하여 설명이 된 apriori 연관 규칙 알고리즘을 표 2.3의 데이터에 적용하였다. 이 알고리즘은 상품들(items)이 들어 있는 장바구니(basket)를 조사해서 최소 개수의 물건들을 가지는 그 장바구니들에 대한 규칙을 생성한다. Apriori 알고리즘은 수치 데이터는 처리하지 않는다. 따라서 이 알고리즘을 적용하기 전에 연령(age)과 같은 어트리뷰트들은 이산 범주의 집합으로 변환하여야 한다: 예를 들어서 15세 이상, 20세 이상, 30세 이상, 40세 이상 그리고 50세 이상으로. 예를 들어 나이가 40 이상(age=over40)인 사람은 나이가 40살과 49살 사이이다. 다시 한 번 언급하자면 어트리뷰트들은 수입 범위(income range), 신용카드 보험 가입여부(credit card insurance), 성별(sex), 그리고 연령만 사용한다. 아래는 표 2.3의 데이터에 대하여 apriori 알고리즘으로 생성한 세 개의 연관 규칙의 목록을 보여준다.

1. **IF** *Sex* = *Female* & *Age* = *over40* & *Credit Card Insurance* = *No*
   THEN *Life Insurance Promotion* = *Yes*
2. **IF** *Sex* = *Male* & *Age* = *over40* & *Credit Card Insurance* = *No*
   THEN *Life Insurance Promotion* = *No*
3. **IF** *Sex* = *Female* & *Age* = *over40*
   THEN *Credit Card Insurance* = *No* & *Life Insurance Promotion* = *Yes*

이 세 개의 규칙 각각은 정확도(accuracy) 100%와 적용범위(coverage) 20%를 가진다. 규칙 3의 경우 20% 규칙 적용 범위는 5명 중 1명은 신용카드 보험은 가지고 있지 않고 생명보험 프로모션을 통하여 보험에 가입한 40세 이상의 여성이라는 것을 의미한다. 규칙 3에서는 결과 어트리뷰트가 두 개라는 것에 주의하라.

연관 규칙의 문제점은 잠재적으로 가치 있는 규칙도 발견하지만 그렇지 못한 (즉, 가치가 별로 없는)규칙들도 나올 수가 있다는 것이다. 3장에서 apriori 알고리즘을 설명할 때 이 문제에 대하여 자세히 이야기하도록 하겠다. 다음 절에서는 unsupervised 클러스터링 기법을 계속 설명하도록 하겠다.

2.4 클러스터링 기법

unsupervised 클러스터링 기법은 여러 가지가 있는데 그 중 하나의 기법은 유사도(similarity)를 측정하여 인스턴스들을 분리된(disjoint) 그룹으로 나누는 것이다. 나누는 것은 각 클러스터마다의 전체 인스턴스의 평균을 계산하거나, 혹은 그 클러스터 안의 대표적인 몇 개 인스턴스들을 나열하여 그 분리(partition)를 일반화된 형태로 표현할 수가 있다. 3장에서 이러한 방법으로 데이터들을 분리하여 나누는 unsupervised 알고리즘에 대하여 살펴보도록 하겠다. 두 번째 방법은 데이터를 계층적인 모양으로 나누는 것인데 그 계층에서 각 수준은 데이터를 일반화(generalization)시키는 추상화(abstraction) 단계에 해당한다. iDA 소프트웨어 도구에서 제공하는 그 같은 unsupervised 클러스터링 모델은 계층적 클러스터링 시스템(hierarchical clustering system)이다.

그 iDA unsupervised 클러스터링 모델을 표 2.3의 데이터에 적용하여 보았다. 입력 어트리뷰트들은 지난 번과 마찬가지로 수입의 범위(income range), 신용카드 보험 가입 여부(credit card insurance), 성별(sex)과 연령(age)만 사용을 하고 생명보험 프로모션(life insurance promotion)은 클러스터링에서 사용은 하지 않고 최종 결과에서만 보이도록 하기 위하여 "보기 전용(display only)"으로 선택하였다. 학습이 unsupervised이므로 우리가 사용하는 가설도 조금 바꿔야 겠다. 생명보험 프로모션을 선택할 가능성이 높은 고객들을 찾고자 하는 우리의 목적에 맞는 가설 중 하나는 다음과 같다.

> Acme Credit Card Company 데이터베이스에 unsupervised 클러스터링을 적용하여 생명보험 프로모션 제공품을 선택할 가능성이 높은 사람과 그렇지 않은 사람을 구분시켜주는 입력 속성들의 부분 집합을 찾으려고 한다.

이미 언급하였듯이 우리는 unsupervised 클러스터링을 사용하여 특별 프로모션을 선택한 사람들과 그렇지 않은 사람들을 구분시켜주는 입력 어트리뷰트들의 집합을 찾으려고 한다. 일단 그 부분 집합을 찾으면 그 어트리뷰트들을 사용하여 예측하는 supervised 모델을 만들 수 있을 것이다.

이 가설을 검증하기 위하여 우리는 입력 어트리뷰트들의 매번 다른 부분 집합을 가지고 unsupervised 클러스터링을 데이터에 계속 반복 적용하여서 두 클래스로 분리하는 클러스터가 나오면 그 입력 어트리뷰트의 부분 집합을 가장 좋은 집합으로 고르는 것이다. 이 같은 클러스터링의 결과가 그림 2.3에 나와 있다. 이 그림에서 보다시피 세 개의 클러스터가 만들어 졌는데, 클러스터1에 포함된 3명의 사람은 생명보험 프로모션을 선택하지 않은

Cluster 1

Instances: 3
Sex: Male =〉 3
Female =〉 0
Age: 43.3
Credit Card Insurance: Yes =〉 0
No =〉 3

Life Insurance Promotion: Yes =〉 0
No =〉 3

Cluster 2

Instances: 5
Sex: Male =〉 3
Female =〉 2
Age: 37.0
Credit Card Insurance: Yes =〉 1
No =〉 4
Life Insurance Promotion: Yes =〉 2
No =〉 3

Cluster 3

Instances: 7
Sex: Male =〉 2
Female =〉 5
Age: 39.9
Credit Card Insurance: Yes =〉 2
No =〉 5
Life Insurance Promotion: Yes =〉 7
No =〉 0

그림 2.3 신용카드 데이터베이스에 대한 unsupervised 클러스터링

사람들이고 클러스터2에서는 2명은 프로모션을 선택했고 3명은 선택하지 않았다. 마지막으로 클러스터3에 있는 7명 모두는 그 프로모션을 구입했다. 아래의 생성규칙은 그림 2.3의 세 번째 클러스터에 대하여 RuleMaker를 적용하여 만든 것이다.

IF *Sex= Female & 43〉= Age〉= 35 & Credit Card Insurance= No*
THEN *Class*= 3
Rule Accuracy: 100.00%
Rule Coverage: 66.67%

세 개의 클러스터 중의 두 개는 프로모션을 선택한 사람과 하지 않은 사람을 구별하고 있다. 이것은 클러스터링에 사용한 이 어트리뷰트들이 예측 supervised 학습자 모델을 만드는 데 좋은 선택이었다는 것을 보이는 것이라고 할 수 있다. 4장에서 ESX 데이터 마이닝 모델을 볼 때 이 unsupervised 계층 클러스터링을 자세히 보도록 하겠다. 다음 절에서는 supervised와 unsupervised 학습자 모델의 성능을 평가하는 것에 대하여 보도록 하겠다.

2.5 성능 평가

성능 평가는 아마도 데이터 마이닝 프로세스에서 가장 중요한 부분일 것이다. 이번 절에서 supervised와 unsupervised 학습자 모델을 평가하는 상식적인 방법을 설명하고 다음 장에서 좀 더 자세하고 구체적인 평가 기법에 대해 다룰 것이다. 먼저 세 가지 일반적인 질문으로 시작해보자.

1. 데이터 마이닝 프로젝트를 하여 얻을 이익이 데이터 마이닝 프로세스에 들인 비용을 상쇄시킬 정도로 많을 것인지?
2. 데이터 마이닝 세션의 결과를 어떻게 분석/해석할 것인지?
3. 데이터 마이닝 프로세스의 결과를 사용하기에 신뢰도(confidence)가 충분한 평가 척도인지?

이 세 가지 모두가 대답하기 어려운 질문들이지만 특히 첫 번째 것은 여러 요인들이 관여되어 있기 때문에 더 어려운 문제이다. 첫 번째 질문에 대한 최소한의 고려사항은 다음과 같다.

1. 제안한 프로젝트와 유사한 프로젝트에 대한 지식이 있는지? 그 계획된 프로젝트와 유사한 프로젝트의 성공률과 비용은 얼마나 되는지?
2. 분석될 데이터는 현재 어떤 상태인지? 데이터는 이제 수집되어야 하는지 아니면 이미 수집되어 있는지? 충분한 데이터는 있는데 데이터 마이닝에 적당한 형태가 아닌

것으로 있다면, 프로젝트 비용의 많은 부분이 데이터 준비(preparation) 부분에 들어가게 될 것이다. 미래의 데이터 마이닝 프로젝트를 위하여 데이터 웨어하우스를 개발할 것인지에 대한 것은 매우 심각한 질문일 수 있다.

3. 누가 데이터 마이닝 프로젝트 책임자가 될 것인가? 현재 직원 중 얼마나 많이 그 프로젝트에 참여하게 될 것인지? 외부 컨설턴트가 참여하게 될 것인지?
4. 필요한 소프트웨어는 현재 있는지? 만약 없다면 그 소프트웨어는 구매할 것인지 아니면 개발할 것인지. 만약 구매 혹은 개발한다면 그 소프트웨어는 현재 시스템에 어떻게 통합되어질 것인지?

보다시피, 첫 번째 질문에 대한 대답을 하려면 비즈니스 모델, 가용한 데이터의 현재 상태, 그리고 현재 리소스에 대한 지식을 요구한다. 따라서 우리는 이제 관심을 질문 2와 3에 대한 평가도구를 제공하는 데 돌려보자. 먼저 supervised 모델에 대한 평가를 생각해 보자.

| Supervised 학습 모델 평가 |

Supervised 학습자 모델은 예상되는 결과 값을 분류하고, 추정하고, 예측하도록 설계된다. 어떤 어플리케이션에서는 높은 예측 정확도를 지속적으로 보여야 하는 모델을 만들어야 한다. 다음 세 가지 어플리케이션은 분류 정확도에 초점이 맞추어져 있다.

- 신용카드 신청자를 받을지 말지를 결정하는 모델의 개발
- 주택 모기지 대출 신청자를 받을지 말지를 결정하는 모델의 개발
- 원유 시추를 할지 말지를 결정하는 모델의 개발

분류 정확도(classification correctness)는 평가될 모델에다가 전에 사용되지 않은 새로운 데이터(즉, test 데이터)를 적용하여 계산할 수 있다. 이러한 테스트 집합을 이용한 모델 정확도는 **오분류 행렬**(confusion matrix)[7]이라는 표에 요약될 수 있다. 이것을 설명하기 위하여 세 개의 클래스 C_1, C_2 그리고 C_3가 있다고 하자. 이 세 클래스 경우에 대한 기본적인 오분류 행렬은 표 2.5에서 볼 수 있다.

대각선 줄에 있는 값들은 각 클래스에 대한 정확한 분류의 전체 개수를 보여준다. 예를 들어, C_{11}에 있는 값 15는 클래스 C_1의 15개의 테스트 집합 인스턴스가 정확히 분류되었다는 것을 의미한다. 주 대각선 외에 있는 값들은 분류 에러를 나타낸다. 살펴보면 C_{12}는 값

7) 역자의 주: '오분류 행렬' 혹은 '혼동 행렬'이라는 용어로 번역된다.

표 2.5 세 개의 클래스를 가진 오분류 행렬

	Couputed Decision		
	C_1	C_2	C_3
C_1	C_{11}	C_{12}	C_{13}
C_2	C_{21}	C_{22}	C_{23}
C_3	C_{31}	C_{32}	C_{33}

4인데 이것은 네 개의 C_1 인스턴스들이 C_2로 잘못 분류되었다는 것을 나타낸다. 다음 세 개의 규칙은 오분류 행렬에 있는 정보를 분석하는 데 도움이 될 것이다.

- 규칙 1: 주대각선에 있는 값들은 정확한 분류를 나타낸다. 표 2.5의 행렬에서 C_{11}은 정확하게 분류된 C_1 클래스 인스턴스들의 전체 개수를 나타낸다. C_{22}와 C_{33}도 마찬가지로 이야기될 수 있다.
- 규칙 2: 행 C_i에 있는 값들은 클래스 C_i에 속한 인스턴스들을 나타낸다. 예를 들어 i=2라면 칸 C_{21}, C_{22}, C_{23}에 있는 인스턴스들은 모두 C_2의 실제 구성원이다. 다른 클래스로 잘못 분류된 C_2 인스턴스들의 전체 개수는 C_{21}과 C_{23}을 합하면 된다.
- 규칙 3: 칼럼 C_i에 있는 값들은 C_i의 구성원들로 분류된 인스턴스들을 나타낸다. 예를 들어 i=2라면 C_{12}, C_{22}, C_{32}의 인스턴스들은 클래스 C_2의 구성원들로 분류된다. C_2로 잘못 분류된 인스턴스들의 전체 개수는 C_{12}와 C_{32}의 합을 구하면 된다.

오분류 행렬에 있는 요약 데이터는 모델의 정확도(accuracy)를 계산하는 데 사용할 수 있다. 모델의 정확도는 주대각선에 있는 값들을 모두 더하고 이 더한 값을 test 집합 인스턴스들의 전체 개수로 나누면 구할 수 있다. 예를 들어, 우리가 어느 모델을 100개의 인스턴스들이 있는 test 집합에 적용하여 나온 오분류 행렬의 주 대각선상의 값들의 합이 70이라면, test 집합 정확도는 0.70, 즉 70%가 된다. 모델 정확도는 종종 오류율로 사용되기 때문에 모델 오류율은 1.0에서 모델 정확도를 빼서 계산하면 된다. 우리 예에서의 해당 오류율은 0.30이다.

| 두 클래스(Two-class) 에러 분석 |

이번 절 앞부분에 있는 세 개의 어플리케이션은 두-클래스(two-class) 문제를 보여주고 있다. 예를 들어, 신용카드 신청은 승낙되거나 거부된다는 것처럼 두개의 클래스로 분류되는 경우이다. 이들 어플리케이션을 분석하는 데에 간단한 두-클래스 오분류 행렬을 사용할 수 있다.

표 2.6에 있는 오분류 행렬을 보자. True accept와 true reject는 정확하게 분류된 인스턴스들을 나타낸다. 앞선 절에서 이야기되었던 첫 번째와 두 번째 어플리케이션에서 False Accept는 reject되어야 하는 신청자에게 accept를 한 것을 의미한다. 마찬가지로 False Reject도 accept되어야 하는 신청자인데 reject가 된 것을 나타낸다. 세 번째 어플리케이션도 비슷하게 그 의미를 알아볼 수 있다. 표 2.7에 있는 오분류 행렬을 사용하여 첫 번째 어플리케이션을 좀 더 자세하게 살펴보도록 하자.

표 2.7에 있는 오분류 행렬은 신용카드 어플리케이션 문제를 위해 만들어진 두 개의 supervised 학습자 모델의 오류율을 나타낸다고 하자. 이 두 개의 행렬을 보면 각 모델이 각각 10%의 오류율을 나타내고 있다. 오류율은 똑같지만 어느 모델이 더 좋은 것인가? 이 질문에 대답하기 위하여서는 신용카드 사용액 미납의 평균 액수와 좋은 잠재고객을 reject 함으로써 발생하게 될 잠재적 손실의 평균을 비교해봐야 한다. 신용카드 구매가 불안전(unsecure)하다고 할 때, 미납할 가능성이 높은 고객을 accept할 때 발생하게 될 비용이 더 걱정이다. 이 경우에는 모델 B를 사용해야 하는데 그 이유는 이 오분류 행렬들을 보면 이 모델이 미납할 가능성 있는 고객에게 신용카드를 발급할 확률이 더 적기 때문이다. 주택 모기지 어플리케이션에도 같은 논리가 적용되는가? 원유 시추를 할 것인지에 대한 어플리케이션은 또 어떠한가? 보다시피 test 집합의 오류 비율이 모델 평가에는 유용하지만 다른 요인들, 즉 잘못 포함하여 생긴 비용이라든가 잘못 빠뜨려서 야기된 손해들도 고려되어야 한다.

표 2.6 간단한 오분류 행렬

	Computed Accept	Computed Reject
Accept	True Accept	False Reject
Reject	False Accept	True Reject

표 2.7 10%의 오류율을 보이는 두 개의 오분류 행렬

Model A	Computed Accept	Computed Reject
Accept	600	25
Reject	75	300

Model B	Computed Accept	Computed Reject
Accept	600	75
Reject	25	300

| 출력이 수치 값인 경우의 평가 |

오분류 행렬(Confusion matrix)은 수치 출력 값을 내는 supervised 학습자 모델에는 그리 유용하지 못하다. 또한 분류 정확도의 개념도 수치 출력 모델(numeric output model)에서는 다르게 사용되어야 하는데 그 이유는 인스턴스들이 여러 가능한 출력 클래스들로 직접 분류될 수 없기 때문이다. 하지만 수치 출력을 가지는 supervised 모델을 위한 여러 척도들이 나와 있다. 가장 일반적인 수치 정확도(accuracy)에 대한 측정도구(measures)는 평균 절대오차와 평균 제곱오차이다.

테스트 데이터 집합에 대한 **평균 절대오차**(mean absolute error)는 계산된 출력 값과 기대 값과의 차이의 평균 절대 값이고, **평균 제곱오차**(mean squared error)는 그 차이의 평균 제곱 값이다. 가장 좋은 test 정확도를 얻기 위하여서는 각 측정도구에 대해 가능한 가장 적은 값을 얻고자 하는 것은 당연하다. 마지막으로 **제곱평균제곱근 오차**(Root mean Squared (RMS) error)는 평균 제곱오차에 제곱의 제곱근을 사용하는 것이다. RMS는 전방향 신경망(feed-forward neural networks)에서 test 정확도를 구할 때 흔히 사용되는 측정도구이다.

| Lift 측정값으로 모델 성능 비교 |

대량 우편메일로부터의 응답률에 초점을 둔 마케팅 어플리케이션에서는 test 집합 분류 오류보다는 큰 모집단(population)으로부터 편향 표본(bias samples)을 추출할 수 있는 모델을 만드는 데에 더 많은 관심이 있다. 일반 모집단에서보다 더 높은 응답률을 보이는 샘플을 만들고 싶은 것이다. 일반 모집단에서 편향 표본들을 추출하도록 설계된 supervised 모델은 종종 lift라고 알려진, 마케팅에서 주로 사용하는 측정도구에 의하여 평가된다. 이 아이디어를 예를 가지고 살펴보도록 하자.

신용카드 프로모션 데이터베이스를 조금 확장하여 보도록 하자. Acme신용카드 회사가 다음 달 고지서에 새로운 프로모션 광고를 보낼 계획이라고 하자. 이 회사는 어느 특정한 달에 청구대금이 없는 고객이 100,000명이고 모든 카드 소지자 중에 평균적으로 1%만이 청구서에 포함된 프로모션을 선택한다는 것도 알고 있다. 이 정보를 가지고 우리는 100,000명의 청구대금이 없는 고객 중에서 약 1000명이 새로운 프로모션을 선택할 것이라는 것을 알 수 있다. 청구대금이 없는 고객은 월 청구서를 보낼 필요가 없기 때문에 문제는 새로운 프로모션을 선택할 고객들에게만 정확하게 청구대금 없는 청구서를 보내는 것이다.

우리는 lift라는 개념을 가지고 문제 해결을 해볼 수가 있다. Lift는 전체 모집단내의 클래스 C_i의 농도에 비교하여 편향 표본에서의 C_i의 농도가 얼마만큼 변화(증가 혹은 감소)

하였는지를 측정할 수 있다. 이 life를 조건부 확률로 다시 표현하여 보면 다음과 같다.

$$Lift = \frac{P(C_i|Sample)}{P(C_i|Population)}$$

여기서 $P(C_i|Sample)$은 편향 표본들 중에서 클래스 C_i에 속할 비율이고, $P(C_i|Population)$은 전체 모집단(population)에 비례한 클래스 C_i의 인스턴스들의 비율이다. 우리 문제에서는 C_i는 기회가 된다면 프로모션을 선택할 모든 고객(청구대금 없는 고객)의 클래스를 의미한다.

그림 2.4는 신용카드 프로모션 문제를 그래픽으로 표현한 것이다. 이 그래프는 lift 차트라고도 불린다. 수평축은 전체 모집단에 대한 샘플 퍼센트이고 수직축은 응답자들의 수를 의미한다. 이 그래프는 모델의 성능을 샘플 사이즈의 함수로 보여준다. 직선은 일반적인 모집단을 표시하는데 이 선은 우리가 우편물을 보내는데 무작위로 20%를 선택한다면 아마 1000명 중 200명으로부터 응답을 받을 것으로 예상할 수 있다. 마찬가지로 모집단의 100%를 고르면 모든 응답을 줄 것이다. 커브 선은 모델의 샘플 사이즈를 다르게 함으로써 구해지는 lift를 보여준다. 예를 들어, 전체 모집단의 20%로 만든 모델을 사용하면 20,000명의 샘플 중에서 625명이 응답할 것이라고 예상할 수 있다. 이 그래프를 살펴보면 이상적

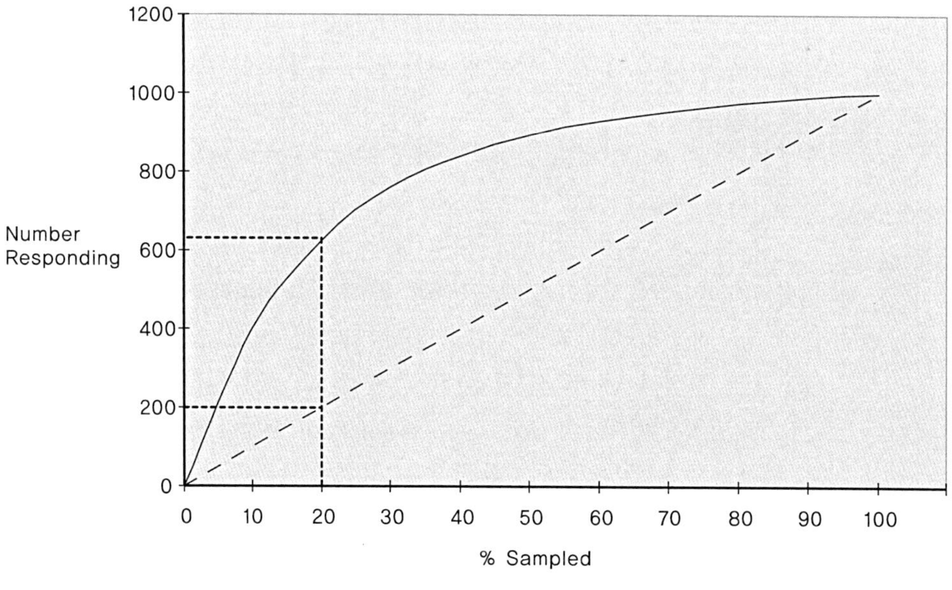

그림 2.4 광고우편물 전송: 대량 전송 대 타겟전송

인 모델은 가장 작은 샘플 사이즈로도 가장 큰 lift를 얻을 수 있다는 것을 알 수 있다. 그림 2.4에서 보면 이 그래프의 왼쪽 위편 부분이라고 할 수 있다. 이 그림 2.4가 유용하기는 하지만 오분류 행렬 또한 문제해결에 lift가 어떻게 사용될 수 있는지에 대한 설명을 제공한다.

표 2.8에 있는 두 개의 오분류 행렬은 신용카드 프로모션 문제를 lift의 관점에서 이해할 수 있도록 해준다. 이 오분류 행렬에서 이야기하는 No Model은 모든 청구대금 없는 고객들에게 프로모션 광고가 있는 청구서를 보낸다는 것을 의미한다. 정의에 의하여 이 시나리오에서는 샘플과 모집단이 같으므로 lift는 1.0이 된다. 행렬에서 Ideal Model에서는 편향 샘플이 positive 인스턴스들만 가지므로 lift는 100(100%/1%)이 된다.

표 2.9에 있는 두 모델에 대한 오분류 행렬을 보도록 하자. 모델 X에 대한 lift는 다음과 같이 계산된다.

$$Lift(\text{model X}) = \frac{540/24000}{1000/100000}$$

즉 2.25가 된다. 모델 Y에 대한 lift값은 마찬가지로

$$Lift(\text{model Y}) = \frac{450/20000}{1000/100000}$$

즉 2.25가 된다. 이전 예에서와 같이 어느 것이 더 좋은 모델이냐에 대한 질문은 false negative와 false positive 선택의 상대적인 비용에 대한 더 많은 정보가 있어야지만 대답

표 2.8 두 개의 오분류 행렬: No Model과 Ideal Model

No Model	Computed Accept	Computed Reject
Accept	1,000	0
Reject	99,000	0

Ideal Model	Computed Accept	Computed Reject
Accept	1,000	0
Reject	0	99,000

표 2.9 Lift값이 2.25인 대안 모델에 대한 두 개의 오분류 행렬

Model X	Computed Accept	Computed Reject
Accept	540	460
Reject	23,460	75,540

Model Y	Computed Accept	Computed Reject
Accept	450	550
Reject	19,550	79,450

할 수 있다. 우리의 예에서 만약 우편발송 비용 절감(4000통 적게 보내는 것) 액수가 적게 판매(90 적은 판매)에서 발생한 이익감소의 차이보다 많다면 모델 Y가 더 좋은 선택이라고 할 수 있다.

| Unsupervised 모델 평가 |

Unsupervised 데이터 마이닝의 평가는 일반적으로 supervised 평가보다 더 어렵다. 왜냐면 supervised 데이터 마이닝은 그 목적이 명확한데 반하여 unsupervised 데이터 마이닝 작업은 그 목적이 명확하지 않기 때문이다. 여기서는 supervised 학습을 사용하여 unsupervised 클러스터링을 평가하는 일반적인 기법을 소개하고 좀 더 자세한 논의는 이후의 장들에서 하기로 하겠다.

unsupervised 클러스터링 기법은 모두 클러스터 품질 측정도구(measure of cluster quality)를 계산한다. 흔히 사용되는 기법은 각 클러스터의 인스턴스들과 해당 클러스터의 중심점(center)간의 에러 제곱의 합(summation of squared error differences)을 계산하는 것이다. 에러 제곱 합의 값이 작을수록 클러스터의 품질은 더 좋다는 것을 의미한다. 하지만 unsupervised 클러스터링에 대한 좀 더 자세한 평가를 위하여 supervised 학습을 사용할 수도 있다. 이 기법은 다음과 같다.

1. unsupervised 클러스터링을 수행하라. 각 클러스터를 하나의 클래스에 지정하고 각 클러스터에 임의의 이름을 붙인다. 예를 들어, 클러스터링을 수행하여 세 개의 클러스터가 나왔다면 각 클러스터에 클래스 이름 C_1, C_2, C_3으로 줄 수 있다.
2. 클러스터링으로 만들어진 각 클래스들로부터 표본 인스턴스들을 무작위로 뽑아낸다. 각 클래스에서 그 샘플을 뽑아내는 것은 전체 데이터 집합에서의 그 클래스와 같은 비율로 뽑아져야 한다. 전체 인스턴스들에서 샘플로 뽑아낼 퍼센트는 다양할 수 있는데 처음에는 전체 인스턴스의 2/3 정도를 사용하는 것이 좋다.
3. supervised 학습자 모델을 만드는 데 출력 어트리뷰트로 클래스 이름을 사용하고 training 데이터로는 무작위로 뽑은 샘플 인스턴스를 사용한다. 남는 인스턴스들은 supervised 모델의 테스트에 사용하여 분류 정확도를 계산한다.

이 평가 방법은 적어도 두 가지 장점을 가진다. 먼저 unsupervised 클러스터링은 supervised 학습자 모델이 지원할 수 있는 구조로서 볼 수 있다는 것이다. 예를 들어, unsupervised 알고리즘에 의해 만들어진 클러스터링의 결과는 결정 트리나 규칙 기반 구조로서 볼 수 있다. Supervised 평가의 두 번째 장점은 test 분류 정확도 점수는 만들어진 클러스터의 품질을 측정하는 기준으로 사용될 수도 있다.

마지막으로, 우리가 일반적으로 가지고 있는 오해는 데이터 마이닝은 적합한 도구를 골라서 대충 데이터를 집어넣고 문제 해결의 결과만 기다리는 식으로 간단하게 수행될 수 있다고 생각하는 것이다. 이렇게 하면 거의 실패한다. 기계는 여전히 기계일 뿐이다. 결과의 분석은 사람의 요소에 의해 제공되는 것이고 이것이 궁극적으로는 데이터 마이닝 프로젝트의 성패를 결정한다. 5장에서 설명될 KDD 프로세스 모델은 이 절의 초반에 나왔던 질문에 대한 좀 더 완전한 답을 주는 데 도움이 될 것이다.

2.6 요약

데이터 마이닝 전략은 분류, 추정, 예측, unsupervised 클러스터링, 장바구니 분석이 있다. 분류와 추정은 현재의 결과 값을 일반화시킨다는 점에서 서로 유사하지만, 분류의 출력 값은 범주적(categorical)이고 추정의 출력 값은 수치 값이라는 점에서 차이가 있다. 예측(predictive) 전략은 현재 행위보다는 미래 결과를 예측하는 모델을 설계하는 데 사용된다는 점에서 분류나 추정과는 차이가 있다. Unsupervised 클러스터링 전략은 비정상적인 데이터 인스턴스를 찾는 것뿐만 아니라 데이터에 숨겨진 개념 구조를 발견하는 데 사용될 수 있다. 장바구니 분석의 목적은 소매제품간의 흥미 있는 관계를 찾는 것이다. 발견된 관계는 프로모션 설계에 사용할 수도 있고 상품진열대나 카탈로그 만드는 데 사용할 수도 있고 상호 마케팅 전략을 개발할 수도 있다.

데이터 마이닝 기법은 데이터 마이닝 전략을 데이터 집합에 적용하는 것이다. 데이터 마이닝 기법은 알고리즘과 지식 구조에 의하여 정의된다. 여러 기법들을 구별하는 공통된 특징은 학습이 supervised냐 unsupervised냐 인 것과 그 출력 값이 범주적이냐 수치적이냐 인 것이라고 할 수 있다. 우리에게 친숙한 supervised 기법은 결정 트리 방법, 생산 규칙 생성기, 신경망, 그리고 통계적 방법 등이다. 연관 규칙은 마케팅 어플리케이션에서 많이 사용된다. 클러스터링 기법은 유사도 측정을 통하여 인스턴스들을 분리된 무리들로 그룹화한다. 클러스터링 방법은 supervised 학습자 모델을 만들기 위한 적절한 입력 어트리뷰트들을 고르는 데에도 사용할 수 있다.

성능평가는 아마도 데이터 마이닝 프로세스의 모든 과정 중에서도 가장 중요한 과정일 것이다. Supervised 모델 평가는 대부분 training/test 집합 시나리오에 의하여 수행된다. 수치형 출력을 가지는 supervised 모델은 계산된 결과 값과 기대 결과 값간의 오차의 제곱을 절대 값 혹은 평균 값을 계산하여 평가할 수 있다. 대량 우편전송과 같은 마케팅 어플리케이션에서는 우편으로 보내게 되는 프로모션에 대한 응답률을 증가시키기 위한 모델 개발에 관심이 있다. 마케팅 어플리케이션에서 모델의 goodness의 측정은, 그냥 대량 메일을 보냈을 때보다 더 높은 lift 응답률을 낼 수 있는지를 가지고 하면 된다. Unsupervised 모델에서는 클러스터 품질을 측정하는 방법을 평가에 사용할 수 있다. Supervised 학습도 또한 unsupervised 모델로 만들어진 클러스터들의 품질을 평가하는 데 사용할 수 있다.

2.7 핵심 용어

- **연관 규칙(Association rule)** 생성 규칙(production rule)의 형태인데 결과부(consequent)에 하나 이상의 조건과 어트리뷰트 관계가 포함될 수 있다. 하나의 연관 규칙에서의 출력 어트리뷰트는 다른 규칙에서 입력 어트리뷰트로 사용될 수도 있다.
- **분류(Classification)** 출력 어트리뷰트가 범주형(categorical)인 supervised 학습 전략. 새로운 인스턴스는 잘 정의된(well-defined) 클래스들 중에 하나로 배정되는 모델
- **오분류 행렬(Confusion matrix)** supervised 분류의 결과들을 요약하기 위해서 사용되는 행렬. 주 대각선(main diagonal)에는 정확하게 분류된 총 횟수가 위치하고, 대각선에 위치하지 않은 다른 원소들(entries)은 잘못 분류된 횟수이다.
- **데이터 마이닝 전략(Data mining strategy)** 문제 해결을 위한 접근 방법의 윤곽
- **데이터 마이닝 기법(Data mining techniques)** 지식(knowledge) 구조에 함께 연관된 여러 알고리즘들
- **종속변수(Dependent variable)** 하나 이상의 독립 변수들의 조합에 의해 그 값이 계산되어 지는 변수
- **추정(Estimation)** 출력 어트리뷰트가 수치형인 supervised 학습 전략. 미래의 결과보다 현재를 판단하는 데 중점을 둔 방법
- **독립 변수(Independent variable)** supervised 혹은 unsupervised 학습자 모델들을 만드는 데 사용되는 입력 어트리뷰트
- **리프트(Lift)** 모집단(Population) P로부터 추출한 샘플이 주어졌을 때의 클래스 C_i의 조건 확률을, 전체 모집단 P가 주어졌을 때의 C_i의 조건 확률로 나눈 것.

- **리프트 차트(Lift chart)** 데이터 마이닝 모델의 성능을 표본 크기의 함수로서 보여주는 그래프
- **선형 회귀분석(Linear regression)** 수치형 데이터를 선형 방정식으로 일반화시켜주는 supervised 학습 기법. 이 식에서 출력 어트리뷰트의 값은 가중된(weighted) 입력 어트리뷰트 값들의 선형 합으로 정의된다.
- **장바구니 분석(Market basket analysis)** 소매상품들 사이의 흥미 있는 관계들을 찾는 데이터 마이닝 전략.
- **평균 절대오차(Mean absolute error)** training 혹은 test 집합의 인스턴스들에 대해서 평균 절대오차는 분류기(classifier)가 예측한 출력과 실제 출력 사이의 절대적인 차이의 평균
- **평균 제곱오차(Mean squared error)** training 혹은 test 집합의 인스턴스들에 대해서 평균 제곱오차는 분류기가 예측한 출력과 실제 출력 사이의 차이의 제곱 합의 평균이다.
- **신경망(Neural Network)** 인간의 뇌의 기능을 모방하여 설계된, 서로 연결된 노드들의 집합
- **이상치(Outliers)** 일반적이지 않은 데이터 인스턴스
- **예측(Prediction)** 미래의 결과를 계산하기 위해서 설계된 supervised 학습 전략
- **제곱평균제곱근 오차(Root mean squared error)** 평균 제곱오차의 제곱근
- **RuleMaker** 데이터로부터 생성 규칙(production rules)들을 만들어 내는 supervised 학습자 모델
- **통계 회귀 분석(Statistical regression)** 수학적 방정식으로 수치형 데이터를 일반화시켜주는 supervised 학습 기법. 이 식에서 출력 어트리뷰트의 값은 가중된(weighted) 입력 어트리뷰트 값들의 합으로 정의된다.

2.8 연습 문제

| 복습 문제 |

❶ 아래의 용어들의 차이점을 설명하라.

a. 데이터 마이닝 기법과 데이터 마이닝 전략

b. 종속 변수와 독립 변수

❷ 데이터 마이닝 전략에 하나 이상의 데이터 마이닝 기법이 적용될 수 있는가? 또는 데이터 마이닝 전략이 여러 전략에 사용될 수 있는가? 자신의 생각을 말하라.

❸ 각 사례가 분류(classification), 추정(estimation), 예측(prediction) 중 어디에 속하는지 구분하라.

a. 대학 입학 시험점수, 출신 고등학교 수준, 고등학교에서 이수한 수학, 과학의 과목 수로부터 신입생의 첫해 평균 성적의 경향을 분석한다.

b. 주택 담보 대출 자격이 있는 사람인지 판단할 수 있는 모델을 개발한다.

c. 상장 회사가 자사주 액면 분할을 조만간 해야 할지를 판단할 수 있는 모델을 만든다.

d. 작년에 3번 이상 교통법규를 위반한 사람들의 정보를 만든다.

e. 온라인 경매 사이트를 자주 방문하고, 한 달에 평균 한번 이상 온라인으로 구매를 하는 사람들의 특성을 분석할 수 있는 모델을 구축한다.

❹ 위의 3번 문제의 각 사례 별 아래의 물음에 답하라.

a. 최적의 데이터 마이닝 기법을 선택하고, 왜 좋은 기법인지 이유를 설명하라.

b. 부적절한 기법을 선택하고, 왜 부적절한 기법인지 이유를 설명하라.

c. 각 문제에 대해 사용할만한 후보 어트리뷰트를 나열하라.

❺ 이 장에서 여러 데이터 마이닝 기법들을 설명하였다. 학습된 내용에 대한 설명이 필요한 경우라면, 어떤 데이터 마이닝 기법을 사용해야 하는가? 이 책에서 설명한 기법들 중에서 학습에 의해 알아낸 것을 설명할 수 없는 기법에는 어떤 것이 있는가?

❻ 주택 담보 조건을 수락 혹은 거절할 것인지와 같은 양자택일 모델을 사용하여 프로그램을 개발할 때 데이터 마이닝을 사용한다고 생각해보자. 각 모델들은 85%의 정확도로 테스트 집합을 한다. 모델 A에서는 잘못된 선택이 적절하지 않은 조건을 수락해서 발생하지만, 모델 B에서는 적절한 조건을 거절해서 발생한다고 하자. 어떤 모델을 선택해야 하는가? 선택한 이유를 설명하라.

❼ 석유 시추 작업을 할 것인지 말 것인지와 같은 양자택일 모델을 사용하여 프로그램을 개발할 때 데이터 마이닝을 사용한다고 생각해보자. 각 모델들은 85%의 정확도로 테스트 집합을 분류한다. 모델 A에서는 잘못된 선택이 적절하지 않은 조건에 시추 작업을 해서 발생하지만, 모델 B에서는 적절한 조건에 시추 작업을 하지 않아서 발생한다. 어떤 모델을 선택해야 하는가? 선택한 이유를 설명하라.

❽ supervised 학습자 모델이 성공적이었는지 평가하는 데 unsupervised 클러스터링이 어떻게 사용될 수 있는지 설명하라.

❾ unsupervised 클러스터링의 결과를 평가하는 데 supervised 학습이 어떻게 사용될 수 있는지 설명하라.

| 데이터 마이닝 문제 |

❶ 신경망(Neural Networks) 절을 참고하여 신용카드 판촉 데이터베이스에 전방향 신경망(feed-forward neural network)을 적용하고, 그림으로 설명하라.

❷ 당신은 신용 카드를 가지고 있는가? 만약 그렇다면, 다음 달 카드를 사용할 때 엑셀 시트에 각각의 구매 정보를 적어보아라. 구매일, 구매액, 구매지역, 일반적인 구매항목(주유, 식료품, 의류 등등...)과 같은 정보를 기입하고, 신용카드사에서 이용할 수 있는 중요한 정보가 있는지 확인해보아라. 제9장에서는 신용카드 구매 패턴에 대한 정보를 가지고 신경망을 사용하여 각 개인의 프로파일을 만들 것이다. 한번 만들어진 모델은 새로운 구매가 발생했을 때 타인에 의해 사용된 것인지를 판별하는 데 사용할 수 있다.

| 계산 문제 |

❶ 다음은 3개의 클래스를 가진 오분류 행렬(confusion matrix)을 보여주고 있다. 이 행렬은 미국 상원 의원들(공화당, 민주당, 무소속)의 소속을 예측하기 위하여 지난 투표 기록을 사용한 supervised 모델의 분류 결과를 보여주고 있다.

Computed Decision

	Rep	Dem	Ind
Rep	42	2	1
Dem	5	40	3
Ind	0	3	4

a. 몇 %의 인스턴스가 올바르게 분류되었는가?
b. 오분류 행렬에서 민주당(Democrats) 의원들은 상원에 몇 명이 있는가? 공화당(Republicans) 의원들은 몇 명인가? 무소속(Independents) 의원들은 몇 명인가?
c. 공화당 의원들 중 몇 명이 민주당 의원으로 분류되었는가?
d. 무소속 의원들 중 몇 명이 공화당 의원으로 분류되었는가?

❷ 100명의 사람들이 속한 2개의 집단이 있다고 하자. 첫 번째 집단은 신용카드 보험에 가입한 사람들에 대한 정보를 가지고 있다. 두 번째 집단은 신용카드는 가지고 있지만 보험에는 가입하지 않은 사람들의 정보를 가지고 있다. 아래의 규칙(rule)을 사용하여 질문에 답하라.

> **IF** *Life Insurance = Yes & Income 〉 $50K*
> **THEN** *Credit Card Insurance = Yes*
> *Rule Accuracy = 80%*
> *Rule Coverage = 40%*

a. 신용카드 보험 소유자 중 몇 명의 사람들이 생명보험에 가입되어 있고 연간 소득이 $50,000 이상인가?

b. 신용카드 보험 미소유자 중 몇 명의 사람들이 생명보험에 가입되어 있고 연간 소득이 $50,000 이상인가?

❸ 아래의 오분류 행렬을 참고하여 다음을 계산하라.

Model X	Computed Accept	Computed Reject
Accept	46	54
Reject	2,245	7,655

Model Y	Computed Accept	Computed Reject
Accept	45	55
Reject	1,955	7,945

a. 모델 X의 리프트(Lift)를 계산하라.

b. 모델 Y의 리프트(Lift)를 계산하라.

❹ P명의 사람 명단을 가진 메일링 리스트가 있다고 하자. 메일링 리스트에서 특정 광고 메일을 받을 수 있는 그룹을 선택할 수 있는 모델이 있다고 하자. 혹은, 메일링 리스트의 모든 사람들에게 광고를 보낼 수 있다고 하자. 아래의 오분류 행렬을 사용하여 모든 사람에게 다 광고 메일을 보내는 것보다 그 모델에서 골라준 사람들에게만 광고 메일을 보내는 것에 대한 lift가 아래의 식으로 계산될 수 있음을 보여라.

$$Lift = \frac{C_{11}P}{(C_{11}+C_{12})(C_{11}+C_{21})}$$

Send Flyer?	Computed Send	Computed Don't Sent
Send	C_{11}	C_{12}
Don't Send	C_{21}	C_{22}

Chapter 3
데이터 마이닝 기법의 기초

이 장에서 학습할 내용

결정 트리(Decision tree) 만드는 알고리즘
연관 규칙(Association rule)을 효율적으로 생성하는 기법
지지도(support), 신뢰도(confidence)를 사용하여 연관 규칙의 값을 결정하는 것
K-means 알고리즘을 사용하여 수치 데이터를 가진 인스턴스들을 분리된 클러스터로 나누는 것
유전자 알고리즘(Genetic Algorithm)을 사용한 supervised 학습과 unsupervised 클러스터링
특정 문제에 대하여 거기에 맞는 적절한 데이터 마이닝 기법을 선택하는 방법

이 장에서는 몇 가지 기본적인 데이터 마이닝 기법을 소개한다. 이 책의 후반에 나오게 될 여러 기법들을 깊이 있게 알 필요가 없는 독자들은 여기서 이 알고리즘들을 통해 데이터 마이닝이 어떻게 모델을 만들어서 데이터를 일반화하는지를 간단히 이해할 수 있게 될 것이다. 3.1절에서는 결정 트리(decision tree)를 만드는 표준 알고리즘을 학습하면서 supervised 학습을 살펴본다. 3.2절에서는 연관 규칙을 효율적으로 생성하는 기법을 살펴보도록 하자. 3.3절에서는 unsupervised 클러스터링과 K-means 알고리즘을 집중적으로 보도록 하자. 3.4절에서는 유전자 알고리즘(genetic algorithm)으로 supervised 학습과 unsupervised 클러스터링을 하는 것을 보도록 하자. 마지막으로 데이터 마이닝 기법을 선택할 때 고려해야 하는 것들에 대한 간단한 논의를 하면서 이 장을 마치게 된다.

3.1 결정 트리(Decision Tree)

결정 트리는 supervised 학습에서 아주 많이 사용되는 기법이다. 결정 트리를 세상의 문제해결에 성공적으로 적용한 수많은 논문들이 있다. 우리는 이미 제1장에서 C4.5라는 결정트리를 소개했는데 이번 절에서는 그 C4.5에서 사용된 알고리즘을 좀 더 자세히 살펴보도록 하자. 그런 다음에 이 알고리즘을 제2장에서 설명한 신용카드 프로모션 데이터베이스에 적용해보도록 하자.

| 결정 트리(Decision Tree)를 만드는 알고리즘 |

결정 트리는 학습될 개념(concept)을 가장 잘 나타내줄 수 있는 어트리뷰트만 가지고 만들어진다. 먼저 training 집합에서 일부 인스턴스 집합을 선택하여 이 집합의 데이터를 사용하여 결정 트리를 만든다. 사용하지 않은 인스턴스는 만들어진 결정 트리 성능을 테스트하는 데 사용된다. 만약 이 인스턴스들이 모두 정확하게 분류된다면 여기서 끝을 내고, 만약 그렇지 않으면 새 인스턴스를 추가하여 새 결정 트리를 만든다.

결정 트리 만드는 데 사용되지 않은 다른 모든 인스턴스들이 테스트에서 정확하게 분류될 때까지 혹은 더 이상 테스트할 인스턴스가 남아 있지 않을 때까지 이 과정은 계속된다. 여기서 우리는 좀 더 문제를 간단하게 하기 위하여 모든 training 집합 전체를 결정 트리를 만드는 데 사용하도록 하겠다. 알고리즘은 다음의 과정과 같다.

1. T를 training 인스턴스의 집합이라고 하자.
2. T에 있는 인스턴스들을 가장 잘 나타낼 수 있는 어트리뷰트들을 고른다.
3. 골라진 어트리뷰트는 트리의 노드가 되고 그 어트리뷰트의 각기 다른 값은 각각 이 노드의 child 링크가 된다. 이 child 링크 값을 사용하여 인스턴스들을 하위 부분 클래스로 가른다.
4. 단계 3에서 만들어진 각 하위 부분 클래스에 대하여
   a. 이 부분 클래스의 인스턴스들이 미리 정의된 기준을 만족하거나 혹은 이 트리에서 이 경로(path)를 따라서 남아 있는 어트리뷰트가 없을 때, 이 결정 경로를 가지고 새 인스턴스의 분류(classification)를 정한다.
   b. 만약 이 하위 부분 클래스가 미리 정의된 기준을 만족하지 않고, 그리고 이 트리의 경로를 따라서 더 세분화(subdivide)할 어트리뷰트가 하나 이상 남아 있을 때엔, T를 현재의 부분 클래스의 인스턴스 집합이라고 하고 단계 2로 돌아간다.

이 알고리즘을 데이터의 집합에 적용하는 방법을 이야기하기 전에, 알고리즘의 단계 2에서 이야기한 어트리뷰트 선택에 대하여 이야기하는 것이 순서일 것이다. 결정 트리를 만들 때 어트리뷰트의 선택은 만들어지게 될 트리의 크기를 결정하게 된다. 가장 좋은 것은 트리의 레벨(level)수와 노드(node)수를 최소화하는 것이고 그렇게 함으로써 데이터 일반화(generalization)를 최대화하는 것이다. C4.5에서는 어트리뷰트 선택 프로세스에서 정보이론(information theory)에서 사용하는 측정도구를 사용한다. 기본적인 아이디어는 C4.5는 어트리뷰트를 선택하여 데이터를 분리하였을 때 정보 이득(information gain)[1] 값이 가장 커지게 만드는 어트리뷰트를 선택하고자 한다. 예를 들어 n개의 가능한 결과 값(즉 클래스)이 있다고 하자. 어떠한 결과 값에 의해 전달되는 정보(information)는 $-\log_2(1/n)$ bits로 측정될 수 있다. 예를 들어 n=4이면 정보 크기는 $-\log_2(1/4)=2$가 된다. 즉 4개의 가능한 결과 값을 표현하는 데 2bits가 필요하다(00, 01, 10, 11). 다르게 이야기하면 2 bits는 4개의 서로 다른 클래스를 구분할 수 있다. 만약 어트리뷰트 A가 다음 데이터 분리에 선택되었고 이 분리에 의해 이 트리에서는 새로운 가지마다 평균 두 개의 클래스가 나온다고 가정하자. 그러면 각 트리 가지는 두 개의 결과 값을 표현하는 데 평균 $-\log_2(1/2)=1$bit가 요구된다. 따라서 어트리뷰트 A를 선택하면 정보 이득은 1 bit가 된다. C4.5는 매 선택시점에서 모든 어트리뷰트에 대하여 이러한 정보 이득률(gain ratio)을 계산하여 가장 큰 비율 값을 가진 어트리뷰트를 선택하여 그것으로 데이터 분리를 한다.

C4.5가 정보 이득률을 사용하여 가장 좋은 어트리뷰트를 선택하는 것에 대한 자세한 이야기는 여기서의 논의 범위를 벗어나는 것이긴 하지만 만약 관심 있다면 부록 C에 좀 더 자세한 예를 볼 수 있다. 여기서는 어트리뷰트 선택과정에 대한 직관적인 설명을 한다. 간단한 형태의 결정 트리 알고리즘을 2장에서 정의한 신용카드 프로모션 데이터베이스에 적용해보도록 하자!

이 데이터베이스에 대해 지난번에 했던 것대로 출력 어트리뷰트로 생명보험을 사용해보자. 마찬가지로 예측 모델을 개발하고자 한다. 따라서 입력 어트리뷰트는 input range, credit card insurance, sex 그리고 age만 사용하도록 하자. 표 3.1은 training 데이터를 보여주고 있다. 그 training 데이터를 가지고 알고리즘의 단계 2로 가는데, 단계 2에서는 그 training 데이터의 인스턴스를 가장 잘 나눌 수 있는 입력 어트리뷰트를 고르게 된다. 우리는 여기서 income range, credit card insurance, sex, 그리고 age를 선택했다. 각각의 가능성을 보도록 하자.

우리가 먼저 선택한 income range를 보도록 하자. 그림 3.1은 income range를 제일

1) 역자의 주: information gain은 정보 이론(information theory) 분야에서 사용되는 용어이며, 자세한 정의와 식은 정보 이론 분야를 참조하면 된다.

표 3.1 신용카드 프로모션 데이터베이스

Income Range	Life Insurance Promotion	Credit Card Insurance	Sex	Age
40–50K	No	No	Male	45
30–40K	Yes	No	Female	40
40–50K	No	No	Male	42
30–40K	Yes	Yes	Male	43
50–60K	Yes	No	Female	38
20–30K	No	No	Female	55
30–40K	Yes	Yes	Male	35
20–30K	No	No	Male	27
30–40K	No	No	Male	43
30–40K	Yes	No	Female	41
40–50K	Yes	No	Female	43
20–30K	Yes	No	Male	29
50–60K	Yes	No	Female	39
40–50K	No	No	Male	55
20–30K	Yes	Yes	Female	19

상위 노드로 하여 알고리즘의 단계 3에서 만들어진 트리의 일부를 보여주고 있다.

출력 어트리뷰트(life insurance promotion)의 전체 yes와 no의 개수는 그 트리의 각 가지(branch) 아래쪽에 보여지고 있다. 이 어트리뷰트의 선택을 평가하기 위하여 우리는 먼저 이 트리의 각 경로의 값을 가장 빈발 발생(the most frequent) 클래스로 정한다. income

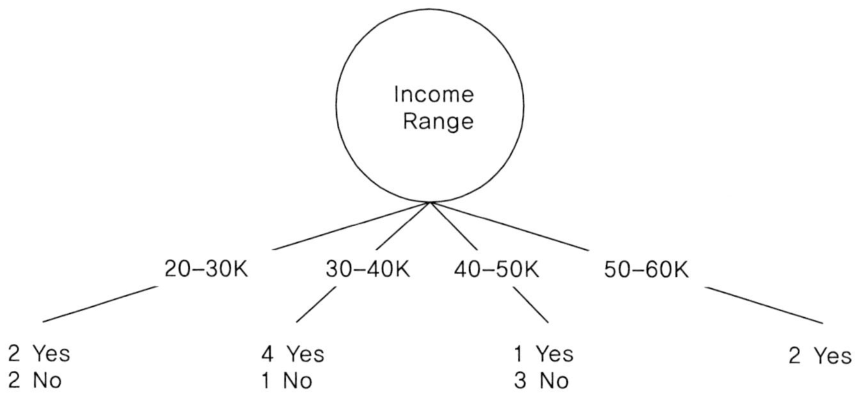

그림 3.1 루트 노드가 income range인 결정 트리의 일부

range = 20-30K 쪽의 줄기에는 두 개의 클래스 각각에 두 개의 인스턴스가 있다. 따라서 그 경로의 값으로서 우리는 life insurance promotion = no 또는 life insurance promotion = yes의 둘 중에 어느 것을 선택해도 된다. 이 무승부를 깨기 위해서는 가장 많이 발생한 클래스, 즉 life insurance promotion = yes를 선택한다. income range = 30-40K의 줄기에서는 life insurance promotion = yes를 이 경로의 값으로 선택한다. income range = 40-50K에서는 life insurance promotion = no를 선택하고 income range = 50-60K에서는 life insurance promotion = yes를 선택한다.

이렇게 만든 트리에서는 training 데이터 15개 중에서 11개를 정확하게 분류하게 되므로 training 데이터 분류 정확률은 73%가 된다. 이것은 그 어트리뷰트(즉 income_range)가 인스턴스들을 정의된 클래스들로 얼마나 잘 분류할 수 있는가에 대한 능력을 말해준다. 하지만 이 training 데이터 정확률은 이 어트리뷰트의 일반화 능력(generalization)은 고려하고 있지 못하다. 예를 들어, training 데이터가 각 인스턴스에 유일한 id 번호와 같은 어트리뷰트를 가지고 있다면 어떻게 하겠는가? 말할 필요도 없이 각 training 인스턴스는 id 번호에 의하여 정확하게 분류될 수 있다. 따라서 이 어트리뷰트에 대한 training 데이터 분류 정확률은 100%가 될 것이다. 하지만 이런 어트리뷰트를 고르는 것은 실수이며 그렇게 되면 최종 트리는 깊이 1의 트리가 될 것이며 모든 각 training 인스턴스가 각자 유일한 경로를 가지게 될 것이다.

정확도 측정에 일반화(generalization) 요소를 추가하는 간단한 방법은 training 데이터 집합 정확률을 어트리뷰트 선택의 결과로 얻어진 트리의 가지 수만큼 나누는 것이다. 이렇게 하면 트리의 가지수가 적게 되는 어트리뷰트 선택이 선호되게 될 것이다. 이 방법을 income range 어트리뷰트에 적용하기 위해 정확률 점수 11/15를 4로 나눈다. 이렇게 하면 어트리뷰트 income range의 적합 점수(goodness score)는 0.183이 된다.

결정 트리의 최상위 노드로 credit card insurance를 생각해보자. 그림 3.2에서는 credit card insurance가 선택되었을 때 알고리즘의 단계 3에 의하여 만들어진 트리를 보여주고 있다. 아까와 마찬가지로 트리 구성과정을 멈추고 그 트리에 대한 training 데이터 집합 정확률을 계산한다. 가지 credit card insurance = no에 대하여는 6개의 yes와 6개의 no를 가진다. 마찬가지로 이 무승부는 가장 빈발발생 클래스, 즉 life insurance promotion = yes를 선택하여 깰 수 있다. 그리고 credit card insurance = yes의 가지에서는 당연히 life insurance promotion = yes가 선택된다. 요약하자면 트리의 어떤 경로로 가던지 항상 life insurance promotion = yes가 선택된다. 결과는 training 집합 정확률은 60%(즉 15개 중에 9개가 정확)이며 그 0.60을 가지 수로 나누면 적합 점수는 0.30이 된다.

이번에는 수치 어트리뷰트인 age를 결정 트리의 최상위 노드로 고려하여 보자. 수치 데이터를 처리하는 일반적인 방법은 값들을 크기 순서대로 정렬(sort)하고 어떠한 두 값들

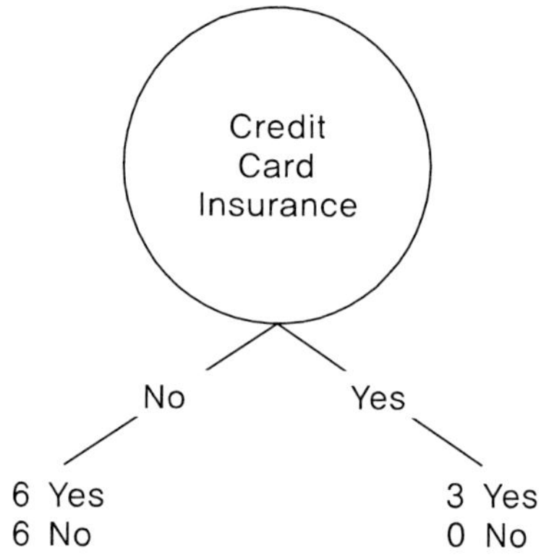

그림 3.2 A 루트가 신용카드 보험(credit card insurance)인 결정 트리의 일부

사이의 이진 분할(binary split)을 고려하는 것이다. 우리의 예에서는 Y는 yes를 N는 no를 나타낸다고 할 때, age는 먼저 다음과 같이 값 순서대로 정렬된다.

19	27	29	35	38	39	40	41	42	43	43	43	45	55	55
Y	N	Y	Y	Y	Y	Y	Y	N	Y	Y	N	N	N	N

모든 가능한 분할 점(split point)에 대하여 적합 점수(goodness score)가 계산된다. 즉 19와 27 사이의 이진 분할 점수가 계산되고 그 다음에 27과 29 사이의 점수가 계산되고, 이런 식으로 계속하여 45와 55 사이의 분할 점수까지 계산한다. 이런 방법으로 각 분할 점은 두 개의 값을 가진 별도의 어트리뷰트로 취급된다. 각 분할 점에 대하여 계산을 하여 간단한 휴리스틱을 적용하니 43이 가장 좋은 분할이 되었다. 따라서 우리는 life insurance promotion = yes를 age 〈= 43으로, 그리고 life insurance promotion = no를 age 〉 43으로 정한다. 이러면 training 집합 정확률은 80%(15개 중 12개 정확)가 되고 이 어트리뷰트(즉 age)에 대한 적합 점수는 0.40이 된다.

마지막으로 어트리뷰트 sex를 최상위 노드로 고려해보자. sex를 선택하면 적합점수는 약 0.367이 된다. 이 자세한 계산은 각자 해보기 바란다. 네 개의 결과를 비교하여 우리는 가능한 어트리뷰트 선택 중에서 age가 가장 좋은 점수를 얻었음을 알 수 있다. 따라서 age를 선택하고 결정 트리 알고리즘의 단계 3을 수행한다. 최상위 노드가 age인 미완성 트리는 그림 3.3에 있다.

알고리즘의 단계 4a에서는 미완성 트리의 각 가지를 검토하여 트리를 계속 이어서 만들어 나갈 것인가를 결정한다. 이 알고리즘은 두 가지 경우에 경로를 끝낸다. 첫 번째로는, 만약 주어진 가지에서의 인스턴스들이 미리 지정된 기준, 즉 최소 정확률과 같은 기준을

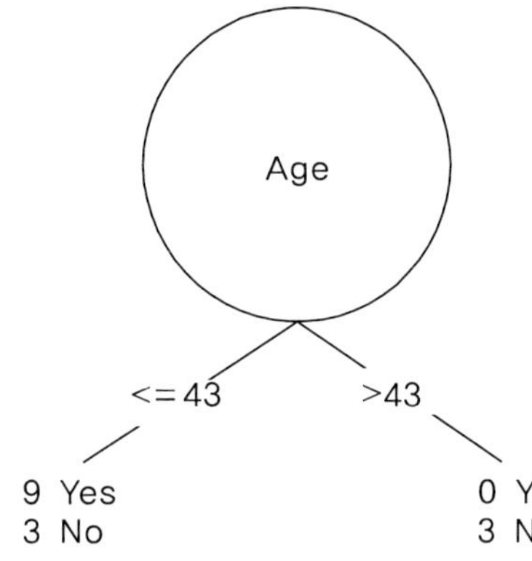

그림 3.3 루트 노드가 age인 결정 트리의 일부

만족하면 그 가지는 터미널 경로가 된다. 그리고 그 경로는 가장 빈발발생 클래스의 값으로 지정된다. 명백한 종료기준은 그 특정 경로의 모든 인스턴스는 같은 클래스이어야 한다는 것이다. 경로를 종료하는 두 번째 경우는 트리를 분할(split)하기 위한 어트리뷰트가 더 이상 남아 있지 않은 경우이다. 확실하게 하자면, 만약 범주 어트리뷰트(categorical attribute)가 선택되면 그 값은 그 트리를 한번 나눌 수가 있다. 하지만 수치 어트리뷰트(numerical attribute)로는 데이터를 여러 번 분할할 수가 있다. 우리의 예에서 보면 'age〉 43'의 가지에 있는 training 데이터들은 모두 life insurance promotion에 대하여 no의 값만 가지므로, 이 경로를 마무리하고 그 터미널 노드는 life insurance promotion = no로 정한다.

이제 'age 〈= 43'의 경우를 고려해보자. 이 경로는 9개의 인스턴스가 yes를, 그리고 3개의 인스턴스가 no를 가진다. 사용해볼 어트리뷰트가 최소 하나 이상 있으므로 트리를 계속 확장해나갈 수가 있다. 알고리즘의 단계 4b를 보면 이 경로의 인스턴스들은 T의 새로운 값들로 지정된다. T를 지정한 다음에 알고리즘의 단계 2, 3, 4는 반복된다. 이 프로세스는 모든 경로들이 종료 조건을 만족하거나 혹은 모든 더 이상 선택한 어트리뷰트가 없을 때까지 계속 된다.

| 신용카드 프로모션 데이터베이스에 대한 결정 트리 |

C4.5의 두 가지 다른 버전을 표 3.1 데이터에 적용하였다. 이 두 가지 버전은 어트리뷰트 선택과정에서 약간 차이점이 있다. 그 두 가지 버전의 결정 트리는 각각 그림 3.4와 그림 3.5에 있다. 그림 3.4의 트리는 3개의 노드를 가지고 있으며 C4.5의 가장 최근 버전으로

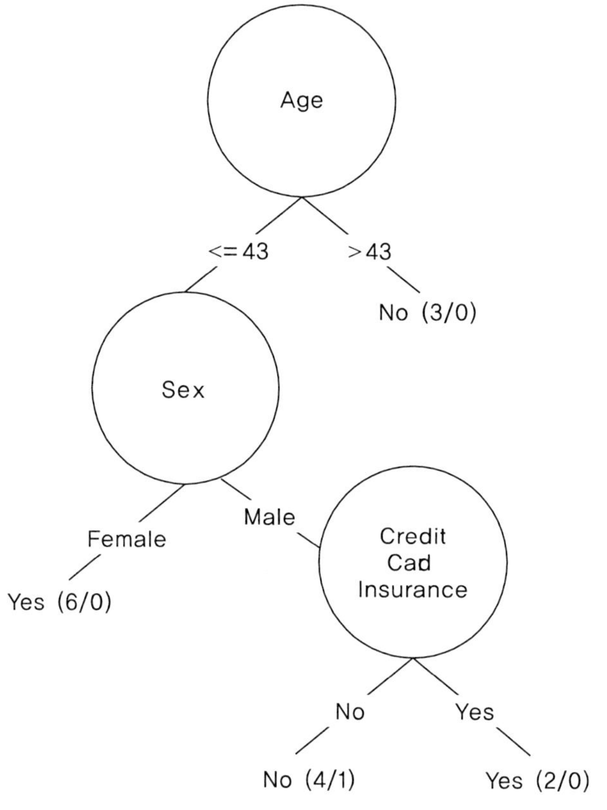

그림 3.4 신용카드 데이터베이스에 대한 3개 노드의 결정 트리

만들어졌다. 정보 이득률(gain ratio)을 계산하여 최상위 노드로 어트리뷰트 age를 선택하여 age = 43에서 분할되고 있다. 이 트리의 오른쪽 가지를 따라가면 생명보험 프로모션에 참여하지 않은 43세 이상의 사람들을 볼 수 있다. 괄호 안의 숫자 3은 세 개의 training 인스턴스가 이 경로에 있다는 것을 보여준다. 숫자 0은 그 세 개의 분류 모두가 정확하다는 것을 말한다. credit card insur = no의 가지에서는 하나의 분류가 부정확하다는 것을 보여준다. 즉, 이 경우는 43세 이하의 남자 한 명이 신용카드 보험은 구입하지 않았지만 생명보험 프로모션에는 yes를 했다는 것을 알 수 있다. 그 외의 다른 분류는 모두 정확하므로 이 트리는 15개의 training 인스턴스들 중에 14개를 정확하게 분류할 수 있다.

그림 3.5의 트리는 3개가 아닌 2개의 노드를 가지고 있다. 그림 3.4의 트리에서처럼 이 트리는 어트리뷰트 credit card insurance와 sex는 가지고 있지만 age 어트리뷰트는 가지고 있지 않다. 보다시피 그림 3.5의 결정 트리는 두 개의 training 인스턴스를 부정확 분류하고 있다.

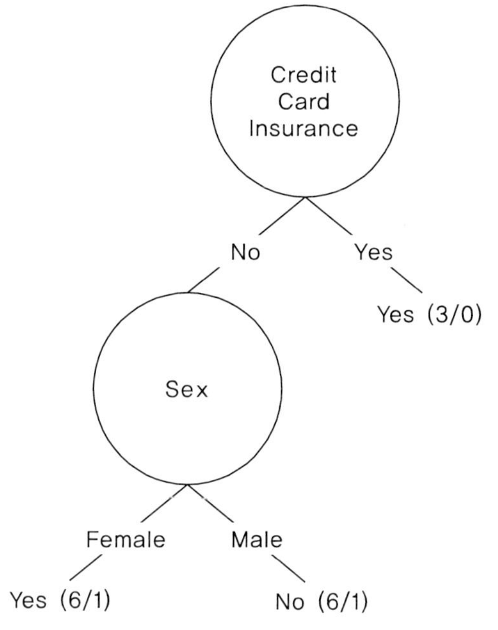

그림 3.5 신용카드 데이터베이스에 대한 2개 노드 결정 트리

처음 생각으로는, 결정 트리가 모든 training 인스턴스를 정확하게 분류하지 못한다는 상황은 결코 가능할 것 같지 않게 보인다. 어떻게 이것이 가능한지 그림 3.4의 결정 트리를 가지고 이야기해보도록 하자. 표 3.2를 보면 그림 3.4의 credit card insurance = no 경로를 따르는 4개의 training 인스턴스를 볼 수 있다. 여기서 알고리즘은 단계 4a에서 언급된 것처럼 종료 기준이 만족되었는지 확인하고 멈추던지 혹은 그 인스턴스들을 더 분할하기 위하여 새로운 어트리뷰트를 고르던지 해야 한다. 이 4개의 인스턴스는 표 3.2에 나와 있는데 처음 3개의 인스턴스가 life insurance promotion = no이고 네 번째 인스턴스는 life insurance promotion = yes이다. 하지만 네 번째 인스턴스는 생명보험 프로모션과 age의 값만 제외하면 두 번째 인스턴스와 동일하다. 생명보험 프로모션(life insurance promotion)은 출력 어트리뷰트이므로 하나의 어트리뷰트를 고른다면 age만 남는다. 이미 언급한 것처럼 일단 범주 어트리뷰트가 트리 노드로 한번 선택되어 사용되면 다른 노드에서 다시 사용될 수는 없다. 하지만 수치 어트리뷰트는 그 어트리뷰트가 선택될 때마다 새로운 분할점(split point)으로 여러 번 사용될 수 있다. 따라서 우리가 해야 할 선택은 그 경로의 확장을 거기서 멈추던가 아니면 어트리뷰트 age를 사용하여 새로운 노드를 만들던가 이다. 보다시피 여기서는 알고리즘에 의해 트리 확장을 멈춘다. 다른 경우를 한번 보도록 하자.

표 3.2 그림 3.4에서 Credit Card Insurance = No의 경로를 따라가는 trainning 데이터 인스턴스들

Income Range	Life Insurance Promotion	Credit Card Insurance	Sex	Age
40-50K	No	No	Male	42
20-30K	No	No	Male	27
30-40K	No	No	Male	43
20-30K	Yes	No	Male	29

표 3.2를 보면 하나 있는 life insurance promotion = yes의 인스턴스는 age는 29이다. age에 대해 분할을 할 수 있는 것은 두 가지로, 한 가지 경로는 age <= 29로, 다른 하나의 경로는 age > 29로 하는 것이다. 표 3.2의 첫 번째, 그리고 세 번째 인스턴스는 age> 29에 해당한다.

그 두 인스턴스 모두가 life insurance promotion에 대하여 yes이므로 이 경로는 멈추게 된다. age <= 29의 경로는 모든 training 인스턴스를 성공적으로 분류하기 위하여 age 어트리뷰트를 가지고 다시 분할을 한다(예를 들어 age <= 27과 age> 27). 그렇게 하면 결정 트리는 5개의 노드를 가지게 된다. 하지만 부정확 분류를 없애기 위하여 두 개의 노드를 새로 추가하는 것보다는 알고리즘의 로직은 약간의 에러를 허용하더라도 좀 더 일반화된 트리 구조가 더 선호된다.

| 결정 트리 규칙(Rules) |

1장에서 우리는 결정 트리의 한 경로를 하나의 규칙(rule)으로 변환함으로써 결정 트리를 생성규칙(production rules)의 집합으로 매핑하는 것을 보았다. 규칙이 트리보다는 더 유용하기 때문에 규칙 매핑을 위한 여러 가지 방법들이 연구되었다. 대부분의 방법들은 기존의 규칙들을 더 단순하게 만들거나 제거하거나 하는 데 초점이 맞추어져 있다. 규칙 간략화(simplification) 과정을 그림 3.4의 결정 트리를 가지고 보도록 하자. 트리의 한 경로를 가지고 만들어진 규칙은 아래와 같다.

IF *Age <= 43 & Sex = Male & Credit Card Insurance = No*
THEN *Life Insurance Promotion = No*

이 규칙의 전제 조건은 15개의 training 인스턴스 중 4개를 포함하고 75%의 정확률을 가진다. 전제 조건 중에서 age를 없애서 규칙을 간략화(simplification)하면 다음과 같이 된다.

IF *Sex = Male & Credit Card Insurance = No*
THEN *Life Insurance Promotion = No*

표 3.1을 보면 이 간략화된 규칙이 6개의 인스턴스를 포함함을 볼 수 있다. 그 6개 중에 규칙의 결과는 5개를 포함하므로 이 규칙의 정확률은 약 83.3%가 된다. 따라서 간략화된 규칙이 원래 규칙보다 더 일반화되고 정확률도 더 높아졌다! 처음 생각에는 규칙의 조건을 줄이면 규칙의 정확률은 감소할 것 같았다. 하지만 자세히 살펴보면 조건의 감소는 더 좋은 결과를 내는 것을 볼 수 있다. 이것을 보려면, 규칙에서 age 어트리뷰트를 없애는 것은 그림 3.4의 트리에서 그 어트리뷰트를 없애는 것과 같다는 것을 기억하자. 그렇게 하면 경로 age〉 43의 3개의 인스턴스는 age 〈= 43의 인스턴스들과 같은 경로를 갖게 된다. age〉 43의 인스턴스 3개는 life insurance promotion = no 클래스에 소속되어 있다. 이들 3개 중 2개는 credit card insurance=no의 남성이다. 두 개 모두 조건부분과 결론부분을 만족한다. 이것 때문에 새 규칙의 조건부분은 6개의 인스턴스에 만족되고, 그 중 5개는 life insurance promotion의 값으로 no를 갖게 된다.

대부분의 결정 트리 상용제품은 규칙 추출과정과 간략화 과정을 자동화하고 있다. 일단 규칙이 간략화되거나 제거되면 규칙은 에러를 최소화하는 순서대로 나열된다. 마지막으로 디폴트 규칙(default rule)을 정한다. 디폴트 규칙은 나열된 규칙의 전제 조건에 해당하지 않는 나머지 인스턴스의 분류(classification)를 담당한다.

| 다른 구축 방법들 |

우리는 지금까지 Quinlan의 결정 트리 알고리즘인 C4.5의 기본에 대하여 설명을 하였다. 하지만 결정 트리를 만드는 여러 다른 알고리즘도 존재한다. 많이 연구되어온 ID3 (Quinlan, 1986)은 C4.5의 초기 버전이라고 할 수 있다. 많은 관심을 끌고 있는 CART (Breiman et aI., 1984)는 여러 가지 상용 제품으로 나와 있다. 게다가 CART는 **회귀 트리** (regression trees)를 처음으로 소개하였다. 본질적으로 회귀 트리는 결정 트리의 형태를 지니며 터미널 노드가 범주(categorical)가 아닌 수치(numerical) 값을 가진다.

CART는 C4.5와 매우 유사하지만 여러 가지 차이점도 있다. 가장 큰 차이점은 CART는 어트리뷰트가 범주이건 수치이건 관계 없이 데이터를 언제나 이진 분할(binary split)을 한다. 두 번째 차이점은 C4.5는 training 데이터만 사용하여 최종 트리 구조를 만들지만 CART는 test 데이터를 사용하여 만들어진 이진 트리를 가지치기(prune)도 하고 그래서 일반화(generalize)도 한다는 것이다. CHAID(Kass, 1980)는 SAS와 SPSS와 같은 상용 통계 패키지에서 사용되는 결정 트리이다. CHAID는 범주 어트리뷰트에만 한정되어 있다는 점에서 C4.5와 CART와 차이가 있다. CHAID는 결정 트리 확장의 후보 어트리뷰트를 결정할 때 X^2라는 통계적 유의미 테스트와 같은 통계적 기법을 사용한다.

| 일반적 고려사항 |

결정 트리는 여러 장점들이 있는데 그들은 다음과 같다.

- 결정 트리는 이해하기 쉽고 생성규칙으로 쉽게 매핑이 된다.
- 결정 트리는 실제 문제에 성공적으로 적용되어 왔다.
- 결정 트리는 데이터의 본질에 대한 어떠한 사전 가정(no prior assumptions)을 하지 않는다.
- 결정 트리는 수치(numerical) 뿐만 아니라 범주(categorical) 데이터를 포함한 데이터 집합으로도 모델을 만들 수가 있다.

다른 데이터 마이닝 알고리즘들처럼 결정 트리의 사용에도 몇 가지 이슈는 있다. 특히,

- 출력 어트리뷰트는 범주적이어야 하며 여러 개의 출력 어트리뷰트는 사용할 수 없다.
- 결정 트리는 training 데이터가 약간만 바뀌어도 트리의 각 어트리뷰트 선택 점에서 다른 선택이 이루어질 수 있다는 점에서 **불안정(unstable)**하다고 할 수 있다. 만약 어트리뷰트 선택이 모든 하위 부분 트리에 영향을 미친다면 이 효과는 매우 심각한 것일 수 있다.
- 수치 데이터에 대하여 어트리뷰트 분할은 일반적으로 이진(binary)이므로 트리를 매우 크고 복잡하게 만들 가능성이 있다.

3.2 연관 규칙(association rules) 생성

관련성 분석(Affinity analysis)는 어떠한 것들이 함께 연관되어 있는지 결정하는 과정이다. 전형적인 어플리케이션으로는 장바구니 분석(market basket analysis)이 있는데 고객이 쇼핑을 할 때 어떠한 물건들을 함께 구매하는지를 알아내고자 하는 것이다. 장바구니 분석의 출력물은 고객 구매 행위에 대한 연관성(association)이다. 그 연관성은 연관 규칙(association rules)이라고 하는 일련의 규칙의 형태로 보여진다. 그 연관 규칙은 적절한

상품 마케팅 전략을 결정하는 데 도움을 줄 수 있다. 이번 절에서는 연관 규칙을 생성하는 효율적인 알고리즘에 대하여 설명하도록 하겠다.

| 신뢰도와 지지도(Confidence and Support) |

연관 규칙은 조건부에 나타나는 어트리뷰트가 또 다른 규칙에서는 결론부에 나타날 수도 있다는 점에서 전통적인 분류 규칙(classification rules)과는 다르다. 또한 전통적인 분류 규칙은 보통 결과부에 하나의 어트리뷰트만 사용을 하지만 연관 규칙은 규칙의 결과부에 하나 이상의 어트리뷰트 값을 갖는 것도 가능하다. 이것에 대한 예로서, 다음의 네 가지 식료품 중에서 고객 구매 성향에서 흥미로운 관계를 찾을 수 있는지를 보고자 한다고 하자.

- 우유
- 치즈빵
- 빵
- 계란

가능한 연관성은 다음과 같은 것들일 것이다.

1. 고객이 우유를 사면, 또한 빵도 산다. (우유 구매 => 빵 구매)
2. 고객이 빵을 사면, 또한 우유도 산다. (빵 구매 => 우유 구매)
3. 고객이 우유와 계란을 사면, 그는 또한 치즈와 빵을 산다.
   (우유 구매 & 계란 구매 => 치즈 구매 & 빵 구매)
4. 고객이 우유, 치즈, 계란을 사면 그는 또한 빵을 산다.
   (우유 구매 & 치즈 구매 & 계란 구매 => 빵 구매)

첫 번째 것은 우유를 산 고객은 빵도 살 가능성이 높다는 것이다. 그러면 "우유 구매가 빵 구매를 일으키는 가능성이 얼마인가?"라는 질문이 생길 것이다. 이것은 각 연관 규칙에 연관된 신뢰도(confidence)로 알 수 있다. 이 신뢰도는 우유를 구매했을 때 빵을 구매할 조건 확률이다. 따라서 만약 10,000명의 고객 트랙섹션이 우유 구매를 포함하고 있고 그 중에서 5000명이 빵 구매도 하고 있다면, 우유 구매 조건에서 빵 구매의 신뢰도는 5000/10,000 = 50%가 된다.

자 이제 두 번째 규칙을 보도록 하자. 이 규칙은 첫 번째 것과 같은 정보를 주는가? 아니다! 첫 번째 규칙에서는 트랜젝션 도메인(transaction domain)이 우유 구매를 한 모든 고객이지만, 이번 규칙에서는 도메인은 빵 구매를 한 모든 고객 트랜섹션의 집합이다. 예로서 전체 20,000명의 고객 트랜잭션이 빵 구매에 해당하고 그 중에서 5000명이 또한 우유도 구매했다고 한다면, 빵 구매의 조건에서 우유를 구매한 신뢰도 값은 25%가 된다.

세 번째와 네 번째 규칙은 좀 더 복잡하지만, 아이디어는 동일하다. 세 번째 규칙의 신뢰도는 우유와 계란의 구매 조건에서의 치즈와 빵 모두의 구매 가능성을 말하고 있다. 네 번째 규칙의 신뢰도는 우유, 치즈, 계란의 구매 조건에서 빵 구매의 가능성을 말하고 있다.

신뢰도로 알 수 없는 중요한 정보 하나는 그 연관 규칙에 있는 어트리뷰트 값을 포함하는 전체 트랜젝션의 퍼센트이다. 이것은 그 규칙의 지지도(support)라고 부른다. 지지도는 어떤 연관 규칙에 있는 아이템들(즉, 물건들)을 포함하고 있는 인스턴스(트랜젝션)의 최소 퍼센트(즉, 전체 데이터베이스에 대한 퍼센트)를 말한다. 다음 절에서는 신뢰도와 지지도를 사용하여 주어진 데이터베이스에 대하여 만들어지는 연관 규칙의 전체 개수를 조절하는 것을 보도록 하겠다.

| 연관 규칙 마이닝: 예 |

연관 규칙은 전통적인 방법으로도 생성될 수도 있으나 어트리뷰트 수가 여러 개가 되면 각 규칙의 결과부에 너무나 많은 수의 가능한 조건들이 나오게 되므로 이 과정은 적절하지 않다. 따라서 연관 규칙을 생성하기 위한 특별한 효율적인 알고리즘들이 개발되었다. apriori 알고리즘(Agrawal et al., 1993)은 그 중의 하나이다. 이 알고리즘은 소위 item sets[2]이라는 것을 생성한다. Item sets은 정해진 coverage를 만족하는 어트리뷰트-값의 조합들이다. Coverage를 만족하지 않는 어트리뷰트-값 조합(attribute-value combinations)은 제거한다. 이렇게 함으로써 규칙생성 과정은 적절한 시간 안에 마치게 될 수 있다.

Apriori 연관 규칙 생성은 두 단계 과정이다. 첫 번째 단계는 item set 생성이다. 두 번째 단계는 생성된 item set으로 연관 규칙의 집합을 만들어 내는 것이다. 이것을 표 3.3의 신용카드 프로모션 데이터베이스의 예로 보이도록 하겠다. 예를 간략하게 하기 위하여 income range와 age 어트리뷰트는 빼버렸다.

먼저 어트리뷰트-값 coverage의 최소 요구사항을 4 items라고 정하였다(즉, 최소한 4개의 items를 포함하여야 한다는 조건). 만들어진 첫 item set 테이블은 single-item sets (즉 한 개의 아이템으로만 이루어진 집합)이다. Single-item sets은 원래 데이터 집합에서 추출한 개별 어트리뷰트-값 조합을 나타낸다. 먼저 어트리뷰트 magazine promotion을 보도록 하자. magazine promotion에 대한 표 값을 보면 yes 값에 7개의 인스턴스, 그리고 no에

2) 역자의 주: item set은 item, 즉 물건들의 집합이다. 어느 고객이 장바구니에 4가지의 물건(item)을 샀다면, 그 물건들의 부분집합들, 즉 15가지의 item sets이 가능하다. 이 책에서는 item set이라는 용어를 그대로 사용한다.

3개의 인스턴스가 있다. 따라서 magazine promotion = yes는 single-item set 테이블에 들어갈 유효한(valid) item set이 되지만 magazine promotion = no는 coverage 요구사항(즉, 4)을 만족하지 못하여 single-item set 테이블에 들어가지 못한다. 표 3.4는 표 3.3에서 최소 coverage 조건을 만족하는 모든 single-item set 값들을 보여주고 있다.

그 다음에 우리는 single-item sets을 합하여 같은 coverage 요구조건을 만족하는 two-item sets(즉, 두 개의 item으로 만들어진 집합)을 만든다. 여기서 우리는 single-item set 테이블에 있는 유효한 어트리뷰트-값 조합만을 고려해야 한다. 먼저 magazine promotion = yes와 watch promotion = yes로 시작을 해보자. 이 조합은 단지 3개만 대응(match)됨으로 coverage 조건을 만족하지 못하여 two-item set 테이블에 들어가지 못한

표 3.3 신용카드 프로모션 데이터베이스의 부분집합

Magazine Promotion	Watch Promotion	Life Insurance Promotion	Credit Card Insurance	Sex
Yes	No	No	No	Male
Yes	Yes	Yes	No	Female
No	No	No	No	Male
Yes	Yes	Yes	Yes	Male
Yes	No	Yes	No	Female
No	No	No	No	Female
Yes	No	Yes	Yes	Male
No	Yes	No	No	Male
Yes	No	No	No	Male
Yes	Yes	Yes	No	Female

표 3.4 Single-Item Sets

Single-Item Sets	Number of Items
Magazine Promotion = Yes	7
Watch Promotion = Yes	4
Watch Promotion = No	6
Life Insurance Promotion = Yes	5
Life Insurance Promotion = No	5
Credit Card Insurance = No	8
Sex = Male	6
Sex = Female	4

다. 그 다음에 magazine promotion = yes와 watch promotion = no의 조합을 보면 4개의 인스턴스가 이 조합을 만족하므로 이 조합이 two-item set 테이블의 첫 번째 칸에 들어간다. 그 다음으로 magazine promotion = yes와 life insurance promotion = yes의 조합은 5개의 인스턴스 대응이 있으므로 이것도 two-item set 테이블에 넣는다. 하지만 magazine promotion = yes와 life insurance promotion = no의 조합은 2개의 대응만 있으므로 유효한 two-item set entry가 되지 못한다. 이렇게 계속하면 모두 11개의 two-item set이 생기는데 모두 표 3.5에 나타나 있다.

다음 단계는 two-item set 테이블에 있는 어트리뷰트-값 조합을 이용하여 three-item sets(즉, 3개의 item으로 만들어진 집합)을 만드는 것이다. Two-item set 테이블의 위쪽 것들을 읽어서 하나를 만들어 보면

Magazine Promotion = Yes & Watch Promotion = No & Life Insurance Promotion = Yes.

세가지 값을 만족시키는 인스턴스는 단지 하나이기 때문에 이 조합을 three-item set 테이블에 포함시키지는 않는다. 실제로 coverage 기준을 만족하는 유일한 three-item set은 다음과 같다.

Wattch Promotion = No & Life Insurance Promotion = No & Credit Card Insurance = No

표 3.5 Two-Item Sets

Two-Item Sets	Number of Items
Magazine Promotion = Yes & Watch Promotion = No	4
Magazine Promotion = Yes & Life Insurance Promotion = Yes	5
Magazine Promotion = Yes & Credit Card Insurance = No	5
Magazine Promotion = Yes & Sex = Male	4
Watch Promotion = No & Life Insurance Promotion = No	4
Watch Promotion = No & Credit Card Insurance = No	5
Watch Promotion = No & Sex = Male	4
Life Insurance Promotion = No & Credit Card Insurance = No	5
Life Insurance Promotion = No & Sex = Male	4
Credit Card Insurance = No & Sex = Male	4
Credit Card Insurance = No & Sex = Female	4

더 이상의 조합을 만드는 것은 이제 불가능하므로 이제 만들어진 item set으로 연관규칙(association rules)을 만드는 단계로 넘어 가도록 하자. 규칙 생성의 첫 단계는 규칙의 최소 신뢰도(confidence)를 정하는 것이다. 그 다음으로는 two- 그리고 three-item set 테이블로부터 규칙을 만들어 내는 것이다. 마지막 단계는 최소 신뢰도 값을 만족하지 못하는 규칙은 제거하는 것이다.

가능한 two-item set 규칙 두 개는 다음과 같다.

IF *Magazine Promotion = Yes*
THEN *Life Insurance Promotion = Yes (5/7)*

IF *Life Insurance Promotion = Yes*
THEN *Magazine Promotion = Yes (5/5)*

오른쪽 괄호 안의 분수는 규칙 신뢰도를 계산하는 데 사용한다. 첫 번째 규칙에서 magazine promotion과 life insurance promotion이 모두 yes인 인스턴스는 5개이다. 그리고 magazine promotion = yes에는 5개의 인스턴스가 있다. 따라서 magazine promotion = yes 일때 life insurance promotion 값이 yes라고 예측하는 규칙은 두 경우에서만 에러가 생긴다. 만약 우리가 최소 신뢰도 기준을 80%라고 정하면 이 규칙은 최종 규칙 집합에서 제거된다. 두 번째 규칙은 life insurance promotion = yes일 때마다 magazinepromotion = yes라는 규칙인데 이 규칙의 신뢰도는 100%(즉 5/5)이다. 따라서 이 규칙은 연관 규칙 생성기의 최종 출력에 포함된다.

가능한 여러 three-item set 중에서 3개를 보도록 하자.

IF *Watch Promotion = No & Life Insurance Promotion = No*
THEN *Credit Card Insurance = No (4/4)*

IF *Watch Promotion = No*
THEN *Life Insurance Promotion = No & Credit Card Insurance = No (4/6)*

IF *Credit Card Insurance = No*
THEN *Watch Promotion = No & Life Insurance Promotion = No (4/8)*

연습 문제에서 이 데이터 집합에 대한 다른 연관 규칙을 구해보도록 할 것이다. 마지막으로 일반적인 고려사항을 보면서 연관 규칙에 대한 논의를 마무리하도록 하자.

| 일반적인 고려사항 |

연관 규칙은 종속 변수를 하나만 선택해야 하는 제약조건 없이 대용량의 데이터베이스에서 관련성을 찾을 수 있다는 것 때문에 특히 많이 사용된다. 하지만 발견된 관계들이 그리 중요한 것들이 아닐 수도 있기 때문에 연관 규칙을 해석하는 데에는 많은 주의가 요구된다.

예를 들어서 전체 10,000개의 트랜젝션을 가지고 장바구니 분석을 해본다고 하자. 그 중에서 70%가 우유 구매를 포함하고 있고, 50%는 빵 구매를 포함하고 있다고 하자. 이 정보를 보면 아마도 우리는 다음과 같은 연관 규칙을 얻을 수 있을 것이다.

If customers purchase milk, they also purchase bread.
만약 고객이 우유를 산다면, 빵도 또한 살 것이다.

이 규칙의 신뢰도(confidence)는 40% 이상이 될 수도 있다. 하지만 대부분의 고객은 두 가지 제품을 모두 사기 때문에 이 연관 규칙은 큰 값어치가 있는 것은 아니다. 즉 이 규칙은 우유와 함께 빵을 사도록 하는 어떤 추가적인 가치가 있는 마케팅 정보를 우리에게 주지는 못한다. 하지만 연관 규칙에서는 다음과 같은 두 가지 타입의 흥미 있는 관계가 있다.

- 특정제품 매출액의 lift가 다른 제품과의 연관(association) 때문이라는 것을 나타내는 연관 규칙은 흥미 있는 관계를 보여준다. 이 경우에 우리는 이 정보를 사용하여 연관성의 결과로서 그 제품의 판매 증가를 프로모트할 수가 있을 것이다.
- 어떤 특정 연관성에서, 기대보다도 적은 신뢰도를 보이는 연관 규칙도 흥미 있는 관계를 보여준다. 이 경우에 우리가 내릴 수 있는 가능한 결론은 그 연관 규칙에 나타난 제품들은 같은 마켓을 놓고 서로 경쟁하고 있을 수 있다는 것이다.

마지막으로 고려할 점은, 장바구니 분석에는 보통 엄청나게 많은 양의 데이터가 저장된다. 따라서 연관 규칙 생성기에서의 일의 양을 최대한 줄이는 것이 중요하다. 이렇게 하려면 item set coverage 기준을 처음에 높은 값으로 정하면 된다. 만약 더 많은 규칙을 생성하고 싶다면 그 coverage 기준을 조금 낮추어 전체 과정을 다시 반복해보면 된다.

3.3 K-Means 알고리즘

K-Means algorithm(Lloyd, 1982)은 간단하면서도 매우 효과적인 통계적 클러스터링 기법이다. Unsupervised 클러스터링에 대한 여러분의 이해를 돕기 위하여 그 K-Means 알고리즘이 어떻게 데이터 집합을 클러스터들로 분리하여 나눌 수 있는지를 보도록 하자.

알고리즘은 다음과 같다:

1. K값, 즉 만들어질 전체 클러스터의 개수를 정한다.
2. 데이터 집합에서 무작위(random)로 K개의 인스턴스를 골라서 그것을 K개의 클러스터의 초기 센터 값으로 정한다.
3. 나머지 인스턴스들은 Euclidean distance를 사용하여 각자 가상 가까운 센터를 가진 클러스터에 배정한다.
4. 각 클러스터마다 그 안에 배정된 모든 인스턴스의 평균 값을 구하여 그것을 그 클러스터에 대한 새로운 센터로 정한다.
5. 만약 그 새로운 센터 값들이 이전 iteration의 센터 값들과 똑같다면 알고리즘을 끝을 낸다. 그렇지 않으면, 그 새로운 센터 값으로 단계 3~5를 반복한다.

단계 1에서는 데이터에 몇 개의 클러스터가 있을지에 대해 미리 결정을 해야 한다. 그 다음 단계에서는 K개의 데이터를 초기 클러스터 센터로 정하고 모든 인스턴스는 자신과 가장 유사한 클러스터에 들어가게 된다. 유사도는 여러 가지로 정의될 수 있지만 대부분은 Euclidean distance를 사용한다.

모든 인스턴스들이 각자의 적절한 클러스터에 들어간 후에는, 그 클러스터에 대한 새로운 평균을 구하여 클러스터 센터를 새로 수정한다. 인스턴스를 분류하고 클러스터 센터를 계산하는 과정은 클러스터 센터가 더 이상 변경되지 않을 때까지 계속 반복된다. 즉, 어떤 클러스터 C_i에 대하여 iteration(반복 횟수) j번 후에 그 클러스터에 있는 모든 인스턴스들이 j-1번째 iteration때의 그 클러스터에 있는 인스턴스들과 똑같다면 알고리즘은 멈추게 된다.

| K-Means 사용 사례 |

두 개의 어트리뷰트를 가진 예를 가지고 좀더 명확하게 그 K-Means 과정을 설명하도록 하겠다. 대부분의 실제 데이터베이스는 더 많은 어트리뷰트를 가지고 있지만 어트리뷰트

표 3.6 K-Means 입력값

Instance	X	Y
1	1.0	1.5
2	1.0	4.5
3	2.0	1.5
4	2.0	3.5
5	3.0	2.5
6	5.0	6.0

의 개수와는 관계 없이 방법론은 동일하다.

우리의 예에서는 그림 3.6과 같이 6개의 인스턴스를 사용하도록 하겠다. 두 개의 어트리뷰트를 간단히 x와 y로 이름 붙이고, 각 인스턴스를 그림 3.6에서와 같이 x-y 좌표 위에 놓고 보도록 하자.

첫 단계에서는 먼저 K값을 정해야 한다. 두 개의 클러스터가 있다고 가정하고 K값을 2로 정한다. 알고리즘에 의하여 먼저 랜덤으로 두 개의 데이터 점을 골라서 그것을 두 개의 클러스터 센터로 정한다. 인스턴스 1을 하나의 클러스터 센터로, 인스턴스 3을 다른 클러스터 센터로 정해보도록 하자. 그 다음 단계는 나머지 인스턴스들을 두 개의 클러스터 중의 하나로 분류하는 단계이다.

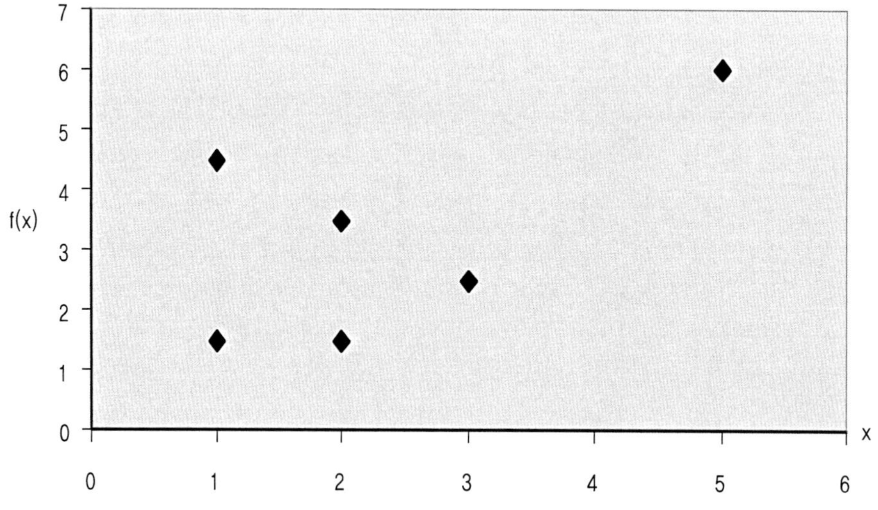

그림 3.6 표 3.6에 있는 데이터의 좌표 매핑

$(x_1,\ y_1)$ 좌표를 가진 점 A와 $(x_2,\ y_2)$ 좌표를 가진 점 B간의 Euclidean distance를 계산하는 공식을 기억해보면 다음과 같다.

$$\text{Distance (A − B)} = \sqrt{(x_1 - x_2)^2 + (y_1 - y_2)^2}$$

첫 번째 iteration에서는 C_1 = (1.0,1.5)과 C_2 = (2.0,1.5)로 시작하며, 표 3.6에 있는 각 인스턴스 j와 클러스터 센터 C_i까지의 Euclidean distance C_i− j의 계산은 다음과 같다.

Distance (C_1 − 1) = 0.00	Distance (C_2 − 1) = 1.00
Distance (C_1 − 2) = 3.00	Distance (C_2 − 2) ≈ 3.16
Distance (C_1 − 3) = 1.00	Distance (C_2 − 3) = 0.00
Distance (C_1 − 4) ≈ 2.24	Distance (C_2 − 4) = 2.00
Distance (C_1 − 5) ≈ 2.24	Distance (C_2 − 5) ≈ 1.41
Distance (C_1 − 6) ≈ 6.02	Distance (C_2 − 6) ≈ 5.41

알고리즘의 첫 번째 iteration후에는 클러스터링은 다음과 같이 정해진다.

C_j은 인스턴스 1과 2를 가진다.
C_2는 인스턴스 3,4,5,6을 가진다.

다음 단계는 각 클러스터 센터를 다시 계산하는 것이다. 클러스터 C_1에 대해서는

x = (1.0 + 1.0) / 2 = 1.0
y = (1.5 + 4.5) / 2 = 3.0

클러스터 C_2에 대해서는

x = (2.0 + 2.0 + 3.0 + 5.0) / 4.0 = 3.0
y = (1.5 + 3.5 + 2.5 + 6.0) / 4.0 = 3.375

따라서 새로운 클러스터 센터는 C_1 = (1.0,3.0)과 C_2 = (3.0,3.375)이 된다. 클러스터 센터가 변경되었으므로 두 번째 iteration을 수행하여야 한다.

두 번째 iteration에 대한 distance 계산은 다음과 같다.

Distance (C_1 − 1) = 1.50	Distance (C_2 − 1) ≈ 2.74
Distance (C_1 − 2) = 1.50	Distance (C_2 − 2) ≈ 2.29
Distance (C_1 − 3) ≈ 1.80	Distance (C_2 − 3) = 2.125
Distance (C_1 − 4) ≈ 1.12	Distance (C_2 − 4) ≈ 1.01
Distance (C_1 − 5) ≈ 2.06	Distance (C_2 − 5) = 0.875
Distance (C_1 − 6) = 5.00	Distance (C_2 − 6) ≈ 3.30

두 번째 iteration에서도 클러스터는 다음과 같이 조정된다.

C_1은 인스턴스 1, 2, 3을 가진다.
C_2는 인스턴스 4, 5, 6을 가진다.

그 다음에 각 클러스터에 대한 새로운 센터를 계산한다. 클러스터 C_1에 대하여서는

$$x = (1.0 + 1.0 + 2.0) / 3.0 \approx 1.33$$
$$y = (1.5 + 4.5 + 1.5) / 3.0 = 2.50$$

C_2에 대하여서는

$$x = (2.0 + 3.0 + 5.0) / 3.0 \approx 3.33$$
$$y = (3.5 + 2.5 + 6.0) / 3.0 = 4.00$$

또 다시 이번 iteration에서도 클러스터 센터가 변경되었으므로 C_1 = (1.33, 2.50)과 C_2 = (3.33, 4.00)을 가지고 세 번째 iteration을 수행한다. 이 계산은 각자 연습해보도록 하자.

지금 우리가 본 계산은 단지 알고리즘의 수행 과정을 설명하기 위한 것에 불과하다. 실제로 초기 클러스터 센터를 어떻게 정하느냐에 따라서 다른 최종 클러스터가 나올 수도 있다. 불행하게도 이것이 K-Means 알고리즘이 가지고 있는 문제점 중의 하나이다. 즉, 비록 이 알고리즘은 인스턴스들이 안정된 상태로 클러스터 되게 하는 것은 보장하지만, 그 클러스터가 최적(optimal)이라는 것을 보장하지는 못한다.

K-Means 알고리즘의 최적 클러스터링은 주로 인스턴스와 각 해당 클러스터 센터간의 제곱 에러의 합(summation of squared error differences)이 최소가 되게 하는 클러스터

링으로 정의된다. 어떤 주어진 K값에 대하여 전역적으로 최적인(globally optimal) 클러스터링을 찾는 것은 가능한 초기 클러스터 센터 모두에 대하여 알고리즘을 모두 수행해 보아야 하므로 이것은 거의 불가능하다. 비록 몇 백 개의 인스턴스만 있다고 하더라도 K-Means 알고리즘을 몇 번 이상 수행하는 것은 그리 효율적이지 못하다. 대신에 보통 하는 것은 종료기준, 즉 받아 들일만한 정도의 에러 제곱 값(squared error value) 같은 것을 정해두고 그 종료조건이 만족할 때까지 K-Means 알고리즘을 수행한다.

표 3.7은 표 3.6에 있는 데이터에 K-Means 알고리즘을 여러 번 적용하여 얻은 세가지 클러스터링을 보여주고 있다. 그림 3.7은 표 3.7의 두 번째 클러스터링을 보여주고 있다. 이미 이야기하였듯이, 가장 좋은 클러스터링은 최소 에러 제곱 값(minimum squared error

표 3.7 K=2일 때, K-Means 알고리즘 적용의 다양한 결과

Outcome	Cluster Centers	Cluster Points	Squared Error
1	(2.67,4.67)	2,4,6	14.50
	(2.00,1.83)	1,3,5	
2	(1.5,1.5)	1,3	15.94
	(2.75,4.125)	2,4,5,6	
3	(1.8,2.7)	1,2,3,4,5	
	(5,6)	6	9.60

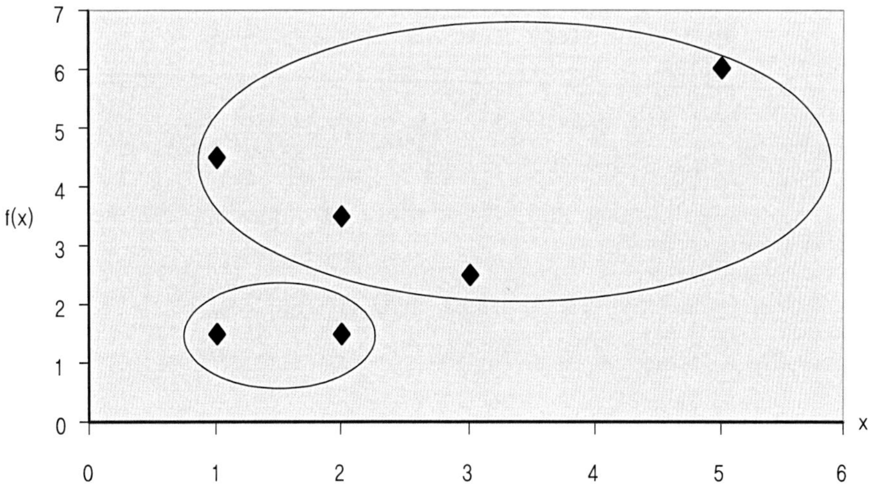

그림 3.7 K=2일 때, 표 3.6에 있는 데이터에 대한 K-Means 클러스터링

value)에 의하여 결정되는데 세 번째 클러스터링이 거기에 해당된다. 즉, 좌표 (5,6)에 있는 하나의 점이 한 클러스터를 이루고, 나머지 인스턴스들이 두 번째 클러스터를 이룬다.

| 일반적 고려사항 |

K-Means 방법은 이해하기도 그리고 구현하기도 편리하다. 하지만 다음과 같은 몇 가지 고려해야 하는 이슈들이 있다.

- 이 알고리즘은 실수 값(real-valued) 데이터에서만 사용할 수 있다. 만약 범주(categorical) 어트리뷰트가 있다면 그 어트리뷰트를 빼고 사용하거나 혹은 그것을 수치 값으로 변환하여 사용하여야 한다. 예를 들어, color라는 어트리뷰트에 red, blue, green, brown의 값이 있다고 하자. 한 가지 방법은 임의의 수치 값을 각 color에 지정하여 주는 것인데 여기에도 여러 가지 단점들은 있다. 제5장에서 데이터 변환과 관련된 여러 가지 이슈에 대하여 살펴보게 될 것이다.
- 우리는 만들어지게 되는 클러스터의 개수에 해당하는 값을 먼저 선택하여야 하는데, 만약 우리가 잘못된 선택을 하게 된다면 이것 또한 문제가 된다. 이 이슈를 해결할 한 가지 방법은 서로 다른 K값으로 여러 번 알고리즘을 돌려보는 것인데, 이렇게 하여 이 데이터에는 몇 개의 클러스터가 있을 것인지에 대한 '감'을 잡을 수 있게 될 것이다.
- K-Means 알고리즘은 데이터에 있는 클러스터들이 비슷한 크기일 때 가장 성능이 좋다. 이 경우에서는 만약 최적의 결과라고 나온 것이 서로 다른 크기의 클러스터로 표현된다면 K-Means 알고리즘은 가장 좋은 결과를 찾지 못할 가능성이 높다.
- 클러스터가 만들어지는 데 중요한 어트리뷰트가 어느 것인지 설명할 수 있는 방법이 없다. 이런 이유로 관련도 없는 어트리뷰트들이 끼어 들어가게 되어서 최적의 결과를 만드는 데 방해가 될 수 있다.
- 만들어진 클러스터의 특성에 대한 설명이나 해석을 하기가 힘들기 때문에 무엇이 발견되었는지에 대한 해석은 우리의 몫이 되어 버린다. 하지만 supervised 데이터 마이닝 도구를 사용하여 unsupervised 클러스터링 알고리즘으로 만들어진 클러스터의 특성에 대한 파악을 해볼 수는 있다.

이러한 제한 점에도 불구하고 K-Means 알고리즘은 여전히 사랑받는 통계 기법이다. 다음 절 '유전자 알고리즘과 Unsupervised 클러스터링'에서는 진화 과학(evolutionary science)에서 나오는 몇 가지 아이디어를 사용하여 수치 값 클러스터링을 하는 약간 다른 접근방법을 보게 될 것이다. 자세히 보면, unsupervised 클러스터링에 있어서 K-Means 알고리즘과 유전자(genetic) 알고리즘이 유사하다는 것을 발견할 수 있을 것이다.

3.4 유전자 학습(Genetic learning)

유전자 알고리즘(GA; Genetic algorithm)은 귀납적 학습(inductive learning)에 진화적인 접근방법을 적용한다. GA 학습 모델은 John Holland(1986)에 의하여 처음 개발되었는데, 다윈 진화론자들이 이야기하는 자연 선택(natural selection) 이론에 기반하고 있다. 유전자 프로그래밍(GP; Genetic Programming)은 전통적인 방법으로 해결하기 어려웠던 문제들에 성공적으로 적용되어 오고 있다. 예를 들면 traveling salesman 문제, 네트워크 라우팅 문제와 같은 스케줄링 문제들과 금융시장 분야에서의 문제 같은 것들이 있다.

유전자 알고리즘은 supervised와 unsupervised 데이터 마이닝에도 사용될 수 있다. 기본적인 유전적 학습 알고리즘은 다음과 같다.

1. 염색체(chromosome)라고 부르는 n개의 개체(element)로 이루어진 개체군(population) P를 초기화한다. 이 P는 문제에 대한 잠재적 solution이라고 볼 수 있다.
2. 주어진 종료 조건이 만족될 때까지 다음을 계속 한다.
   a. 현재 solution의 각 개체를 적합도 함수(fitness function)로 평가하여, 개체가 적합 기준을 만족하면 그 개체군에 남아 있는다.
   b. 그 개체군은 이제 m개의 개체(m<=n)를 갖게 되고, 유전자 연산자(genetic operator)를 사용하여 나머지 (n-m)개의 새로운 개체를 만든다.

데이터 마이닝에서는 그 개체를 인스턴스로 볼 수 있다. 유전적 지식(genetic knowledge)을 표현하는 일반적인 방법은 개체들을 이진 부호열(binary string)로 변환하는 것이다. 예를 들어, 표 3.1에 주어진 income range 항목을 생각하여 보자. 20-30K를 '00'으로, 30-40K를 '01'로, 40-50K를 '10'으로, 50-60K를 '11'에 대입함으로써 우리는 income range를 2 비트의 부호열(string)로 만들 수 있다. 나이 항목과 같은 수치 어트리뷰트(numerical attribute)는 여러 가지 방법으로 표현할 수가 있는데, 많이 사용하는 방법은 수치 값을 이산 간격 구역(discrete interval range)에 대응시켜서 범주 데이터(categorical data)로 표현한 후에, 이미 설명하였던 범주 데이터에서 사용하였던 방법을 적용하면 된다.

가장 많이 사용되고 있는 유전 연산자는 교차와 돌연변이이다. 교차(crossover)는 현재의 개체군에 있는 두 개의 개체들의 일부분을 합쳐서 새로운 개체를 만들어 낸다. 교차에 가장 많이 사용된 개체들은 결국 개체군에서 없어지게 될 것이다. 두 번째 유전 연산자인 돌연변이(mutation)는 제거될 후보 개체들에 일부 사용된다. 돌연변이는 하나의 개체에 무작위의 변이 bits(randomly flipping bits)에 적용될 수 있다. 다른 방법으로는 어떤 개별 bits를 변이시킬지는 확률적으로 결정할 수도 있다. 선택(selection)은 세 번째 유전 연산자이다. 선택을 사용함으로써, 높은 적합도 점수를 가진 개체들이 개체군에서 지워진 개체들 대신에 들어 간다. 이러한 과정에 의하여 개체군의 전반적인 적합도가 향상되는 것이 보장된다. 선택은 일반화(generalization)보다는 구체화(specialization)를 지원하므로 주의해서 사용되어야 한다.

| 유전자 알고리즘과 Supervised 학습 |

그림 3.8은 supervised 유전자 학습에 대한 모델을 보여준다. 수없이 많은 모델들이 나와 있지만, 이 모델은 유전자 학습 모델(genetic leaning model)을 설명하는 데 충분할 것으로 생각된다. 이 모델을 이미 언급된 GA와 연관시켜서 supervised 유전자 학습에 대한 이해를 해보도록 하자.

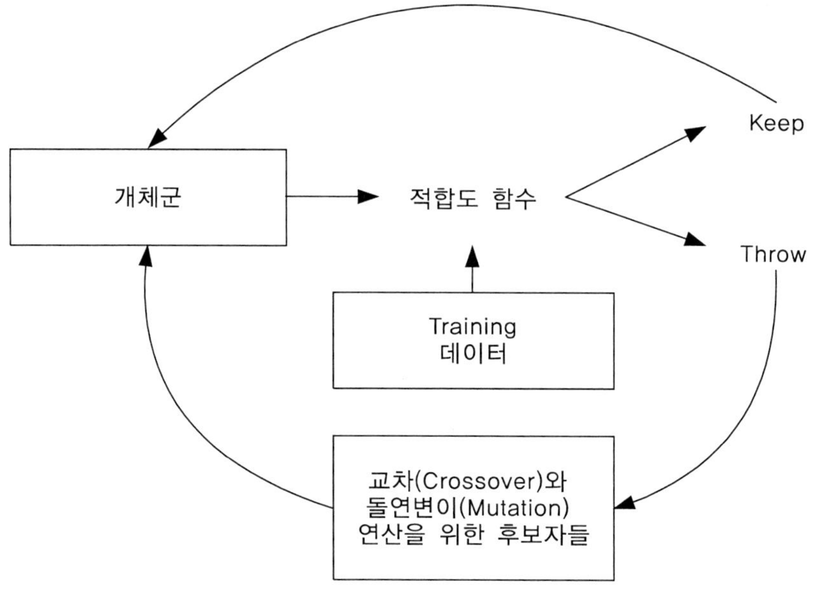

그림 3.8 Supervised 유전자 학습

알고리즘의 단계 1은 개체군 P를 초기화하는 것이었다. 그 P는 이 그림에서 Population Elements로 표시되었다. 그림 3.8은 supervised 유전자 학습의 과정이 반복적으로 개체군의 개체들을 변경하는 것을 보여준다. 이 과정은 종료조건이 만족될 때까지 반복한다. 종료조건은 개체군에 있는 모든 개체가 일정한 최소 기준을 만족하는 것일 수도 있고, 또는 학습과정의 일정한 반복 횟수에 도달하는 것일 수도 있다.

알고리즘의 단계 2a는 적합도 함수를 적용하여 현재 개체군에 있는 각 개체를 평가한다. 그림 3.8에서 보면 적합도 함수는 training 데이터를 사용하여 평가를 한다. 알고리즘의 각 iteration에서 적합 조건을 만족하지 않는 개체는 개체군에서 제거한다. supervised 유전자 학습은 최종적으로 training 데이터를 가장 잘 표현하는 개체군 개체들이 남게 된다.

알고리즘의 단계 2b는 단계 2a에서 없애버린 개체를 대치하기 위하여 새로운 개체를 개체군에 추가한다. 그림 3.8은 교차와 돌연변이를 적용하여 전에 없어진 개체로부터 새로운 개체를 만드는 것을 보여준다. 비록 그림 3.8에 보여지지는 않았지만 선택 연산도 사용된다. 선택이 사용되면 높은 적합도 점수를 가진 개체가 다음 세대에 살아 남게 될 것이다. 예를 들어, 만약 개체군이 10개의 개체를 가지고 있고 그 중의 4개가 적합도 테스트에 실패하면 4개의 새로운 개체가 교차, 돌연변이, 또는 선택에 의하여 개체군에 더해질 것이다.

이제 유전자 학습이 무엇인지 이해가 조금 되었으므로, 신용카드 프로모션 데이터베이스(credit card promotion database)의 예를 사용하여 조금 더 자세히 살펴보도록 하자. 다시 한번 말하자면 우리의 목적은 생명보험 프로모션을 수락한 사람들을 그렇지 않은 사람들과 구별해내는 모델을 만드는 것이다. 이 모델을 위한 초기 개체군을 만들자. 이 선택 과정의 일부로서, 개체군에 있게 될 개체의 개수는 우리가 정하여야 한다. 간단하게, 표 3.8에 있는 4개의 개체를 초기 개체군으로 하자. 알고리즘의 매 iteration 후에는 각 클래스(생명보험 프로모션 = yes & no)에서 2개의 개체가 개체군에 남아 있어야 한다.

표 3.8을 보게 되면 age에 대한 값을 이산범주(discrete categories) 값으로 바꾼 것을 볼 수 있다. 설명을 간단히 하기 위해서이다. 또한 income range의 세 번째 줄을 보면 물음표를 볼 수 있을 것이다. 물음표는 'don't care' 조건인데, 그 어트리뷰트는 학습 과정에 그리 중요하지 않다는 것을 의미한다. 이것은 개체군내의 어트리뷰트 유의미성(significance)을 고려할 수 있는 한 방법이다.

알고리즘에서 설명하였듯이, 유전자 training은 각 개체에 적합도 함수를 적용하여 개체군을 반복적으로 계속 바꿔나간다. 적합도 함수를 구현하기 위하여, 각 개체군 개체를 표 3.9의 6개의 training 인스턴스에 비교한다. 하나의 개체군 개체 E에 대하여, 적합도 함수(fitness function)를 다음과 같이 정의한다.

표 3.8　Supervised 유전자 학습에서 초기 개체군

Population Element	Income Range	Life Insurance Promotion	Credit Card Insurance	Sex	Age
1	20-30K	No	Yes	Male	30-39
2	30-40K	Yes	No	Female	50-59
3	?	No	No	Male	40-49
4	30-40K	Yes	Yes	Male	40-49

1. N을 E의 입력 어트리뷰트 값들과 그 클래스의 training 인스턴스의 match 횟수로 정의하자.
2. M을 E의 입력 어트리뷰트 값들과 상대방 클래스의 training 인스턴스의 match 횟수로 정의하자.
3. M에 1을 더하고
4. N을 M으로 나누자.

즉, 어떠한 개체군 개체 E의 적합도(fitness) 점수는 E의 어트리뷰트 값과 그 자신의 클래스의 인스턴스와의 match수와 다른 클래스의 인스턴스와의 match수의 비율이다. 숫자 1이 분모에 더해지는 것은 0으로 나누게 되는 것을 막기 위한 것이다. 개체의 적합도 점수가 미리 정해진 값을 넘지 못하면 개체군에서 제거되어 교차나 돌연변이에 사용될 후보자가 된다. 만약 모든 개체들이 정해진 적합도 점수 이상을 가지고 있다면 개체들은 랜덤으로 골라진다. 또는 가장 낮은 적합도 점수를 가진 것이 골라져서 제거된다.

이제 적합도 함수가 정의되었으므로 개체 1에 대한 적합도 점수를 계산해보도록 하자. 개체 1은 클래스 life insurance promotion = no에 속한다. 따라서 N은 개체 1이 표 3.9에 있는 life insurance promotion = no의 인스턴스들과 matches되는 개수로 계산된다. 즉, 개체 1의 N을 계산하는 데 필요한 정보는 다음과 같다.

- *Income Range = 20-30K*는 training 인스턴스 4, 5와 match된다.
- *Credit Card Insurance = Yes*에 해당하는 match는 없다.
- *Sex = Male*는 training 인스턴스 5, 6과 match된다.
- *Age = 30-39*에 해당하는 matches는 없다.

따라서 N은 4가 된다. 다음으로 개체 1을 training 인스턴스 1,2,3과 비교를 하면 계산은 다음과 같다.

표 3.9 유전자 학습을 위한 training 데이터

Training Instance	Income Range	Life Insurance Promotion	Credit Card Insurance	Sex	Age
1	30-40K	Yes	Yes	Male	30-39
2	30-40K	Yes	No	Female	40-49
3	50-60K	Yes	No	Female	30-39
4	20-30K	No	No	Female	50-59
5	20-30K	No	No	Male	20-29
6	30-40K	No	No	Male	40-49

- *Income Range = 20-30K*에 해당하는 match는 없다.
- *Credit Card Insurance = Yes*는 training 인스턴스 1과 match된다.
- *Sex = Male*는 training 인스턴스 1과 match된다.
- *Age = 30-39*는 training 인스턴스 1, 3과 match된다.

life insurance promotion = yes인 training 인스턴스와는 4개의 match가 있으므로 M의 값은 4가 된다. 그 다음에 M에 1을 더하여 개체 1에 대한 최종 적합도 점수는 4/5 또는 0.80이 된다. 다음은 전체 초기 개체군에 대한 적합 함수값 리스트이다. '?'와의 비교는 non-match로 고려된다. F(i)를 개체 i의 적합도 값이라고 하자.

- F(1) = 4 / 5 = 0.80
- F(2) = 6 / 7 = 0.86
- F(3) = 6 / 5 = 1.20
- F(4) = 5 / 5 = 1.00

이제 개체군에서 일부를 제거하고 유전자 연산자(genetic operator)를 사용하여 새로운 개체를 만들어 낸다. 이 과정을 보이기 위하여 가장 낮은 적합도 점수를 가진 개체 1과 2를 제거해보도록 하자. 먼저 교차연산을 사용해보자. 교차는 많은 방법들이 있는데 교차지점(crossover point)을 life insurance promotion 어트리뷰트 뒤로 해보자. 따라서 개체 1의 income range와 life insurance promotion의 어트리뷰트 값들이 개체 2의 credit card insurance, sex, 그리고 age 값들과 합쳐지게 된다. 같은 방법으로 두 번째 새로운 개체도 개체 2의 앞부분과 개체 1의 뒤부분이 합쳐져서 만들어진다. 그림 3.9에 교차 연산이 보여지고 있다. 그렇게 얻어진 두 번째 세대의 개체군은 표 3.10에 있다. 이 새 개체들

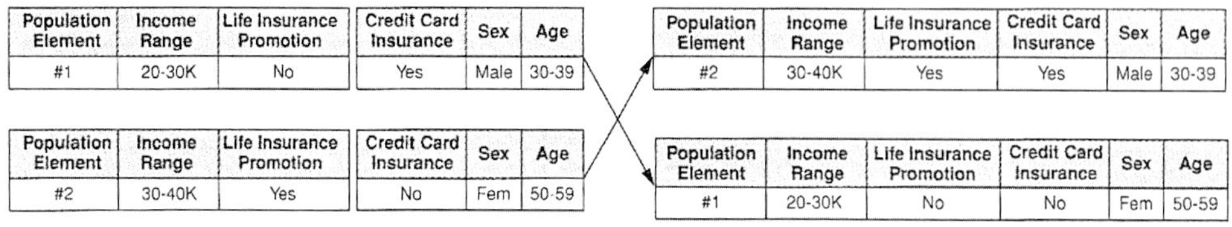

그림 3.9　　교차 연산자

에 대하여 적합도 점수를 계산하여 보면 두 적합도 점수 모두 F(1) = 7/5와 F(2) = 6/4로 향상되었음을 알 수 있다.

또 다른 옵션으로서, 두 번째 교차대신에 두 번째 개체를 돌연변이시키는 것을 가정하여 보자. 돌연변이를 하게 되면 원래 두 번째 개체에서 하나 혹은 그 이상의 어트리뷰트 값을 변경된다. 예를 들어 income range에 있는 값 30−40K은 랜덤으로 골라진 다른 값으로 변경되거나 혹은 '?'로 대치될 수 있다. 만약 income range의 값 50−60K가 개체 개체군에 보일 것이라면 돌연변이는 분명히 필요하다. 교차와 돌연변이에 대한 여러 가지 다른 변형들은 우리의 상상을 초월할 정도로 많이 나와 있다. 선택 연산은 지금처럼 한 클래스에 개체수가 2개 밖에 없는 간단한 예에서는 적절하지 않다.

교차와 돌연변이는 종료조건(termination condition)이 만족될 때까지 계속 반복된다. 종료조건에 의하여 일단 알고리즘이 멈추면 이제 우리는 새로운 인스턴스를 분류하거나 예측할 수 있는 모델을 완성한 것이다. 이 모델을 이제 사용해야 하는데, 우리는 분류하고자 하는 새로운 인스턴스를 최종 개체군의 개체들과 비교하여 볼 수 있다. 간단한 방법은 개체군의 개체들 중에서 그 새 인스턴스와 가장 비슷한 것과 같은 분류를 갖게 하는 것이다. 또는 P에서 그 새 인스턴스와 가장 비슷한 m개의 개체를 찾아서 그들의 분류를 이용하는 것이다. 그런 다음에 그 m개의 개체들 중에서 무작위(random)로 하나를 골라서 그 것의 분류를 그 새로운 인스턴스의 분류로 정하는 것이다.

표 3.10　　두 번째 세대의 개체군

Population Element	Income Range	Life Insurance Promotion	Credit Card Insurance	Sex	Age
1	20−30K	No	No	Female	50−59
2	30−40K	Yes	Yes	Male	30−39
3	?	No	No	Male	40−49
4	30−40K	Yes	Yes	Male	40−49

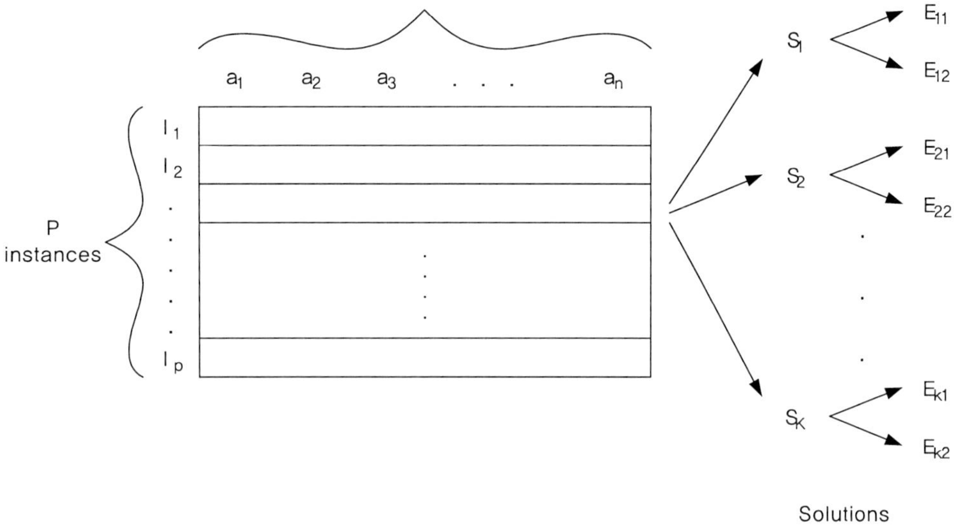

그림 3.10 Unsupervised 유전자 클러스터링

| 유전자 알고리즘과 Unsupervised 클러스터링 |

유전자 학습은 강력한 unsupervised 클러스터링 기법으로도 또한 사용할 수도 있다. 간단한 예를 보면 unsupervised 유전자 학습을 사용하여 n차원 공간에서 수치 데이터(numerical data)에 대한 여러 개의 클러스터를 만들 수 있다. 각 데이터 인스턴스가 n개의 어트리뷰트 값을 가지는 공간에 P개의 데이터 인스턴스가 있다고 가정하자. 그리고 만들어질 클러스터의 개수가 미리 주어지는데, 여기서는 m개라고 가정을 하자. 그 다음엔 이 모델은 k개의 가능한 solution을 생성한다. 특정 solution은 m개의 n차원 points를 포함하는데 각 point는 m개의 클러스터 중의 하나이면서 현재의 가장 대표적인 개체를 나타낸다. 그림 3.10은 m=2인 경우를 보여준다. 예를 들어 S_2은 k개의 가능한 solutions 중의 하나이며 두 개의 개체 E_{21}와 E_{22}를 포함한다.

교차 연산은 solution S_i에서 S_j로 개체(n차원 points)가 옮겨짐으로써 이루어진다. 돌연변이 연산을 구현하는 데에는 여러 가지 방법이 있다. Solution을 변이하는 한 가지 방법은 S_i내의 개체들의 하나 혹은 그 이상의 point 좌표를 서로 바꾸는 것이다.

Solution S_j에 적용하는 적합도 함수는 S_j내의 가장 가까운 개체로부터 n차원 공간에 있는 P개의 인스턴스의 평균 Euclidean distance이다. 즉, solution S_j에 대한 적합도 값을 계산하기 위하여서 우리는 P에 있는 각 인스턴스를 가지고 I에서부터 S_j내의 m개의 개체

표 3.11 Unsupervised 클러스터링에서 첫번째 세대의 개체군

	S_1	S_2	S_3
Solution elements	(1.0,1.0)	(3.0,2.0)	(4.0,3.0)
(initial population)	(5.0,5.0)	(3.0,5.0)	(5.0,1.0)
Fitness score	11.31	9.78	15.55
Solution elements	(5.0,1.0)	(3.0,2.0)	(4.0,3.0)
(second generation)	(5.0,5.0)	(3.0,5.0)	(1.0,1.0)
Fitness score	17.96	9.78	11.34
Solution elements	(5.0,5.0)	(3.0,2.0)	(4.0,3.0)
(third generation)	(1.0,5.0)	(3.0,5.0)	(1.0,1.0)
Fitness score	13.64	9.78	11.34

들 각각까지의 Euclidean distance를 계산한다. 가장 가까운 distance가 저장되고 가장 가까운 값들의 총합에 더하여 진다. 합쳐진 distance의 평균이 S_j에 대한 적합도 점수이다. 당연히, 낮은 값이 더 좋은 적합도 점수를 나타낸다. 일단 유전자 학습이 멈추면, k개의 가능한 solution들 중에서 가장 좋은 것이 최종 solution으로 선택된다. 그 다음에 n차원 공간에서 각 인스턴스는 그 최종 solution에 있는 가장 가까운 개체의 클러스터에 배정된다.

이 방법을 표 3.6에 있는 6개의 인스턴스에 적용하여 보자. 이 데이터는 2개의 클러스터를 가진다고 가정하고 세 개의 가능한 solution(즉 (k = 3)으로 알고리즘을 시작해보자. 즉 m = 2, P = 6과 k = 3, 표 3.11에서처럼 초기 solution들을 만들어 낸다. 그 solution 공간에 있는 한 개체는 각 클러스터에 대하여 하나의 대표 데이터 점을 가진다. 예를 들어 solution S_1에 대한 데이터 점은 (1.0,1.0)과 (5.0,5.0)이다.

Solution S_1에 대한 적합도 점수 11.31을 계산하기 위하여서는 표 3.6에 있는 각 인스턴스와 그들의 가장 가까운 S_1내의 데이터 점들간의 Euclidean distance를 합한다. 이것을 그림으로 나타낸 표 3.6에 있는 인스턴스 1을 보도록 하자. 데이터 점 (1.0,1.0)과 (1.0, 1.5)간의 Euclidean distance는 0.50으로 계산된다. 데이터 점 (5.0,5.0)과 (1.0,1.5)간의 거리는 5.32이다. 따라서 더 작은 값 0.50이 solution S_1에 대한 전체 적합도 점수를 대표한다. 표 3.11을 보면 S_2을 가장 좋은 제 1세대(first generation) solution으로 보여주고 있다.

제 2세대에서는 solution S_1과 S_3간의 교차를 수행함으로써 얻어지는데 S_1에 있는 개체 (1.0,1.0)를 S_3의 (5.0,1.0)과 교환한다. 표에서 보다시피, 교차 연산의 결과는 S_3의 적합도를 향상(즉 점수는 감소)시키지만 S_1의 점수는 증가시킨다. 제 3세대에서 S_1을 돌연변이 하여 얻어진다. 돌연변이는 S_1에 있는 첫 번째 y좌표와 두 번째 개체의 x좌표를 맞바꾼다. 돌연변이로 S_1의 적합도 점수가 향상되었다. 돌연변이와 교차는 종료조건이 만족될 때까

지 계속된다. 종료조건은 최대 iteration 수 혹은 하나 혹은 여러 개 solutions에 대한 최소 적합도 점수를 사용한다. 만약 제3세대에서 멈춘다면 최종 solution은 S_2가 될 것이다. 표 3.6에 있는 데이터 점들과 그들의 가장 가까운 S_2의 개체들간의 거리를 계산하면 인스턴스 1,3,5가 하나의 클러스터로 인스턴스 2,6이 두 번째 클러스터로 만들어진다. 인스턴스 4는 S_2의 두 개 개체 모두로부터 거리가 같으므로 어떤 클러스터에 가도 상관 없다.

| 일반적인 고려사항 |

비록 유전자 학습 컴포넌트(component)을 가지고 있는 상용 데이터 마이닝 제품은 별로 없지만, 유전자 알고리즘은 계속적으로 그 인기를 얻고 있다. 다음은 유전자 학습을 문제해결 접근방법으로 사용할 때의 고려 사항들이다.

- GA는 전역적으로(globally) 최적인 solution을 찾기 위해 사용된다. 하지만 어떤 solution도 지역적(local) 해가 아니라는 것을 보장하지는 못한다.
- GA의 계산 복잡도(computational complexity)는 적합도 함수에 달려 있다. 여러 계산을 요하는 적합도 함수는 계산 복잡도를 높게 할 수가 있다.
- 적합도 함수가 이해되는 정도까지만 GA의 결과를 설명할 수 있다.
- 데이터를 GA에 적합한 형태로 변환하는 것은 어려운 작업이다.

supervised 학습과 unsupervised 클러스터링에 사용될 수 있는 것 외에도 유전자 기법은 다른 학습 기법과 함께 사용될 수도 있다. 예를 들어, 유전자 알고리즘은 전방향 신경망(feed-forward neural networks)를 training시키는 데 사용될 수도 있다. 개체군에 있는 각 염색체나 개체는 신경망내의 연결 가중치 값의 한 가능한 조합을 나타낸다. 그런 다음에 유전자 연산자가 적용되면서 신경망의 연결 가중치 값은 변경된다. 두 번째 예로서 제5장에서는 supervised 학습에서 가장 좋은 입력 어트리뷰트 집합을 골라내는 데에 유전자 학습을 사용하는 것을 보게 될 것이다.

3.5 데이터 마이닝 기법의 선택

어떤 특정 문제를 해결해야 할 때에는 여러 가지 기법들 중에서 어느 것을 사용해야 하는지 선택을 해야 한다. 문제는 어느 데이터 마이닝 기법을 사용해야 하는지 어떻게 아냐는 것이다. 이 문제를 좀더 자세히 살펴보도록 하자. 이 문제를 좀 더 자세히 서술해보면 다음과 같다.

> 어떤 데이터 집합이 주어지고, 그 데이터에는 어트리뷰트과 그 값들이 있으며, 해결해야 할 문제에 대한 정보가 주어졌을 때, 사용하기에 적절한 데이터 마이닝 기법을 결정하도록 하자.

어느 기법을 적용할 지에 결정하기 위하여서는 다음의 질문들이 유용할 수 있다.

- 학습은 supervised인가 unsupervised인가?
- 데이터에 들어 있는 관계(relationships)에 대한 명확한 설명(explanation)이 요구되는 상황인가? (아니면 그냥 black-box 형태의 분류기만 있어도 충분한가?)
- 입력 어트리뷰트와 출력 어트리뷰트가 별도로 있는 경우인가, 아니면 어트리뷰트들이 여러 방법으로 서로 상호작용(interact)하는 경우인가?
- 입력 데이터는 범주(categorical), 아니면 수치(numeric), 혹은 그 둘이 섞인 어트리뷰트인가?
- 학습이 supervised라면 출력 어트리뷰트는 하나인가 아니면 여러 개인가? 그리고 그 출력 어트리뷰트는 범주인가 아니면 수치인가?

특정 문제에 대하여 이 같은 질문들은 분명한 답들을 가지고 있다. 예를 들어서, 신경망이나 회귀 모델은 black-box 구조임을 우리는 알고 있으므로 만약에 학습된 것에 대한 설명(explanation)이 요구되는 경우라면 좋은 선택이 아닐 것이다. 또한 연관 규칙들은 어트리뷰트들이 여러 가지 역할을 하는 경우에는 가장 좋은 선택이 될 수 있다.

이러한 질문에 대한 답변에도 불구하고 여전히 여러 개의 선택 옵션이 있다면 관련 연구자들의 연구를 참조해볼 수가 있다. 데이터 마이닝 기법의 특성에 대한 일반화가 여러 연구에서 찾아 볼 수 있지만 (Quinlan, 1994; Shavlik et al., 1990) 불행하게도 많은 이들 연구는 서로 모순되는, 즉 서로 엇갈리는 결과를 보이기도 한다. 좀 더 추가적인 질문이 가이드에 도움을 줄 수가 있을 것이다. 그 중에서 다음과 같은 것을 보도록 하자.

1. 데이터의 분포(distribution)를 알고 있는가?

   몇 백 개 이상의 인스턴스를 가지는 데이터 집합에서는 데이터가 어떤 표준을 따르기를 요구하는 데이터 마이닝 기법을 사용하는 것은 문제가 될 수 있다. 예를 들어, 많은 통계적 기법들은 데이터가 정규 분포(normal distribution)를 따른다고 가정하고 있다.

2. 우리가 모델화하려고 하는 데이터를 가장 잘 정의할 수 있는 어트리뷰트들이 어떤 것인지 알고 있는가?

   결정 트리와 어떤 통계적 방법은 가장 예측도가 높은 어트리뷰트를 찾아 낼 수가 있다. 하지만 신경망, nearest neighbor, 그리고 여러 클러스터링 방법들은 모든 어트리뷰트들이 모두 같은 중요도를 가진다고 가정한다. 클래스 membership의 예측도가 높지 않은 어트리뷰트가 데이터에 포함되어 있는 것은 문제를 일으킬 수도 있다.

3. 데이터에 유실값(missing values)들이 포함되어 있는가?

   대부분의 데이터 마이닝 연구자들은 노이즈 데이터가 많이 들어 있는 경우에는 신경망이 다른 모델들보다 우수하다는 것에 동의를 한다.

4. 시간이 문제가 되는가?

   결정 트리와 생성 규칙을 만드는 알고리즘들은 신경망이나 유전자 알고리즘보다 일반적으로 훨씬 빠르다.

5. 어느 기법이 가장 좋은 분류(classification) 정확도를 줄 것 같은가?

마지막 질문은 특히 흥미 있는 것인데, 그것은 어느 모델이든지 최고의 정확도를 가지려 하기 때문이다. 기존의 연구들을 보면 데이터 마이닝 기법들간에 성능의 차이가 있기 때문에 최대 정확도는 같은 training 데이터로 만들어진 여러 개의 모델들이 새로운 인스턴스에 대한 분류에 투표(vote)를 하여서 얻어진다는 가정이 타당할 것이다. 인스턴스가 들어갔을 때 여러 개의 경합 모델들의 다수결에 의하여 분류(classification)가 결정되는 것이다.

불행하게도 많은 데이터 마이닝 도구와 다양한 데이터 집합들을 다루어 본 우리의 경험에 의하면 개별 인스턴스를 잘못 분류하는 것은 여러 경합 분류 모델들에게서 비슷하게 발생을 한다는 것이다. 이러한 이유로 인하여 여러 가지 모델을 함께 사용하는 다중 모델의 방법은 개별 모델의 결과를 크게 향상시키는 것 같지 않다. 하지만 모델을 만드는 데 모두 같은 데이터 마이닝 기법을 사용하는 다중 모델 방법은 비교적 성공적이다(Maclin and Opitz, 1997). 이러한 형식의 다중 모델을 제11장에서 살펴볼 것이다. 또한 제12장에서도 여기서 설명된 규칙기반 전문가 시스템으로 가장 좋은 데이터 마이닝 기법을 선택하도록 할 수 있는 것을 보여준다.

3.6 요약

결정 트리는 supervised 데이터 마이닝에서 아마도 가장 인기 있는 것일 것이다. 결정 트리의 일반적인 알고리즘은 training 데이터에서 인스턴스들의 일부분만을 가지고 초기 트리를 만든다. 그리고 나머지 training 인스턴스는 그 트리의 정확도를 test하는 데 사용된다. 부정확하게 분류된 인스턴스는 현재 training 인스턴스에 집어 넣어 그 과정을 반복한다. 최종 목표는 트리의 레벨과 노드의 개수를 최소화하여 데이터를 최대한 일반화시키는 것이다. 결정 트리는 많은 실제 문제해결에 성공적으로 적용되었으며, 이해하기가 쉽고, 생성 규칙(production rules)으로의 변환이 쉽다.

연관 규칙은 큰 규모의 데이터베이스에서 연관성을 찾는 데 사용할 수 있다. 전통적인 생성 규칙과는 달리 연관 규칙에서는 한 규칙에서 조건(precondition)이었던 어트리뷰트가 다른 규칙에서는 결과(consequent)가 될 수도 있다. 또한 규칙의 결과 부분(consequent)은 하나 이상의 어트리뷰트 값을 가질 수도 있다. 연관규칙이 더 복잡해지면서, 그 규칙들을 효율적으로 생성하기 위한 특별한 기법들이 개발되었다. 규칙 신뢰도(confidence)와 지지도(support)는 어떤 규칙이 마케팅 관점에서 더 흥미로운 것인지를 결정하는 데 도움을 준다. 하지만, 발견된 많은 규칙들이 하찮은 즉, 별 중요하지 않은 것들일 수 있으므로 그 규칙들을 해석하는 것에는 주의를 기울여야 한다.

K-Means 알고리즘은 통계적 unsupervised 클러스터링 기법이다. 모든 입력 어트리뷰트는 수치 값을 가져야 하고 사용자는 클러스터의 개수를 미리 정하여야 한다. 알고리즘은 먼저 무작위(random)로 클러스터 개수만큼의 데이터 점을 정하고, 그것을 초기 클러스터로 사용한다. 그 다음에 클러스터링을 할 각 데이터 인스턴스는 가장 유사한 클러스터에 배정된다. 그런 후에 각 클러스터의 센터가 새로 계산되고, 이 과정은 모든 클러스터의 센터가 더 이상 바뀌지 않을 때까지 반복된다. 이 K-Means은 구현하기도 쉽고 이해하기도 쉽다. 하지만 이 알고리즘은 전역적 최적해(globally optimal solution)로 수렴되는 것을 보장하지 않고, 발견한 것에 대한 설명(explanation) 능력이 부족하며, 만들어진 클러스터를 결정하는 데 중요한 역할을 한 어트리뷰트가 무엇인지 보여주지도 않는다. 이런 한계에도 불구하고 K-Means 알고리즘은 가장 많이 사용되는 클러스터링 기법 중의 하나이다.

유전자 알고리즘(Genetic algorithms)은 진화(evolution) 이론을 귀납적 학습에 적용한 것이다. 유전자 학습은 supervised 혹은 unsupervised일 수도 있으며, 일반적으로 전통적인 기법들로 해결하기 힘든 문제에 주로 사용된다. 기본적인 방법은 데이터 개체에 적합도 함수(fitness function)를 적용하여 어느 개체가 한 세대에서 다음 세대로 생존을 하게 될 것인가를 결정한다. 생존하지 못한 개체는 제거되는 개체를 대신하게 될 새로운 인스턴스를 만드는 데 사용된다. supervised 학습과 unsupervised 클러스터링에 사용되는 것 이외에도, 유전자 학습 기법은 다른 학습 기법들과 병행하여 함께 사용될 수도 있다.

이 장과 2장에서 우리는 여러 가지 데이터 마이닝 기법들을 살펴보았다. 다음 장에서는 여러 다른 기법들이 소개된다. 데이터의 성질, 각 개별 어트리뷰트의 역할, 그리고 supervised인지 unsupervised인지와 같은 여러 요소들은 어느 특정 문제에 가장 적절한 데이터 마이닝 기법이 어떤 것인지를 결정하는 데 도움을 줄 것이다.

3.7 핵심 용어

- **관련성 분석(Affinity analysis)** 어떠한 것들이 함께 연관되어 있는지를 결정하는 과정
- **신뢰도(Confidence)** 'If A then B' 형식의 규칙이 주어졌을 때, 신뢰도는 A가 참일 때 B가 참일 조건부 확률로 정의된다.
- **교차(Crossover)** 현재의 개체군(population)에 있는 2개 이상의 개체들의 부분들을 합쳐서 새로운 개체들을 생성하는 유전자 학습 연산
- **유전자 알고리즘(Genetic algorithm)** 진화 이론에 기반한 데이터 마이닝 기법
- **아이템 집합(Item set)** 어트리뷰트에 대한 여러 가지 조합들의 집합인데, 미리 정해진 최소 횟수만큼의 데이터 인스턴스(instance)들이 만족되어야 한다
- **변이(Mutation)** 이미 존재하는 개체의 부분을 임의 수정하는 것으로 새로운 집단 요소를 생성하는 유전자 학습 연산
- **회귀 트리(Regression tree)** 트리의 터미널 노드들이 범주 속성이 아니라 수치 속성일 때의 의사결정 트리
- **선택(Selection)** 현재 개체군의 개체들 높은 적합도 점수를 가진 것들이 다음 세대의 개체군에 복사되어 더해지는 유전자 학습 연산
- **지지도(Support)** 주어진 연관 규칙에 들어 있는 모든 아이템들을 포함하는 인스턴스의 전체 데이터베이스에 대한 최소 비율
- **불안정 알고리즘(Unstable algorithm)** training 데이터의 작은 변화에 매우 민감한 데이터 마이닝 알고리즘. 그 결과로 그러한 알고리즘을 사용하여 만들어진 모델은 training 데

이터에서 만들어진 약간의 변화에도 전체 구조에서 현저한 차이를 보이게 된다.

3.8 연습 문제

| 복습 문제 |

❶ 3.1절에서 설명된 알고리즘으로 만들어진 의사결정 트리로 우리는 데이터 분리를 위한 범주형 어트리뷰트를 선택할 수 있다. 그리고 그 어트리뷰트는 한번만 사용할 수 있다. 그러나 수치 어트리뷰트는 의사결정 트리에서 여러 번 나타날 수 있다. 이것이 참임을 설명하여라.

❷ 연관규칙(association rule)들은 전통적인 생성 규칙(production rule)들과 어떻게 다른가? 또한 어떻게 같은가?

❸ K-means 알고리즘에 대한 최적화 클러스터링의 일반적인 정의는 무엇인가?

❹ 선택(Selection) 연산이 supervised 유전자 학습에 유일한 연산자라면 어떤 일이 발생될 것으로 생각되는가?

❺ K-means 알고리즘의 문제점 중에 하나는 발견해낸 결과를 설명할 수 없다는 것이다. 형성된 클러스터들의 평균을 더 정확히 측정하기 위해서 K-means 알고리즘에 의해 생성된 클러스터들의 집합에 의사결정 트리 알고리즘을 어떻게 적용할 수 있는지를 설명하라.

❻ 신용카드 프로모션 데이터베이스에 클러스터를 생성하기 위해서 unsupervised 유전자 학습을 어떻게 적용할 수 있는지 설명하라.

| 계산 문제 |

❶ 표 3.1의 training 데이터를 사용하여 그림 3.5에서 볼 수 있는 의사결정 트리의 오분류 행렬(confusion matrix)을 만들어라.

❷ 아래의 질문에 답하라.

a. 표 3.4에서 볼 수 있는 의사결정 트리의 생성 규칙(production rules)들을 작성하시오.

b. 규칙 정확도를 손해보지 않고도 우리의 규칙을 단순화시킬 수 있는가?

❸ 표 3.5에서 볼 수 있는 의사결정 트리에 대해서 앞 질문에 대해 답하라.

❹ 연령(age) 어트리뷰트를 사용하여 모든 training 데이터 인스턴스들을 정확히 분류하기 위해서 그림 3.4의 확장된 버전의 의사결정 트리를 그려보자.

❺ '결정 트리를 만드는 알고리즘' 절에서 우리는 의사결정 트리의 어트리뷰트 선택을 위한 측정 도구를 정의하였었다. 그 측정 도구를 사용하여 표 3.1의 데이터로 만들어지는 의사결정 트리의 최상위 노드에 성별(sex) 어트리뷰트를 사용했을 때 goodness score(적합도)를 계산하여 보라.

❻ '결정 트리를 만드는 알고리즘' 절에서 사용한 측정 도구를 사용하여, 그림 3.1의 income range = 20–30K 가지에 따라 가는 노드로서 신용카드 보험(credit card insurance)을 선택한다면 그때의 goodness score(적합도)를 계산하라.

❼ 표 3.3의 데이터를 사용하여 다음의 연관 규칙에 대한 신뢰도와 지지 값들을 계산해보라.

IF *Sex = Male & Magazine Promotion = Yes* THEN *Life Insurance Promotion = Yes*

❽ 표 3.5의 정보를 사용하여 3개의 two–item set 규칙들을 나열하라. 표 3.3의 데이터를 사용하여 당신의 규칙 각각에 대한 신뢰도와 지지도 값들을 계산해보자.

❾ 아래의 three–item set에 대한 규칙 3개를 나열해보시오. 각각의 규칙에 대한 신뢰도와 지지도를 설명하기 위해서는 표 3.3의 데이터를 사용하라.

Watch Promotion = No & Life Insurance Promotion = No & Credit Card Insurance = No

❿ "K–Means 사용 사례"에서 주어진 예제에 대해서 K–Means 알고리즘을 3번의 iteration을 해보시오. 새로운 클러스터의 센터들은 어디인가?

⓫ 교차와 돌연변이를 적절히 사용하여 표 3.10에 있는 개체군에 대하여 3번째 세대 개체들을 계산하여라. 새로 만들어진 개체군에 대한 적합도(fitness scores)를 계산하라.

Chapter 4

엑셀 기반의 데이터 마이닝 툴

이 장에서 학습할 내용

- iData Analyzer의 구조 이해
- 범주형 어트리뷰트의 유의미성을 결정하는 데 사용될 예측력(predictability)과 예고력(predictiveness) 점수에 대한 이해
- 어트리뷰트(attribute) 평균과 표준 편차를 사용하여 수치 에트리뷰트의 유의미성(significance) 구하기
- ESX를 사용한 supervised 학습자 모델 생성
- ESX로 사용한 unsupervised 클러스터링
- RuleMaker로 생성 규칙(production rule)을 만들어 보기
- 인스턴스 전형성(instance typicality)을 구하는 방법

이 장에서는 iData Analyzer(iDA)를 소개하고 이 iDA를 이용하여 두 가지 학습자 모델(learner models)을 사용하는 방법을 보여주도록 하겠다. 4.1절에서는 지식 발견(Knowledge Discovery)를 위한 iDA 모델의 개요를 설명한다. 4.2절에서는 ESX를 소개한다. ESX는 사례(exemplar) 기반의 데이터 마이닝 도구인데 supervised learning과 unsupervised clustering 모두를 수행할 수 있다. 4.3절에서는 iDA 데이터 마이닝 도구에서 사용되는 데이터 집합을 표현하는 표준적인 방법을 보도록 하겠다. 4.4절에서는 ESX를 사용하여 unsupervised clustering를 수행하는 것을 보도록 하자. 또한 RuleMaker를 사용하여 생성 규칙(production rules)을 만드는 것도 학습하게 된다. 4.5절에서는 ESX를 사용하여 supervised 학습자 모델을 만드는 것을 보게 되고 4.6절에서는 RuleMaker의 규칙생성 옵션에 대하여 자세히 설명한다. 4.7절에서는 인스턴스 전형성(instance typicality)의 개념을 소개하고 4.8절에서는 ESX 학습자 모델의 특징에 대한 좀 더 추가적인 정보를 제공하게 될 것이다. 또한 연습 문제를 통하여 ESX와 RuleMaker를 사용하여 데이터로부터 일반화된 모델을 만드는 방법을 좀 더 잘 이해할 수 있게 할 것이다.

4.1 iData Analyzer(iDA)

iData Analyzer(iDA)는 비지니스 혹은 기술 분석가들을 위한 지원도구로서 사용될 수 있는데 시각적 학습 환경, 통합된 도구, 데이터 마이닝 절차에 대한 지원을 제공한다. iDA는 preprocessor, 세 가지의 데이터 마이닝 도구 그리고 리포트 생성기를 포함하고 있다. iDA는 엑셀 add-on이기 때문에 사용자 인터페이스는 MS Excel을 그대로 사용한다. 그림 4.1는 iDA의 구성 요소들을 보여주고 있는데 아래는 그들에 대한 간략한 설명이다.

- **전처리(Preprocessor)** 파일에 있는 데이터는 iDA 엔진으로 가기 전에 여러 가지 에러들, 즉 잘못된 수치 값이나 빈 줄, 빠진 값 등이 체크된다. Preprocessor는 여러 가지 타입의 에러를 고치지만 수치 값 에러는 고치지 않는다. 이 preprocess는 파일이 데이터 마이닝에 사용될 수 있도록 준비하고 발생한 에러의 위치와 종류를 알려주는 다큐먼트도 내보낸다.
- **휴리스틱 에이전트** 휴리스틱 에이전트는 수천 개의 인스턴스들을 가진 데이터 파일에 반응하여 우리가 전체 데이터 집합을 모두 사용할지 혹은 분석용으로 데이터의 대표 부분집합을 추출할지를 결정하게 해준다.
- **ESX** 이것은 사례 기반(exemplar-based) 데이터 마이닝 툴인데, 데이터 일반화를 위한 개념 hierarchy를 만든다.
- **신경망(Neural networks)** iDA는 두 가지 신경망 구조를 제공한다. Supervised learning으로는 역전파 신경망(backpropagation neural network)을 제공하고 unsupervised clustering으로는 self-organizing feature map(SOM)을 제공한다. 이들 신경망 구조는 제9장에서 다루어진다.
- **RuleMaker** iDA의 생성 규칙(production rule) 생성기는 여러 가지 규칙 생성 옵션을 제공한다.
- **리포트 생성기(Report generator)** 이 리포트 생성기는 데이터 마이닝 각 세션에 대한 여러 장의 요약정보를 제공한다. 각 내용은 리포트 생성기에서 만들어지며 이 장에서 설명된다.

마지막으로 지적할 것은, 신경망은 학습된 것에 대한 설명기능(explanation)이 부족하다는 것이다. 다행히 ESX 학습 모델의 가장 큰 장점은 데이터내의 패턴에 대한 유용한 설명기능을 제시하는 것이라고 할 수 있다. 그림 4.1을 보면 ESX를 사용하여 iDA neural

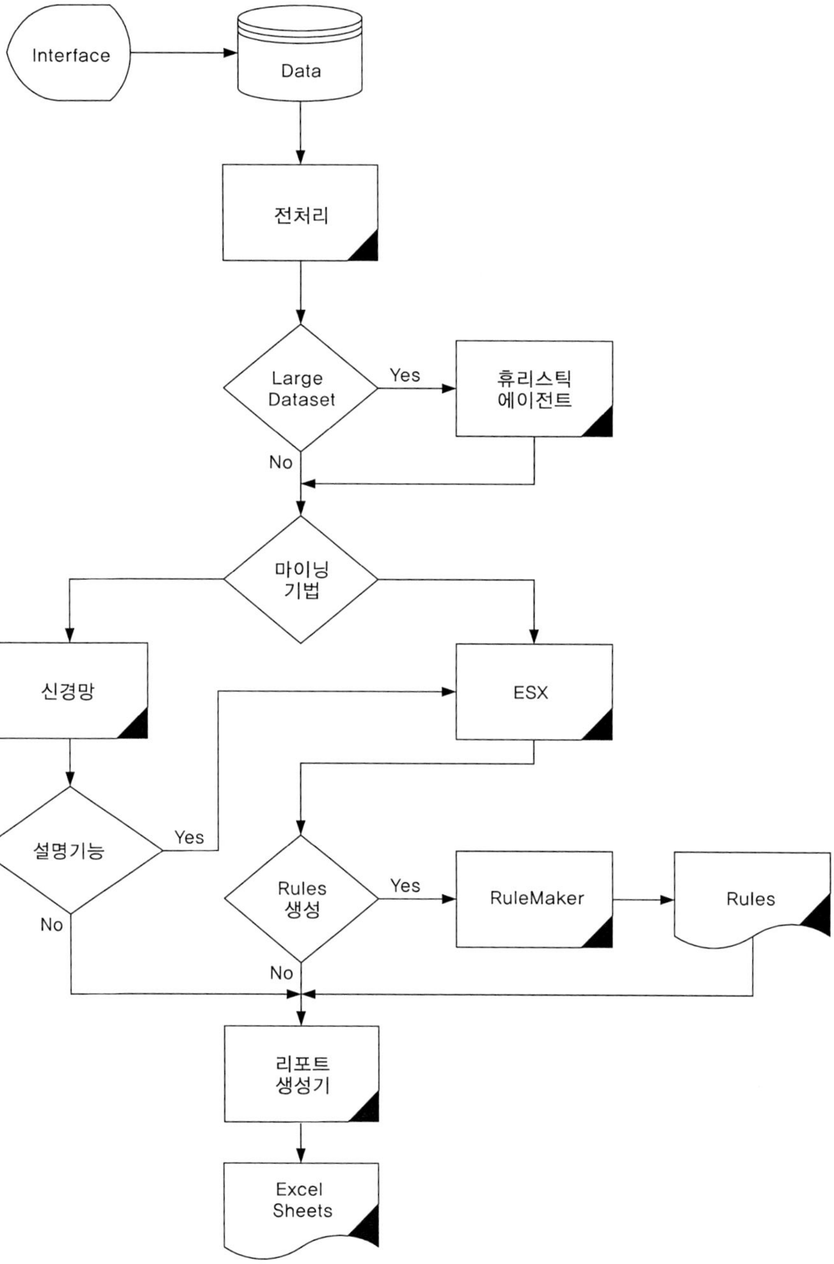

그림 4.1 iDA 시스템 아키텍처

network data mining session의 설명이 나오는 것을 볼 수 있다.

| iDA 설치하기 |

이번 절에서는 iDA를 설치하는 것을 설명하겠다. 이 소프트웨어는 MS Excel에 설치된다. 만약 당신이 MS Office 2000이나 Office XP를 사용하고 있다면, 매크로의 보안 수준이 아마도 '높음(high)'으로 설정되어 있을 것이다. 만약 그렇다면 설치가 되지 않을 것이므로 다음 과정을 수행하여 보안 수준을 재설정하도록 하자.:

- Excel을 열고, 메뉴에서 [도구]를 선택한다.
- 마우스로 [매크로]를 선택하고 [보안]을 선택한다.
- 만약 보안 수준이 [높음]으로 되어 있으면 [보통]으로 변경한다.
- 엑셀을 닫고 다른 응용 프로그램들도 닫는다.

iDA를 설치하는 단계는 다음과 같다:

- 책의 부록으로 따라온 CD를 CD drive에 넣는다.
- [시작] 버튼을 누르고 [실행]을 선택한다.
- CD drive를 선택하고 installiDA.exe을 입력한다. 예를 들어 우리 CD drive가 D라면 다음과 같이 타입한다. d:\installiDA.exe.
- Enter를 누른다.
- Next를 선택하고 라이센스 동의(license agreement)를 읽고 동의(Agree)를 선택한다.
- Finish를 선택하고 OK를 선택한다.
- 매크로를 사용하겠습니까?(Would you like to enable macros?)라는 질문이 나오면 네(Yes)라고 답한다.
- 끝나면 ReadMe 파일이 스크린에 나타날 것이다. 그 파일을 닫으면 인스톨이 다 마쳐진 것이다.

인스톨을 성공적으로 마치면 MS 엑셀 환경에 그림 4.2에서 보는 것과 같이 iDA라는 이름으로 drop-down 메뉴가 추가된다.

iDA 신경망(neural networks)은 Java 프로그래밍 언어로 작성되었다. 따라서 신경망 소프트웨어를 돌리기 위해선 당신의 컴퓨터에 Java가 설치되어 있어야 한다. Java는 무료 소프트웨어이기 때문에 우리 CD에 Java 설치 파일이 들어 있다. Java 설치 방법은 부록 A에 설명되어 있다. 만약 Java를 설치해야 한다면 지금 바로 하든지 아니면 제9장을 공부할때 하면 된다. 만약 설치에 다른 문제가 있다면 부록 A를 참조해보기 바란다.

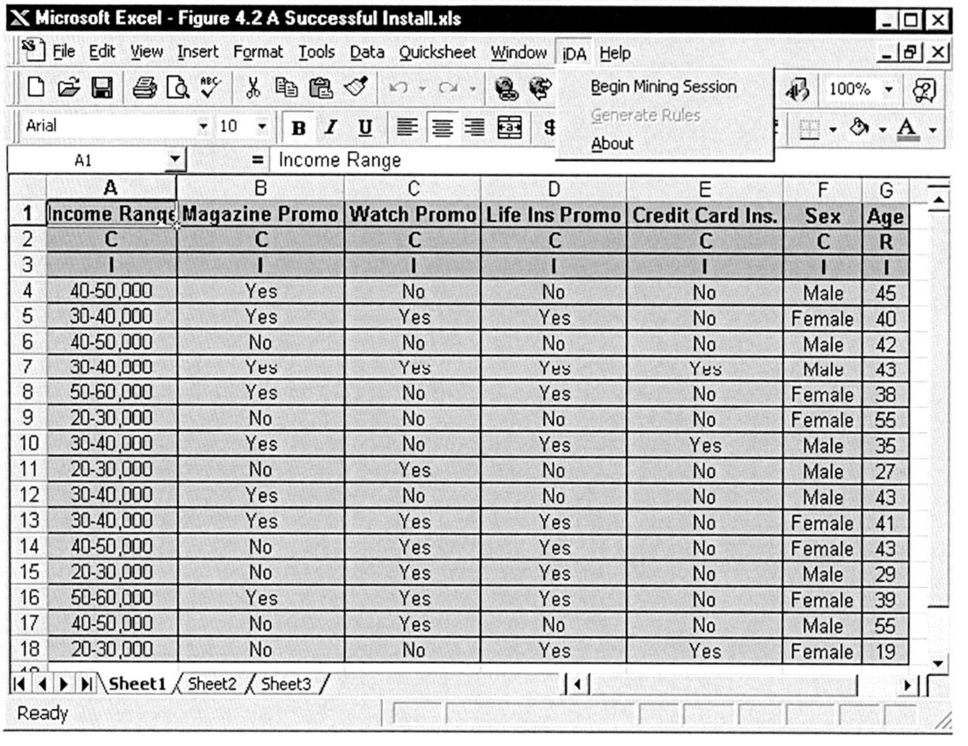

	A	B	C	D	E	F	G
1	Income Range	Magazine Promo	Watch Promo	Life Ins Promo	Credit Card Ins.	Sex	Age
2	C	C	C	C	C	C	R
3	I	I	I	I	I	I	I
4	40-50,000	Yes	No	No	No	Male	45
5	30-40,000	Yes	Yes	Yes	No	Female	40
6	40-50,000	No	No	No	No	Male	42
7	30-40,000	Yes	Yes	Yes	Yes	Male	43
8	50-60,000	Yes	No	Yes	No	Female	38
9	20-30,000	No	No	No	No	Female	55
10	30-40,000	Yes	No	Yes	Yes	Male	35
11	20-30,000	No	Yes	No	No	Male	27
12	30-40,000	Yes	No	No	No	Male	43
13	30-40,000	Yes	Yes	Yes	No	Female	41
14	40-50,000	No	Yes	Yes	No	Female	43
15	20-30,000	No	Yes	Yes	No	Male	29
16	50-60,000	Yes	Yes	Yes	No	Female	39
17	40-50,000	No	Yes	No	No	Male	55
18	20-30,000	No	No	Yes	Yes	Female	19

그림 4.2 성공적으로 설치된 모습

| 제한점 |

iDA의 상용 버전은 단일 MS Excel 스프레드시트의 크기에 제한이 있는데 최대 65,536 줄(row)과 256 행(column)이다. 이 iDA 입력 포맷은 스프레드시트의 첫 3줄을 개별 어트리뷰트의 정보를 담는 데 사용한다. 따라서 어트리뷰트-값 포맷으로 최대 65,533 데이터 인스턴스가 마이닝된다. 이 책과 함께 제공되고 있는 최대 7000 데이터 인스턴스(7003 줄)를 사용할 수 있다.

MS Excel의 각 행(column)은 단일 어트리뷰트를 가지기 때문에 어트리뷰트의 최대 개수는 256이다. 어트리뷰트의 이름 혹은 값에 대한 최대 크기는 250문자이다. 또한 RuleMaker는 최대 20개의 클래스에 대해서만 규칙(rule)을 생성한다. 비록 요구사항은 아니지만 iDA 소프트웨어 도구를 사용할 때에는 사용중인 다른 어플리케이션은 먼저 모두 닫고 하는 것이 좋다. 몇 백개 이상의 데이터 인스턴스를 사용해야 하는 어플리케이션의 경우에는 특히 그렇게 해야 한다.

4.2 ESX : 데이터 마이닝을 위한 다목적 툴(Tool)

ESX는 타겟 데이터 생성, 데이터의 불규칙성 발견, 데이터 마이닝 수행 뿐만 아니라 발견된 지식의 실제 가치를 이해하는 데에도 도움을 줄 수 있다. ESX 학습자 모델에서의 몇몇 특징은 다음과 같다.

- supervised 학습과 unsupervised 클러스터링을 지원한다.
- 처리될 데이터에 대하여 통계적인 가정을 하지 않는다.
- 유실 값(missing value) 처리를 자동으로 해준다.
- 범주형(categorical) 데이터와 수치형 데이터 모두를 포함하고 있는 도메인에도 적용될 수 있다.
- 데이터 상의 불일치와 비정상적 값을 찾아낼 수 있다.
- supervised 분류에서 ESX는 새 인스턴스들을 잘 분류할 수 있는 인스턴스들과 어트리뷰트들이 어떤 것인지를 결정할 수 있다.
- unsupervised 클러스터링에서 ESX는 인스턴스 클러스터링을 가장 잘 만들어 낼 수 있는 전역적 최적(globally optimizing) 평가 함수를 사용한다.

ESX에서 사용되는 기본 자료구조는 3단계 개념(three-level concept) hierarchy이다. 그림 4.3에서 이 트리 구조의 일반적인 형태를 보여주고 있다. 이 트리에서 인스턴스 레벨의 노드들은 개념 레벨의 개념 클래스들을 정의하는 각각의 인스턴스들을 나타낸다. 개념 레벨 노드들은 그들의 각각의 인스턴스 레벨 자식 노드들안에서 발견된 어트리뷰트 요약 통계 정보를 가진다. 루트 레벨 트리 노드는 도메인 안에 모든 인스턴스들에 대한 요약 정보를 저장한다. 개념 레벨과 루트 레벨 요약 정보가 리포트 생성기(report generator)에게 주어지면 리포트 생성기는 차례로 스프레드시트 포맷으로 요약 보고서(summary report)를 출력한다.

클래스 유사도 점수(class resemblance score)는 루트 노드와 각각의 개념 레벨 노드에 저장된다. 이 클래스 유사 점수는 ESX의 평가 함수(evaluation function)의 기본 값을 형성한다. 또한 이 점수는 각각의 개념 클래스들을 보완하는 견본들에 대한 전체 유사도에 대한 measure를 제공한다. ESX는 상업용 소프트웨어이기 때문에 클래스 유사도 계산(class resemblance computation)에 대한 자세한 내용은 필요치 않다. 그러나 우리는 ESX가 supervised 학습과 unsupervised 클러스터링에서 사용하는 평가 규칙(evaluation

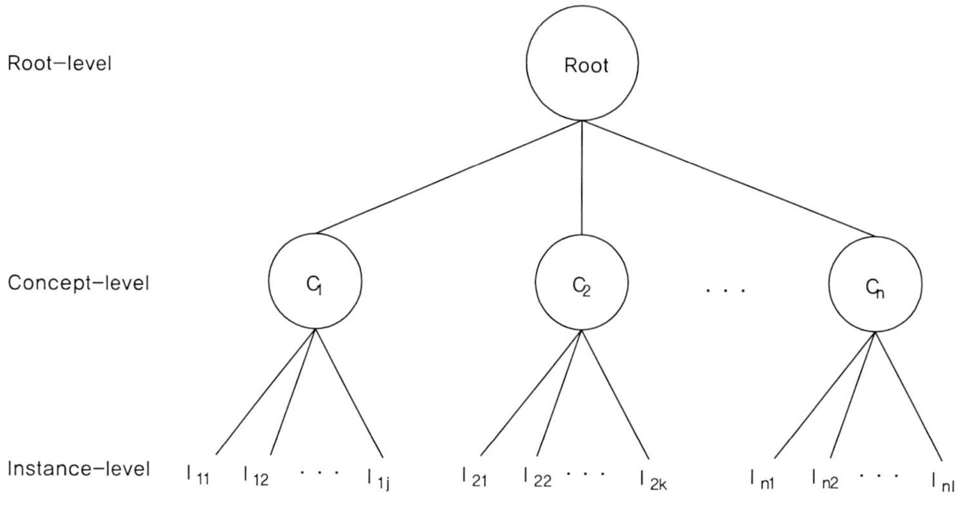

그림 4.3 ESX 개념 hierarchy

rule)에 관하여 설명할 수 있다.

1. 다음이 주어졌을 때,
   a. 개념 레벨의 노드들 집합 C_1, C_2, ⋯ C_n
   b. 평균 클래스 유사도 점수(average class resemblance score) S, 이는 각 클래스 C_1, C_2, ⋯ C_n에 대한 유사도 점수의 합을 구하여 n으로 나누어서 얻어진다.
   c. 분류될 새로운 인스턴스 I
2. 개념 노드의 인스턴스인 I를 만들어라. 이는 S에 대한 가장 큰 평균 증가 혹은 가장 작은 평균 감소를 나타낸다.
3. 학습이 unsupervised일 때 :
   만약 새로운 개념 노드를 생성함으로써 더 좋은 점수가 얻어진다면 그 노드의 유일한 멤버로서 I로 새로운 노드 C_{n+1}을 생성하라.

즉, 주어진 각 개념 레벨 노드 C_k에 대하여, 분류될 새로운 인스턴스는 임시적으로 그 노드에 의해 표현된 개념 클래스에 놓이게 된다. 새로운 클래스 유사도 점수는 C_k에 대하여 계산이 되며 뿐만 아니라, 새로운 평균 클래스 유사도 점수에 대하여도 계산된다. 얻게 될 개념 클래스는 평균 클래스 유사도에서 가장 큰 증가 혹은 가장 적은 감소를 보이는 것이다. 학습이 unsupervised일 때, 새로운 개념 레벨 노드 생성에 대한 점수 역시 계산된다. 여러분이 볼 수 있다시피 K-Means 알고리즘과 달리 형성될 클러스터들의 모든 수에 대한 결정이 요구되지 않는다.

이론에 대한 충분한 이해와 함께 몇몇 간단한 예제를 통한 학습을 통하여 ESX의 특징들이 어떻게 여러분들 자신의 데이터 모델을 생성하는 데 도움을 주는지 배워볼 수 있도록 하자.

4.3 iDAV 형식

ESX는 unsupervised와 supervised 학습자 모델을 모두 생성할 수 있다. 첫 번째 예제에서는 ESX와 unsupervised 클러스터링을 이용할 것이다. 우리의 예제는 2장에서의 Acme 신용카드 회사에서 발행한 신용카드들을 소유한 개개인에 대한 가상의 데이터에 기반을 둔다. 데이터는 표 4.1에서 iDAV 포맷(iDA-attribute-value format)으로 나타난다. 이것은 모든 iDA 데이터 마이닝 툴에서 사용되는 포맷이다. iDAV 포맷의 파일 구조에 관하여 자세히 살펴보면서 시작하자.

iDAV 포맷에 데이터 파일을 설치하는 것은 간단하다. 첫 번째 줄의 각 칸들은 어트리뷰트 이름들을 포함한다. 엑셀은 하나의 셀에 여러 라인의 데이터를 입력할 수 있지만 iDA는 그렇지 않다. 데이터 마이닝 작업을 수행하기 전에 여러 라인을 가진 데이터 파일 셀들을 초기화하자.

표 4.1은 두 번째 줄의 각각의 칸에 있는 C 또는 R을 보여준다. 대응되는 어트리뷰트 데이터 타입이 범주형(nominal)이면 C를 두 번째 줄의 칸에 놓자. 그리고 입력된 데이터가 실수 값이면 두 번째 줄의 칸에 R을 놓자. 정수들, 십진수, 과학적 표기로 표기된 숫자들뿐만 아니라, 달러 표시를 포함한 값들($57.30) 혹은 퍼센트(57.3%) 기호들은 모두 유효한 숫자 데이터 아이템들이다.

범주형 데이터는 숫자로 표현되지 않는 모든 데이터들을 포함한다. 때때로 숫자들을 범주형 데이터로 취급할 수 있다. 일반적인 방법으로 몇 개 안 되는 어트리뷰트 값들을 달리하는 것이 존재하면 우리는 수치 데이터를 범주형 데이터로 취급해야만 한다. 예를 들어, 각 가정의 전체 자가용의 수를 나타내는 어트리뷰트는 범주형으로 취급되어야 한다.

표 4.1의 세 번째 줄은 ESX에서 사용할 어트리뷰트 사용법(usage)을 표시하고 있다. 그 가능한 사용법들은 표 4.2에 나타나 있다. unsupervised 클러스터링을 수행할 때에는 세 번째 줄의 칸에 *I*를 놓아서 그것을 ESX가 입력 어트리뷰트들(input attributes)로 사용하

표 4.1 신용카드 프로모션 데이터베이스 : iDAV 형식

Income Range	Magazine Promotion	Watch Promotion	Life Insurance Promotion	Credit Card Insurance	Sex	Age
C	C	C	C	C	C	R
I	I	I	I	I	I	I
40-50K	Yes	No	No	No	Male	45
30-40K	Yes	Yes	Yes	No	Female	40
40-50K	No	No	No	No	Male	42
30-40K	Yes	Yes	Yes	Yes	Male	43
50-60K	Yes	No	Yes	No	Female	38
20-30K	No	No	No	No	Female	55
30-40K	Yes	No	Yes	Yes	Male	35
20-30K	No	Yes	No	No	Male	27
30-40K	Yes	No	No	No	Male	43
30-40K	Yes	Yes	Yes	No	Female	41
40-50K	No	Yes	Yes	No	Female	43
20-30K	No	Yes	Yes	No	Male	29
50-60K	Yes	Yes	Yes	No	Female	39
40-50K	No	Yes	No	No	Male	55
20-30K	No	No	Yes	Yes	Female	19

도록 한다. 만약 학습이 supervised라면 정확히 하나의 어트리뷰트가 하나의 *O*를 세 번째 줄의 칸에 포함해야만 한다. ESX에서는 하나의 출력 어트리뷰트(output attribute)는 범주형이 되어야 한다. 몇몇 유일한 값들을 갖는 범주형 어트리뷰트들은 예측도가 낮으므로 사용하지 않겠다고 알리는 *U*로 표시되어야 한다. 여기에 해당되는 어트리뷰트들로는 이름(last name), 순서 번호(sequence number), 그리고 생년월일(birthdate)이 있을 수 있다.

네 번째 줄부터 실제 데이터를 입력한다. 각각의 새로운 줄은 하나의 데이터 인스턴스를 포함한다. 데이터를 입력할 때 두 가지의 주의 사항이 있다.

- 어트리뷰트 이름, 값, 혹은 데이터 타입이든지 간에 각 데이터 아이템은 한 라인에 하나의 셀에 입력되어야 한다. 전처리기(preprocessor)는 여러 줄을 포함하는 줄을 에러로 처리할 것이다.
- 전처리기는 적절치 못한 숫자 값을 포함하는 데이터 인스턴스를 에러로 처리한다. 이것은 어트리뷰트가 U(nused)로 선언된다 하더라도 적용된다. 안전하게 하려면, 적절

표 4.2 어트리뷰트 사용에 관한 값들

문자	사용법(Usage)
I	어트리뷰트는 입력 어트리뷰트로 이용된다.
U	어트리뷰트는 사용되지 않는다.
D	어트리뷰트가 분류나 클러스터링에 사용되지 않지만 어트리뷰트 값 요약 정보는 모든 출력 보고서에 출력된다.
O	어트리뷰트는 출력 어트리뷰트로 사용된다. ESX를 이용한 supervised 학습의 경우에 정확히 하나의 범주형 어트리뷰트가 출력 어트리뷰트로 선택된다.

치 못한 값을 가질 것이라고 의심이 가는 비사용 숫자 어트리뷰트에 해당하는 두 번째 줄의 칸에 C를 설정한다. 이렇게 하면, 전처리기는 이 어트리뷰트가 범주형이라고 생각하여 적절치 못한 숫자 문자들을 무시한다.

다음 절에서의 예제는 ESX를 가지고 unsupervised 클러스터링에 대한 다섯 단계의 접근을 이용하게 된다. 그 예제는 튜토리얼로 사용할 수 있게 쓰였다. 우리가 가지고 있는 iDA 소프트웨어를 사용하여 그 예제를 따라하면서 학습해보도록 하자.

4.4 Unsupervised 클러스터링을 위한 5단계 접근

ESX로 unsupervised 클러스터링을 수행하는 데 있어서의 5단계의 절차가 있다.

1. 새로운 엑셀 스프레드시트에 데이터를 입력한다.
2. 데이터 마이닝 작업을 실행한다.
3. 요약 결과를 읽고 해석한다.
4. 각각의 클러스터에 대한 결과를 읽고 해석한다.
5. 각각의 클러스터를 정의하는 규칙들을 시각화하고 해석한다.

표 4.1에 있는 신용카드 프로모션 데이터베이스에 5단계의 접근법을 적용해보자.

Unsupervised 클러스터링으로의 5단계 접근법 적용

단계 1 마이닝할 데이터 입력

두 가지 형태의 신용카드 프로모션 데이터베이스가 iDA 예제 디렉터리에 있다 – CreditCardPromotion.xls와 CreditCardPromotionNet.xls. 우리는 이 중에서 첫 번째 버전의 데이터 집합에 관심이 있다. 두 번째 버전은 범주형 어트리뷰트 값들을 이에 대응하는 수치 값과 매칭시켜서 변형되었다. 8장과 9장에서 신경망을 공부할 때 두 번째 버전의 데이터 집합을 사용할 것이다. 다음은 엑셀을 실행시켜서 CreditCardPromotion 데이터 집합을 로드하는 방법을 보인다.

1. Microsoft Windows Explorer를 연다.
2. iDA 디렉터리를 더블 클릭한다.
3. Samples 디렉터리를 더블 클릭한다.
4. CreditCardPromotion.xls 파일을 더블 클릭한다.

다른 방법으로는 윈도우즈 바탕화면에서 '시작' 버튼을 마우스로 누른 뒤 '실행' 버튼을

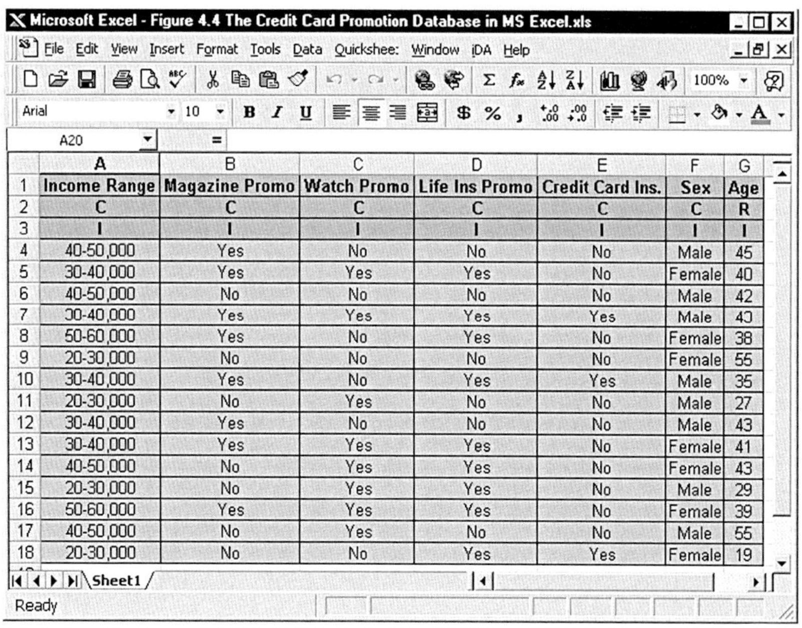

	A	B	C	D	E	F	G
1	Income Range	Magazine Promo	Watch Promo	Life Ins Promo	Credit Card Ins.	Sex	Age
2	C	C	C	C	C	C	R
3	I	I	I	I	I	I	I
4	40-50,000	Yes	No	No	No	Male	45
5	30-40,000	Yes	Yes	Yes	No	Female	40
6	40-50,000	No	No	No	No	Male	42
7	30-40,000	Yes	Yes	Yes	Yes	Male	43
8	50-60,000	Yes	No	Yes	No	Female	38
9	20-30,000	No	No	No	No	Female	55
10	30-40,000	Yes	No	Yes	Yes	Male	35
11	20-30,000	No	Yes	No	No	Male	27
12	30-40,000	Yes	No	No	No	Male	43
13	30-40,000	Yes	Yes	Yes	No	Female	41
14	40-50,000	No	Yes	Yes	No	Female	43
15	20-30,000	No	Yes	Yes	No	Male	29
16	50-60,000	Yes	Yes	Yes	No	Female	39
17	40-50,000	No	Yes	No	No	Male	55
18	20-30,000	No	No	Yes	Yes	Female	19

그림 4.4 MS 엑셀에서의 신용카드 프로모션 데이터베이스

눌러서 'C:\iDA\Samples\CreditCardPromotion.xls'를 입력한다. 이 두 경우의 모든 당신의 스프레드시트는 그림 4.4에 있는 것과 같다.

단계 2 데이터 마이닝 작업 실행

데이터 마이닝을 실행하기 전에 모든 어트리뷰트 usage 값이 *I*인지를 확인하라. 데이터 마이닝 작업을 실행하기 위한 절차는 다음과 같다.

1. MS 엑셀 워크북의 맨 위의 메뉴 바에서 iDA 메뉴 항목을 선택한다.
2. 드롭다운 리스트에서 'Begin Mining Session'을 선택한다. 만약 데이터 마이닝 작업이 시작되지 않으면 아무 셀이나 클릭하고 다시 한 번 실행해본다.
3. 등록정보가 나타나면 당신의 이름을 입력하고 회사 이름으로 학생(student)을 입력한다. 등록 코드는 설치 CD에 있다. CD에 나타난 대로 정확히 등록 코드를 입력하고, OK 버튼을 클릭한다. iDA를 처음 사용할 때는 이 정보만 입력하면 된다.
4. 메시지 상자가 나타나면 unsupervised 학습자 모델을 선택해야 한다. ESX를 선택하고 OK 버튼을 클릭한다.
5. 4번이 실행된 후에는 그림 4.5에서 보이는 메시지 상자가 나타날 것이다. 두 가지의 값을 입력해야 한다.
   - 인스턴스 유사성에 대한 값에 따라서 새로운 클러스터가 생길 수도 있고 그렇지 않을 수도 있다. 100에 가까운 값은 새로운 클러스터들의 생성을 촉진한다. 0에 가까운 값은 새로운 인스턴스들이 기존의 클래스들에 들어가게 하도록 할 것이다. 디폴트 값은 65이다. ESX에서 class와 cluster란 용어들은 상호 호환성 있게 사용된다는 것을 알고 있어야 한다.
   - 실수 값 tolerance 설정은 실수 값 어트리뷰트들에 대한 유사성 기준을 결정하는

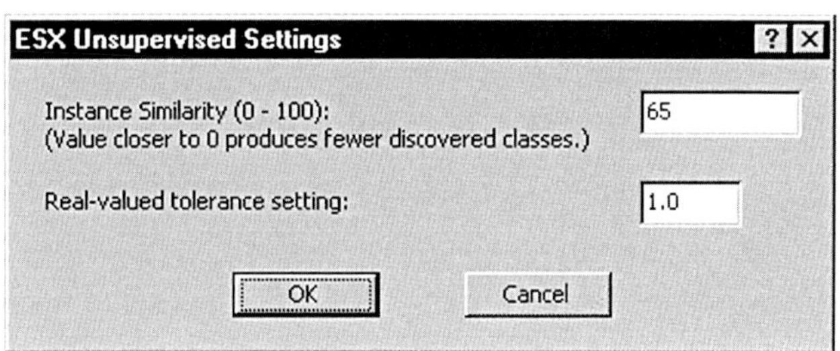

그림 4.5 ESX에 대한 Unsupervised 설정

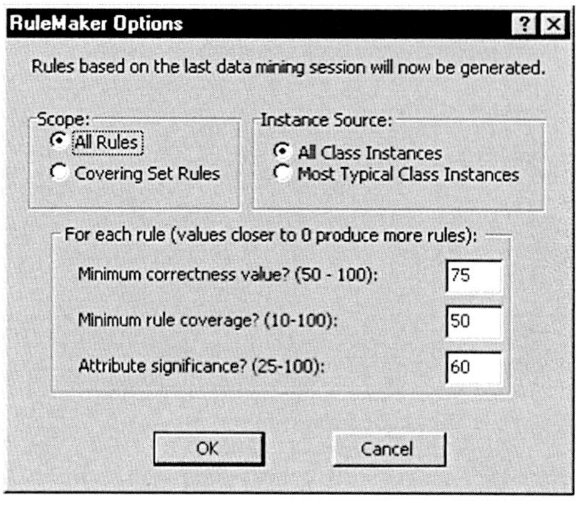

그림 4.6 RuleMaker 옵션들

것을 돕는다. 1.0은 보통 적절한 설정 값이지만 항상 그런 것은 아니다.

우리의 예제에서 두 파라미터들에 대하여 모두 디폴트 값을 사용하고 OK를 클릭한다.

6. 다음으로는, 8개의 클러스터들이 생성되었음을 가리키는 메시지 상자가 보인다. 이 것은 데이터가 성공적으로 마이닝되었다는 것을 의미한다. 메시지 상자는 출력 보고서(output report)를 생성하기를 원하는지 묻는다. 일반적인 규칙으로써 5~6개의 클러스터들보다 훨씬 많은 unsupervised 클러스터링은 다소 덜 최적화된 듯 보인다. 규칙에는 항상 예외가 있기 마련이지만 이번에는 이 규칙을 적용하여 No를 클릭한다.
7. '마이닝되지 않은 데이터 집합(Dataset not mined)'이라고 쓰인 메시지가 나타나면 OK 버튼을 클릭한다.
8. 다시 시도하자. 1~4 단계를 반복한다. 단계 5에서 유사도 값은 55로 하고 real-tolerance value를 1.0으로 하고 OK 버튼을 클릭한다.
9. 세 개의 클래스가 생성되었음을 알리는 메시지가 나타난다. 출력 보고서(output report)를 생성하기 하기 위해 Yes를 클릭한다.
10. 1~2분 후에, 그림 4.6과 같은 메시지 상자가 나타날 것이다. 이 메시지 상자에서 규칙 생성기(rule generator)에 대한 설정을 해야 한다. 규칙 생성(rule generation)을 하지 않고 그냥 지나갈 수도 있다. 본 예제에서 우리는 규칙을 생성할 것이다. 최소 규칙 범위를 30에 맞추고 다른 모든 파라미터들에 대한 설정을 디폴트로 하고 OK를 클릭한다.

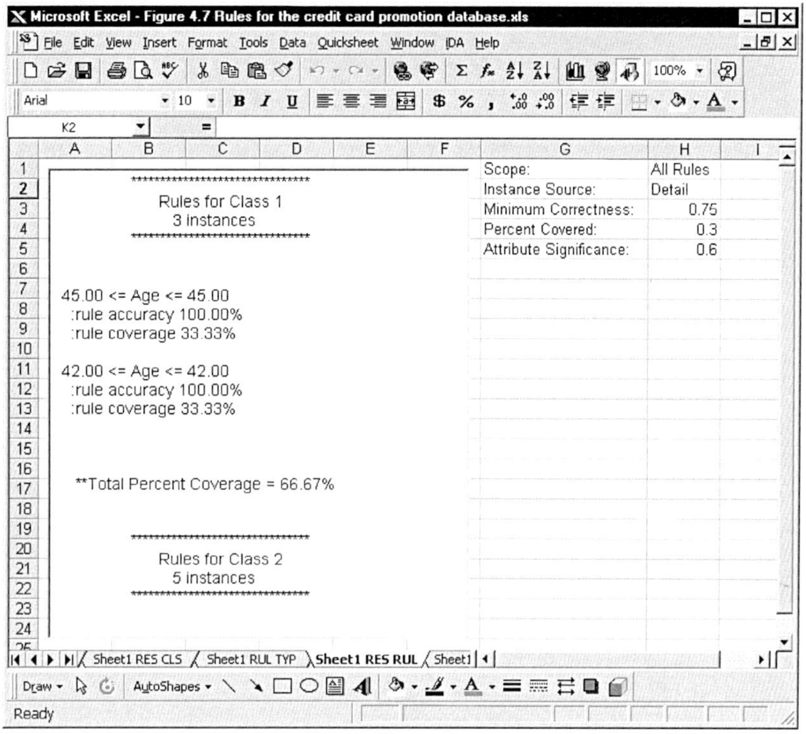

그림 4.7 신용카드 프로모션 데이터베이스에 대한 규칙들

일단 규칙과 보고서 생성이 완료되고 나면 규칙 생성기의 결과는 그림 4.7에 보이는 그림처럼 나타날 것이다. production rule 윈도우의 안쪽을 클릭함으로써 윈도우를 스크롤하고 각 클러스터에 대한 규칙들을 조사할 수 있다. 클러스터들의 이름은 각각 Class1, Class2, 그리고 Class3으로 명명된 것에 주의하자. 다음 파트에서는 출력 보고서의 각 시트들을 상세히 살펴볼 것이다.

단계 3 요약 결과(summary results)를 읽고 해석

unsupervised 마이닝 작업의 결과는 새로운 네 개의 시트에 나타난다. 시트들의 이름은 원래 시트의 이름과 목적을 고려하여 만들어졌다. 가장 최신의 스프레드시트의 아래쪽 트레이에 주어진 시트 이름을 클릭함으로써 한 시트에서 다른 시트로 이동이 가능하게 된다. 트레이에 나타나지 않은 시트는 스프레드시트의 왼쪽 바닥 부분에 보이는 왼쪽과 오른쪽 화살표를 클릭함으로써 호출될 수 있다. Output Reports: Unsupervised Clustering이라고 이름붙여진 설명상자는 각 시트에 나타나는 내용들에 대한 간단한 설명을 제공한다.

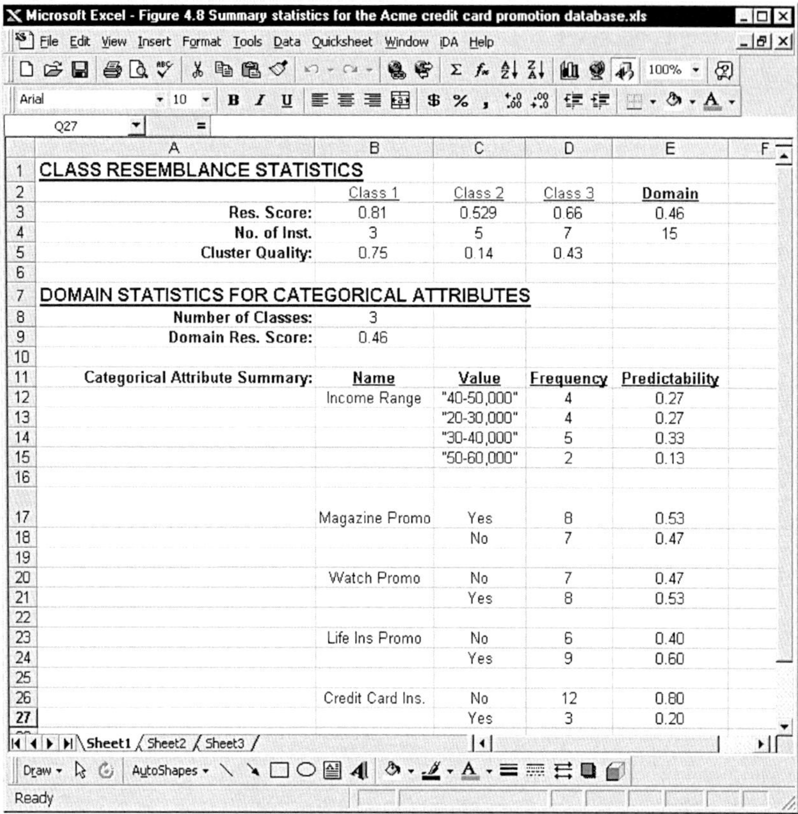

Microsoft Excel - Figure 4.8 Summary statistics for the Acme credit card promotion database.xls

	A	B	C	D	E
1	CLASS RESEMBLANCE STATISTICS				
2		Class 1	Class 2	Class 3	Domain
3	Res. Score:	0.81	0.529	0.66	0.46
4	No. of Inst.	3	5	7	15
5	Cluster Quality:	0.75	0.14	0.43	
6					
7	DOMAIN STATISTICS FOR CATEGORICAL ATTRIBUTES				
8	Number of Classes:	3			
9	Domain Res. Score:	0.46			
10					
11	Categorical Attribute Summary:	Name	Value	Frequency	Predictability
12		Income Range	"40-50,000"	4	0.27
13			"20-30,000"	4	0.27
14			"30-40,000"	5	0.33
15			"50-60,000"	2	0.13
16					
17		Magazine Promo	Yes	8	0.53
18			No	7	0.47
19					
20		Watch Promo	No	7	0.47
21			Yes	8	0.53
22					
23		Life Ins Promo	No	6	0.40
24			Yes	9	0.60
25					
26		Credit Card Ins.	No	12	0.80
27			Yes	3	0.20

그림 4.8 Acme신용카드 프로모션 데이터베이스에 대한 요약 통계값

화면에 요약 결과들을 보이기 위해서 Sheet1 RES SUM이라 붙여진 트레이 시트에서 마우스 왼쪽을 클릭한다. 결과 요약 시트에 있어서 결과의 첫 번째 부분이 그림 4.8이다. 먼저 클래스 유사도 통계(Class Resemblance Statistics)를 살펴보도록 하자.

클래스 유사도 통계(Class Resemblance Statistics)

그림 4.8에 있는 클래스 유사도 통계(Class Resemblance Statistics)는 ESX가 15개의 인스턴스들을 Class1, Class2, Class3으로 표시된 3개의 클러스터로 분할했음을 보이고 있다. 세 번째 줄은 각 클래스에 대한 유사도 점수(Res.Score) 뿐만 아니라 전체 도메인의 인스턴스들에 대한 유사도 점수를 나타낸다. 클래스 유사도 점수를 보면 먼저 각 클러스터 안에 인스턴스들이 얼마나 잘 적합한지를 알 수 있다. 이 점수는 유사도 값일 뿐이며 확률로 해석되어서는 안 된다. 그림에서 보면 Class1의 인스턴스들이 최상의 클래스 맞춤이 되었음을 알 수 있다.

도메인 유사도(domain resemblance)는 데이터 집합 안의 모든 인스턴스들의 전체적인 유사성을 나타낸다. 일반적으로는 클래스내의 유사도 점수가 도메인 유사도 점수보다 높은 값을 가지는 것이 중요하다. 이것은 모든 경우에 해당될 필요는 없지만 비교적 더 큰 클래스들에 적용되어야 한다. 학습이 unsupervised로 되었을 때, 만약 클래스내의 유사도 점수가 도메인 유사도 점수보다 높지 않다면 적어도 다음과 같은 세 가지의 가능성이 존재하게 된다.

1. 사용된 어트리뷰트들은 인스턴트들을 표현하는 데 있어서 형편 없다. 이것을 테스트하는 한 가지 방법은 다른 어트리뷰트들을 선택하여 결과 값이 향상되었는지를 확인하는 것이다.
2. Unsupervised 클러스터링을 위해 선택된 인스턴스들은 도메인에서의 전형적인(typical) 인스턴스들을 대표히지 않는다.
3. 이 도메인에서는 클래스가 정의되지 않으며 unsupervised 클러스터링에 적합하지 않다.

학습이 supervised이든 unsupervised이든 간에 형편 없는 클래스 유사도 점수들은 그 결과로 아마도 형편 없는 모델 성능을 내게 할 것이다.

마지막으로 이 그림에서 각 클래스에 대한 인스턴스 개수(No. of Inst.) 바로 아래에 나온 클러스터 품질(Cluster Quaility)을 보라. 이들 값은 퍼센트이다. 각 클래스에 대한 이 클러스터 품질은 도메인 유사도에 비한 클래스 유사도 점수의 퍼센트의 증가 혹은 감소를 나타낸다. 즉, 클러스터 품질(Cluster Quaility) 값이 높다는 것은 도메인 유사도에 비하여 클래스 유사도 점수가 더 높다는 것을 말한다.

범주형 어트리뷰트에 대한 도메인 통계(Domain Statistics for Categorical Attributes)

그림 4.8을 다시 보면, RES SUM 시트의 다음 부분은 범주형 어트리뷰트에 대한 도메인 통계(Domain Statistics for Categorical Attributes)라고 이름붙여져 있다. 모든 범주형 어트리뷰트의 값들을 보기 위해서는 스크롤바를 이용해야 할 것이다. 범주형 데이터에 대한 도메인 통계를 살펴보면, 범주 어트리뷰트의 중복된 이름과 값을 찾을 수 있다. 예를 들어 수입 범위(income range) 어트리뷰트는 어떤 인스턴스에서는 'Income Range'로 또 다른 인스턴스에서는 'income range'로 참조될 수도 있다. 또한 빈도수가 적게 나오는 경우를 확인해보면 잘못된 범주형 어트리뷰트 값을 찾을 수도 있다.

우리는 어트리뷰트-값의 예측값(predictability score)을 살펴봄으로써 범주형 어트리뷰트들에 대하여 몇 가지 초기 추측을 해볼 수가 있다. 예측 값은 간단한 확률이긴 하지만 좀 혼란스러울 수 있다. 어트리뷰트-값 예측 값은 전체 도메인 인스턴스들에 대한 비율로써 계산될 수도 있으며, 또한 데이터 집합에서의 각 클래스 혹은 클러스터에 대하여 계산될 수도 있다. 우선 도메인 예측력(domain predictability)에 대하여 살펴보자.

값으로 $V_1, V_2, V_3, \cdots V_n$을 갖는 범주형 어트리뷰트 A가 주어졌을 때 V_i의 도메인 예측력은 A에 대한 값으로 V_i을 가지는 도메인 인스턴스들의 퍼센트를 말한다.

이를 설명하기 위해 여기에 그림 4.8에서 얻은 두 가지의 흥미로운 도메인 예측 값이 있다.

- 모든 신용카드 소지자들의 80%는 신용카드 보험에 들지 않았다.
- 모든 신용카드 소지자들의 60%는 생명보험 프로모션을 구매했다.

도메인 레벨의 범주형 어트리뷰트 값에 대한 거의 100%에 가까운 예측 값은 이 어트리뷰트가 supervised 학습 혹은 unsupervised 클러스터링에 있어서 별로 유용하지 않음을 암시한다. 이것은 대다수의 인스턴스들이 바로 그 어트리뷰트에 대하여 거의 동일한 값을 가지고 있기 때문이다. 그러나 만약에 우리가 데이터 집합 안에 있

결과 보고서 : Unsupervised 클러스터링

Sheet1 RES SUM : 이 시트는 어트리뷰트 값들에 대한 요약 통계 값을 포함하며 데이터 마이닝 작업의 질을 결정하는 데 도움이 되는 몇몇 휴리스틱(heuristics)을 제공한다.

Sheet1 RES CLS : 이 시트는 unsupervised 마이닝 작업의 결과로 생긴 클러스터들에 대한 정보를 가지고 있다.

Sheet1 RUL TYP : 인스턴스들은 각각의 클러스터 번호에 따라 나열된다. 이 시트의 마지막 열은 각 인스턴스에 대한 전형성 값(typicality value)을 보여준다. 인스턴스 I의 전형성(typicality)은 해당 클러스터의 다른 멤버들에 대한 I의 평균 유사도 값이다.

Sheet1 RES RUL : 각 클러스터에서 생성된 생성 규칙(production rule)은 이 시트에 포함된다.

는 이상치(outliers)를 찾아보려고 하는 것이라면 큰 예측력 점수를 가지는 어트리뷰트들을 제거하는 것은 주의를 기울여야 한다.

수치값 어트리뷰트에 대한 도메인 통계(Domain Statistics for Numerical Attributes)
RES SUM 시트로 이동해서 Domain Statistics for Numerical Attributes라고 표시된 부분을 보자. RES SUM 시트를 스크롤해서 화면이 그림 4.9와 비슷하게 만들어라. 이 요약본은 클래스 평균(class mean)과 표준 편차(standard deviation) 점수에 대한 유용한 정보를 제공한다. attribute significance 값은 각 수치 어트리뷰트들에 대한 예고 값(predictive value)을 측정한다. attribute significance 계산하는 법은 예제로 잘 설명될 수 있다. 다음은 어트리뷰트 age에 대한 attribute significance 점수를 계산하는 방법을 나타내는 예이다.

- 가장 큰 평균 값(class 1 age = 43.33)에서 가장 작은 클래스 평균(class 2 age = 37.00)을 빼라.
- 위에서 얻은 값을 도메인 표준 편차(sd = 9.51)로 나누어라.

이 계산을 하면 attribute significance 점수로 0.67이 나온다. 표준 편차로 나누는 것은 mean difference 값들을 정규화하고 그래서 모든 수치 어트리뷰트들(numeric attributes)에 대해 attribute significance 점수들을 비교할 수 있게 한다. 낮은 significance 값들을 갖는 수치 어트리뷰트들(보통 0.25 이하)은 클래스들을 구분해내는 데 별 가치가 없는 것이 될 것이다.

공통적으로 발생하는 범주형 어트리뷰트(Commonly Occurring Categorical Attributes)
RES SUM 시트에서의 마지막 결과 값은 각 클러스터에서의 가장 공통적으로 발생하는 범주형 어트리뷰트들 값이다. 그림 4.9는 우리 어플리케이션에서 가장 공통적으로 발생하는 범주형 어트리뷰트 요약이다. 이 정보는 어떤 범주형 어트리뷰트들이 개별 클러스터들을 가장 잘 구별해내는지에 대한 초기 안목을 제공한다.

단계 4 개별 클래스의 결과를 읽고 해석

Sheet1 RES CLS는 각 개별 클래스들에 대한 통계를 보여준다. 종종 각 클래스에서 생성된 규칙들에서는 보이지 않는 가치 있는 지식을 그 클래스 요약 시트(class summary sheet)에서 발견하곤 한다. 여기서는 Class 3에 대한 결과에 대해서만 논의를 제한한다.

그림 4.10은 Class 3에 대한 요약 결과를 보여준다. Sheet1 RES CLS를 클릭하여 이 시

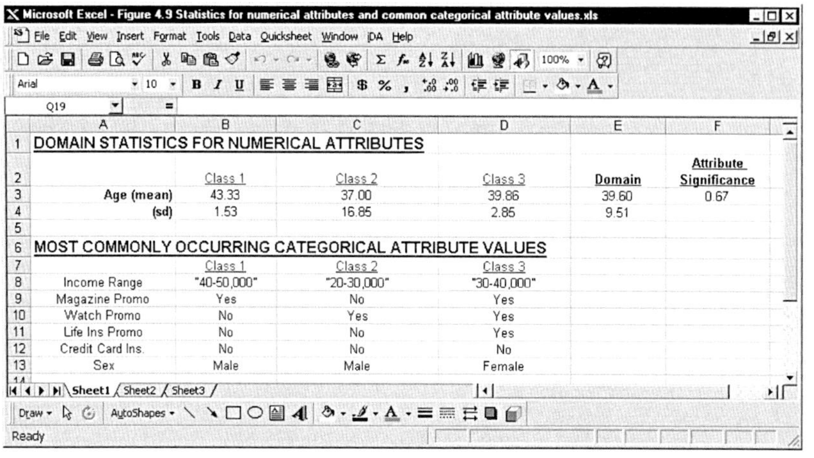

	A	B	C	D	E	F
1	DOMAIN STATISTICS FOR NUMERICAL ATTRIBUTES					
2		Class 1	Class 2	Class 3	Domain	Attribute Significance
3	Age (mean)	43.33	37.00	39.86	39.60	0.67
4	(sd)	1.53	16.85	2.85	9.51	
5						
6	MOST COMMONLY OCCURRING CATEGORICAL ATTRIBUTE VALUES					
7		Class 1	Class 2	Class 3		
8	Income Range	"40-50,000"	"20-30,000"	"30-40,000"		
9	Magazine Promo	Yes	No	Yes		
10	Watch Promo	No	Yes	Yes		
11	Life Ins Promo	No	No	Yes		
12	Credit Card Ins.	No	No	No		
13	Sex	Male	Male	Female		

그림 4.9 수치형 어트리뷰트와 공통적 범주형 어트리뷰트 값에 대한 통계

트를 열고 스크롤바를 이용하여 당신의 스프레드시트가 그림 4.10처럼 보이게 하라. RES CLS 시트에서의 초기 정보는 클래스 인스턴스의 수와 클래스 유사도 점수(class resemblance score)에 대한 사실들을 반복하여 나타낸다. 또한 전형성이 가장 높은 그리고 가장 낮은 어트리뷰트 값 각각 두 개씩을 보게 될 것이다. 인스턴스의 **전형성(Typicality)**은 자신이 속한 클래스나 클러스터링의 다른 모든 멤버들에 대한 평균 유사성으로 정의된다. 스프레드시트에 전형성 점수가 다 보이지 않으면 오른쪽으로 스크롤해라. 그림에서 당신이 볼 수 있듯이, 가장 전형적인 인스턴스 각각에 대한 전형성 점수는 0.76이다. 전형성이 가장 높은 그리고 가장 낮은 클래스 인스턴스를 살펴보면 그 클래스의 구조에 대한 첫 인상을 알 수 있게 된다.

클래스 예측력(Predictability)과 예고력(Predictiveness)

Class3에 대하여 그림 4.10에서 보이는 클래스 예측력과 예고력 점수들은 자세히 살펴볼만하다. 먼저 어트리뷰트 income range를 고려해보자. **클래스 예측력**은 다음과 같이 정의될 수 있다.

> 값으로 $V_1, V_2, V_3, \cdots V_n$을 갖는 범주형 어트리뷰트 A가 주어졌을 때, V_i에 대한 클래스 C의 예측력 점수는 클래스 C내에서 A에 대한 값으로 V_i을 가지는 인스턴스들의 퍼센트를 말한다. 클래스 예측력은 클래스내의 측정(within-class measure)이다. 클래스 C 안에서의 어트리뷰트 A에 대한 예측력 점수의 합은 항상 1이다.

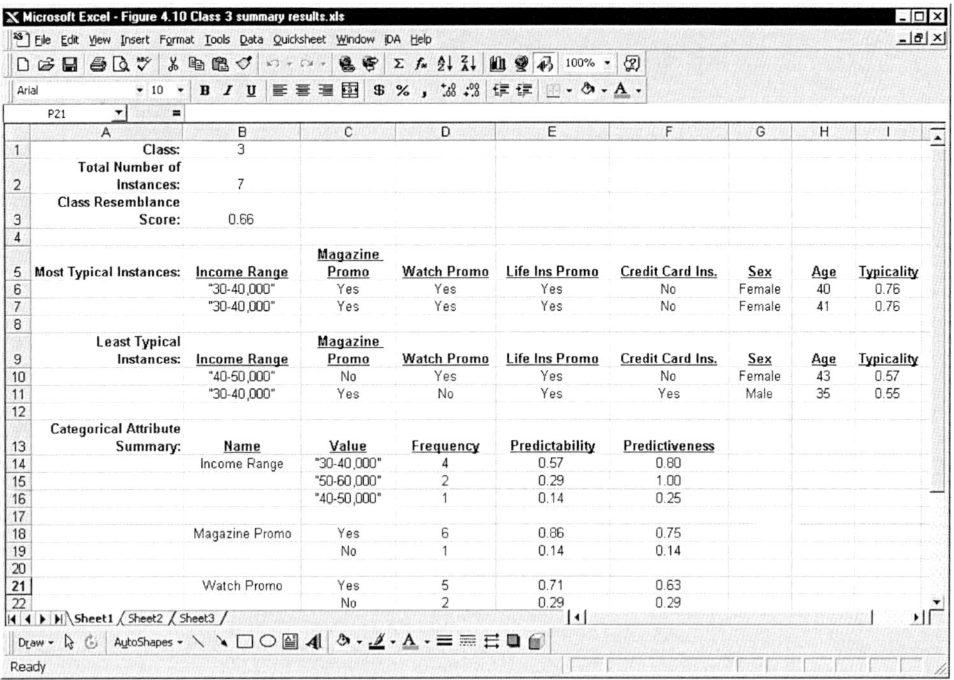

Microsoft Excel - Figure 4.10 Class 3 summary results.xls

	A	B	C	D	E	F	G	H	I
1	Class:	3							
2	Total Number of Instances:	7							
3	Class Resemblance Score:	0.66							
4									
5	Most Typical Instances:	Income Range	Magazine Promo	Watch Promo	Life Ins Promo	Credit Card Ins.	Sex	Age	Typicality
6		"30-40,000"	Yes	Yes	Yes	No	Female	40	0.76
7		"30-40,000"	Yes	Yes	Yes	No	Female	41	0.76
8									
9	Least Typical Instances:	Income Range	Magazine Promo	Watch Promo	Life Ins Promo	Credit Card Ins.	Sex	Age	Typicality
10		"40-50,000"	No	Yes	Yes	No	Female	43	0.57
11		"30-40,000"	Yes	No	Yes	Yes	Male	35	0.55
12									
13	Categorical Attribute Summary:	Name	Value	Frequency	Predictability	Predictiveness			
14		Income Range	"30-40,000"	4	0.57	0.80			
15			"50-60,000"	2	0.29	1.00			
16			"40-50,000"	1	0.14	0.25			
17									
18		Magazine Promo	Yes	6	0.86	0.75			
19			No	1	0.14	0.14			
20									
21		Watch Promo	Yes	5	0.71	0.63			
22			No	2	0.29	0.29			

그림 4.10 Class 3 요약 결과

클래스 예측력(Predictability)은 어떤 범주형 어트리뷰트(categorical attribute)가 어떤 특정 값을 갖는 클래스 인스턴스의 퍼센트를 말한다. 이를 설명하기 위해서 그림 4.10의 경우를 보면 income range = 30–40K에 대한 클래스 예측력의 점수는 0.57로 나와 있다. 이 예측력 점수는 Class 3의 모든 인스턴스들의 57%가 연봉 $30,000과 $40,000 사이라는 것을 말한다. 클래스 예측력 점수는 클래스 멤버들에 대한 필요조건의 정도를 측정하게 한다.

클래스 예고력 점수는 이해하기 좀 더 어렵다. 어트리뷰트–값(attribute–value)의 클래스 예고력 점수는 한 인스턴스가 그 어트리뷰트에 대해 그 값을 가질 때, 그 인스턴스가 특정 클래스에 속할 확률로 정의된다. 클래스 예고력(predictiveness)에 대한 공식적인 정의는 다음과 같다.

클래스 C와 값으로 $V_1, V_2, V_3, \cdots V_n$을 갖는 어트리뷰트 A가 주어졌을 때, V_i에 대한 attribute–value 클래스 예고력(predictiveness) 점수는 한 인스턴스가 A에 대해 V_i 값을 가질 때 그 인스턴스가 C에 속할 확률로 정의된다. 클래스 예고력 점수는 클래스들간의 measure이다. V_i 값을 갖는 범주형 어트리뷰트 A에 대한 클래스 예고력 점수의 합은 항상 1이다.

클래스 예고력을 좀 더 이해하기 위해서 50 - 60K 값을 갖는 어트리뷰트 income range를 고려해보자. 그림 4.10을 보면 Class 3의 인스턴스들 중에 29%만이 income range에 대하여 이 값을 갖고 있다. 그러나 예고력 점수 1.00은 50 - 60K의 income range를 갖는 모든 인스턴스들은 모두 Class 3에 속한다는 것을 의미한다. income range = 50 - 60K인 것은 Class 3 멤버가 되기 위한 **충분조건**이 된다. 그러므로 만약 누군가가 특정 인스턴스에 대한 income range 값이 50 - 60K라고 한다면 이 인스턴스는 Calss 3에 속한다고 100% 확실하게 예상할 수 있게 된다. 그림을 보면 life insurance promotion = yes는 1.00의 예측력 점수(predictability score)와 0.78의 예고력 점수(predictiveness score)를 갖고 있는데 이것은 이 life insurance promotion = yes가 Class 3에 대한 최상의 어트리뷰트-값이라는 것을 주목하자. 클래스 예측력과 예고력 점수와 관련된 세 가지 유용한 사항들이 있다.

1. 만약 어트리뷰트 값의 예측력 점수(predictability score)와 예고력 점수(predictiveness score)가 1.0이라고 한다면 그 어트리뷰트 값은 클래스 C의 멤버가 되기 위한 '필요충분' 조건을 만족한다 라고 말한다. 즉, 클래스 C 안의 모든 인스턴스들은 그 어트리뷰트에 대하여 그 값을 갖는다는 것이고, 또한 그 어트리뷰트에 그 값을 갖는 모든 인스턴스들은 클래스 C에 속한다는 것이다.
2. 만약 어트리뷰트 값의 예고력 점수는 1.0이고 예측력 점수는 1.0보다 작다고 한다면, 그 어트리뷰트에 대하여 그 값을 갖는 모든 인스턴스는 클래스 C에 속한다고 말할 수 있다. 하지만, 그 클래스에는 그 어트리뷰트에 그 값을 갖지 않는 몇몇 인스턴스들도 있게 된다. 이 어트리뷰트 값을 클래스 멤버쉽에 대하여 충분조건은 만족하지만 필요조건은 만족하지 않는다라고 한다.
3. 만약 어트리뷰트 값의 예측력 점수가 1.0이고 예고력 점수는 1.0보다 작다고 한다면, 클래스 C에 있는 모든 인스턴스는 그 어트리뷰트에 대하여 그 값을 갖는다고 말할 수 있다. 하지만, 그 클래스 바깥에 있는 몇몇 어트리뷰트들도 또한 그 어트리뷰트에 그 값을 갖는다. 이 어트리뷰트를 클래스 멤버쉽에 대하여 필요조건은 만족하지만 충분조건은 만족하지 않는다라고 한다.

일반적으로, 적어도 한 개의 높은 예고 값(predictive value)을 가지는 범주형 어트리뷰트는 입력 어트리뷰트(input attribute)로 사용되어야 한다. 또한 예고값이 아주 작은 범주형 어트리뷰트는 비사용(unused) 혹은 보기 전용(display-only)으로 설정되어야 한다.

필요충분(Necessary and Sufficient) 어트리뷰트 값

리포트 생성기(report generator)는 '충분'조건 만족기준으로 예고력 점수가 0.80보다 같거나 큰 점수를 갖는 어트리뷰트 값들을 나열한다. 마찬가지로 '필요'조건 만족기준으로 예측력(predictability)이 0.80보다 같거나 큰 점수를 갖는 어트리뷰트 값들을 나열한다. 그림 4.11은 Class 3에 대하여 '필요충분'한 어트리뷰트–값 정보 요약을 보여주고 있다. 현재 RES CLS 스프레드시트를 스크롤하여 그림과 비슷하게 보이도록 해라. 그림에서 보듯이 Class 3 멤버쉽에 대하여 '필요충분'조건을 만족하는 범주형 어트리뷰트 값은 없다. 또한, income range 값 30 – 40K와 50 – 60K는 Class 3에 대한 충분조건을 만족한다. 또한 'magazine promotion = yes'와 'life insurance promotion = yes'는 Class 3의 어트리뷰트 값에 대한 필요조건을 만족한다.

단계 5 개별 클래스 룰(class rules)의 시각화

제2장에서 iDA 소프트웨어 패키지와 함께 딸려온 생성 규칙 생성기(production rules

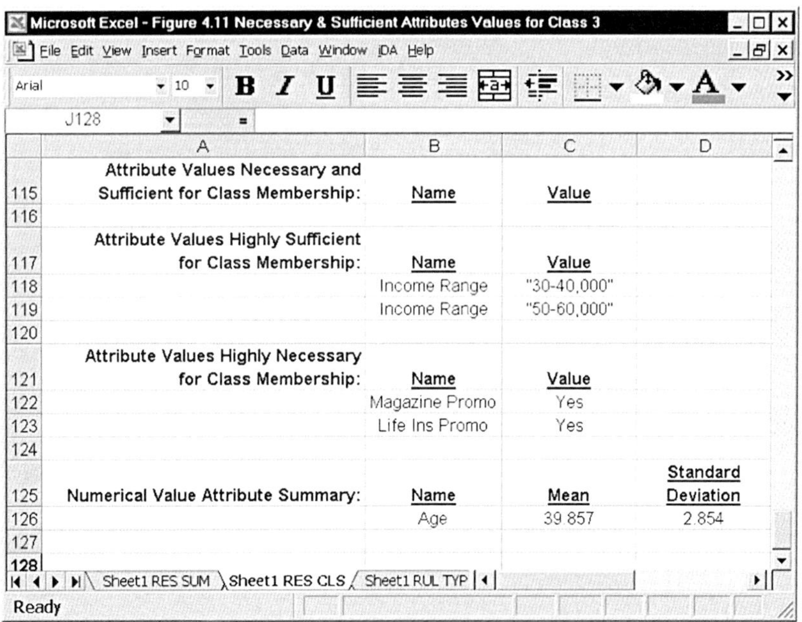

그림 4.11 Class 3에 대한 필요충분(necessary and sufficient) 어트리뷰트 값

generator)인 RuleMaker에 관하여 소개했다. 이번 절에서는 Class 3에 대하여 생성된 production rules를 가지고 RuleMaker의 출력 형식(output format)에 대하여 살펴보겠다. 4.6절에서 RuleMaker의 기능 사용에 대한 좀 더 자세한 내용을 볼 것이다.

Class 3에서 생성된 rule을 살펴보기 위하여, Sheet1 RES RUL을 클릭한다. 그림 4.7은 이 시트에 대한 초기 결과 값을 보여주고 있다. 규칙(rules) 윈도우의 내부를 클릭하고 Class 3의 rule 리스트가 보일 때까지 스크롤한다. 여기에 하나의 조건(precondition)을 갖는 흥미로운 Class 3 rule이 있다.

> *Life Ins Promo* = *Yes*
> :rule accuracy(규칙 정확도) 77.78%
> :rule coverage(규칙 범위) 100.00%

이 규칙 형식(rule format)은 2장에서 봤던 것의 변형된 모습이다. 각 규칙은 조건(들)(precondition(s))을 가지게 되는데, 이것은 그 규칙에 의해 커버될 인스턴스를 위해 필요하다. RuleMaker는 각 개념 클래스에 대한 풍부한 규칙들을 생성하기 때문에, 축약된 형태의 규칙 형식이 선호된다. 앞에서 언급된 규칙에 대한 동일하면서 명확한 형식은 다음과 같다.

> **IF** *Life Ins Promo* = *Yes*
> **THEN** Class=3
> :rule accuracy(규칙 정확도) 77.78%
> :rule coverage(규칙 범위) 100.00%

규칙 정확도(rule accuracy)는 이것이 적용되는 모든 경우의 77.78%에 있어서 정확하다는 것을 말한다. 즉, 이 규칙은 training set 인스턴스들의 22.22%에 대하여 잘못된 분류를 하게 될 것이다. 규칙 범위(rule coverage)는 이 규칙이 Class 3의 인스턴스들 100%에 적용됨을 나타낸다.

하나의 조건을 가진 규칙이 상당한 수의 클래스 인스턴스들을 커버하는 것은 드물다. 이러한 이유로, RuleMaker는 여러 개의 조건들을 갖는 규칙들을 생성할 수 있다. 다수의 조건들을 갖는 규칙들은 어트리뷰트들간의 상호의존성(dependency)들을 발견하는 데 도움을 줄 수도 있다. 다음은 클래스 멤버쉽에 대한 다수의 요구사항들을 가진 Class 3 규칙이다.

> 35.00 <= *Age* <= 43.00
> *and Life Insurance Promo* = *Yes*
> :rule accuracy(규칙 정확도) 100.00%
> :rule coverage(규칙 범위) 100.00%

이 규칙은 어트리뷰트 age와 life insurance promotion 값들 사이의 관계를 보여준다. 이 규칙은 Class 3의 인스턴스 모두를 커버하고 정확률도 100%이다. 실제 어플리케이션에서는, 이 결과는 새로운 생명보험 프로모션(life insurance promotional offerings)이 있을 땐 35~43대 나이의 그룹을 목표로 하는 것이 좋을 것이라는 강력한 지지 증거가 된다.

4.5 Supervised Learning에 대한 6단계 접근

이 번에는 우리의 관심사를 ESX를 이용한 supervised learning으로 돌려보자. 신용카드 프로모션에 관한 가상의 데이터베이스를 다시 적용하여 예제를 해보자. 먼저 CreditCard Promotion.xls 파일을 열어서 데이터 집합을 새로운 스프레드시트 파일에 복사하자. 다음은 ESX를 이용한 supervised learning에 대한 6단계의 절차이다.

1. 마이닝할 데이터를 엑셀 스프레드시트에 입력하고 출력 어트리뷰트를 선택한다.
2. 데이터 마이닝 작업을 실행한다.
3. 요약 결과를 읽고 해석한다.
4. 테스트 집합 결과를 읽고 해석한다.
5. 개별 클래스들에 대한 결과를 읽고 해석한다.
6. 클래스 규칙들을 시각화하고 해석한다.

위에서 설명된 6단계 접근방법을 이용하여 신용카드 프로모션 예를 풀어보자.

Supervised Learning에 대한 6단계 접근법 적용

단계 1 출력 어트리뷰트 선택

출력 어트리뷰트는 supervised 분류에 있어서 기본을 형성한다. 출력 어트리뷰트 선택은 데이터와 우리가 구하고자 하는 것에 대한 이해에 따라서 결정된다. 제2장과 3장의 내용을 생각하면서, 지금 막 새로운 생명보험 프로모션(life insurance promotion)을 론칭시켰다고 가정해보자. 그러므로 우리의 목표는 이 새로운 프로모션을 구매할 것 같은 고객을 예측할 수 있는 모델을 만드는 것이다. 우리는 이 모델을 새로운 카드 소지자에게 적용하려고 하기 때문에 우리는 입력 어트리뷰트를 income range, credit card insurance(신용카드 보험), sex(성별) 그리고 age(연령)에 한정하여 선택한다.

단계 2 마이닝 작업 수행

life insurance promotion에 대한 세 번째 줄의 칸에 있는 *I*를 *O*로 바꿔라. 또한, watch promotion 뿐만 아니라 magazine promotion에서 세 번째 줄의 칸에 있는 *I*를 *D*로 바꾸어서 이것들이 보기전용(display-only) 어트리뷰트만으로 사용되게 하라. 다음은 데이터를 마이닝하는 절차를 나타낸다.

1. iDA 메뉴에서 'Begin Mining Session(마이닝 작업 시작)'을 클릭한다.
2. 등록정보가 나타나면 'OK'를 클릭한다.
3. supervised 학습자 모델을 선택할 것을 요구하는 메시지 상자가 나타날 것이다. 'EXS'를 선택하고 'OK'를 클릭한다.
4. real-valued tolerance 설정 뿐만 아니라 training 인스턴스의 수를 선택하라는 메시지 상자를 보게 될 것이다. training 인스턴스 수는 10으로, real-valued tolerance는 1.0을 선택하고 'OK'를 클릭한다.
5. 마지막으로, 규칙 생성기(rule generator)에 대하여서는 기본 설정을 이용하고 'OK'를 클릭한다.

Supervised 마이닝 작업의 결과는 4 또는 6장의 시트에 나타난다. 'Output Reports: Supervised Learning'이라고 명명된 설명상자(description box)는 각 시트에 대한 결과에 대한 간단한 설명을 보여준다. 이들 시트들 중의 4장의 내용은 unsupervised 클러스터링에서 설명된 것과 유사한 것들이다. 나머지 2장의 시트는 테스트 데이터가 있을 때만 생성된다. 단계 4에서 그 새로운 시트의 내용을 살펴볼 것이다. 여기서는 요약 결과들을 가지고 데이터 분석을 시작해보자. 요약 결과 시트를 열려면 스프레드시트의 아래쪽에 위치한 Sheet1 RES SUM을 클릭한다.

단계 3 요약 결과(Summary Results)를 읽고 해석

결과 요약 시트(output summary sheet)는 training 데이터에서 나온 결과를 기반으로 한다. 첫 번째 테스트로서 각 클래스에 대한 클래스 유사도 점수(class resemblance score)를 살펴본다. 가장 높은 클래스 유사도 점수는 life insurance promotion=yes(0.575)에 의해 표현되는 클래스에 나타난다. life insurance promotion=no 인 클래스는 0.525의 유사도 점수를 나타내고 도메인 유사(domain resemblance)는 0.48이다. 클래스 유사도 점수가 도메인 유사도보다 더 높기 때문에 이들 두 클래스간에는 차이가 존재한다는 것을 알 수 있다. Domain Statistics for Categorical Attribute를 보면 training 인스턴스의 80%는 신용카드 보험이 없는 사람들이라는 것을 알 수 있다.

Domain Statistics for Numerical Attribute를 보면 어트리뷰트 age가 유의미도 점수 0.42를 가짐을 알 수 있다. 마지막으로, 두 클래스에 대한 Most commonly Occurring Categorical Attribute Value을 살펴보면 credit card insurance를 제외한 모든 범주형 어트리뷰트들에 대한 값들간의 차이를 알 수 있다.

단계 4 test 집합 결과를 읽고 해석

test 집합 모델의 성능을 결정하기 위해서, Sheet1 RES TST라는 이름의 시트를 찾아서 열어라. RES TST 시트를 찾으려면 엑셀 스프레드시트의 좌측 하단에 있는 화살표들을 사용해야 할 것이다. 이 시트는 각 test 집합 인스턴스들을 각각의 계산된 클래스와 함께 보여준다.

우리 실험에 대한 RES TST 출력 시트는 그림 4.12에 있다. 마지막 두 열(column)이 흥미로운 부분이다. 마지막 열은 모델에 의해 만들어진 선택, 즉 모델에 의하여 선택된 클래스 분류가 나타난다. 마지막에서 두 번째 행은 각 인스턴스에 대한 정확한 클래스 분류를 나타낸다. 만약 모델의 분류가 정확한 것이면 각 test 인스턴스들의 오른쪽에 별표가 표시된다. 그림을 보면 다섯 개 test 인스턴스들 중에 3개가 정확히 분류되었음을 알 수 있다.

다음으로, Sheet1 RES MTX라는 이름의 시트를 찾아서 열자. 이 시트는 그 test 데이터

결과 보고서 : Supervised 학습

Sheet1 RES MTX : 이 시트는 test 집합 데이터에 대한 confusion matrix를 제공한다.

Sheet1 RES TST : 이 시트는 test 집합이 사용되었을 때만 보이는데, 개별 집합 인스턴스의 분류를 보여준다.

Sheet1 RES SUM : 이 시트는 어트리뷰트 값들에 대한 요약 통계(summary statistics)를 포함하고 데이터 마이닝 작업의 질을 결정하는 데 도움을 주는 몇몇 휴리스틱을 제공한다.

Sheet1 RES CLS : 이 시트는 supervised 마이닝 작업의 결과로서 형성된 클래스들에 대한 정보를 가지고 있다.

Sheet1 RUL TYP : 인스턴스들은 그들의 클래스 이름에 의해 열거된다. 이 시트의 마지막 행은 각 인스턴스에 대한 전형성(typicality) 값을 보여준다.

Sheet1 RES RUL : 각 클래스에 대하여 생성된 production rules는 이 시트에 들어있다.

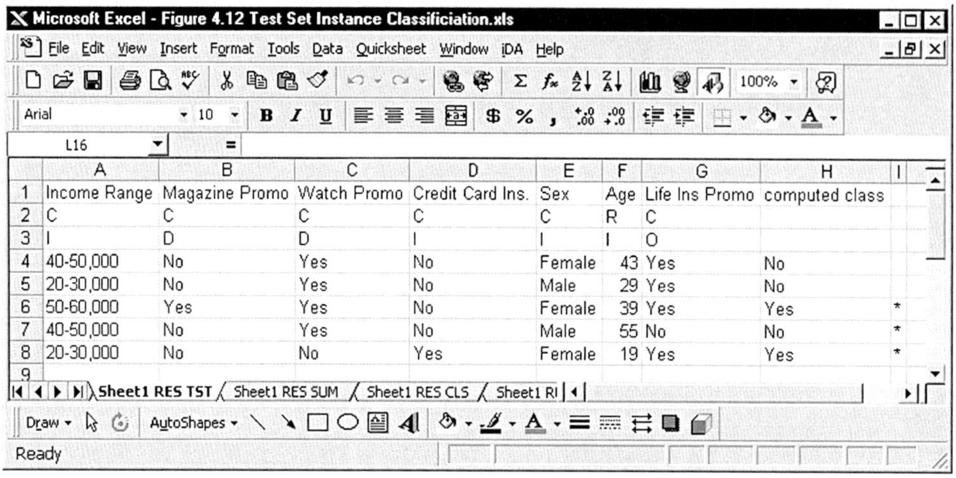

그림 4.12 test 집합 인스턴스 분류

에 대한 오분류 행렬(confusion matrix)을 나타낸다. RES MTX는 3개의 test 집합 인스턴스들이 정확히 분류되었다는 것을 보이고 있다. 또한, life insurance promotion = yes에 의해 표현된 클래스에서 두 인스턴스는 프로모션 구매 후보로 가능성이 없는 것으로 잘못 분류되었다. 마지막으로, 그 RES MTX 시트는 정확하게 분류된 test 집합 인스턴스들의 퍼센트를 제공하며, 그 test 집합 분류에 대한 에러율의 상한과 하한도 제공한다. 그림을 보면 60%의 test 인스턴스들이 정확히 분류되었음을 확인할 수 있다. 그리고 그 상한과 하한의 에러율이 의미를 가지려면 test 집합의 크기는 비교적 커야만 (n>100) 한다. 신뢰구간(confidence interval)이 어떻게 사용되어야 하는지에 대한 명확한 예제는 4.8절에서 보여준다.

마지막으로, supervised 모델은 그 결과가 알려지지 않은 새로운 인스턴스들을 분류할 수 있어야 한다. 만약에 분류가 알려지지 않은 인스턴스들을 분류하고자 한다면 그냥 그 인스턴스들을 데이터 집합에 test 집합 엔트리로서 두면 된다. 그 인스턴스들은 실제 test 집합의 일부가 아니기 때문에 결과 어트리뷰트 필드(output attribute field)를 공백으로 둔다. 데이터가 마이닝되면, RES TST 시트는 그 인스턴스들에 대해 모델이 어떻게 분류했는지를 보여줄 것이다. iDA가 유실(missing) 항목을 open square로 표시했다고 하면, 정확한 클래스 결과에 해당하는 열(column)에는 그 open square 기호가 보일 것이다. 또한 그 새 인스턴스는 미리 결정된 클래스가 없기 때문에 그 인스턴스는 잘못된 분류로 카운트되지 않는다.

단계 5 각 클래스들에 대한 결과들을 읽고 해석

4.4절에서 우리는 unsupervised 클러스터링을 통해 나온 클래스 결과들을 어떻게 해석하는지는 보았다. supervised 학습일 때에도 그 결과 정보들은 비슷하다. 하지만 supervised 학습에서는 특히 범주형 어트리뷰트 예고력 점수(predictiveness scores)와 수치형 어트리뷰트 유의미성(significance) 점수, 모두를 살펴보는 것이 매우 중요하다. 이러한 방식으로, 사용할 수 있는 어트리뷰트들이 아주 많은 경우에도 클래스 멤버쉽의 예고력(predictive)이 높은 어트리뷰트만 사용하여 supervised 모델을 새로 만들어 낼 수 있다.

여기의 예제에서는 생성된 두 개의 클래스들에 대한 요약 결과(summary results)는 Sheet1 RES CLS라는 이름의 시트에 주어진다. 이것을 보면 어트리뷰-값인 credit card insurance = yes와 income range = 50 – 60K이 각각 클래스 life insurance promotion = yes에 대하여 예고력 점수(predictiveness score)가 1.00을 기짐을 알 수 있다. 클래스 life insurance promotion = no에 대하여서는 높은 예고력 값을 가진 범주형 어트리뷰트-값의 조합을 찾을 수 있겠는가?

단계 6 클래스 규칙 시각화와 해석

그 두 가지 클래스에 대한 규칙을 시각화하기 위해서 먼저 Sheet1 RES RUL 시트를 열자. 규칙 윈도우를 스크롤해서 보게 되면, 각 클래스에서의 100%의 모든 인스턴스들이 적어도 한 개의 규칙에 의해 커버되는 것을 알 수 있다. 이것만으로도 비록 만족스런 결과이긴 할지라도, 규칙 생성 파라미터 값 설정을 조정한 후 여러 번 반복해서 더 만족스런 규칙 집합을 생성해볼 수도 있다. 이런 이유 때문에 iDA는 재규칙(rerule) 기능이 있어서 우리가 전체 데이터 마이닝 세션을 반복하지 않아도 규칙 집합을 새로 생성해낼 수 있도록 해준다. 다음은 새로운 규칙 집합을 생성하기 위한 절차이다.

1. 엑셀 스프레드시트의 가장 아래쪽 트레이에 위치한 RUL TYP를 클릭한다. 화면에 두 개의 MS Word 문서의 이미지가 나타날 것이다. 이 문서들은 규칙 생성 절차에 관련된 정보들을 담고 있다. 반드시 열어볼 필요는 없다.
2. 마우스를 iDA 드롭다운 메뉴로 가서 **규칙 생성**(Generate Rules)을 클릭한다. 규칙 생성기(rule generator)가 또 다른 세션을 준비하기 때문에 몇 개의 윈도우들이 나타났다가 사라진다.
3. 규칙 대화상자 상자가 나타나면 규칙 생성 파라미터들을 수정하고 'OK'를 클릭한다.

이것들을 해보려면 그 절차를 따라 하고 파라미터 중 Scope를 All Rules에서 Covering Set Rule로 변경한다. 또한 Minimum Rule Coverage 파라미터 값을 30으로 변경한다. 규칙 생성이 끝나면, 처음 클래스에 대하여 두 개의 규칙과 두 번째 클래스에 대하여 한 개의 규칙이 나타나 있을 것이다. 클래스 life insurance promotion = no에 대한 첫 번째 규칙이 다음에 있다.

Income Range = 40 – 50K
:rule accuracy(규칙 정확도) 100.00%
#covered = 2
#remaining = 3

이것을 보면 이 규칙에 의해 커버되는 클래스 인스턴스들의 수와 나머지 인스턴스들의 수가 보여지도록 규칙 형식(rule format)이 약간 달라졌다. 이렇게 하면, 그 파라미터 설정들을 만족하는 모든 가능한 규칙들의 리스트를 보는 대신에 커버되는 규칙들의 최상의 집합을 얻을 수 있다.

그 'Covering Set Rules' 알고리즘은 다음의 절차를 이용하여 규칙 집합을 생성한다.

1. 현재 클래스 인스턴스들에 대한 최상의 커버링(best–covering) 규칙을 구성한다.
2. 단계 1에서 생성된 규칙들에 의해 커버되는 모든 클래스 인스턴스들을 제거한다.
3. 커버될 클래스 인스턴스들이 아직도 남아 있고 최소 규칙 적용 범위(minimum rule coverage) 기준이 만족될 수 있다면, 단계 1을 반복한다.

각각의 추가적인 규칙 생성은 새로운 규칙 시트를 만들어 낸다. 첫 번째 재규칙(rerule)은 Sheet1 RUL TYP 2 RUL에 새로운 규칙들을 보일 것이다. 두 번째 재규칙은 Sheet1 RUL TYP 3 RUL을 생성할 것이다. 각각의 새로운 규칙 집합이 만들어질 때마다 이런 패턴으로 시트가 만들어진다. 규칙 생성을 몇 차례한 후에는, 이전의 규칙 집합들을 제거하는게 최선이다. 제거하고자 하는 시트를 아래쪽 트레이에서 마우스 오른쪽 버튼으로 클릭한 후 Delete를 왼쪽 클릭하면 된다.

규칙 생성기의 옵션들을 더 자세히 보기 전에 규칙 정확도 값의 해석에 대한 주의를 주는 것이 좋을 듯하다. 정확도 값은 유용하기는 하지만 점수는 test 데이터라기보다는 training 데이터를 바탕으로 계산되기 때문에 그 정확도 점수(accuracy score)는 좋게 나오게 되어 있다. 이 글을 쓰고 있는 시점에서는 iDA는 아직 test 집합 규칙 정확도 계산을 지원하지 않는다. 다음 절은 규칙 생성 파라미터 설정에 대하여 자세한 설명을 하고 규칙 생성 시의 도움이 될만한 힌트들을 제공한다.

4.6 규칙 생성을 위한 기법

많은 전통적인 기존의 규칙 생성 프로그램들은 규칙 생성에 있어서 간단한 절차를 따른다.

1. 모든 도메인 혹은 하부 클래스 인스턴스들을 가장 잘 구별해 낼 수 있는 한 어트리뷰트를 선택한다.
2. 그 선택된 어트리뷰트를 이용하여 인스턴스들을 클래스들로 더 세분화하여 나눈다.
3. 단계 2에서 생성된 각 하부 클래스들에 대하여
   - 그 하부 클래스의 인스턴스들이 미리 정의된 기준을 만족하면 그 하부 클래스들에 대한 규칙을 생성한다.
   - 그 하부 클래스의 인스턴스들이 미리 정의된 기준을 만족하지 못하면 단계 1을 반복한다.

이 알고리즘은 클래스 인스턴스들의 집합에 대한 가장 최적화된 커버링 규칙을 생성하는 데 잘 맞는다. 그러나 데이터 마이닝 환경에서는 우리는 종종 가능한 많은 흥미로운 클래스 규칙들을 뽑아내기를 원하곤 한다. RuleMaker에는 이 옵션을 갖고 있다. 또는 우리는 RuleMaker로 하여금 최상의 클래스 커버링 규칙들을 생성하도록 할 수도 있다. RuleMaker에서 사용할 수 있는 그 옵션들을 모두 보자.

일단 데이터 마이닝 작업이 종료되면 그림 4.6과 같은 대화상자 상자가 보일 것이다. 그러면 우리는 다음을 한다.

1. 생성될 규칙들의 범위(scope)를 정의한다.

   'All Rules'이란 라디오 버튼을 선택하게 되면 RuleMaker는 다른 파라미터들의 기준을 만족하는 모든 클래스들에 대한 모든 규칙들을 생성할 것이다. 만약에 'Covering Set Rules'이라는 라디오 버튼을 선택하면 RuleMaker는 각 클래스들에 대하여 가장 잘 정의된 규칙 집합을 생성할 것이다. 그 커버링 집합 옵션을 사용하면, 규칙 범위(coverage) 퍼센트는 #covered와 #remaining의 두가지 값으로 교체된다. 이러한 방식으로 우리는 각 규칙이 클래스 인스턴스 집합에 대해 가지는 범위 효과(covering effect)를 명확히 보게 될 것이다.

2. 규칙 생성에 있어서 모든 클래스 인스턴스들을 사용할 것인지, 아니면 단지 가장 전형적인 인스턴스들만을 사용할 것인지를 결정한다.

만약에 가장 전형적인 인스턴스 옵션을 선택한다면 각 클래스의 가장 특징적인 특성들을 가장 잘 나타내는 규칙 집합을 얻게 될 것이다. 그러나 몇몇 비전형적인(atypical) 인스턴스들은 생성된 규칙들에 의해 커버되지 않을 수도 있다.

3. 최소 정확도 값(minimum correctness value)을 설정한다.

   50에서 100 사이의 입력 값을 입력해야 한다. 만약 100을 입력한다면, RuleMaker는 100%의 정확한 규칙들만 생성하게 될 것이다. 만약 값으로 80을 입력한다면 생성된 규칙들은 20% 이하의 에러율을 갖게 될 것이다.

4. 커버될 인스턴스들의 최소 퍼센트를 정한다.

   10에서 100 사이의 값을 입력한다. 만약에 입력 값으로 10을 입력한다면 RuleMaker는 각 클래스에 있는 인스턴스들의 10% 이상을 커버하는 규칙들을 생성할 것이다. 만약에 80을 입력하면 클래스 인스턴스들의 80% 이상을 커버하는 규칙들만 나오게 될 것이다.

5. 어트리뷰트 유의미 값(attribute significance value)을 선택한다.

   100에 가까운 값을 선택한다면 RuleMaker는 클래스 멤버십에 대한 예고력(predictive) 값이 가장 높은 어트리뷰트 값들만 고려하게 될 것이다. 어트리뷰트들이 많이 있는 도메인에서는 이 값을 선택하는 것은 매우 중요한 일이다. 여러 어트리뷰트들이 있는 도메인에서는 일반적으로 80과 90 사이의 값으로 시작해야만 한다. 만약에 흥미로운 규칙 집합이 생성되지 않으면 우리는 언제나 재규칙(rerule) 기능을 사용하여 어트리뷰트 유의미 값을 조금 더 낮게 하여 재시도해 볼 수 있다.

| 규칙 생성에 대한 도움되는 힌트들 |

1. 규칙 생성 파라미터 설정을 이리 저리 시간을 들여서 하다 보면 종종 최상의 규칙 집합을 찾을 수 있을 것이다. 첫 번째 해볼 수 있는 시도는 기본(default) 파라미터들을 사용해서 데이터 집합에 대한 규칙들을 생성해 보는 것이다. 이 결과에 대하여 만족한다면 더 이상 진행할 필요가 없다. 그러나 그 규칙들이 최적이 아닌 것으로 나타나거나 혹은 규칙이 생성되지 않는 클래스가 나타난다면 파라미터 값들을 바꾸고 다시 시도해야 한다.
2. 범주형 데이터에 대하여서는 규칙 집합들을 찾는 데에 어트리뷰트 값의 예측력(predictability)과 예고력(predictiveness)을 활용할 수 있다. 예를 들어 클래스 유사도 점수(class resemblance score)로는 흥미로운 분류가 되었다고 암시되었음에

도 몇몇 클래스들에 대하여서는 규칙 집합이 생기지 않았다고 가정하자. 규칙이 생기지 않았고 적어도 한 개의 범주형 어트리뷰트를 포함하는 클래스에 대하여서는, 예고력 점수를 잘 살펴보아서 최소 규칙 정확도(minimum rule correctness) 값에 대한 하한의 설정을 하여야 한다.

3. 규칙들의 커버링 집합을 생성하는 것은 때때로 어려울 수 있다. 종종, 최소 정확도(correctness), 범위(coverage), 그리고 어트리뷰트 유의미 점수(attribute significance score)를 조절해서 원하는 결과를 얻을 수도 있다. 우선, 범위와 유의미 점수를 최소 값으로 설정한다. 그래도 성공하지 못한다면 분류 정확도(classification correctness) 설정 값을 낮추어 본다.

4.7 인스턴스 전형성(Instance Typicality)

학습이 supervised이든 unsupervised이든지 간에, 각 인스턴스는 연관된 전형성 점수(typicality score)를 갖는다. 인스턴스 *I*에 대한 전형성 점수는 그 인스턴스의 클래스 안에 있는 다른 모든 인스턴스들에 대한 *I*의 평균 유사성을 나타낸다. Sheet1 RUL TYP를 열어 보면 모든 인스턴스들에 대한 전형성 점수를 볼 수 있다. 이 시트는 데이터 인스턴스들을 그들의 전형성 점수에 따라 순서대로 보여주고 있다. supervised 학습에서는 training 데이터에 있는 인스턴스들의 전형성 점수만 보여준다. 그림 4.13은 우리가 본 supervised 학습 예제에 대한 RUL TYP 시트의 내용을 보여주고 있다. 이 시트는 또한 두 개의 MS word 문서 아이콘을 포함하고 있다. 이 문서들은 규칙 생성기에 대한 인스턴스와 어트리뷰트 정보를 가지고 있는데 확인해야 할만큼 별로 흥미로운 것은 아니다.

더 자세히 RUL TYP 시트를 살펴보자. 가장 왼쪽의 칼럼(칸)은 순차적 인스턴스 번호를 나타낸다. 두 번째 칼럼은 각 인스턴스에 대한 클래스이다. 그리고 다음의 몇 개의 칼럼들은 각 인스턴스들에 대한 어트리뷰트 값들을 보여준다. 마지막 칼럼은 전형성 점수를 보여준다. 전형성 점수들은 0에서 1 사이의 범위를 갖는데 값이 클수록 더 전형적이라는 것을 나타낸다. 각 클래스별로 인스턴스들은 전형성 점수에 대해 내림차순으로 정렬된다. 각 클래스에서 가장 위에 있는 인스턴스는 일반적으로 그 클래스에 대하여 가장 좋은 대표성을 지니므로 **클래스 프로토타입**(class prototype)으로 간주된다. 그리고 마지막의 몇몇 클래스 인스턴스들은 비전형적인 클래스의 멤버이므로, outliers(이상치)의 후보들이 된다. 클래스 outliers를 발견하게 된다는 것은 연구하고 있는 도메인을 좀 더 잘 이해하는 데 도움을

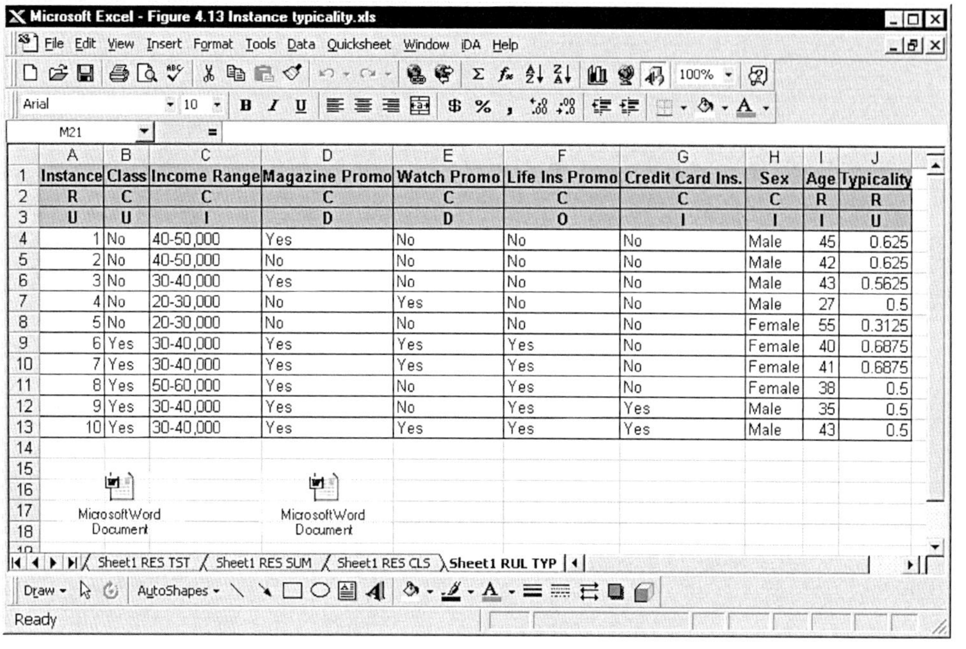

	Instance	Class	Income Range	Magazine Promo	Watch Promo	Life Ins Promo	Credit Card Ins.	Sex	Age	Typicality
2	R	C	C	C	C	C	C	C	R	R
3	U	U	I	D	D	O	I	I	I	U
4	1	No	40-50,000	Yes	No	No	No	Male	45	0.625
5	2	No	40-50,000	No	No	No	No	Male	42	0.625
6	3	No	30-40,000	Yes	No	No	No	Male	43	0.5625
7	4	No	20-30,000	No	Yes	No	No	Male	27	0.5
8	5	No	20-30,000	No	No	No	No	Female	55	0.3125
9	6	Yes	30-40,000	Yes	Yes	Yes	No	Female	40	0.6875
10	7	Yes	30-40,000	Yes	Yes	Yes	No	Female	41	0.6875
11	8	Yes	50-60,000	Yes	No	Yes	No	Female	38	0.5
12	9	Yes	30-40,000	Yes	No	Yes	Yes	Male	35	0.5
13	10	Yes	30-40,000	Yes	Yes	Yes	Yes	Male	43	0.5

그림 4.13 인스턴스 전형성(Instance Typicality)

줄 수 있다.

전형성 점수가 이용될 수 있는 몇몇 방법은 다음과 같다.

- 전형성 점수를 사용하여 outliers 뿐만 아니라 클래스 프로토타입도 찾을 수 있다.
- 인스턴스 전형성은 supervised 분류에 대한 최상의 인스턴스 집합 선택을 돕는다.
- 전형성 점수는 각 인스턴스 분류 신뢰도(confidence) 값을 계산하는 데 사용될 수 있다.

이 장의 마지막에 있는 연습 문제들은 supervised 학습자 모델들을 만드는 데 전형성(typicality)이 사용되는 방법에 관하여 더 많이 배울 수 있도록 도울 것이다. 여기에서는 전형성이 인스턴스 분류 신뢰도 점수를 계산하는 데 적용될 수 있는 방법에 관하여 보다 자세히 보도록 하자.

예를 들어 프로모션에 대하여 구매를 하지 않을 사람들과 구매를 할 가능성이 있는 사람들을 구분해내는 supervised 모델을 만들었다고 가정하자. 이 모델을 가지고 1,000,000명의 새로운 인스턴스들을 적용해보려고 한다. 그리고 우리는 단지 프로모션 패키지를 10,000명에게만 보낼 수 있는 예산을 가지고 있다고 해보자.

우리의 모델이 20,000명의 인스턴스들을 프로모션을 구매할 가능성이 높은 후보로 분류하고 있다고 가정하자. 이상과 같은 제약조건이 주어졌을 때, 그 후보 인스턴스 그룹에서 최상의 10,000명의 인스턴스들의 집합을 선택하기 위한 메커니즘이 필요하다. 몇몇 모델들은 개별 규칙들에 대하여 신뢰도 요소를 제공하기도 하지만, 각 인스턴스들에 대한 test 집합 신뢰도 점수(confidence scores)를 쉽게 계산할 수 있게 하는 모델들은 거의 없다. 다행히도 전형성 점수를 이용하면 새로운 인스턴스에 대한 신뢰도를 구할 수가 있다. 인스턴스 *I*에 대한 분류 신뢰도 점수(classification confidence score)를 계산하는 일반적인 절차는 다음과 같다.

1. 클래스가 알려지지 않은 인스턴스 *I*의 분류를 결정하기 위해서 RES TST 시트를 연다.
2. 원래의 데이터 시트로 돌아가서 인스턴스 *I*에 대한 비어 있는 출력 어트리뷰트 칸을 모델로 구해진 클래스로 적어 넣는다.
3. 새로운 supervised 마이닝 작업을 시작한다. 하지만 이번에는 그 클래스가 알려지지 않은 인스턴스를 training 데이터에 포함시킨다. 이렇게 하면 그 인스턴스는 전형성 점수(typicality score)가 생긴다.
4. RES TYP 시트를 열어서 인스턴스 *I*의 전형성 점수를 본다.
5. 그 인스턴스 *I*의 전형성 점수를 클래스에서의 가장 전형적 인스턴스의 전형성 점수로 나눈다. 이 값이 바로 인스턴스 *I*에 대한 분류 신뢰도 점수(classification confidence score)가 된다.

시간이 있다면, 신용카드 프로모션 데이터베이스에 몇 개의 새로운, 클래스가 알려지지 않은 인스턴스들을 추가해서 이 절차를 테스트해보자.

4.8 추가적 고려사항들과 특징

이번 절에서는 우리의 데이터 마이닝 세션이 보다 생산적이게 할 수 있는 정보를 제공하고자 한다. 또한 잘못된 데이터와 유실 데이터에 대한 간단한 논의도 하도록 한다.

| 마이닝을 지연시키지 말라 |

엑셀 스프레드시트내의 데이터는 몇 차례 여러 번 마이닝될 수 있다. 그러나 각 마이닝 세션은 여러 가지 다른 엑셀 스프레드시트들을 만들어 낸다. 혼란을 피하기 위해서 각각의 이 시트들은 번호가 매겨진다. 이것을 한번 보도록 하자. 첫 번째 마이닝 세션은 Sheet1 RES 1 SUM이라는 이름의 시트를 만들 것이다. 만약 같은 데이터를 두 번째 마이닝한다면 Sheet1 RES 2 SUM이 생성될 것이다. 몇 차례의 마이닝 세션이 진행되면 매겨지는 번호가 증가하면서 그 번호들 때문에 점점 혼란스러워지기 쉬울 것이다. 또한 각 새로운 마이닝 세션 전에는 엑셀은 현재 스프레드시트의 내용을 저장해야만 한다. 따라서 어느 순간에서는 새로운 마이닝 세션을 시작하기 전에 원본 데이터를 또 다른 엑셀 스프레드시트에 복사를 하는 것이 최선이다.

| 빠른 마이닝 기능(The Quick Mine Feature) |

수천 개의 인스턴스들을 가지고 있는 데이터 집합들은 마이닝하는 데 몇 분 정도가 걸릴 수도 있다. 만약에 데이터 집합이 2,000개 이상의 인스턴스들을 포함하고 있다면 iDA의 빠른 마이닝 기능(quick mine feature)이 그 데이터를 마이닝하는 데 걸리는 시간을 현격하게 줄여 줄 수가 있다. Quick Mine 기능은 유용한데 왜냐면 데이터의 무작위 표본 집합을 가지고 만든 모델의 성능은 전체 데이터 집합을 가지고 만든 모델과 유사한 결과를 줄 것 같기 때문이다.

학습이 supervised이고 우리가 2,000개 이상의 training 집합 인스턴스들을 가지고 있다면 iDA는 우리에게 데이터를 quick mine으로 시행하기를 원하는지 물을 것이다. 만약에 quick mine 기능을 선택하면 ESX 개념 hierarchy는 training 집합에서 500개의 인스턴스를 무작위 샘플링하여 만들어진다. test 집합 데이터는 변함이 없도록 똑같이 유지된다. 학습이 unsupervised이고 2,000개 이상의 데이터 인스턴스들이 클러스터링에 사용된다면, 클러스터링하려고 하는 데이터에서 500개의 인스턴스를 무작위 샘플링 선택하여 ESX에게 주어진다. 우리는 그 quick mine 기능을 다음과 같은 경우에 사용한다.

1. 그 도메인내의 어트리뷰트들의 예고적(predictve) 특성에 대한 정보를 얻고자 할 때
2. unsupervised 학습에서 유사도(similarity) 파라미터 값 설정을 하려고 할 때
3. 실계수 허용 값(real-valued tolerance)을 정하려고 할 때
4. 규칙 생성 파라미터 설정 값을 정하려고 할 때

사슴 사냥꾼 데이터 집합(The Deer Hunter Dataset)

사슴 사냥꾼 데이터 집합은 6059명의 사슴 사냥꾼에 대한 정보를 가지고 있는데, 그 해에 그들이 지불했던 금액보다 특정 액수만큼 사냥여행 비용이 증가한다면 1991년에 그 사냥 여행을 갈 것인지에 대한 설문조사 내용이다. 비록 각각의 인스턴스는 단지 하나의 증가액을 가지고 있지만 작게는 $9.00에서부터 많게는 $953.00까지의 전체 10개의 가능한 증가액이 있다. 원래의 데이터는 U.S Fish and Wildlife Service에 의해 시행된 조사로부터 얻어졌다. 우리는 존 화이트헤드(John whitehead) 박사로부터 이 데이터 파일을 얻었다. 이 데이터 집합은 20개의 입력 어트리뷰트와 1개의 출력 어트리뷰트를 가지며 출력 어트리뷰트는 그 사냥꾼이 그 설문에 대하여 긍정적으로 대답했는지를 나타내고 있다.

데이터 집합은 흥미로운데 그 이유는 이것은 사슴 사냥꾼들의 프로파일을 관찰하고 개발하는 데 사용될 수 있는 실제 데이터이기 때문이다. 예를 들어, 주(州) 정부에서는 이 데이터에서 발견한 관계 결과를 사용하여 사냥 허가증과 사냥 라이센스 요금을 결정할 수도 있기 때문이다. 이 데이터 집합은 여행비용 증가액의 전체 수가 많기 때문에 (즉 어트리뷰트의 값 개수가 많기 때문에) 데이터 마이닝하기에 어려울 수 있다. 부록 B를 보면 각 어트리뷰트들에 대한 자세한 설명과 함께 원래 데이터에 대한 더 많은 정보를 얻을 수 있다. 데이터 집합은 DeerHunter.xls라는 이름으로 iDA samples 디렉터리에서 찾을 수 있다.

이 책에 따라오는 소프트웨어에서는 두 개의 데이터 집합이 이 quick mine을 사용할 수 있는 것들이다. 사슴 사냥꾼 데이터 집합은 6059 개의 인스턴스들을 포함하고 있는 흥미로운 데이터 집합이다. 이 데이터 집합의 각 인스턴스들은 U.S Fish and Wildlife Service(USFWS)에 의해 시행된 전국적 설문조사로부터 모아진 각각의 통계를 나타낸다. '사슴 사냥꾼 데이터 집합(The Deer Hunter Dataset)'이라고 명명된 설명상자(description box)와 부록 B에서의 요약은 이 데이터 집합에 대한 보다 자세한 정보를 제공한다.

타이타닉 데이터 집합 역시 quick mine을 사용할 수 있는 데이터 집합이다. 이 데이터 집합은 타이타닉 호가 1912년 4월 15일 그 처녀 항해에서 대서양에 침몰할 때의 승객과 승무원 2201명에 대한 생존 정보를 포함하고 있다. '타이타닉 데이터 집합(The Titanic Dataset)'이라고 명명된 설명상자와 부록 B는 이 데이터 집합에 대한 추가 정보를 제공한다. 타이타닉 데이터 집합을 사용하여 iDA의 quick mine 기능을 설명해보도록 하자.

타이타닉 데이터 집합에서 Quick Mine 적용

1. 엑셀을 열어서 Titanic.xls 파일을 가져온다.
2. 출력 어트리뷰트로 class를 선택하여 supervised 마이닝 작업을 수행한다. 2001명의 인스턴스들을 훈련(training)과 실계수 허용치(real-tolerance) 설정을 사용한다.
3. Quick Mine 세션을 사용하겠느냐는 질문이 나오면 Yes라고 답한다.
4. 규칙 생성 메뉴가 나오면 'Cancel(취소)'을 선택한다.

training 데이터가 무작위로 선택되기 때문에, 우리가 찾은 결과들과 아주 똑같지는 않겠지만 비슷하게 나올 것이다. 당신의 RES SUM과 RES MTX 출력 시트들의 내용을 살펴보아서 우리의 결과와 비교해보자.

마이닝 작업이 종료되면, RES SUM 시트를 봐서 training에 사용된 인스턴스들의 총 개수를 체크한다. 우리의 결과로는 training 데이터 인스턴스들 중에서 180명이 생존자들이며 320명은 생존하지 못했다. 생존율은 36%가 된다. 이것은 전체 데이터 집합에서의 32% 생존율과 비슷한 결과이다.

마지막으로, test 집합 오분류 행렬(confusion matrix)은 흥미로운 결과를 주는데 그 이유는 에러율의 상한과 하한에 관련된 의미에 대해 더 잘 이해할 수 있기 때문이다. RES MTX 시트를 클릭해보면 우리 결과로는 test 집합 인스턴스들의 99%가 정확히 분류되었다는 결과를 볼 수 있다. 다시 말하면 모델 test 집합 에러율은 1%이다. test 인스턴스들의 5%만이 생존자들이기 때문에 그 test 집합은 비생존자쪽으로 편중되어 있다. 그 에러의

타이타닉 데이터 집합(The Titanic Dataset)

타이타닉 데이터 집합은 2201개의 데이터 인스턴스들을 포함한다. 각 데이터 인스턴스는 1912년 4월 15일에 대서양에서 침몰한 타이타닉에 타고 있었던 승객과 승무원에 관한 정보를 나타낸다. 하나의 인스턴스는 각각 클래스(1등칸, 2등칸, 3등칸, 승무원), 연령(성인 혹은 어린이), 그리고 성별과 같이 세 개의 입력 어트리뷰트 값을 갖는다. 네 번째의 어트리뷰트는 그 사람이 생존하여서 그 비극적인 이야기를 전해줄 수 있었는지를 나타내는 출력 어트리뷰트이다. 이 데이터 집합은 역사적으로도 흥미가 있으며 이 평범하지 않은 사건에서 살아남은 "전형적인" 생존자들의 프로파일을 만들 수 있게 한다. 이 데이터 집합은 Titanic.xls이라는 이름으로 iDA sample 디렉터리에서 찾을 수 있다.

상한과 하한 값은 그 테스트 집합 에러율에 대한 95%의 신뢰 한계(confidence limit)를 제공한다. 우리 결과에서는 에러율의 상한이 1.5%이고 하한이 0.5%로 나온다. 따라서 우리는 test 집합 에러율 1%는 실제로 0.5%와 1.5% 사이 어딘가에 있다는 것을 95%의 신뢰도로 말할 수 있다. 다시 말한다면, 테스팅을 위한 데이터 인스턴스 풀이 주어졌을 때 만약 이 풀에서 무작위로 선택된 test 데이터를 같은 모델에 적용하는 실험을 100번 정도 반복한다면, 그 중의 최소 95번은 test 집합 분류 에러율이 0.5%와 1.5% 사이에 있게 될 것이다. 비록 우리 모델의 정확한 test 집합 정확도를 알 수는 없을지라도, 우리는 그 모델 test 집합 성능이 계산된 상한과 하한 사이에 존재한다는 것을 95%의 신뢰도로 말할 수 있다. 우리는 제7장에서 신뢰 구간(confidence intervals)과 에러율을 계산하는 방법에 관한 이슈를 다룰 것이다.

| 데이터에서의 에러와 유실(Erroneous and Missing Data) |

전처리기(preprocessor)는 입력 데이터 파일이 에러를 포함하고 있는지 알려준다. 잘못된 포맷의 데이터는 여러가지 형태를 지닐 수 있다. 일반적인 실수들은 다음과 같다.

- 어떤 유효한 데이터도 없는 빈 줄(line)이 있는 경우
- 마지막 어트리뷰트 행(column) 바깥에 있는 셀에 값을 가지고 있는 경우
- 수치형 어트리뷰트가 유효하지 않은 문자를 가지고 있는 경우

값이 없이 비어 있는 셀은 유실 데이터를 가리킨다. 유효한 데이터를 가지고 있는데 한두 개의 셀만 비어 있는 줄은 에러로 표시되지 않는다. iDA 마이닝 툴은 유실 데이터 아이템들을 처리하기 위한 기능이 내장되어 있다.

전처리기로 분석될 수 없는 여러 에러를 포함하고 있는 파일로 마이닝 작업을 시작할 때는, 메시지 상자가 화면에 나타나 전체 에러 개수에 대한 정보를 알려준다. 그 유효한 데이터로 계속해서 마이닝 작업을 진행하는 옵션도 있다. 어느 경우든지 간에, 해결되지 않는 에러들을 포함하고 있는 줄은 빨간 색으로 표시된다. 또한 엑셀 스프레드시트의 상단 좌측에 나타나는 MS Word 문서는 에러들의 위치에 대한 일반적인 설명을 제공해준다. 이 문서를 클릭하면 파일이 열린다. 마우스 포인터를 그 문서 위에 올려놓고 삭제 키를 눌러서 그 파일을 삭제할 수도 있다.

많은 실세계의 데이터 집합들은 많은 유실 혹은 에러 정보를 포함하고 있다. 당신의 iDA 소프트웨어 패키지에 따라오는 척추 클리닉 데이터 집합(Spine Clinic Dataset)이 여기에 해당한다. 척추 클리닉 데이터 집합은 척추 수술 환자에 대한 3달 동안의 추적 정보로 구성되어 있다. 각 환자들에 대한 많은 데이터 항목들이 빠져 있으며 또 일부 어트리뷰

척추 클리닉 데이터 집합(Spine Clinic Dataset)

이 데이터 집합은 주요 도시의 척추 클리닉에서 척추 수술한 환자 171명에 대하여 지난 3개월간에 걸친 추적 정보들을 담고 있다. 이 데이터 집합은 31개의 어트리뷰트들로 구성된다. 몇몇 어트리뷰트들은 수술 전과 수술하는 동안의 환자들이 상태에 관련되어 있다. 다른 어트리뷰트들은 환자의 최근 건강과 일반적인 환자의 특징에 관한 정보를 저장하고 있다. 'return to work(일상 복귀)' 어트리뷰트는 그 환자가 일상 직장으로 복귀하였는지 그렇지 않은지를 가리키기 때문에 특히나 흥미로운 부분이다. 환자들 중 97명은 설문 조사 시점에서는 일상 직장으로 복귀했다.

이 데이터 집합은 큰 수술을 받은 실제 환자의 정보를 포함하고 있기 때문에 매우 흥미롭다. 또한, 비록 이 데이터 집합은 몇몇 유실 데이터와 에러 데이터를 가지고 있기는 하여도, 일상 복귀를 한 그리고 그렇지 못한 환자들을 구분해 낼 수 있는 유용한 패턴을 찾을 수 있다. 이 데이터 집합은 iDA sample 디렉터리에 SpineData.xls 이름의 파일로 있다.

트 값들은 에러를 포함하고 있다. '척추 클리닉 데이터 집합(Spine Clinic Dataset)'이라고 명명된 설명상자와 부록 B는 이 데이터 집합에 관한 추가적인 정보를 제공한다. 데이터 마이닝 연습 문제 5번에서 척추 수술 후에 일상으로 복귀한 환자들의 프로파일을 만들어 보도록 하자.

4.9 요 약

데이터 마이닝은 과학적인 부분 뿐만 아니라 예술적인 차원도 필요한 반복적(iterative) 프로세스이다. 이러한 이유로 누구든지 자신만의 특별한 기법을 개발하여 데이터 마이닝을 통한 더 좋은 모델들을 만들어 낼 수 있다. 이번 장에서 우리는 iDA 소프트웨어 패키지의 일부인 ESX와 RuleMaker라고 하는 두 가지의 데이터 마이닝 툴을 사용하여 데이터 마이닝을 위한 방법론을 보여주었다. ESX는 인스턴스들로부터 개념 hierarchy를 생성하여 supervised 학습과 unsupervised 클러스터링 모두를 수행할 수 있다. 학습이 supervised이든 unsupervised이든 간에 ESX로 데이터 마이닝 세션을 분석하기 위한 전략 중 하나는 다음과 같다.

1. 클래스 유사도(class resemblance scores)와 개별 클래스 규칙(individual class rules)들을 살펴보아서 그 입력 어트리뷰트들이 클래스들을 얼마나 잘 형성하는가를 본다.
2. 도메인 요약 통계(domain summary statistics)를 봐서 어트리뷰트 에러를 찾고 예고력(predictive) 높은 수치형 어트리뷰트를 결정한다.
3. 클래스 요약 통계(class summary statistics)를 봐서 예고력 높은 범주형 어트리뷰트를 찾는다.
4. 어트리뷰트/인스턴스 선택과 파라미터 설정을 적절히 수정하고 마이닝 작업을 반복하여 최상의 데이터 모델을 만든다.

RuleMaker는 클래스가 알려진 인스턴스들로부터 생성규칙(production rules)을 만든다. RuleMaker는 규칙 생성에 대한 여러 가지 파라미터들을 가지고 있는데 모든 규칙을 볼 수 있게 하는 옵션도 있다. 다음 장에서는 ESX와 RuleMaker가 데이터로부터 일반화된 모델을 생성하는 방법에 관하여 더 많이 배우게 될 것이다.

4.10 핵심 용어

- **클래스 예측력(Class predictability)** 클래스 C와 값이 $v_1, v_2, v_3, \cdots v_n$인 범주형 어트리뷰트 A가 주어졌을 때, v_i에 대한 클래스 C의 예측력 점수(predictability score)는 C에서 A의 값이 v_i인 인스턴스들의 퍼센트를 나타낸다.
- **클래스 예고력(Class predictiveness)** 클래스 C와 값이 $v_1, v_2, v_3, \cdots, v_n$인 어트리뷰트 A가 주어졌을 때, v_i에 대한 예고력 점수(predictiveness score)는 어떤 인스턴스가 A의 값이 v_i일 때 그 인스턴스가 C에 속할 확률로 정의된다.
- **클래스 프로토타입(Class prototype)** 클래스의 인스턴스들을 가장 잘 대표하는 인스턴스
- **클래스 유사도(Class resemblance)** 하나의 클래스나 클러스터 안에 있는 모든 인스턴스들의 평균 유사성
- **클러스터 품질(Cluster quality)** 각 클래스에 대하여 클러스터 품질은 도메인 유사도(domain resemblance)에 관계있는 클래스 유사도 점수(class resemblance score)의

증가 혹은 감소 퍼센트를 말한다.

- **도메인 예측력(Domain predictability)** 값으로 $v_1, v_2, v_3, \cdots v_n$을 갖는 어트리뷰트 A가 주어졌을 때, v_i에 대한 도메인 예측력 점수(domain predictability score)는 A의 값이 v_i인 모든 데이터 집합 인스턴스의 퍼센트를 나타낸다.
- **도메인 유사도(Domain resemblance)** 데이터 집합 안에 있는 모든 인스턴스들의 전체 유사도
- **필요 어트리뷰트 값(Necessary attribute value)** 클래스 C에 있는 모든 인스턴스들이 범주형 어트리뷰트 A의 값으로 v_i을 가질 때에만, A에 대한 값 v_i는 C의 멤버쉽을 위한 필요조건을 만족한다.
- **충분 어트리뷰트 값(Sufficient attribute value)** 범주형 어트리뷰트 A에 대한 값으로 v_i를 갖는 인스턴스는 모두 클래스 C에 속할 때에만, A의 값 v_i는 C의 멤버쉽을 위한 충분조건을 만족한다.
- **전형성(Typicality)** 인스턴스 I에 대한 전형성은 그 인스턴스의 클러스터나 클래스의 다른 멤버들에 대한 I의 평균 유사도이다.

4.11 연습 문제

| 복습 문제 |

❶ 아래의 용어들의 차이점을 설명하라.

a. 도메인 유사도(domain resemblance)와 클래스 유사도(class resemblance)
b. 클래스 예고력(class predictiveness)과 클래스 예측력(class predictability)
c. 도메인 예고력(domain predictiveness)과 클래스 예측력
d. 전형성(Typicality)과 클래스 유사도
e. 클래스내(Within-class)와 클래스간(between-class) 척도(measure)

❷ 자동차 할부 선택을 할 것 같은 사람과 그렇지 않은 사람을 구분할 수 있는 모델을 데이터 마이닝을 사용하여 만들었다고 하자. 아래의 각 항목에 대하여, 언급된 특성들을 나타낼 수 있을 것 같은 범주형 어트리뷰트를 기술하라.

a. 클래스 멤버십에 대한 필요조건은 만족하지만 충분조건은 만족하지 않는 범주형 어트리뷰트(categorical attribute) 값
b. 클래스 멤버십에 대한 충분조건은 만족하지만 필요조건은 만족하지 않는 범주형 어트리뷰트 값
c. 클래스 멤버십에 대한 필요충분조건을 만족하는 범주형 어트리뷰트 값

| 데이터 마이닝 문제 |

LAB❶ 이 문제를 통하여 에러 데이터가 어떻게 스프레드시트(spreadsheet) 파일에 보여지는지를 따라해보자.

a. CreditCardPromotion.xls 데이터 집합을 새로운 스프레드시트로 복사한다.
b. 17번 째줄에 있는 인스턴스에 연령(age)에 대해 몇 개의 살못된 문자를 넣는다.
c. 몇 개의 빈 줄을 스프레드시트에 추가한다.
d. 몇 개의 스프레드시트 셀에서 값을 없애버린다.
e. 출력 어트리뷰트로 life insurance promotion을 선택하여 ESX로 데이터 마이닝 세션을 시작한다. 'Wish to continue mining the good instances'라는 질문이 나오면 'No'라고 답한다. 스프레드시트 상단 왼쪽 구석에 나타나는 워드 문서를 열어서 에러 메시지를 확인해본다.

❷ Acme신용카드 고객 데이터에서 여성, 남성 고객들 사이에 프로모션 구매 경향에 대한 현저한 차이가 의심된다고 하자. 이러한 현저한 차이가 실제로 있는지 아닌지를 확인해보고 싶다. CreditCardPromotion.xls 데이터베이스에서 출력 어트리뷰트를 sex로 하고 supervised 데이터 마이닝 세션을 해보자. 모든 다른 어트리뷰트는 입력 어트리뷰트로 사용하고 15개의 인스턴스 모두를 training에 사용한다. test 데이터가 없으므로 RES TST와 RES MTX 시트들은 생성되지 않을 것이다. 당신의 가설을 채택할 것인지 기각할 것인지에 대한 요약을 적어보라. 당신의 분석은 다음에 기반하여 하도록 하자.

a. 클래스 유사도(class resemblance) 점수
b. 클래스 예측력(predictability)과 예고력(predictiveness) 점수
c. 각 클래스에 생성된 규칙(rule). 재규칙(rerule) 기능을 사용하여도 된다.

❸ 출력 어트리뷰트를 income range로 정하고 앞의 연습 문제를 다시 하여라.

LAB❹ 이 연습 문제에서는 제2장에서 설명한 심장병 환자 데이터에 대하여 ESX를 사용하여 데이터 마이닝을 수행할 것이다. CardiologyCategorical.xls 파일을 새로운 MS 엑셀 시트에 불러온다. 이것은 범주형 자료(categorical data)와 수치형 자료(numeric data)가 혼합된 형식이다.

이 데이터는 303명의 환자 인스턴스로 구성되어 있는데, 각 환자는 심장병이 있는 사람(sick)과 그렇지 않은 사람(healthy)으로 분류된다.

이 스프레드시트를 새로운 파일에 저장하고 출력 어트리뷰트를 class로 설정하고 supervised 데이터 마이닝 세션을 수행한다. 실계수 허용 값(real-tolerance)을 1.0으로 설정하고 raining 데이터로 203개의 인스턴스를 선택하자. 마지막 100개의 인스턴스는 test 데이터로 사용할 것이다. 규칙 생성기(Rule generator)의 기본 설정을 사용해서 규칙(rule)을 생성해보라. 그 결과를 가지고 아래의 물음에 답하여라.

a. 각 클래스(sick, healthy)의 유사도(resemblance)와 도메인(domain)의 유사도를 구하라.
b. training 데이터에서 여성의 비율은 몇 %인가?
c. 어트리뷰트 slope에 대하여 도메인에서 가장 많이 나타나는 값은 무엇인가?
d. 클래스 healthy에 있는 사람들의 평균 나이는 몇 살인가?
e. 어트리뷰트 thal에 대하여 클래스 healthy에서의 가장 빈도수 높은 값은 무엇인가?
f. 클래스 sick에서의 가장 전형성(typicality) 높은 두 개의 인스턴스에서 혈압(blood pressure) 값은 무엇인가?
g. sick 클래스에서 여성의 비율은 몇 %인가?
h. 클래스 sick에서의 어트리뷰트 값 angina=true에 대한 예고력(predictiveness) 점수는 얼마인가? 이 값의 의미를 쉽게 설명해 보라.
i. 클래스 sick에서 클래스 멤버쉽에 대한 충분조건을 만족하는 어트리뷰트를 나열하여 보라.
j. test 집합 인스턴스의 몇 %가 정확히 분류되었는가?
k. 그 test 집합에 대해 95%의 신뢰 한계(confidence limit)를 준다. 그 신뢰 한계 값이 무엇을 의미하는지를 설명하라.
l. 얼마나 많은 test 인스턴스들이 실제로는 healthy 클래스에 있어야 하지만, sick 클래스로 분류되었는가?
m. 클래스 sick에서 최소 50%의 인스턴스들을 커버하고 최고 85%의 정확도를 보이는 규칙을 보여라. 그 규칙은 여러 개의 조건(condition)을 포함하여도 된다.
n. 가장 높은 예고력(predictive)을 가지는 수치형 어트리뷰트(numeric attribute)는 무엇인가?

❺ SpineClinic.xls 데이터 파일은 return to work라는 이름의 어트리뷰트를 가지고 있다. 이 어트리뷰트의 값이 1이면 그것은 환자가 척추수술 후 일상복귀를 했다는 것을 말한다. 이 파일을 엑셀 스프레드시트에 불러오고 이 어트리뷰트 return to work를 출력 어트리뷰트로 설정한다. 171명의 환자 데이터를 모두를 training 데이터로 사용하여 ESX로 데이터 마이닝 세션

을 수행하라. 규칙(rules)을 생성하여 척추수술 후에 일상복귀를 한 사람들과 그렇지 못한 사람을 구분해내는 한 두개의 흥미로운 규칙을 찾아 보라.

LAB❻ 이 문제에서는 인스턴스 전형성(typicality)을 사용하여 클래스 프로토타입을 결정한다. 그리고 그 프로토타입을 사용하여 supervised 학습자 모델을 만들고 테스트하게 된다.

a. CardiologyCategorical.xls 스프레드시트 파일을 연다.
b. 새로운 스프레드시트에 그 파일을 저장한다.
c. 어트리뷰트 class에 대해 supervised 데이터 마이닝 세션(supervised data mining session)을 수행한다. 모든 데이터를 training 과정에 사용한다.
d. 학습이 종료되면 RES TYP 시트를 열고 클래스 sick에서 가장 전형적인 한 사람을 새로운 스프레드시트에 복사한다. 그 스프레드시트를 저장하고 RES TYP 시트로 돌아온다.
e. 이번에는 클래스 healthy에서 가장 전형적인 한 사림을 비로 전 단계에서 만든 그 스프레드시트에 데이터를 복사한다. 그러면 그 스프레드시트 파일은 가장 전형적인 sick 클래스 인스턴스와 가장 전형적인 healthy 클래스 인스턴스를 가지게 된다. 이 수정된 스프레드시트를 저장한다.
f. 그 스프레드시트 파일에서 A,B,Q 열을 삭제한다. 그 스프레드시트에 포함되어 있는 그 두 사람의 가장 전형적인 인스턴스를 복사한다.
g. 원본 sheet1 데이터 시트로 돌아와서 3번 줄 뒤에 2개의 빈 줄을 만들고, 단계 f에서 복사한 그 두 인스턴스를 sheet1 시트에 붙여 넣는다.
h. 그러면 이제 시트 shee1에는 305개의 환자 데이터가 있게 된다. sheet1의 첫 번째 인스턴스는(4번째 줄) 가장 전형적인 sick 클래스의 인스턴스이다. 두 번째 인스턴스는 가장 전형적인 healthy 클래스의 인스턴스이다.
i. 그 처음 두 인스턴스를 training 데이터로 사용하여 데이터 마이닝 세션을 수행한다. 나머지 303개 인스턴스는 test 집합으로 사용한다.
j. 오분류 행렬(confusion matrix)을 보고 테스트 결과를 분석하라. 어떤 결론을 이끌어 낼 수 있는가?
k. 이번에는 반대로 각 클래스에서 가장 비전형적(the least typical) 인스턴스를 추출하여 위의 단계들을 반복한다. 처음 실험한 것과 결과를 비교하면 어떠한가?

❼ 클래스가 알려지지 않은 몇 개의 데이터 인스턴스를 CreditCardPromotion.xls 파일에 추가하라. 어트리뷰트 life insurance promotion에 대하여 supervised 학습을 수행하는데, 제 4.7절에 설명된 절차들을 사용하여 그 새로 추가된 인스턴스에 대한 분류 신뢰도를 계산하여 보라.

LAB❽ Titanic.xls 데이터 집합으로 supervised 데이터 마이닝 세션을 수행하라. 1500개의 인스턴스를 training에 사용하고 나머지는 test 집합으로 사용한다.

a. 각 클래스의 클래스 멤버쉽에 대한 예고력(predictive) 높은 입력 어트리뷰트가 있는가?

b. 모델의 test 집합의 정확도는 얼마인가?

c. 신뢰 한계(confidence limits)를 사용하면 95%의 test 집합 정확도 구간은 무엇인가?

d. 4.8절에서 Quick Mine을 사용한 실험보다 이번 실험의 분류 정확도가 아주 많이 낮은 이유는 무엇인가?

| 계산 문제 |

❶ 개념 클래스 C_1는 범주형 어트리뷰트 color에 대하여 아래의 정보를 보여준다. 그 정보를 사용하여 아래의 질문에 답하라.

이름	값	빈도	예측력	예고력
Color	Red	30		0.4
	Black	20		1.0

a. C_1 클래스에 있는 인스턴스들 중 몇 %가 어트리뷰트 color에 대해 값 black을 갖는가?

b. 클래스는 C_1 이외에는 Class C_2만 존재한다고 하자. 또한 모든 도메인의 인스턴스들은 어트리뷰트 color에 대해 값으로 red 혹은 black만 가진다고 하자. 표에 주어진 정보를 가지고 C_2 클래스에서 color = red에 대한 예측력(predictability)을 계산할 수 있는가? 그렇다면 예측력의 값은 얼마인가?

c. b와 같은 가정을 사용하여 C_2 클래스에서 colore = red에 대한 예고력(predictiveness)을 계산할 수 있는가? 그렇다면 예고력 점수는 얼마인가?

d. 이번에도 다시 b에서의 가정을 사용하자. C_2 클래스에는 몇 개의 인스턴스들이 있는가?

Part II 지식발견을 위한 도구

Chapter 5
데이터베이스에서의 지식발견

이 장에서 학습할 내용

- 7단계의 KDD 프로세스
- KDD 프로세스 중의 한 단계로서의 데이터 마이닝
- 데이터의 정규화, 변환, 스무딩(평활화) 기법
- 어트리뷰트의 생성, 제거 방법
- 유실 데이터를 다루는 방법의 장점과 단점
- CRISP-DM(Cross Industry Standard Process model for data Mining) 모델

1장에서 우리는 간단한 데이터 마이닝 프로세스 모델을 설명했었다. 이 장의 5.1절에서는 일반적인 7단계 KDD(Knowledge Discovery in Databases) 프로세스를 소개할 것이다. 5.2절부터 5.8절에 걸쳐서 이 모델의 각 단계들을 구체적으로 살펴볼 것이다. 5.9절에서는 CRISP-DM(Cross Industry Standard Process for Data Mining)으로 알려진 다른 KDD 모델을 소개할 것이다. 5.10절에서는 데이터 마이닝 과정의 반복성(iterative nature)을 이해시키기 위해서 ESX를 사용한 두 개의 실험들을 해보게 될 것이다.

5.1 KDD 프로세스 모델

KDD(Knowledge Discovery in Databases)는 찾아내기 쉽지 않아 이전에는 알려지지 않았지만 잠재적인 가치를 지닌 정보를 데이터로부터 상호작용과 반복을 통해서 추출하는 절차를 말한다. KDD 프로세스 모델에는 약간씩 다른 여러 형태가 있다. 이들은 적게는 4단계로 이루어진 것도 있고 많게는 12단계까지 가진 것도 있다. 단계의 수는 달라도 대부분의 설명들은 내용면에서 서로 비슷하다. 여기에서는 7단계 접근 방법으로 지식 발견을 위한 KDD 모델을 정의해보고자 한다. 이 7단계 모델은 그림 5.1에서 나타나 있다. 각 단계의 간략한 설명은 아래와 같다:

1. **목표 설정(Goal identification)** 이 단계에서는 지식발견을 하고 싶은 도메인에 대해 이해하는 것에 중심을 둔다. 어떤 것을 얻고자 하는 것인지를 간결한 문장으로 표현한다. 가설(hypothesis) 또는 예상되는 결과도 정의할 수 있다.
2. **목표 데이터 집합 만들기(Creating a target data set)** 분석될 초기 데이터 집합을 여러 전문가들의 도움과 도구를 이용하여 선택한다.
3. **데이터 전처리(Preprocessing)** 이용 가능한 자원을 사용하여 잡음(noisy) 데이터를 처리해야 한다. 유실(missing) 데이터 값과 시계 열(time-sequence) 정보는 어떻게 할지 결정해야 한다.
4. **데이터 변환(Transformation)** 목표(target) 데이터에 어트리뷰트와 인스턴스들을 추가 혹은 삭제할 수 있다. 데이터의 정규화, 변환, 평활화(smoothing) 방법을 결정한다.
5. **데이터 마이닝(Data mining)** 여러 가지 데이터 마이닝 알고리즘을 적용하여 데이터에 대한 가장 적절한 모델을 만든다.
6. **결과 해석과 평가(Interpretation and evaluation)** 5단계에서 나온 결과를 검토하여 발견한 것이 유용하고 관심이 있는 것인지를 결정한다. 필요하다면 새로운 어트리뷰트들이나 인스턴스들을 사용하여 이전 단계들을 다시 수행할 수도 있다.
7. **결과의 실제 적용(Taking action)** 만약 발견한 지식이 유용하다면 문제 해결에 직접 적용한다.

KDD는 데이터 마이닝에 대한 과학적 연구방법(scientific method)의 적용이라고 설명이 되고 있다. 1620에 Francis Bacon은 과학적 연구방법 그의 저서 Novum Olganum(New Instrument)에서 처음 설명하였다. 그는 과학적 연구방법을 4단계 과정으로 설명했다:

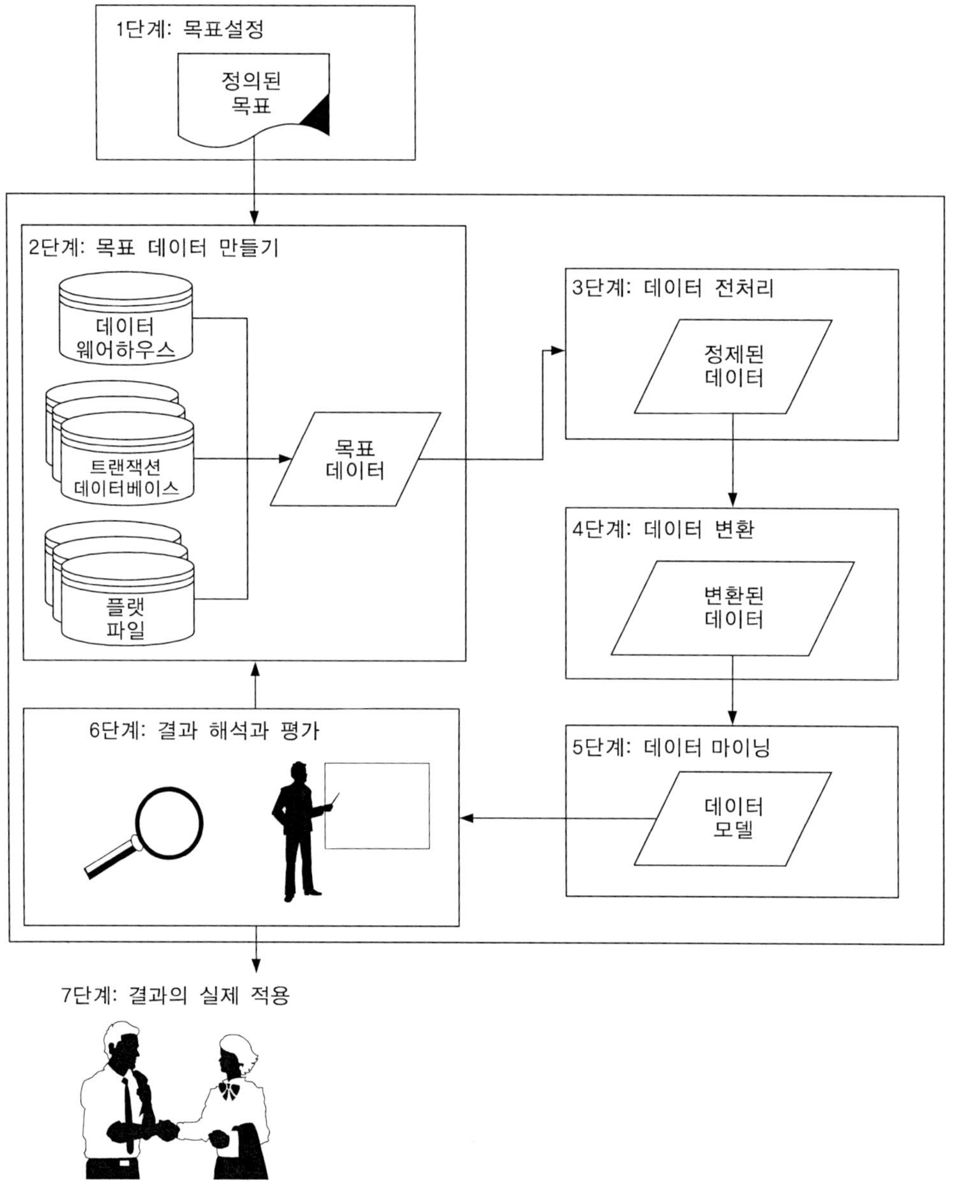

그림 5.1 7단계 KDD 프로세스 모델

1. 해결하기 위한 문제를 정의한다.
2. 가설을 설정한다.
3. 가설을 검증하거나 부정할 수 있는 실험들을 한다.

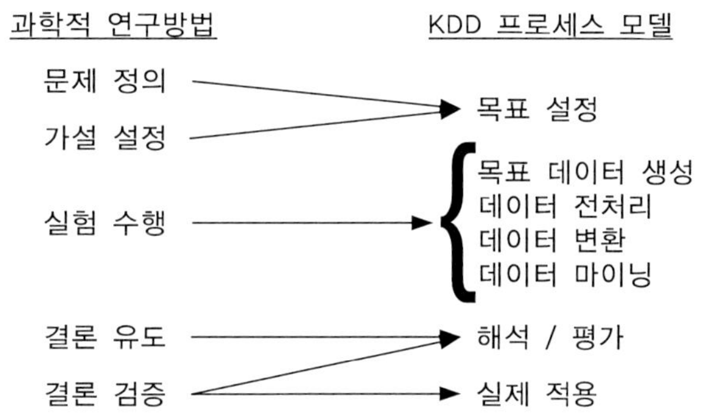

그림 5.2　데이터 마이닝에 과학적 연구방법의 적용

4. 결론을 이끌어내고 검증한다.

그림 5.2는 과학적 연구방법과 KDD 프로세스 모델간의 연관성을 보여준다. 각 단계 별로 절차를 정의해보도록 하자.

5.2　1단계: 목표 설정

목표 설정(Goal identification)은 우리가 하고자 하는 것을 명확히 정의하는 단계이다. 이 단계는 여러 가지 면에서 가장 힘든 단계라고 할 수 있는데, 자원배분을 어떻게 할 것인지 또는 결과를 어떻게 평가할 것인지와 같이 것을 포함한다. 가능하다면 목표들은 구체적이고 객관적인 형태로 기술될 수 있도록 해야 한다. 다음은 이 단계에서 고려해 볼 수 있는 것들의 일부이다:

- 명확한 문제정의와 함께 목표들의 달성여부를 판단할 수 있는 기준들이 제공된다. 예상되는 결과에 대한 여러 가설들을 수립할 수도 있다.
- 사용할 데이터 마이닝 도구들을 결정한다. 도구의 결정에는 학습이 supervised인지 unsupervised인지 혹은 두 기법 모두를 사용하는 것인지와 결과에 대한 설명(explanation)이 필요한 것인지 등과 같은 여러 가지 요인들이 고려되어야 한다.
- 프로젝트 비용을 추정한다. 인적 자원 관리 계획을 세운다.

- 프로젝트 완료/ 제품 납품 날짜를 정한다.
- 발견된 결과를 적용하는 과정에서 발생할 수 있는 법적인 문제들을 고려한다.
- 운영 시스템에 대한 적절한 유지보수 계획을 한다. 새로운 데이터가 계속 생겨나기 때문에 운영 모델에 대한 유지 보수 방법론이 중요한 고려사항이다.

위의 고려사항이 전부는 아니며 소프트웨어 프로젝트에 따라서는 더 복잡한 문제들에 대한 추가적인 계획이 필요하다. 특히 장소, 가용성, 데이터 자원의 상태 등은 매우 중요한 문제들이다.

5.3 2단계: 목표 데이터 집합 만들기

어느 데이터 마이닝 프로젝트에서든지간에 실제와 유사한 데이터 집합의 확보는 성공을 결정짓는 중요한 요소이다. 그림 5.1을 보면 목표 데이터가 세가지 다른 소스, 즉 데이터 웨어하우스, 트랜잭션 데이터베이스들(transactional databases) 그리고 여러 플랫파일(flat files)에서 추출되는 것을 보여주고 있다. 많은 데이터 마이닝 도구에서는 입력 데이터를 플랫파일들 혹은 스프레드시트(spreadsheet) 형태로 사용하고 있다. 만약 원본 데이터가 플랫파일 형태로 보관되어 있다면 그것을 그대로 초기 목표 데이터로 사용하면 된다. 만약 그렇지 않은 경우에는 다음과 같이 생각해보도록 하자.

DBMS(Database Management Systems)는 트랜잭션 데이터를 저장하고 관리한다. DBMS 내부에 포함된 프로그램은 저장된 데이터베이스로부터 필요한 정보를 빠르게 수정하고 검색할 수 있다. DBMS에서 데이터는 일반적으로 관계형 모델을 사용하여 구조화된다. **관계형 데이터베이스(relational database)**는 데이터를 열(column)과 행(row)을 가지는 테이블 집합으로 표현한다. 테이블의 각 열은 어트리뷰트이며 각 행은 하나의 데이터 레코드에 대한 정보를 저장한다. 각각의 행을 **튜플(tuple)**이라고 부른다. 관계형 테이블에 포함된 모든 튜플들은 여러 어트리뷰트들의 조합에 의해서 고유하게 식별된다.

관계형 모델의 주요 목표는 중복된 데이터를 줄여서 데이터베이스내의 정보를 빠르게 접근할 수 있게 하기 위한 것이다. 중복된 데이터를 감소시키기 위한 정규화 형식들은 관계 테이블에 대한 포맷 규칙을 정의한다. 만약 관계 테이블이 중복 데이터를 포함한다면 그 테이블을 두 개 이상의 관계 구조로 분해해서 그 중복된 데이터를 제거할 수 있다. 반면에, 데이터 마이닝에서는 내재된 중복 데이터를 발견해내는 것이 목적이다. 그래서 여러 관계들에 대한 조인 연산(join operation)들을 사용하여 데이터 마이닝에 적합한 형식으로 데이터를 재구성할 필요가 있다. 좀더 자세히 살펴보기 위하여 2장의 표 2.3에서 볼 수 있는 가상의 신용카드 프로모션 데이터베이스를 생각해보자. 테이블의 어트리뷰트들로는 수입 범위(income range), 잡지 프로모션(magazine promotion), 시계 프로모션(watch promotion), 생명보험 프로모션(life insurance promotion), 신용카드 보험 가입 여부(credit card insurance), 성별(sex)과 연령(age)이 있었다. 표 2.3의 데이터는 데이터베이스라고 할 수 없고 그림 5.3에서 볼 수 있듯이 데이터베이스에서 추출해낸 플랫파일 구조를 가진다. Acme신용카드 데이터베이스는 신용카드 프로모션 정보를 포함해서 신용카드 광고 정보와 주문에 대한 정보도 포함하고 있다. 이미 알고 있듯이 표 2.3에 있는 프로모션 정보는 그 데이터베이스에 포함된 두 개의 테이블에 저장된다. 6장에서는 그림 5.3의 데이터베이스를 좀 더 자세히 설명하고 이 데이터베이스가 의사결정 환경을 위해서 어떻게 재구성될 수 있는지 알게 될 것이다.

또한 그림 5.1은 여러 데이터베이스나 파일에서 데이터를 추출할 수 있음을 보여준다. 만약 목표 데이터가 하나 이상의 데이터 소스로부터 추출된다면 이동 절차는 번거로울 것이다. 간단한 예로 어떤 운영 데이터베이스에서는 고객의 성별을 남성(male) = 1로 여성(female)= 2로 표시하고, 또 다른 데이터베이스는 남성(male)= M으로 여성(female)= F로 성

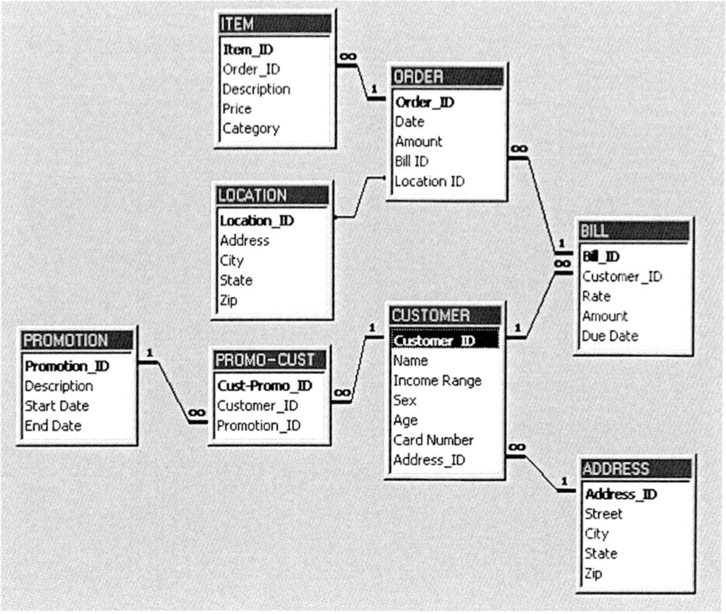

그림 5.3 Acme신용카드 데이터베이스

별을 표시한다고 생각해보자. 목표 데이터의 모든 데이터 레코드에서 이와 같은 남성(male)과 여성(female)에 대한 인코딩은 일관(consistent)되어야 하며, 만약 그렇지 못하면 그 데이터는 거의 사용되지 못할 것이다. 데이터 이동 시에 일관성을 높여주는 이러한 과정은 **데이터 변환**(data transformation)의 형태이다. 다른 종류의 데이터 변환은 5.5절에서 설명할 것이다.

마지막으로, 표본 데이터를 얻을 수 있는 세 번째 가능한 방법은 데이터 웨어하우스이다. 1장에서 데이터 웨어하우스는 의사결정 환경을 위해 특별히 설계된 과거정보(historical) 데이터베이스라고 설명하였다. 6장에서는 잘 구조화된 데이터 웨어하우스가 어떻게 데이터 마이닝 과정에서의 학습 모델 생성에 필요한 중복성을 잘 지원하는지를 살펴보게 될 것이다.

5.4 3단계: 데이터 전처리(Preprocessing)

대부분의 데이터 전처리는 오류가 있거나 누락된 데이터를 처리하기 위한 **데이터의 정제**(data cleaning) 과정을 포함한다. 이 같은 데이터 전처리 과정은 데이터가 데이터 웨어하우스에 영구 보존되기 전에 선행되어야 하는 과정이다.

| 잡음 데이터 |

잡음(Noise)은 어트리뷰트 값들에 발생하는 오류이다. 매우 큰 데이터 집합들에서 잡음은 다양한 모양과 형태로 나타난다. 잡음 데이터들에 대한 일반적인 관심사항은 다음과 같은 것들이다:

- 중복된 레코드들은 어떻게 찾을 것인가?
- 잘못된 어트리뷰트 값들에 어떤 값을 부여할 것인가?
- 데이터에 어떠한 평활화(smoothing) 연산이 적용되어야 하는가?
- 이상치들(outliers)은 어떻게 찾고 처리할 것인가?

중복 레코드 찾기

예를 들어, 어떤 주간지가 고객명단에 100,000명의 구독자가 있고 그 중에서 0.1%가 같은 이름으로 중복 기록된 오류(예를 들어 Jon Doe and John Doe)가 있다고 하자. 그래서 매주 100개의 주간지가 추가로 인쇄되고 배달된다. 각 주간지의 인쇄와 배달 비용이 $2.00인 것을 생각한다면 이 회사는 일년에 $10,000의 쓸데 없는 비용을 낭비하게 되는 것이다. 이상적으로는 데이터가 운영 환경에서 데이터 웨어하우스 시설로 옮겨질 때 이러한 오류가 찾아져야 한다. 데이터 정제와 이동을 담당하는 자동화된 그래픽 도구들이 있기는 하지만 데이터 이동의 책임은 여전히 데이터 웨어하우스 전문가에게 있다.

틀린 어트리뷰트 값 찾기

범주형(categorical) 데이터에서 오류를 발견하는 것은 큰 규모의 데이터 집합일 때 문제를 발생시킨다. 몇 가지 데이터 마이닝 도구들은 범주형 어트리뷰트에 대한 빈도 값(frequency values)과 예측력 점수(predictability scores)에 대한 요약 정보를 제공한다. 예측력 점수가 0에 가까우면 그 어트리뷰트 값은 오류의 가능성이 있는 것으로 생각할 수 있다.

혈압이나 몸무게와 같은 어트리뷰트에서 수치 값 0은 명백한 오류이다. 그 같은 오류는 데이터가 빠져 있어서 기본(default) 값으로 그것을 채워 넣은 경우에 종종 발생한다. 경우에 따라서는 그 같은 오류는 클래스 평균과 표준 편차를 비교하여 찾아낼 수 있다. 하지만 데이터 집합이 크고 매우 적은 수의 잘못된 값이 있다면, 그러한 오류를 발견하는 것은 어렵다. 어떤 데이터 분석 도구는 사용자에게 수치 데이터 값의 유효한 범위를 입력할 수 있도록 한다. 유효 범위를 벗어나는 어트리뷰트 값을 가지는 인스턴스들은 오류의 가능성이 있는 것으로 구분된다.

데이터 평활화(smoothing)

데이터 평활화는 데이터 정제와 변환 과정, 모두를 말한다. 몇 가지 데이터 평활화 기법들은 수치 어트리뷰트에 대한 값들의 개수를 줄이는 것들이다. 신경망과 같은 분류기는 분류 과정중에 데이터 평활화를 수행하는 함수를 사용한다. 분류중에 수행되는 평활화를 내부 평활화(internal smoothing)라고 말한다. 외부 평활화(external smoothing)는 분류하기 전에 수행된다. 어림수(rounding)를 만드는 것과 평균 값을 계산하는 것은 간단한 외부 평활화 기법들의 예이다. 평균 값 평활화는 수치 데이터를 사용할 수 없는 분류기를 사용하면서도 수치 어트리뷰트 값 정보를 유지하고 싶은 경우에 사용하는 것이 적절하다. 이 경우에 모든 수치 어트리뷰트 값들은 해당 클래스 평균으로 변경된다.

또 다른 일반적인 데이터 평활화 기법은 데이터 집합에서 비전형적인 인스턴스들을 찾아서 제거하는 것이다. 2장에서 언급하였듯이, 데이터에서 이상치(outlier)들을 찾아내는 것은 유용한 것이지만, 그 데이터베이스에서 그들을 제거하는 것은 역효과를 낼 수도 있다. iDA는 인스턴스 전형성(instance typicality)으로 이상치들을 찾아 낼 수 있었다. 이상치들은 가장 낮은 전형성 점수(typicality scores)를 가진 인스턴스들이다.

| 유실 데이터(Missing Data) |

유실 데이터 아이템으로 인한 문제는 여러 방법으로 처리될 수 있다. 대부분의 경우에 유실 어트리뷰트 값들은 누락된 정보이다. 예를 들어서, 어트리뷰트 연령(age)에 있는 유실 값은 분명히 존재하기는 하지만 누락 데이터임을 알 수 있다. 하지만 연봉(salary)에서의 유실 값은 입력이 안 된 데이터일 수도 있고 혹은 직업이 없는 사람을 나타내는 것일 수도 있다. 몇몇 데이터 마이닝 기법들은 유실 값을 직접적으로 처리할 수 있다. 하지만 많은 분류기들은 모든 어트리뷰트들이 값을 가지고 있어야 한다. 다음은 데이터가 데이터 마이닝 알고리즘에 적용되기 전에(before) 유실 데이터 처리를 위한 가능한 선택 사항이다.

- **유실 값들을 가진 레코드들을 제거한다.** 이 방법은 전체 인스턴스의 수에 비하여 유실 값을 가진 것이 아주 조금일 때 적절하고 누락된 정보를 가진 유실 값들을 확인할 수 있다.
- **실수 값을 가지는 데이터에 대해서 유실 값을 클래스 평균으로 변경한다.** 대부분의 경우 수치 어트리뷰트들에 대한 합리적인 접근 방법이다. 유실된 수치 데이터를 0, 임의의 매우 큰 값이나 매우 작은 값으로 변경하는 선택은 일반적으로 좋은 선택이 아니다.
- **유실 어트리뷰트 값들을 다른 매우 비슷한 인스턴스에서 찾아진 값으로 변경한다.** 이 기법은 범주형이나 수치형 어트리뷰트들 모두에 사용할 수 있다.

몇몇 데이터 마이닝 기법은 유실 값을 허용하기도 한다. 데이터 마이닝 기법이 학습 중에 유실 값을 다루는 세가지 방법은 다음과 같다:

1. **유실 값을 무시한다.** 신경망이나 베이즈(Bayes) 분류기(10장)와 같은 데이터 마이닝 알고리즘은 이 방법을 사용한다.
2. **동등 비교(equal comparisons)를 통한 유실 값 처리** 이러한 접근 방법은 잡음(noisy)이 많은 데이터의 경우에는 유사하지도 않은 인스턴스가 매우 비슷한 것으로 나타나게 될 수 있기 때문에 위험하다.
3. **차등 비교(unequal comparisons)를 통한 유실 값 처리** 이것은 비관적 접근방법이긴 하지만 적절할 수도 있다. 여러 유실 값들을 포함하는 두 개의 유사한 인스턴스들이 유사하지 않은 것으로 나타나게 된다. ESX에서는 이 방법을 사용한다.

마지막으로 약간 다른 방법으로는 supervised 학습을 사용하여 유실 데이터에 대한 가능한 값을 결정하는 것이다. 유실 값의 어트리뷰트가 범주형이면 그 유실 값이 있는 어트리뷰트를 출력 어트리뷰트로 지정한다. 그 어트리뷰트에 대해 이미 값이 들어 있는 인스턴스를 사용하여 분류 모델을 만든다. 그렇게 만들어진 모델은 유실 값을 가지는 인스턴스들을 분류하는 데 사용된다. 수치 데이터에는 신경망과 같은 추정(estimation) 마이닝 도구를 사용할 수 있고 같은 전략을 적용한다.

5.5 4단계: 데이터 변환(Transformation)

데이터의 변환은 많은 형태가 있으며 필요한 이유도 다양하다. 다음 절에서는 몇몇 친숙한 데이터 변환들을 설명할 것이다.

| 데이터 정규화(Data Normalization) |

우리가 가장 흔하게 보게 되는 데이터 변환은 수치 데이터를 특정 범위(range)로 변환시키는 것이다. 신경망과 같은 분류기는 0과 1 사이의 범위로 스케일링된 수치 데이터들을 사용할 때 성능이 더 좋다. 정규화는 거리기반(distance-based) 분류기들에 적용될 때는 어트리뷰트 값을 정규화시킴으로써 더 큰 수치 범위를 가지는 어트리뷰트가 더 작은 수치 범위를 가지는 어트리뷰트보다 더 큰 가중치를 갖지 못하도록 할 수 있다는 장점이 있다. 일반적으로 사용되는 네 가지 정규화 방식은 다음과 같다.

- **십진 스케일링(Decimal Scaling)** 각 수치 데이터를 같은 10의 제곱수로 나누는 것을 십진 스케일링이라 한다. 예를 들어 범위가 −1000부터 1000인 어트리뷰트가 있다면 각 어트리뷰트 값을 1000으로 나눔으로써 범위를 −1부터 1까지로 조정할 수 있다.
- **최대-최소 정규화(Min-Max normalization)** 어트리뷰트의 최대 값과 최소 값을 알고 있다면 최대-최소 정규화를 사용하는 것이 유용할 것이다. 이 공식은

$$new\,Value = \frac{original\,Value - oldMin(newMax - newMin) + newMin}{oldMax - oldMin}$$

여기서 전최대 값(oldMax)은 원래 어트리뷰트 값의 최대 값이고 전최소 값(oldMin)은 원래 어트리뷰트 값의 최소 값이다. 새최대 값(NewMax)과 새최소 값(NewMin)은 새로운 최대 값과 최소 값을 가리킨다. 새 값(NewValue)은 원래 어트리뷰트 값의 변환된 값이다. 이런 변환은 원하는 범위가 0에서 1인 신경망에 특히 유용하다. 이런 경우에는 식은 다음과 같은 단순한 식이 된다.

$$new\,Value = \frac{\mathrm{or}iginal\,Value - oldMin}{oldMax - oldMin}$$

- **Z-스코어 정규화(Normalization using Z-scores)** Z-스코어 정규화는 값을 표준 점수로 변환하는 것인데, 식에서 보듯이 그 값에서 어트리뷰트 평균(μ)을 빼고 그 다음에 어트리뷰트의 표준 편차 값(σ)으로 나누어서 구한다. 어트리뷰트의 최대 값과 최소 값을 알 수 없을 때 특히 유용한 방식이다.

$$new\,Value = \frac{\mathrm{or}iginal\,Value - \mu}{\sigma}$$

- **로그형 정규화(Logarithmic normalization)** b를 밑으로 하는 n의 로그 값은 n과 같은 값이 되게 하는 b의 지수 값이다. 예를 들어, $2^6 = 64$이기 때문에 64의 로그 값(밑이 2일 때)은 6이다. 어트리뷰트 값을 로그 값과 바꾸는 것은 정보의 손실 없이 값이 가지는 범위를 조정할 수 있는 효과가 있다.

| 데이터 형 변환(Data Type Conversion) |

신경망과 통계적 방법을 포함하여 많은 데이터 마이닝 프로그램들은 범주형(categorical) 데이터를 처리하지 못한다. 그렇기 때문에 범주형 데이터를 수치 데이터로 변환하는 것도 흔히 일어나는 데이터 변환 방식이다. 반면에, 어떤 데이터 마이닝 프로그램들은 수치 데이터들을 원래의 형태대로 처리하지 못한다. 예를 들어 대부분 결정 트리 알고리즘은 데이터를 정렬하고 데이터에 대한 이진 분할(alternative binary split)을 통하여 수치 데이터를 이진 값으로 변환한다.

| 어트리뷰트와 인스턴스의 선택(attribute and instance Selection) |

각 분류기마다 다룰 수 있는 데이터의 양이 다르다. 양이 많은 데이터도 처리할 수 있는 데이터 마이닝 알고리즘이 있는가 하면 어떤 알고리즘은 적은 수의 어트리뷰트를 가지는 데이터 분석에도 실패한다. 또한 대부분의 데이터 마이닝 알고리즘은 타당한(relevant) 어트리뷰트들과 타당하지 않은(irrelevant) 어트리뷰트들을 구분하지 못한다. 이것은 문제가 될 수 있는데, 왜냐하면 정확한 supervised 학습자 모델을 만드는 데 필요한 training 데이터의 양이 타당하지 않은(irrelevant) 어트리뷰트들의 수에 직접적으로 영향을 받는 것으로 알려져 있기 때문이다. 이런 문제점을 해결하기 위해 우리는 데이터 마이닝 모델을 만들 때 사용할 어트리뷰트와 인스턴스를 직접 결정해야 한다. 어트리뷰트를 선택할 때 도움이 될 만한 알고리즘은 다음과 같다.

1. N개의 어트리뷰트가 있다고 할 때, 어트리뷰트들의 모든 가능한 조합을 가진 집합 S를 생성한다.
2. 집합 S에서 처음 조합을 빼서 그 어트리뷰트들을 사용해 데이터 마이닝 모델 M을 생성한다.
3. 모델 M의 적합도(goodness)를 측정한다.
4. 집합 S에 남은 조합이 없을 때까지
   a. S에서 다음 조합을 빼서 그 어트리뷰트들을 사용해서 데이터 마이닝 모델을 생성한다.
   b. 새로 만든 모델의 적합도를 저장되어 있는 모델 M과 비교한다. 더 좋은 모델을 M이라 지칭하고 이 모델을 최적의 모델로 저장한다.
5. 모델 M을 선택한다.

이 알고리즘은 분명히 최상의 결과를 제공할 것이다. 하지만 이 알고리즘의 문제는 그 복잡성에 있다. 전체 n개의 어트리뷰트가 있다면, 어트리뷰트들의 전체 조합은 $2^n - 1$이 될 것이다. 어트리뷰트 수가 많은 어떤 데이터 집합의 모든 가능한 모델들을 생성하고 테스트한다는 것은 불가능하다. 우리가 적용할 수 있는 몇 개의 기법들을 조사해보자.

어트리뷰트 제거(Eliminating Attribute)

일반적으로 데이터 마이닝 알고리즘들은 클래스 멤버십에 대한 예측성이 떨어지는 어트리뷰트들을 많이 가지고 있는 데이터에서는 좋은 성능을 발휘하지 못한다. 비통계적 뿐만 아니라 통계적인 몇몇 분류기들은 모델을 생성하는 과정의 일부로 어트리뷰트를 선택하는 기법들을 포함하고 있다. 어트리뷰트 선택 기능이 내장된 분류기들은 예측성이 낮은 어트리뷰트들을 포함한 데이터 집합의 영향을 많이 받지는 않는다. 불행히도 많은 신경망과 NN(nearest neighbor) 분류기를 포함한 데이터 마이닝 알고리즘들은 모델을 만드는 과정에서 모든 어트리뷰트에 같은 정도의 가중치를 준다. 이러한 분류기들에서는 어트리뷰트 선택 과정을 데이터 마이닝 과정이 시작되기 전에 수행해야 한다. 삭제할 어트리뷰트들을 판단하는 것을 돕는 몇 가지 방법들이 있다.

1. 다른 입력 어트리뷰트들과 밀접하게 연관된 입력 어트리뷰트는 중복된 어트리뷰트이다. 대부분의 데이터 마이닝 기법들은 서로 높은 상관도를 가지는 어트리뷰트들 중 오직 하나의 어트리뷰트만 입력 값으로 사용할 때 좋은 모델을 만든다.
2. 범주형 데이터일 경우, 어트리뷰트의 값 v_i에 대하여 기준 값(threshold)을 넘는 도메인 예측력(domain predictability)[1] 점수를 가진다면 그 어트리뷰트는 제거의 대상이 될 수 있다. 왜냐면 대부분의 도메인 인스턴스들이 그 어트리뷰트에 대해 v_i를 가지기 때문이다. 값 v_i에 대한 도메인 예측력 점수가 증가할수록 그 v_i의 클래스 구별 능력은 떨어진다.
3. supervised 학습의 경우에는, 수치형 어트리뷰트의 유의미성(significance)은 클래스 평균과 표준 편차 값들을 비교함으로써 판단할 수 있다. ESX에서는 클래스 평균들간의 표준 편차를 비교하여 어트리뷰트 유의미성 값을 측정하였음을 상기하자.

처음의 두 방법은 supervised 학습과 unsupervised 학습 둘 다에게 적용이 될 수 있다. 불행하게도 unsupervised 클러스터링 기법에서는 미리 정해놓은 클래스가 존재하지 않기 때문에 수치형 어트리뷰트의 유의미성을 판단할 수 없다. 그러나 그럴듯해보이는 어트리뷰트들의 부분 집합을 선택하여 실험할 수 있고 만들어진 클러스터의 질을 적절히 판단할 수만 있다면 수치형 어트리뷰트들의 가장 좋은 집합들을 결정할 수도 있을 것이다.

어트리뷰트를 선택하는 방법 중에 유전자 학습(genetic learning)을 사용한 흥미로운 기법이 있다. 이 방법은 모든 가능성을 다 시험해보는 방식의 조합 문제(combinatorial problem)에서 벗어나, 평가 함수를 구현함으로써 여전히 만족스런 결과를 얻을 수 있다는 점에서 매력적이다. 이 방식은 데이터에 타당하지 않는 어트리뷰트가 다수 존재할 때 특히 유용하다. 예를 가지고 이 방법을 좀 더 알아보자.

제2장에서 보았던 신용카드 프로모션 데이터베이스를 사용하자. 출력 어트리뷰트는 life insurance promotion이다. 표 5.1은 세 개의 개체(element)를 가진 초기 개체군(population)을 보여주고 있다. 각 개체들은 관련 학습 모델을 만들 때 사용하게 될 어트리뷰트가 어느 것인지를 나타내준다. '1'은 어트리뷰트가 입력 값으로 사용되었음을 의미하고 '0'은 어트리뷰트가 입력 값으로 사용되지 않았음을 의미한다. 방법은 다음과 같다.

1) 역자의 주: 도메인 예측력(domain predictability)의 정의는 제4장을 참조하기 바람. 어떤 어트리뷰트의 값 v의 도메인 예측력은 그 어트리뷰트가 전체 도메인에 대하여 값 v를 가질 확률을 의미한다. 클래스 예측력(class predictability)은 어느 특정 클래스에 대하여 그 어트리뷰트가 값 v를 가질 확률을 의미한다.

표 5.1　유전적 어트리뷰트 선택에서의 초기 개체군(initial population)

Population Element	Income Range	Magazine Promotion	Watch Promotion	Credit Card Insurance	Sex	Age
1	1	0	0	1	1	1
2	0	0	0	1	0	1
3	0	0	0	0	1	1

1. traning과 test에 쓸 데이터를 적절하게 고른다.
2. 무작위(random) 선택을 사용하여 개체군을 초기화한다.
3. 개체군의 각 개체를 사용하여 각 supervised 학습 모델을 만든다. 각 모델은 개체군에 있는 각 개체에서 명시된 어트리뷰트로 구성된다. 예를 들자면 개체 1로부터 생성되는 학습 모델은 입력 값으로 수입 범위(income range)와 신용카드 보험(credit card insurance)과 성별(sex)과 연령(age)을 선택한다.
4. 각 개체에서 생성된 모델을 test 데이터에 적용하여 각 개체를 평가한다. test 집합에 대한 모델 정확도가 평가 함수로 사용될 수도 있을 것이다.
5. 종결 조건이 만족되면 개체군에서 하나의 개체(element)를 선택하여 training 데이터로 최종 supervised 학습 모델을 만든다.
6. 종결 조건이 만족되지 않는다면 유전 연산자를 사용하여 개체들을 수정한 후 단계 3~5를 반복한다.

이 방법은 수렴은 보장하지만 수렴된 값이 최적임은 보장하지는 않는다. 그렇기 때문에 원하는 결과를 얻기 위해서는 이 알고리즘을 여러 번 실행하는 것이 필요할 것이다.

어트리뷰트의 생성

예고력(predictiveness)[2]이 낮은 어트리뷰트도 다른 어트리뷰트들과 합쳐져 더 높은 예고력을 가지는 새로운 어트리뷰트를 만들어 낼 수가 있다. 주식과 관련된 데이터베이스를 생각해보자. 주식의 가격, 1년 동안 주식 값의 변화 범위, 회사의 성장 속도, 일사분기의 소득, 시장 자본가치, 회사의 종류 등이 어트리뷰트로 사용될 수 있다. 주식 가격과 소득 어트리뷰트는 미래의 목표 예상가를 결정하는 데 예고값(predictive value)으로 사용될 수 있을 것이다. 그러나 주식 가격을 소득으로 나눈 비율(P/E 비율)이 더 유용한 것으로 알려

2) 역자의 주: 예고력의 정의는 제4장을 참고바람. 클래스 예고력(class predictiveness)은 어느 어트리뷰트의 값이 v이면 그것을 가진 인스턴스가 그 클래스에 속할 확률을 말한다.

져 있다. 미래의 목표 예상가를 효과적으로 예측하는 데 사용될 수 있는 또 다른 어트리뷰트의 예는 앞의 P/E 비율을 회사의 성장 비율로 나눈 값이다. 새로운 어트리뷰트를 만들 때 흔히 적용될 수 있는 몇 가지 변환들은 다음과 같다.

- 하나의 어트리뷰트 값을 다른 어트리뷰트 값으로 나눈 비율을 새로운 어트리뷰트로 사용한다.
- 두 개의 어트리뷰트들의 차이 값을 새로운 어트리뷰트 값으로 사용한다.
- 두 개의 어트리뷰트 값의 퍼센트의 증가나 감소로 계산된 값을 새로운 어트리뷰트 값으로 사용한다. 두 개의 값 v_1, v_2가 있고 $v_1 < v_2$일 때, v_1에 관한 v_2의 퍼센트 증가는 다음과 같이 계산된다.

$$Percent\ Increase(v_2, v_1) = \frac{v_2 - v_1}{v_1}$$

만약 $v_1 > v_2$이라면 v_1에서 v_2를 빼고 v_1으로 나누어, v_1에 관한 v_2의 퍼센트 감소를 계산한다.

차이나 퍼센트의 증감을 나타내는 새로운 어트리뷰트는 시계 열 분석을 할 때 특이 유용하다. 시계 열 분석(Time-series analysis) 모델은 시간에 걸쳐서 변하는 모델이다. 이런 이유로 시간 간격과 다음의 시간 간격에 대한 값의 차이를 사용하여 계산된 새로운 어트리뷰트는 중요하게 사용될 수 있다. 제11장에서는 시계 열 문제를 처리하는 모델을 만드는 방법을 소개하고 있다.

인스턴스 선택

supervised 학습의 훈련(training) 단계에서는 종종 인스턴스들을 무작위로 선택하여 사용한다. 이 무작위 과정에 대한 유일한 기준은 인스턴스들이 각 클래스에 대한 대표성을 가질 수 있도록 선택되어야 한다는 것이다. 2장에서 보았듯이 결정 트리 알고리즘은 training 인스턴스들에서 무작위 부분 집합을 만들어 그것을 training에 사용하여 분류기를 만든다. 이 분류기는 나머지 training 데이터를 테스트에 사용한다. 이 결정 트리 분류기에 의해 잘못 분류된 인스턴스들은 그 training 데이터 부분 집합에 더해진다. 이 과정은 training 집합이 고갈되거나 분류기가 모든 training 데이터를 정확하게 분류할 때까지 계속 된다.

인스턴스 기반 분류기(instance-based classifier)는 이런 규칙에 대한 예외이다. 인스턴스 기반 분류기는 일반화된 분류 모델을 생성하지 않는다. 그 대신 각 클래스에 대한 대표성 있는 인스턴스들의 부분 집합을 저장하여 가지고 있는다. 새로운 인스턴스가 들어오면 그 인스턴스 어트리뷰트 값들을 이미 저장된 어트리뷰트 값과 비교하여 분류한다. 그 새 인스턴스 i는 가장 자신과 비슷한 대표 인스턴스가 있는 클래스에 배치된다. 당연히 그 모델의 예고(predictive) 정확성은 각 클래스의 대표 인스턴스들에 의해 결정된다.

인스턴스 전형성(typicality) 점수는 각 클래스의 대표 인스턴스 집합을 고르는 데 사용된다. 우리는 인스턴스 전형성 점수를 사용하여 supervised 학습 training 데이터를 선택하는 실험을 몇 가지 해보았다. 실험의 결과를 보면 모든 유형의 분류기에서 중간 이상의 높은 전형성을 가진 training 인스턴스들에 더 가중치를 두어 training 집합을 선택함으로써 가장 좋은 test 집합 정확성을 얻을 수 있었다(Roiger and Cornell, 1996).

인스턴스 선택은 Unsupervised 클러스터링에도 유용하게 사용될 수 있다. 간단한 방법으로는 각 도메인 인스턴스들에 대한 전형성 점수를 구하는 것이다. 각 인스턴스에는 미리 지정된 클래스가 존재하지 않으므로 각 전형성 점수는 모든 도메인 인스턴스들에 대해 상대적으로 계산된다. 전형성이 가장 낮은 인스턴스들을 제거함으로써 unsupervised 학습자는 더 잘 정의된 클러스터들을 구성할 수 있게 된다. 일단 양질의 클러스터가 형성되면, 비전형적 인스턴스들도 클러스터링 시스템에 나타낼 수 있게 된다. 클러스터링 모델은 그런 인스턴스들을 기존의 클러스터로 합류시키거나 새로운 클러스터를 형성하도록 할 수 있다.

5.6 5단계: 데이터 마이닝

지식발견 과정이 실험적이고 반복적인 특성을 가지고 있다는 것은 단계 5~6에서 가장 분명해진다. 다음은 supervised 혹은 unsupervised 학습자 모델을 만드는 전형적인 시나리오를 보여준다.

1. 이용할 수 있는 인스턴스들에서 training 데이터와 test 데이터를 선택한다.
2. 입력 어트리뷰트들을 정한다.
3. supervised 학습에서는 출력 어트리뷰트들을 선택한다.
4. 학습 파라미터들의 값을 선택한다.
5. 데이터 마이닝 도구를 사용하여 데이터에 대한 일반화된 모델을 생성한다.

일단 완료된 데이터 마이닝은 평가된다(6단계). 만약 결과가 만족스럽지 않으면 방금 설명된 단계들을 여러 번 반복하게 될 것이다. 이런 이유 때문에, 하나의 데이터 집합으로부터 만들어질 수 있는 가능한 학습자 모델의 전체 개수는 무한하다. 운이 좋게도, 데이터 마이닝 기법은 덜 완전한 데이터들을 가지고도 만족스런 모델을 생성할 수 있다는 사실과 실험적 프로세스의 특성은 그 성공 가능성을 높여준다.

5.7 6단계: 결과의 해석과 평가

해석과 평가의 목적은 학습자 모델이 만족스러운 것인지를 판단하는 것과 테스트 영역 밖의 실제 문제들에 적용될 수 있는지를 판단하고자 하는 것이다. 만약 만족스런 결과가 얻어진다면 그것을 사람들이 이해할 수 있도록 번역하는 것이 이번 단계에서 할 일이다. 해석과 평가는 여러 형태들이 있을 수 있는데 그 중의 몇 가지는 아래와 같은 것들이다.:

- **통계적 분석(Statistical analysis)** 이러한 분석은 서로 다른 어트리뷰트들과 인스턴스들을 사용하여 만들어진 다양한 데이터 마이닝 모델들의 성능이 서로 큰 유의미한 차이가 있는지를 결정하는 데 유용하다.
- **경험적 분석(Heuristic analysis)** 휴리스틱(heuristics)은 일반적으로 문제들에 대해서 충분히 괜찮은 해결책을 주는 경험 지식을 말한다. 대부분의 데이터 마이닝 도구들은 발견한 지식의 가치 정도를 결정하는 데 도움을 줄 수 있도록, 수치적으로 계산된 휴리스틱을 제공한다. 두 가지 예를 들자면, ESX에서 계산된 클래스 유사성 휴리스틱과 K-Means 알고리즘에서의 제곱 에러의 합(SSE) 계산이 있다.
- **실험적 분석(Experimental analysis)** K-Mean 알고리즘 뿐만 아니라 신경망 기법들은 같은 파라미터 설정 값과 같은 데이터를 사용한다 해도 매번 약간씩 다른 모델이 생성된다. 다른 방법들도 데이터의 선택과 파라미터 설정이 약간 달라지면 다른 모델들을 만들어 낸다. 이 때문에, 파라미터 설정 값을 다르게 사용해보는 것 뿐만 아니라 여러 가지 다른 어트리뷰트와 인스턴스를 가지고 실험해보면 매우 다른 결과를 낼 수 있다.
- **사람에 의한 분석(Human analysis)** 실험과정을 통제하고 있는 것은 결국 사람이라는 요소이다. 분석의 마지막에는, 데이터 마이닝 과정으로 얻은 지식을 새로운 문제에 성공적으로 적용할 수 있는지를 결정해야 한다.

제2장에서는 supervised 학습자 모델 평가하는 방법을 training/test 집합 시나리오를 가지고 보여주었다. 또한 lift가 마케팅 문제 해결을 위해 설계된 supervised 모델의 가치를 결정하는 데 사용되는 것을 보여주었다. 제7장에서는 몇몇 공식화된 평가 방법들을 보여주는데, 예를 들어 통계적인 방법과 다른 더 직관적인 방법들이 있다.

5.8 7단계: 결과의 실제 적용(Taking Action)

데이터 마이닝의 궁극적인 목적은 학습된 것을 적용하는 것이다. 바로 이 지점에서 우리는 투자 대비 수익(return on investment, ROI)을 측정할 수 있다. 지식발견 과정을 성공적으로 잘 적용을 해야 그 결과의 다음과 같은 실행과 사용이 가능하다.

- 발견된 정보, 지식의 기술적인 문서나 보고서 작성
- 판매하는 상품들을 진열대에서 재배치 혹은 선택된 판매 상품들을 함께 배치
- 고객 모집단 중에서 가능성 있는 고객들만 골라서 프로모션 정보를 우편 배송
- 개발된 학습자 모델을 직접 도난 카드 사용 감시에 사용
- 지식발견 프로세스로부터 얻어진 정보, 지식에 의하여 생겨난 새로운 과학 연구 활성화

5.9 CRISP-DM 프로세스 모델

두 번째 프로세스 모델은 CRISP-DM(Cross Industry Standard Process for Data Mining)이다. CRISP-DM은 여러 회사들의 컨소시엄을 통해서 개발된 데이터 마이닝 모델이다. CRISP-DM 프로세스 모델은 6단계로 구성되어 있다:

1. **사업 이해(Business understanding)** 사업의 관점으로 프로젝트의 목적과 필요 사항들에 관심을 집중한다. 데이터 마이닝 문제를 정의하고 초기 계획을 수립한다.
2. **데이터 이해(Data understanding)** 데이터의 수집과 가설 수립에 집중한다.
3. **데이터 전처리(Data preparation)** 테이블, 데이터 기록, 어트리뷰트들을 선택한다. 선택된 모델링 도구들로 데이터를 정제(clean)한다.

4. **모델링(Modeling)** 이 단계에서는 여러 가지 데이터 마이닝 기법들을 선택하고 적용해본다.
5. **평가(Evaluation)** 결과 분석을 통하여 개발된 모델이 사업의 목적 달성에 기여하였는지를 알아낸다.
6. **배치(Deployment)** 모델이 사업의 목적 달성에 기여하였다면 그 모델을 적용할 실행 계획을 개발한다.

단계 1과 2는 KDD 프로세스의 목표설정 단계에 해당한다. 단계 3은 KDD 프로세스 모델의 단계 2,3,4를 합친 것에 해당한다. 마지막으로 단계 4,5,6은 KDD 프로세스 모델의 단계 5,6,7에 각각 해당한다. CRISP-DM 프로세스 모델에 대해서 더 많은 것을 학습하고 싶다면 http://www.crisp-dm.org 웹사이트를 방문하면 된다.

5.10 ESX로 실험하기

이 절에서는 ESX를 이용한 2개의 실험을 할 것이다. 첫 번째 실험은 unsupervised 클러스터링을 사용하여 신용카드 감시 데이터 집합(Credit Card Screening Data Set)에 정의

신용카드 감시 데이터 집합(The Credit Card Screening Dataset)

신용카드 감시(Credit Card Screening) 데이터 집합은 신용카드 신청자 690명에 대한 개인 정보를 가지고 있다. 데이터 집합은 15개의 입력 어튜리뷰트들과 개인의 신용카드 신청이 승인(+)인지 거절(−)인지를 나타내는 1개의 출력 어트리뷰트로 구성되어 있다. 모든 입력 어트리뷰트들의 이름과 값은 정보 보호를 위해서 의미 없는 값들로 바꾸었다. 이 데이터 집합은 처음에 Ross Quinlan이 기계 학습 데이터 집합 저장소에 제출하였으며 부록 B에서 참조할 수 있다.

이 데이터 집합은 여러 면에서 관심의 대상이 된다. 첫째, 인스턴스들은 신용카드 신청에 관한 실제 데이터이다. 둘째, 데이터 집합은 범주형과 수치형 어트리뷰트들이 잘 혼합된 형태이다. 마지막으로 어트리뷰트들과 그 값들은 실제 의미를 보이지 않게 가렸기 때문에 어떤 어튜리뷰트들이 중요한지에 대한 사전 편견을 가지지 않을 수 있도록 해준다. 이 데이터 집합은 iDA 예제 디렉터리에 포함된 CreditScreening.xls 파일이다.

된 입력 어트리뷰트가 출력 어트리뷰트의 값들을 구분해줄 수 있는지를 판단하는 방법을 보여준다. 두 번째 실험은 파라미터들이 지식 발견 프로세스에서 어떠한 역할들을 하는지를 보여준다. 이 실험에서는 데이터 집합들이 이미 전처리되어 있고 그리고 개발된 모델을 실제 적용해보기가 힘들기 때문에, 간단히 다음과 같이 KDD프로세스 중에서 4단계만 가지고 실험해보도록 하겠다.

지식 발견의 4단계 프로세스

1. 목표 설정
2. 데이터 준비
3. 데이터 마이닝 적용
4. 결과의 해석과 평가

iDA 소프트웨어를 사용하여 실험을 함께 따라 해보도록 하자.

| 실험 1: 어트리뷰트 평가 |

첫 번째 실험에서는 신용카드 신청한 개인들의 승인 혹은 거절된 정보를 가지고 있는 데이터 집합을 사용할 것이다(신용카드 심사 데이터 집합(The Credit Card Screening Data set) 설명상자를 보라). 데이터 집합은 690명의 인스턴스를 가지고 있고 그 중에서 307명이 신용카드를 승인을 받은 사람들이다. 나머지 383명은 신용카드 요청이 거절된 사람들이다. 다르게 말하면 이 데이터로 우리는 정확한 supervised 학습자 모델을 만들 수 있는지를 테스트해보고자 한다. 개인 정보 보호를 위하여 이 데이터 집합의 어트리뷰트들과 값들은 의미 없는 기호들로 대치했다. 그러나 그 대치는 일관되게 했기 때문에 데이터의 분석을 위한 데이터 마이닝을 적용해볼 수 있다.

이렇게 하기 위한 한 가지 방법은 training/test 집합 시나리오를 사용하고 test 집합 분류 정확도를 측정하는 것이다. 두 번째 방법 아마도 더 유용한 방법으로는 unsupervised 클러스터링을 사용하여 입력 어트리뷰트 집합들이 클래스들을 얼마나 잘 정의할 수 있는지를 보는 것이다. 만약 입력 어트리뷰트들이 출력 어트리뷰트들을 정의한다면, 인스턴스들이 자연스럽게 클래스 별로 클러스티링되는 것을 보게 될 것이다. 이 기법은 처음에 데이터로 만든 supervised 학습 모델이 test 집합의 정확도가 그리 높지 않은 경우에 특히 유용할 것이다. 만약 unsupervised 클러스터링도 클래스 별로 자연스러운 클러스터를 형성하는 데 실패한다면 어트리뷰트 선택이 잘못된 것으로 결론지을 수 있다. 우리 실험에서는 이 unsupervised 접근 방법을 사용한다.

| Credit Card Screening Dataset에 4단계 프로세스 모델의 적용 |

단계 1 목표설정

신용카드 심사 데이터 집합(Credit Card Screening Data set)은 15개의 입력 어트리뷰트들과 1개의 출력 어트리뷰트들을 가지는 690개의 인스턴스를 가지고 있다. 출력 어트리뷰트는 개인의 신용카드 승인 절차에서 승인(+)될 것인지 거절(−)될 것인지를 나타낸다. 모든 입력 어트리뷰트 이름들과 값들은 개인정보 보호를 위해서 의미 없는 기호들로 바꾸었다. 우리의 목표는 미리 정의한 입력 어트리뷰트들이 supervised 학습 모델을 만드는데 적절한 선택인지를 판단하는 것이다. 그리고 unsupervised 클러스터링을 사용하여 그 두 클래스들(승인/거절)로 자연스럽게 두 개의 클러스터가 만들어지는지를 확인해보고자 한다.

단계 2 데이터 준비

데이터 집합은 예제 디렉터리의 CreditScreeing.xls 파일에 저장되어 있다. 입력 어트리뷰트의 타입(유형) 설정은 정확하게 해야 한다. 다만 우리 실험에서 unsupervised 클러스터링을 사용할 때에만 클래스(class) 어트리뷰트를 보기 전용(display−only)으로 바꿔주면 된다. 이런 식으로 하면, 형성된 클러스트에 각 클래스로부터의 인스턴스들이 얼마나 많이 들어가 있는지를 알 수 있게 된다.

- 엑셀을 열고 CreditScreening.xls 파일을 불러온다.
- 새로운 이름으로 파일을 저장한다. 원본 파일을 건들지 않게 하기 위함이다.
- 클래스 어트리뷰트의 usage를 O에서 D로 바꾼다.

단계 3 데이터 마이닝 적용

- ESX로 unsupervised 클러스터링을 초기화시킨다.
- 유사도(similarity) 파라미터를 45로 설정해서 2개의 클래스를 형성한다.
- 실계수 허용 값(real−valued tolerance) 설정은 기본 값을 사용한다.
- 마이닝 세션을 시작한다.
- 기본 설정을 사용하여 규칙을 생성한다.

단계 4 결과의 해석과 평가

4장의 요약에서 설명된 데이터 마이닝 세션 분석 전략을 사용하여 우리 실험의 결과를 살펴보도록 하자. 다음은 4장에서 설명된 전략 단계와 우리의 분석이다.

1. 입력 어트리뷰트들이 얼마나 잘 클래스들을 정의하였는지를 보기 위해서 클래스간의 유사도 값들과 개별 클래스에서의 규칙들을 살펴본다.
   - 거의 같은 크기의 두 개의 클러스터들이 만들어졌다. 하나의 클러스터는 321개의 인스턴스들이, 다른 클러스터는 369개의 인스턴스들을 포함되어 있다.
   - 두 클러스터들 각각의 유사도 값은 도메인 유사도 점수를 초과한다. 이것은 클러스터링이 잘 정의되었다는 긍정적인 증거가 될 수 있다.
   - 두 클러스터들 모두에서 풍부한 규칙들을 볼 수 있었다. 이것은 클러스터링이 잘 정의되었다는 것에 대한 추가적인 증거가 될 수 있다.

2. 도메인 통계 요약을 살펴보아서 어트리뷰트 오류들을 찾고 예고력(predictive) 높은 수치 어트리뷰트가 어떤 것인지를 판단한다.
   - 유실(missing) 범주형 어트리뷰트 값들은 작은 사각형으로 표시된다(■).
   - 수치 어트리뷰트 eight과 eleven이 높은 유의미 점수를 보인다. 어트리뷰트 fourteen와 fifteen는 예고력이 가장 낮은 것으로 나온다.
   - 가장 일반적으로 발생하는 범주형 어트리뷰트들에 대한 테이블을 보면 어트리뷰트 nine, ten, twelve가 다른 값을 가지고 있음을 보여준다.

3. 클래스 통계 요약을 살펴보아서 예고력 높은 범주형 어트리뷰트 값들을 찾는다.
   - 범주형 어트리뷰트 nine와 ten은 상대적으로 높은 어트리뷰트 값 예측력(predictability)과 예고력(predictiveness)을 가지고 있다.
   - 클러스터 1의 인스턴스 중 84%가 신용카드 신청 승인(accept) 클래스에 해당한다는 것은 매우 흥미 있는 결과이다. 또한 거절(reject) 클래스의 90%가 클러스터 2에 속한다. 이 두가지의 사실들은 이 입력 어트리뷰트들이 두 클래스들을 정의하는데 매우 유용하다는 것에 대한 강한 증거가 될 수 있다.

4. 어트리뷰트의 선택, 인스턴스의 선택, 파라미터 설정 값의 선택을 적절하게 변경하고 데이터 마이닝 세션을 반복하여 최상의 데이터 모델을 생성한다.
   - 우리의 결과를 보면 우리가 사용한 입력 어트리뷰트들이 출력 어트리뷰트 값을 결정하는 데 유용함을 알 수 있다. 따라서 논리적인 다음 단계는 training/test 집합 시나리오를 사용하여 supervised 학습자 모델을 만들고 테스트하는 것이다.
   - Supervised 모델 생성에 사용되는 어트리뷰트들은 클래스멤버쉽에 대한 예고력이 높은 어트리뷰트들로만 제한하는 것을 고려해야 한다.

입력 어트리뷰트들이 정확한 supervised 모델을 만들 수 있게 하기 위한 추가적인 지원

표 5.2 신용카드 심사에 대한 오분류 행렬

	Computed Accept	Computed Reject
Accept	115	38
Reject	35	152

을 제공하기 위해서, 우리는 training/test 집합 시나리오를 데이터에 적용한다. 우리는 훈련(training)에 350개의 인스턴스를 사용하고 테스트(test)에 340개의 인스턴스를 사용하여 supervised 학습자 모델을 만든다. 전체 데이터 집합의 약 45%가 신용카드 신청에 대해 승인된 것에 해당한다. 처음 350 인스턴스에 같은 비율로 되어 있기 때문에 그 처음 350 인스턴스 데이터를 training 데이터에 배정했다. 만들어진 모델은 78%의 test 집합 분류 정확도를 보여준다. 이 실험의 오분류 행렬은 표 5.2에서 볼 수 있다.

다음으로 데이터에 대해 우리는 세 가지 추가적인 실험을 했다. 첫 실험에서 우리는 똑같은 training/test 데이터를 사용하지만 가장 예고력(predictive) 높은 범주형 그리고 수치형 데이터를 제외한 나머지 모든 데이터를 사용하지 않는(unused) 플래그로 설정하였다. 특히 우리는 어트리뷰트 eight, nine, ten, eleven만 선택 어트리뷰트로 사용했다. 이 실험은 77%의 test 집합 정확도를 보여준다. 모델의 성능이 향상되지는 않았지만 4개의 입력 어트리뷰트들만으로도 test 집합의 같은 정확도를 얻어 낼 수 있었다. 두 번째 실험에서는 그 4개의 가장 예고력 높은 어트리뷰트들을 unused로 설정하여 사용하지 않고 나머지 입력 어트리뷰트들을 사용하여 supervised 모델을 생성하여 보았더니 그 결과 test 집합의 정확도는 58%로 나왔다. 클래스 멤버쉽의 가장 좋은 예측자(predictor)들이 사용되지 않았기 때문에 이러한 결과가 나온 것이다.

마지막 실험에서는 모든 입력 어트리뷰트들을 사용하지만 training 데이터로는 각 클래스에서 가장 전형성(typicality)이 높은 20개의 인스턴스들을 사용한다. 실험의 결과는 76.5%의 분류 정확도를 보여준다. 이 실험의 오분류 행렬은 표 5.3에서 볼 수 있다. 거절되어야 하는데 승인이 된 경우는 단지 25명에 불과하다는 것은 주목해볼만하다. 또한 전형성 높은 40개의 데이터만으로 만들어진 supervised 모델이 350개의 training 데이터들로 만들어진 모델과 비슷한 성능을 냈다는 것도 매우 흥미로운 것이다. 이것은 두 클래스들로부터의 인스턴스들이 자연스럽게 클러스터들을 형성한다는 사실의 직접적인 결과이다. 앞 장에서 소개된 사슴 사냥꾼 데이터 집합(Deer Hunter Dataset)은 이러한 특성들을 가지고 있지 않다. 그래서 사슴 사냥꾼 데이터 집합으로 supervised 학습자 모델을 만드는 것은 매우 어려운 도전이다(연습 문제의 데이터 마이닝 문제 1을 보라).

표 5.3 전형성 높은 훈련(training) 모델에 대한 테스트 집합 결과

	Computed Accept	Computed Reject
Accept	98	55
Reject	25	162

| 실험 2: 파라미터(매개변수) 평가 |

두 번째 예제는 지구 표면의 일부분을 찍은 디지털 위성 이미지를 담은 픽셀 데이터 집합을 사용한다. training과 test 데이터는 300 픽셀로 지표면의 특성을 나타낸다. 이 데이터

위성 사진 데이터 집합(The Satellite Image Dataset)

위성 사진 데이터 집합은 디지털화된 지표의 일부분에 대한 위성 사진들이다. 그 데이터 집합은 지표면 특성을 알 수 있도록 해주는 300 픽셀의 사진들이다. 각 사진 데이터는 15개 중의 한 범주로 정확히 분류될 수 있다 : Urban, Agriculture 1, Agriculture 2, Turf/Grass, Southern Deciduous, Northern Deciduous, Coniferous, Shallow Water, Deep Water, Marsh, Shrub Swamp, Wooded Swamp, Dark Barren, Barren 1, Barren 2. 각 범주는 대략 20개의 데이터 인스턴스를 가진다.

위성 이미지 데이터를 분석할 수 있는 능력은 지표면의 영역 변화를 감시할 수 있기 때문에 중요하다. 특정 지역의 변화들을 볼 수 있는 능력(capacity)은 과학적인 측면이나 산업적인 측면 모두에서 필요하다. 과학자들은 지표면의 변화를 감시하는 것으로 환경 보호 문제들을 더 잘 이해할 수 있다. 산업 분석가들은 특정 지역에 더 많은 상업화를 촉진할 것인가를 판단하기 위해서 지역 변화를 관찰해서 의사결정에 이용한다.

데이터 마이닝 실험에서 2,3개의 클래스들을 가지는 경우가 많다. 하지만 위성 사진 데이터는 이미 잘 정의된 많은 수의 클래스들을 가지고 있어서 모델을 만들고 테스트할 수 있어 특별한 관심의 대상이 된다. 또한, 각각의 클래스는 제한된 인스턴스들을 포함하기 때문에 학습자 모델의 파라미터 설정 차이가 모델의 성능에 영향을 주는지 쉽게 비교해볼 수 있다. 마지막으로 수치 데이터만을 포함하므로 신경망 모델을 만들고 테스트해볼 수 있다. iDA 예제 디렉터리에 두 종류의 데이터 집합이 있다. 파일 sonar.xls은 supervised 학습을 위한 것이고 파일 sonaru.xls은 unsupervised 학습자 모델을 위해서 사용할 수 있다.

는 다음과 같은 15개의 범주로 분류된다: Urban, Agriculture 1, Agriculture 2, Truf/Grass, Southern Deciduous, Northern Deciduous, Coniferous, Shallow Water, Deep Water, Marsh, Shrub Swamp, Wooded Swamp, Dark Barren, Barren 1, and Barren 2. 각 범주마다 대략 20개의 인스턴스를 가지고 있다. 각 픽셀은 전자기적 스펙트럼의 6개의 띠에 나타나는 multispectral reflectance 값을 가지는 6개의 수치형 값으로 표현된다(blue (0.45－0.52m), green(0.52－0.60 m), red (0.63－0.69 m), near infrared(0.76－0.90 m), two middle infrared(1.55－1.75m and 2.08－2.35 m)). 데이터 집합에서 더 많은 정보를 알고 싶으면 위성 사진 데이터 집합(The Satellite Image Data set) 설명상자를 보자.

많은 학습 방법들은 여러 사용자 설정 파라미터들에 의해서 조정된다. 예를 들어 ESX에서는 수치 데이터의 유사도 값의 계산을 위해서 실계수 허용 값(real－valued tolerance) 이라는 파라미터를 사용한 것을 기억해보면 된다. 실험 결과를 보면 이 경우에서 파라미터 값으로 기본 설정 값인 1.0을 사용했을 때 가장 결과가 좋았었다. 그러나, 클래스내의 수치 어트리뷰트 값 편차가 전체 도메인에서의 편차보다 적은 경우에는, 값을 낮게 설정(즉, 보다 보수적으로 값을 설정)하는 것이 더 좋은 결과를 낼 수 있다. 이 두 번째 실험의 목적들 중의 하나는 이 파라미터가 test 집합 분류 정확도에 어떠한 뚜렷한 효과나 영향을 가지는지를 보고자 하는 것이다.

위성 사진 데이터에 4단계 프로세스 모델의 적용

단계 1 목표 설정

우리의 목표는 지구 표면 지역의 위성 사진으로부터 얻어진 픽셀 이미지를 분류하기 위한 정확한 supervised 학습자 모델을 개발하는 것이다. 일단 만들어지면, 그 모델은 어느 특정한 지역에서 지표상의 변화가 발생하였는지를 자동으로 찾기 위한 시스템에 사용될 수 있을 것이다. 어느 지역에서의 뚜렷한 도시 개발적인 진전이 포착된다면 그것으로 그 지역에서의 추가적인 사업 개발 프로젝트의 가능성을 검토해볼 수 있게 할 수 있을 것이다.

단계 2 데이터 준비

실험을 실행하기 전에 데이터를 불러와서 준비해야 한다:

- 엑셀을 실행하고 sonar.xls 스프레드시트 파일을 불러온다.
- 결과 데이터는 현재 iDA 역전파 신경망에 대한 형식으로 되어 있다. 우리는 실험에서 ESX를 사용하기 때문에 스프레드시트 파일의 3번째 줄을 수정해야만 한다.

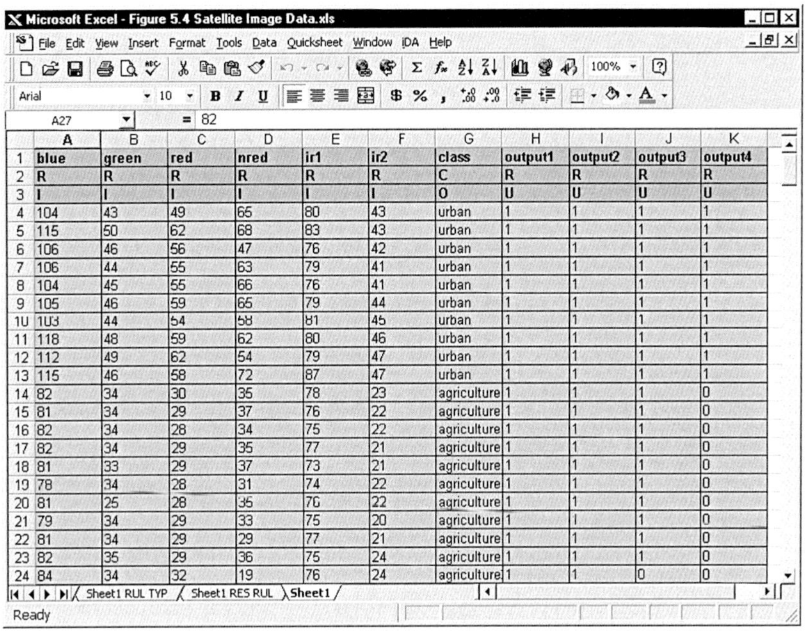

	A	B	C	D	E	F	G	H	I	J	K
1	blue	green	red	nred	ir1	ir2	class	output1	output2	output3	output4
2	R	R	R	R	R	R	C	R	R	R	R
3	I	I	I	I	I	I	O	U	U	U	U
4	104	43	49	65	80	43	urban	1	1	1	1
5	115	50	62	68	83	43	urban	1	1	1	1
6	106	46	56	47	76	42	urban	1	1	1	1
7	106	44	55	63	79	41	urban	1	1	1	1
8	104	45	55	66	76	41	urban	1	1	1	1
9	105	46	59	65	79	44	urban	1	1	1	1
10	103	44	54	58	81	45	urban	1	1	1	1
11	118	48	59	62	80	46	urban	1	1	1	1
12	112	49	62	54	79	47	urban	1	1	1	1
13	115	46	58	72	87	47	urban	1	1	1	1
14	82	34	30	35	78	23	agriculture	1	1	1	0
15	81	34	29	37	76	22	agriculture	1	1	1	0
16	82	34	28	34	75	22	agriculture	1	1	1	0
17	82	34	29	35	77	21	agriculture	1	1	1	0
18	81	33	29	37	73	21	agriculture	1	1	1	0
19	78	34	28	31	74	22	agriculture	1	1	1	0
20	81	25	28	35	76	22	agriculture	1	1	1	0
21	79	34	29	33	75	20	agriculture	1	1	1	0
22	81	34	29	29	77	21	agriculture	1	1	1	0
23	82	35	29	36	75	24	agriculture	1	1	1	0
24	84	34	32	19	76	24	agriculture	1	1	0	0

그림 5.4 위성 이미지 데이터

- 그 워크북을 새로운 엑셀 스프레드시트에 복사한다.
- 클래스(class) 어트리뷰트에 대하여 supervised 분류를 수행할 것이다. 그 클래스 어트리뷰트의 usage를 U에서 O로 변경하고 어트리뷰트 output1, output2, output3, output4의 usage를 U로 변경한다. 그림 5.4는 스프레드시트 데이터에 대한 올바른 형식을 보여준다. 이제 데이터에 마이닝을 시작할 준비가 되었다.

단계 3 데이터 마이닝 적용

- ESX로 supervised 분류를 실행한다. 150개의 인스턴스를 training에 사용한다.
- 실계수 허용 값 설정을 기본 값 1.0으로 그대로 둔다.

단계 4 결과의 이해와 평가

test 집합에 적용되기 때문에 논리적인 첫 단계는 오분류 행렬을 실행하는 것이다. RES MTX 시트를 열어서 이 실험에 대한 오분류 행렬을 확인한다. test 집합의 분류 정확도는 65%임을 확인하라.

아마도 첫 번째 반응은 이 데이터 집합이 데이터 마이닝에 적합하지 않다는 생각일 것이다. 결국 15개의 클래스가 있는 데이터 집합에 150개의 training 인스턴스가 있다는 것은 평균적으로 클래스당 10개의 training 인스턴스만 있다는 것이다! 하지만 좋지 않은 성능 결과는 이것 외에도 많은 다른 요인들에 의한 것일 수 있다. 그래서 최종 결론들을 결정하기 전에 조사를 해보아야 한다. 우리는 4장 요약에서 설명한 데이터 마이닝 세션 분석 전략을 따른다. 첫 번째 실험에서처럼, 그 전략의 각 단계를 보이고 우리의 분석을 제공한다.

1. 입력 어트리뷰트들이 얼마나 잘 클래스들을 정의하였는지를 보기 위해서 클래스(class)간의 유사도 값들과 개별 클래스에서의 규칙들을 살펴본다.
   - 클래스 유사도 점수들의 대부분이 1.0 근처에 있다는 사실이 의심스럽다.
   - 대부분의 클래스들에서 풍부한 규칙들이 나오는데 이것은 잘 정의된 클래스들의 training 집합이라는 것을 암시한다.

2. 도메인 통계 요약을 살펴보아서 어트리뷰트 오류들을 찾고 예고력(predictive) 높은 수치 어트리뷰트가 어떤 것인지를 판단한다.
   - 모든 수치 어트리뷰트들이 유의미성 점수가 1.90을 넘고 그 중 일부는 3.5를 넘는다.
   - 이것은 잘 정의된 클래스 어트리뷰트 집합을 암시한다.

3. 클래스 통계 요약을 살펴 보아서 예고력 높은 범주형 어트리뷰트 값들을 찾는다.
   - 이 데이터에는 범주형 어트리뷰트가 없다.

4. 어트리뷰트의 선택, 인스턴스의 선택, 파라미터 설정 값의 선택을 적절하게 변경하고 데이터 마이닝 세션을 반복하여 최상의 데이터 모델을 생성한다.
   - 어트리뷰트 유의미성 점수가 높게 나왔고 클래스 규칙들이 풍부하게 나왔으므로 우리의 결론은 그 training 데이터는 잘 정의된 클래스들을 포함하고 있다는 것이다. 또한 클래스 유사도 값이 유난히 높게 나온 것을 볼 수 있다.
   - 실계수 허용 값(real-valued tolerance) 파라미터 값을 조정해서 클래스 유사도 값을 낮추어 보는 것을 한번 시도해볼 수 있을 것이다.

단계4에서 제안된 시도는 직관적이지 않은 것으로 보인다. 하지만 유사도 점수는 매우 높은 데 test 집합 결과는 좋지 않게 나왔다는 사실은, 그 모델이 서로 다른 클래스들로 부터의 인스턴스들간에 분류를 잘 하지 못한다는 것을 의미한다. 따라서 허용 파라미터 값을 낮추어서 유사도 기준을 좀 더 엄격하게 하여야 한다. 그 제안된 시도를 한번 따라 해보고

감마선 폭발 데이터 집합(The Gamma-Ray Burst Dataset)

감마선 폭발(Gamma-Ray Burst)은 우리 태양계의 밖에서 들어오는 짧은(brief) 감마선 섬광이다. 지금까지 1000건 이상의 폭발이 기록되었다. 데이터 집합에서 감마선 폭발 데이터는 BATSE 4B 목록에 있는 것이다. BATSE 4B 목록에서의 폭발들은 1991년 4월에서 1993년 3월 사이에 NASA's Compton GammaRay Observatory에 실린 Burst And Transient Source Experiment(BATSE)에서 관찰한 것이다. 이 폭발에서 측정된 많은 어트리뷰트들이 있지만 데이터 집합에는 7개의 어트리뷰트들만 포함되어 있다. 폭발(burst) 어트리뷰트는 폭발 번호가 매겨져 있다. 다른 모든 어트리뷰트들은 로그 정규화(logarithmic normalization)로 전처리되어 있다. 정규화된 어리뷰트인 T90과 T50은 폭발 길이(burst duration or burst length)로 P256과 fluence는 폭발 밝기(brightness)로 HR321과 HR32는 폭반 강도(hardness)로 측정한다.

이 데이터 집합은 여러 면에서 관심의 대상이 된다. 첫째, 데이터 집합은 천문학자들에게 자연 감마선 폭발에 대한 다양한 가설들을 개발하고 검정할 수 있도록 해준다. 천문학자들은 이 데이터를 가지고 우주의 구조를 더 많이 이해할 수 있다. 둘째, 원시(raw) 감마선 폭발 데이터는 중요한 어트리뷰트들의 집합이 만들어지기 전에 여러 번의 전처리와 변환 과정이 필요하다. 데이터 집합은 전처리와 변환의 중요성을 극명하게 보여준다. 마지막으로 데이터가 정확한 실수이기 때문에 신경망 접근법을 사용하여 이 데이터를 학습시킬 수 있다. iDA 예제 디렉터리에서 Grb4u.xls을 찾을 수 있다. 만약 BATSE 프로젝트에 대해서 더 많은 정보를 얻고 싶다면 웹 사이트 http://www.batse.msfc.nasa.gov/batse/grb/catalog/를 방문하라.

실험을 반복해보자. 즉, 이번에는 실계수 허용 값을 0.30으로 설정한다.

데이터 마이닝이 완성되면 분류의 결과를 가지고 오분류 행렬을 확인하자. 오분류 행렬은 98%의 분류 정확도를 보여준다. 다음은 클래스(class) 유사도 점수를 확인하자. 놀랍게도, 모든 점수들이 아직도 0.90 이상일 것이다. 그러나 우리가 성능을 증가시켰다는 것은 그 허용 값(tolerance) 설정이 유사도 값을 과도하게 낙관적으로 계산하지 않는다는 것을 암시한다. 마지막으로 하나 더 생각해야 할 것은, 입력 데이터가 완전히 범주형이고 아까와 같은 유사한 초기 결과가 나온다면 별도의 시도를 해볼 수 있다. 왜냐면 범주형 데이터는 허용 값 설정을 하지 않기 때문이다. 범주형과 수치형 데이터에 대한 결과를 향상시키기 위한 다른 시도들로는 어트리뷰트의 추가 혹은 삭제, training 데이터의 재구성, training 인스턴스 개수의 조정, 그리고 어트리뷰트 변환을 들 수 있다.

이번 절에서의 두 가지 실험들에서는 잘 정의된 출력 어트리뷰트를 가진 데이터 집합에 4단계 과정을 적용하였다. 같은 프로세스 모델을 출력 어트리뷰트가 정의되지 않은 데이터 집합에 적용할 수도 있다. 명시된 출력 어트리뷰트를 가지지 않는 흥미로운 데이터 집합으로는 감마선 폭발 데이터 집합(Gamma-Ray Burst dataset)이 있다. 감마선 폭발 데이터 집합이라는 제목이 붙어 있는 설명상자에서 이 데이터 집합에 대한 설명을 읽을 수 있다. 데이터 마이닝 연습 문제 4에서 이 데이터 집합을 가지고 여러 실험들을 수행해보게 될 것이다.

5.11 요약

지식발견은 7단계 프로세스로 모델화될 수 있는데, 그 7단계는 목표 설정, 목표 데이터 만들기, 데이터 전처리, 데이터 변환, 데이터 마이닝, 결과의 해석 및 평가, 지식의 적용을 포함한다. 성취하고자 하는 것에 대한 명확한 정의를 해보는 것은 (즉 명확한 목표 설정은) 성공적인 지식발견을 위한 좋은 시작이다. 목표 데이터 집합은 일반적으로 웨어하우스 혹은 트랜잭션 데이터베이스에서 데이터를 추출하여 생성한다. 트랜잭션 데이터베이스는 정보의 빠른 수정과 검색을 위하여 모델링되었기 때문에 중복 데이터를 저장하지 않는다. 이 때문에, 트랜잭션 데이터베이스에 있는 데이터의 구조는 데이터 마이닝이 적용되기 전에 수정되어야 한다.

데이터 마이닝 도구를 사용해보기 전에, 수집된 데이터는 잡음 데이터를 제거하기 위해서 전처리된다. 유실(missing) 데이터는 특히 걱정거리인데 유실 항목들을 처리할 수 없도록 되어 있는 데이터 마이닝 알고리즘들이 많기 때문이다. 데이터 마이닝 수행하기 전에 데이터 전처리 뿐만 아니라 데이터 변환 기법들도 적용될 수 있다. 데이터의 정규화와 어트리뷰트 생성 및 제거와 같은 데이터 변환 방법은 종종 좋은 결과를 내기도 한다. 어트리뷰트 선택 기법들 중에 특히 유전자 학습(genetic learning)은 가장 좋은 어트리뷰트들을 선택하는 것에 도움을 줄 수 있다.

한번 데이터 마이닝 과정이 완료되면 결과들은 평가된다. 만약 그 결과가 수용할만 하다면 그 생성된 모델은 적용될 수 있다. 만약 그렇지 못하다면 지식발견 프로세스의 여러 단계들은 반복된다. 다행스럽게도 모델의 생성과 테스트를 포함하는 반복적 접근방법은 우리에게 수용 가능한 결과가 나오게 할 것이다.

또 다른 지식발견 프로세스 모델로는 CRISP-DM 프로세스 모델이 있다. CRISP-DM은 비즈니스 커뮤니티를 위해 특별히 개발된 제품-중립(product-neutral) 모델이다.

5.12 핵심 용어

- **데이터 정제(Data cleaning)** 잡음(noisy) 데이터와 유실(missing) 데이터를 처리해주는 데이터 전처리 기법
- **데이터 정규화(Data normalization)** 수치 값들을 지정된 범위로 수정해 변경하는 데이터 변환.
- **데이터 전처리(Data preprocessing)** 잡음과 유실 데이터를 다루는 KDD 프로세스 단계
- **데이터 변환(Data transformation)** 어트리뷰트 추가 및 삭제 뿐만 아니라 데이터 정규화와 변환을 처리하는 KDD 프로세스 단계
- **십진수 스케일링(Decimal scaling)** 수치 어트리뷰트에 대한 데이터 변환 기법인데 각 값을 10의 같은 제곱 값으로 나눈 것이다. 예를 들어, -1000에서 1000 범위의 값들을 모두 1000(즉 10의 3제곱)으로 나누어 -1과 1의 범위로 변환할 수 있다.
- **인스턴스-기반 분류기(Instance-based classifier)** 각 클래스로부터의 인스턴스들을 저장하여 그것을 이용하여 데이터를 모델링하는 분류기
- **로그 정규화(Logarithmic normalization)** 수치 어트리뷰트에 대한 데이터 변환 기법인데 각 수치 값들은 b를 밑으로 하는 로그값으로 변환된다.
- **최대-최소 정규화(Min-Max normalization)** 수치형 어트리뷰트 값들을 정해진 수치 범위 단위로 변환하는 데 사용되는 데이터 변환 방법
- **잡음(Noise)** 데이터에 랜덤으로 발생하는 에러
- **관계형 데이터베이스(Relational Database)** 행과 열을 포함하는 테이블들의 집합으로 데이터를 표현하는 데이터베이스. 테이블의 각 열은 어트리뷰트라고 말하고, 테이블의 각 행은 하나의 데이터 레코드에 대한 정보를 저장한다.
- **과학적 연구방법(Scientific method)** 문제 정의, 가설 수립, 실험 수행, 결론 도출을 포함하는 문제 해결 4단계 접근 방법

- **시계 열 분석(Time-series analysis)** 시간에 따른 변화들을 모델화하는 기법
- **튜플(Tuple)** 관계형 데이터베이스에서 테이블의 각 행
- **Z-스코어 정규화(Z-score normalization)** 수치형 어트리뷰트에 대한 데이터 정규화 기법인데 각 수치 값들은 평균과의 표준 차이 값으로 대신된다.

5.13 연습 문제

| 복습 문제 |

❶ 아래의 용어들의 차이를 설명하라.

a. 데이터 정제(Data cleaning)와 데이터 변환(Data transformation)

b. 내부, 그리고 외부 데이터 평활화(smoothing)

c. 십진수 스케일링(Decimal scaling)과 Z-스코어 정규화(Z-score normalization)

❷ 제 5.4절에서 학습 중에 데이터 마이닝 기법이 유실 데이터를 처리하는 3가지 기본 방법들을 학습했다. 아래의 문제들에서 어떤 기법이 가장 적당한지를 결정하고 그 이유를 설명하라.

a. 신용카드 신청을 승인 혹은 거절할 수 있는 모델

b. 프로모션 전단지 우편 발송을 받을 사람을 판단하는 모델

c. 결장암(colon cancer)이 발생할 것 같은 사람들을 판단하기 위한 모델

d. 어떤 지역에서 석유 시추 작업을 할 것인지를 결정하는 모델

e. 주택 모기지 대출 신청자를 승인 혹은 거절하는 모델

| 데이터 마이닝 문제 |

❶ 아래의 문제를 해결하기 위해서 사슴 사냥꾼 데이터 집합(사슴 사냥꾼 Dataset)을 사용하라.

a. 5.10절에서 설명된 unsupervised 클러스터링을 사용하는 실험을 다시 해서, 정의된 입력 어트리뷰트들이 supervised 학습자 모델을 만드는 데 적절한 것인지를 판단해보라. 4 단계 모델을 따라 해보면서 각 단계에서 발견된 것들을 간략하게 설명해보라. 어트리뷰트 Yes는 보기-전용(display-only)으로 설정하라. 데이터 집합이 비교적 크기 때문에 quick mine 기능을 사용하여 유사도 점수를 두 개의

클래스가 나올 수 있도록 설정하라.

b. 처음 4000개 인스턴스들을 training에 사용하여 supervised 학습자 모델을 만들어 보라. test 집의 결과가 어떻게 나왔는가?

c. 이번에는 그 처음 4000개 인스턴스들을 사용하고 가장 예고력(predictive) 높은 범주형 그리고 수치형 어트리뷰트를 사용하여 두 번째 supervised 학습자 모델을 만들어 보라. test 집합의 결과는 어떤가? 결과 성능이 b번보다 향상되었는가?

d. 각 클래스로부터 각각 전형성(typicality)이 가장 높은 50개의 인스턴스들을 training 데이터로 사용하여 모델을 만들어라. test 집합의 결과를 b, c번에서 얻은 결과와 비교하라.

LAB❷ sonaru.xls 데이터 파일을 사용하여 unsupervised 클러스터링을 수행하라. 데이터에 포함된 실제 클래스들과 비슷하게 15개의 잘 정의된 클러스터들을 형성할 수 있도록 인스턴스 유사도와 실수 허용 값(real-tolerance) 파라미터들을 가지고 실험하라. 클래스 어트리뷰트는 보기-전용(display-only)을 설정했는지 확인하라.

a. 클러스터링의 결과가 데이터에 있는 실제 클래스들과 유사한 클래스 구조를 보이는가?

b. 어떤 클래스가 자연스럽게 함께 클러스터된 인스턴스들을 보이고 있는가?

c. 어떤 클래스가 다른 클래스들의 인스턴스들과 서로 섞이는 경향을 보이는가?

LAB❸ CardiologyNumerical.xls 데이터 파일은 범주형 어트리뷰트들이 수치 값들로 바뀌어진 것을 제외하고는 CardiologyCategorical.xls 파일과 같다.

a. CardiologyNumerical.xls 파일을 엑셀에 불러온다. 범주형 어트리뷰트들이 수치 값으로 대응되는 것은 표 2.1에 나와 있다. 예를 들어, 이 테이블을 보면 성별 어트리뷰트의 값이 남성(male)과 여성(female)에서 각각 수치 값 1과 0으로 바뀌었다. 같은 방식으로 가슴통증 유형(chest pain type) 어트리뷰트의 값인 Angina, abnormal Angina, noTang, asymptomatic도 각각 수치 값 1,2,3,4로 바뀐다. 클래스 어트리뷰트에서는 healthy 클래스의 인스턴스들은 1을, sick 클래스 인스턴스들은 0을 가진다.

b. 이 데이터 집합을 사용하여 5.10절에서의 첫 번째 실험을 실행하라. 4 단계 모델을 따라 해보면서 각 단계에서 발견된 것들을 간략하게 설명해보라. 클래스 어트리뷰트는 보기-전용(display-only)으로 설정하라. 최적의 결과를 얻기 위해서 실계수 허용 값(real-tolerance) 설정을 변경하여야 할 것이다. Healthy 인스턴스들과 sick 인스턴스들이 같이 클러스터되는가?

LAB❹ iDA 예제 디렉터리는 grb－4u.xls 이름의 파일을 가지고 있다. 이번 장의 마지막 부분에 있는 설명 상자 "감마선 폭발 데이터 집합(Gamma－Ray Burst dataset)"에 있는 이 데이터 집합에 대한 설명을 읽어라.

a. ESX를 사용하여 이 데이터에 대해 4번의 unsupervised 클러스터링을 실행하라. 각각 유사도 매개변수 값 설정을 변경해 2개, 3개, 4개, 5개의 클러스터가 만들어지게 클러스터링을 하라. 각각의 클러스터링을 새로운 스프레드시트에서 저장하라.

b. 네 번의 클러스터링 각각에 대해서 각 클러스터에서 생성된 규칙 뿐만 아니라 도메인과 클래스(class) 통계들도 검토하시오. 클러스터링을 골라서 그 안의 각 클러스터에 해당되는 폭발(burst)의 특징(즉 어트리뷰트)에 대해서 간략한 설명을 적어라. 평균 폭발(burst) 길이, 폭발 밝기(burst brightness), 폭발 정도(burst hardness)에 있어서 뚜렷한 차이가 있는지 설명하라.

c. 클래스 유사도 값, 생성된 규칙들, 어트리뷰트 유의미 값들에 대한 적절한 조합을 사용하여 어떤 클러스터링이 데이터를 가장 잘 나타내주고 있는지를 결정하라. 당신의 대답에 대한 정당한 근거를 제시하라.

d. 가장 좋은 선택이라고 당신이 생각하는 그 클러스터링에 대하여 그 안에 있는 각각 클러스터로부터 규칙(rule)을 하나씩을 나열하여 보라.

❺ FTP 사이트 ftp://ftp.ics.uci.edu/pub/machine－learning－Databases/ (혹은 부록 B의 웹사이트 목록들 중에 하나)를 방문해서 관심 있는 데이터 집합을 하나 선택하라. 그 데이터집합을 다운로드받아 엑셀 스프레드시트에 넣어라. ESX와 5.10절에서 정의된 4단계 프로세스 모델을 사용하여 이 데이터에 대한 데이터 마이닝 실험들을 수행해보라.

| 계산 문제 |

❶ 표 2.3의 데이터에 대해 연령(age) 어트리뷰트에 적용할 수 있는 최대－최소 정규화(Min－Max normalization) 일반화 공식을 세워라. 새로운 최소 값이 0으로, 새로운 최대 값이 1로 되도록 데이터를 변환하라. 연령 어트리뷰트 값이 35일 때 이 공식을 사용한 변환 값은 얼마가 되는가?

❷ 어떤 주식 값이 $25.00에서 $40.00으로 상승한다. 주가 상승 비율을 계산하라.

❸ 값의 범위가 2300에서 10,000 사이인 어떤 수치형 어트리뷰트에 밑이 2인 로그 정규화를 적용하려고 한다. 정규화를 하게 되면 그 어트리뷰트에 대한 값의 새로운 범위는 얼마가 되는가?

❹ 표 2.3의 연령(age) 어트리뷰트 값에 밑이 10인 로그 정규화를 적용하라. 원래 값과 변환된 값을 표로 만들어 나열하여 보라.

❺ CreditCardPromotion.xls 데이터 파일과 표 5.1의 초기 개체군(initial population)을 사용하여 어트리뷰트 선택을 위한 유전적 알고리즘의 첫 번째 반복을 수행하라. 출력 어트리뷰트로는 생명보험 프로모션(life insurance promotion)을 사용한다. 훈련에 10개의 인스턴스를 사용하고 나머지 인스턴스들은 test 집합으로 사용한다. test 집합에 대한 분류 정확도를 적합함수(fitness function)로 사용한다. 초기 개체군에 있는 세 개의 개체의 각각에 대하여 적합도 점수를 계산하여 보라.

❻ 이번 장에서의 ESX 실험을 바탕으로, 실계수 허용 값(real–tolerance) 파라미터 설정 값과 수치 어트리뷰트의 유의미성 값(significance) 사이의 역방향 관련성에 대한 가설을 세울 수 있는가?

Chapter 6
데이터 웨어하우스

이 장에서 학습할 내용

- 트랜잭션 데이터베이스는 의사결정 지원을 위해 필요한 중복 데이터를 지원하지 않는 이유
- 다차원형 혹은 관계형 구조로 구현된 데이터 웨어하우스
- 데이터 웨어하우스 모델링에 사용되는 스타 스키마
- OLAP을 사용하여 웨어하우스에 저장된 다차원 데이터를 분석하는 방법
- MS 엑셀의 피벗 테이블들을 사용하여 다차원 데이터를 모델화하는 방법

데이터 마이닝은 데이터 웨어하우스(data warehouse)가 지원되지 않는 환경에서도 할 수 있고, 하고 있으며, 또한 할 것이다. 그러나 의사결정 지원, 조직화의 필요성, 효율적인 데이터 저장소와 검색 구조를 위한 목적으로 수집되는 데이터의 양은 계속해서 증가하고 있다. 이러한 데이터의 증가 때문에 데이터 웨어하우스가 생겨나게 되었다.

이 장에서는 데이터 웨어하우스 설계를 위한 주요한 개념과 고려 사항들에 대해서 전반적으로 살펴볼 것이다. 많은 데이터 웨어하우징(data warehousing) 구조들이 있지만, 그 중에서 가장 일반적인 구조를 중심으로 설명할 것이다. 또한, 다차원적인 방식으로 데이터를 분석할 수 있는 강력한 의사결정 지원 도구인 OLAP(on-line analytical processing)를 소개할 것이다. 6.1절에서는 트랜잭션 데이터베이스(transactional database)에 저장된 데이터를 분석할 때 생기는 문제들에 대해서 살펴본다. 6.2절에서는 데이터 웨어하우스를 정의하고 설계하기 위해 사용되는 모델을 자세히 설명할 것이다. 6.3절에서는 OLAP을 사용하여 데이터 웨어하우스에 있는 데이터에 대해 인간이 만든 가설을 검증하는 방법을 보게 될 것이다. 이 장의 마지막에는 엑셀(MS Excel)의 피벗 테이블(pivot table)에 대해 소개할 것이다.

데이터 웨어하우스의 설계와 구현에 대한 여러 책들이 그 동안 소개되어 왔다. 데이터 웨어하우징에 대해 더 많은 정보를 얻을 수 있는 좋은 책으로는 Object-Oriented Data Warehouse Design(Giovinazzo, 2000)과 The Data Warehouse Lifecycle Toolkit: Expert Methods for Designing, Developing, and Deploying Data Warehouses(Kimball et al, 1998)이 있다.

6.1 운영 데이터베이스

분석을 위해 데이터를 수집하는 한 가지 방법으로는 운영되고 있는 여러 데이터베이스에서 데이터를 직접 추출하는 것이다. 운영(operational) 혹은 거래(transactional) 데이터베이스는 개별 트랜잭션을 빠르고 효율적으로 처리하도록 설계되었다. 이런 형태의 트랜잭션 기반 처리를 우리는 **온라인 트랜잭션 프로세싱(on-line transactional processing)**이라 하고 간단히 OLTP라고 한다.

이와는 반대로, 의사결정 지원 시스템은 특정 주제를 중심으로 구성된다. 이러한 시스템은 신용카드사의 프로모션 정보, 자동차 엔진 수리기록, 심장관련 병력기록 등과 같은 특정 주제에 대해서 데이터 마이닝을 통한 분석과 결과 보고를 할 수 있도록 설계된다. 운영(operation)을 목적으로 하는 시스템과 의사결정을 목적으로 하는 시스템은 목적이 다르므로 서로 다른 방법론으로 접근해야 한다. 이것을 비교 설명하기 위해서, 운영 데이터베이스(Operational Database) 환경을 모델링하는 데 사용되는 구조에 대해서 간단히 살펴보도록 하자.

| 데이터 모델링과 정규화 |

트랜잭션 데이터베이스를 만들기 위해서 해야 할 첫 번째 과정은 데이터 모델링(data modeling)이다. **데이터 모델(data model)**은 데이터가 어떻게 사용되는지와는 독립적으로, 시스템에 들어 갈 데이터의 구조에 대한 것이다. 데이터 모델링의 일반적인 표시법은 **엔티티 관계도(entity relationship diagram - ERD)**이다. ERD는 엔티티와 엔티티들간의 관계들로 데이터의 구조를 설명한다. **엔티티(entity)**는 개념(concept)을 말하는데 사람, 장소, 사

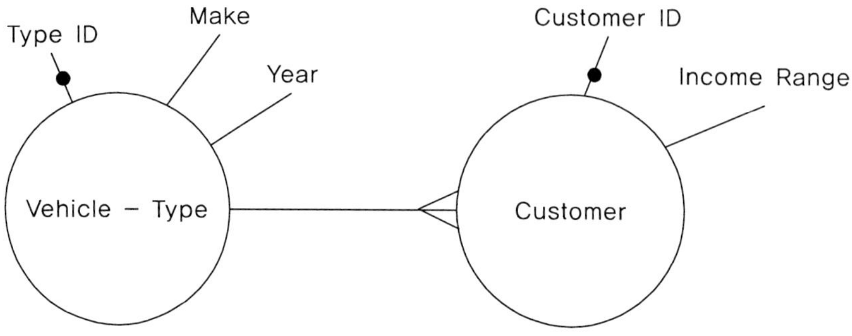

그림 6.1 간단한 엔티티 관계도(ERD)의 예

물과 같은 클래스를 나타낸다. 엔티티는 하나 혹은 그 이상의 어트리뷰트(attribute)를 가질 수 있다. 키(key)는 하나 혹은 그 이상의 어트리뷰트들의 조합으로 표현되는데 그것으로 한 엔티티의 각 인스턴스를 유일하게 구분해줄 수 있다.

엔티티들간의 관계는 일대일(one-to-one), 일대다(one-to-many), 다대다(many-to-many) 관계가 있다. 일부일처제 사회에서 남편-부인 사이는 일대일 관계이다. 아버지-아들 사이는 아버지가 한 명 이상의 자식을 가질 수 있지만 각 자식에게는 아버지는 단 한 명뿐이기 때문에 일대다 관계이다. 마지막으로, 학생-선생님 사이는 선생님은 여러 제자를 지도할 수 있고 학생은 여러 선생님들한테 배울 수 있기 때문에 다대다 관계이다.

그림 6.1은 **차종**(vehicle-type)과 **고객**(customer) 엔티티들에 대한 간략한 ERD를 보여준다. 각 엔티티에서 점으로 표시된 것이 키(key)를 나타낸다. 생산연도로 구분하는 자동차 type ID와 고객들을 구분하는 고객 ID가 엔티티들의 키이다. 고객 엔티티에 있는 까마귀발 모양은 두 엔티티간의 관계가 일대다라는 것을 나타낸다. 즉, 각각의 고객은 정확히 하나의 자동차만을 소유하지만 같은 메이커와 같은 연도에 생산된 차량은 여러 고객들에 의해 소유될 수 있다는 뜻이다.

만약 그 까마귀발이 **차종** 엔티티에 연결되어 있으면 다대다 관계가 되고 한 고객이 여러 자동차를 소유하는 것이 허용되는 것이다. 다대다 관계는 일반적으로 두 개의 일대다 관계로 매핑될 수 있는데 이것은 그 다대다 관계에만 의존하는 **교집합 엔티티**(intersection entity)를 만들면 된다. 제5장의 그림 5.3은 ERD를 MS 액세스(Microsoft Access)를 사용해서 만든 것이다. 키를 나타내는 어트리뷰트는 굵게 표시되고 까마귀발은 무한대(∞) 기호로 표시되고 있다. 그림 5.3은 **프로모션-고객**(promotion-customer)은 **프로모션**과 **고객** 사이의 다대다 관계로 만들어진 교집합 엔티티이다. 이 관계는 여러 고객들은 한 프로모션을 취할 수 있고 한 고객이 여러 프로모션을 선택할 수 있기 때문에 다대다 관계이다.

한번 ERD가 완성이 되면 그 모델을 분석해서 성능을 향상시킬 수 있다. 이 분석에서 사용되는 방법이 **정규화**(normalization)이다. 정규화는 완성된 모델에 남아 있는 중복 데이터를 제거하기 위해서 여러 과정을 거친다. 정규화의 형식에는 여러 가지가 있다. **제1정규형**(first normal form - 1NF)에서는 모든 어트리뷰트들이 단일 값을 가지도록 요구된다. 만약 엔티티가 제1정규형이면서 키가 아닌(non-key) 모든 어트리뷰트들이 기본 키에 완전 종속된다면 **제2정규형**(second normal form - 2NF)이라고 한다. 제2정규형이 되기 위해서는 키가 여러 어트리뷰트들로 구성되어 있어야만 한다. 만약 엔티티가 제2정규형에 속하면서 아래의 조건을 만족시킨다면 **제3정규형**(third normal form - 3NF)이라고 한다.

> 기본 키가 아닌 모든 어트리뷰트들은 기본 키(기본 키에 포함된 전체 어트리뷰트들)에만 종속된다.

즉, 제3정규형에서는 기본 키가 아닌 모든 어트리뷰트의 값은 오로지 완전한 기본 키에만 종속되어야 한다. 비록 더 높은 수준의 정규화도 가능하지만 대부분의 모델들은 모든 엔티티들이 제3정규형만 만족시키면 적절한 설계라고 생각한다.

| 관계형 모델 |

ERD는 자연스럽게 관계형 모델을 표현해준다. 표 6.1a에서는 **차종**(vehicle-type)에 대한 관계 테이블을 보여주고, 표 6.1b는 **고객**(customer)에 대한 관계 테이블을 보여준다. **차종**과 **고객** 사이가 일대다 관계는 **차종**의 키(key) 항목을 **고객** 어트리뷰트에 놓아서 이루어 질 수 있다. 교집합 엔티티가 관계 테이블에 표현될 때는 원래 다대다 관계를 이루던 두 엔티티들의 키 항목을 포함하게 된다. 고객(customer)-ID와 promotion-ID를 모두 포함하고 있는 교집합 엔티티 <u>프로모션-고객</u>(promotion-customer)을 그림 5.3에서 볼 수 있다.

관계형 데이터베이스들은 정보의 손실 없이 데이터를 효율적으로 수집, 관리할 수 있기 때문에 트랜잭션 프로세싱(transactional processing)에 적합하다. 하지만 데이터 마이닝과 다른 의사결정 지원 시스템들에서는 데이터의 처리보다는 분석을 더 중요시한다. 데이터 분석의 목적은 데이터의 중복성을 찾아내는 것이기 때문에, 정규화 과정에 의하여 관계형 모델에서 만들어지는 데이터의 유일성(uniqueness)은 의사결정 지원 환경에는 적합하지 않다. 이것을 예제를 통해서 더 명확히 해보도록 하자.

표 6.1a와 표 6.1b에 존재하는 관계들을 생각해보자. 관계 조인(join) 연산자는 두 테이블 모두에 포함된 공통 어트리뷰트 값들을 매치시켜서 두 관계형 테이블을 합치는 데 사용된다. 표 6.1a와 표 6.1b는 공통 어트리뷰트인 type ID로 조인 연산을 할 수 있다. 그 조인 연산 결과는 표 6.2에서 볼 수 있다. 최소 두 가지의 중요한 점을 찾아낼 수 있다. 먼저, 표 6.2는 정규화되어 있지 않다. 왜냐하면 키 항목으로 정해진 여러 어트리뷰트들을 합치는 것은 기능적 종속 조건(functional dependency requirement)을 위반할 수 있는 가능성이 있기 때문이다. 예를 들어 직업(make), 수입 범위(income range), 연도(year)는 전체는 아니지만 부분적으로 키 필드(key field)에 종속적이기 때문에 고객(customer) ID와 type ID로 조합된 키 필드를 생성하는 것은 제2정규형을 위반하는 것이다.

표 6.1a 관계형 테이블 *Vehicle-Type*

Type ID	Make	Year
4371	Chevrolet	1995
6940	Cadillac	2000
4595	Chevrolet	2001
2390	Cadillac	1997

표 6.1b 관계형 테이블 *Customer*

Customer ID	Income Range($)	Type ID
0001	70-90K	2390
0002	30-50K	4371
0003	70-90K	6940
0004	30-50K	4595
0005	70-90K	2390

표 6.2 테이블 6.1a와 6.1b의 Join 연산 결과

Customer ID	Income Range($)	Type ID	Make	Year
0001	70-90K	2390	Cadillac	1997
0002	30-50K	4371	Chevrolet	1995
0003	70-90K	6940	Cadillac	2000
0004	30-50K	4595	Chevrolet	2001
0005	70-90K	2390	Cadillac	1997

두 번째로는 소유주의 차의 종류와 소득 수준 사이의 관계이다. 이러한 관계가 트랜잭션 환경에서는 중요하지 않더라도 의사결정 지원 환경에서는 매우 중요한 부분이다. 중복이 허용되는 곳에서만 존재하는 이러한 관계는 비정규화되어 있어야만 찾을 수 있다. 트랜잭션 환경에서는 이러한 엔티티들간에 조합으로 발생되는 광대한 양의 비정규화 데이터들은 의사결정 지원을 위해서는 꼭 필요한 데이터들이다. 따라서 엔티티들의 조합으로 만들어지는 데이터를 저장하고 유지하는 문제 뿐만 아니라 어떻게 엔티티들을 조합할 것인지에 대한 새로운 물음도 생기게 된다. 한가지 대안으로는 트랜잭션 데이터를 저장, 관리하기 위한 메커니즘(mechanism)을 하나 두고, 의사결정 지원을 위한 데이터를 보관하기 위한 두 번째 매커니즘을 따로 두는 것이다.

6.2 데이터 웨어하우스 설계

트랜잭션 데이터는 운영 환경에서 더 이상 그 가치가 없으면 그 데이터베이스에 계속 둘 필요가 없다. 만약 의사결정 지원 기능이 필요 없는 기업 환경이라면 그러한 데이터는 별도로 저장소에 저장해 두었다가 결국은 없어지게 된다. 하지만 만약 의사결정 지원 환경이라면, 데이터는 일반적으로 데이터 웨어하우스(data warehouse)라고 불리우는 상호작용적 매체(interactive medium)로 옮겨진다.

1장에서 우리는 데이터 웨어하우스를 의사결정 지원에 상용될 과거정보 데이터베이스라고 정의했었다. 더 정확한 정의는 W.H. Inmon(1996)이 다음과 같이 하였다.

> "데이터 웨어하우스는 관리자의 의사결정 과정에 사용될, 주제 지향적, 통합적, 시간 차원적, 삭제되지 않는 데이터들의 집합이다."

위의 정의에 의하면 OLTP 데이터베이스와 데이터 웨어하우스 사이에는 구조적인 면과 존재 목적에서 분명한 차이가 있다. 주요한 차이점들은 다음과 같다:

- 웨어하우스 데이터는 주제 지향적(subject oriented)이고 하나 혹은 그 이상의 중심 테마에 기반하고 있다. OLTP 데이터베이스들은 프로세스 지향적(process oriented)이고 데이터의 수정과 검색 기능을 최대화할 수 있도록 구성되었다.
- 웨어하우스 데이터는 비정규화된 상태로 통합(denormalized and integrated)되어 있고, OLAT 데이터베이스의 데이터는 정규화된 상태로 나누어져 있다(normalized and

separated).

- OLTP 시스템은 데이터의 처리, 수집, 관리를 지원한다. 데이터 웨어하우스는 보고되고, 분석되고, 검증되는 데이터들을 저장한다.
- OLTP는 기업이나 기관에서의 매일매일의 효율적인 운영에 필요한 데이터들을 처리한다. 트랜잭션 데이터베이스에 존재하는 데이터들은 다중 동시 접속과 계속적인 수정이 가능해야 한다. 반대로 웨어하우스의 데이터는 OLTP 환경에서 더 이상 사용되지 않기 때문에 분리된 곳에 저장된다. 웨어하우스에 있는 대부분의 데이터는 과거 정보에 대한 것이고(historic), 시간 정보가 추가 포함되어 있고(time-stampled), 수정 변경이 허용되지 않는다(read-only).
- 세분성(Granularity)은 저장된 정보의 세분성 레벨 정도를 설명하기 위해 사용되는 용어이다. 운영 데이터(Operational data)에서는 각 데이터 아이템이 개별 트랙잭션에 대한 정보를 포함하고 있으므로 가장 낮은 레벨의 세분성을 가진다. 데이터 웨어하우스에 저장된 데이터의 세분성 레벨은 수집된 데이터의 양 뿐만 아니라 사용자 요구에 따라서 결정된다.

또한, 데이터 웨어하우스는 데이터의 수집, 저장, 관리, 분석을 포함하는 하나의 절차라고 생각할 수 있다(Gardner 1998). 그림 6.2는 웨어하우징 절차(warehousing process)에 대한 주요 구성 요소들을 보여준다. 어떻게 데이터가 외부 환경에서 데이터 웨어하우스로 이동하는지 자세히 살펴보도록 하자.

| 웨어하우스로의 데이터 이동 |

그림 6.2는 세 가지의 주요한 데이터 소스들로부터 데이터가 데이터 웨어하우스로 들어가는 과정을 보여준다. 외부 데이터(external data)는 내부 조직에서는 알 수 없는 경제 지표, 기상 정보와 같은 것들을 말한다. 독립 데이터 마트(independent data mart)는 웨어하우스와 비슷한 데이터 저장소인데 하나의 주제에만 초점이 맞추어져 있다. 독립 데이터 마트는 외부 데이터 소스 뿐만 아니라 운영 데이터를 사용하여 구조화된다. 데이터 마트에 저장된 데이터는 중앙 데이터 웨어하우스로 옮겨져서 조직의 다른 곳에서 사용할 수 있도록 한다. 외부 데이터 소스와는 관계 없이, 웨어하우스로 데이터를 옮기는 과정은 일부 낮은 레벨의 절차적 프로그래밍(low-level procedural programming)을 해야 하는 경우도 있다.

그림 6.2을 보면 데이터 웨어하우스로 이동하기 전에 데이터는 ETL(추출, 변환, 적재) 처리되는 과정을 거친다. ETL의 주요 역할은 그림 6.2에서 보듯이 여러 입력 소스로부터의 데이터 추출, 필요한 경우에 그 추출된 데이터의 정제 및 변환, 그리고 그 데이터의 웨어하우스로의 전송을 포함한다. 데이터 변환(data transformation)은 세분화 이슈를 해결

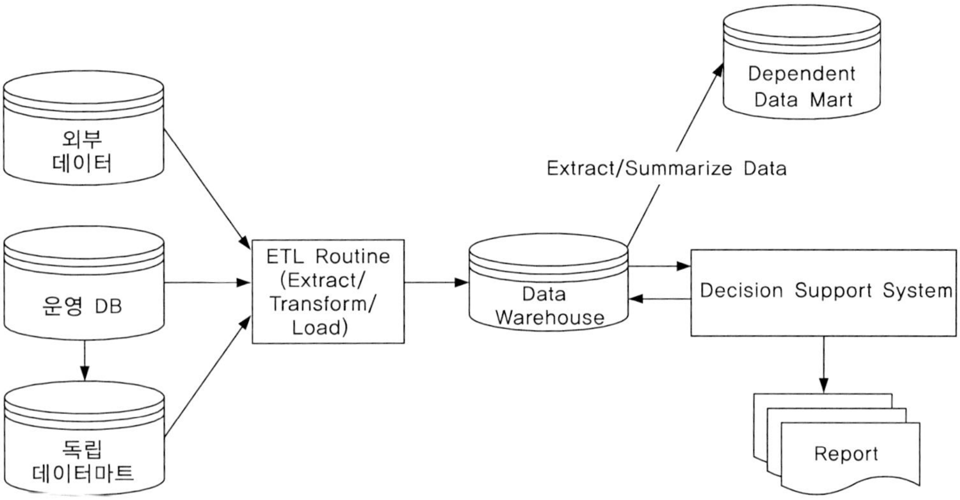

그림 6.2 데이터 웨어하우스 절차 모델

하는 데 사용할 수 있고, 여러 운영 데이터베이스들로부터의 데이터 일관성 유지, 개별 데이터 레코드에 타임스탬프(timestamp)를 부여하는 일을 한다. 일단 변환과 정제된 데이터는 관계형 혹은 다차원 형식으로 웨어하우스에 저장된다.

대체적으로 한번 데이터가 웨어하우스에 들어간 데이터는 수정되지 않는다. 하지만 데이터에 오류가 있으면 예외적으로 수정될 수도 있다. 그러나 개인의 주소 변경이나 혼인 여부가 변경되는 특별한 상황은 어떻게 해야 하는가? 신용카드 고객의 구매 정보를 저장하는 데이터 웨어하우스를 생각해보자. 고객이 자신의 혼인 여부를 미혼에서 기혼으로 변경한다고 생각해보자. 먼저 생각해볼 수 있는 것은 그 고객과 관련된 모든 웨어하우스 레코드에서 혼인 기록을 바꾸는 것이다. 그러나 이러한 해결 방법은 고객이 미혼일 때 발생했던 구매정보도 함께 변경되어 결혼 후에 구매한 것으로 잘못 처리되는 문제가 발생할 수 있다. 그렇다면 기록된 정보의 변경은 어떻게 해야 할 것인가? 여러 해결책이 제안되고 있다. 그 중 한가지 해결책은 각 어트리뷰트 값들에 대해서 현재의 값 뿐만 아니라 이전의 값을 보관하기 위한 항목을 새로 추가하여 사용하는 방법이다. 두 번째 방법은 이미 존재하는 레코드의 어트리뷰트 값이 변경될 때마다 새로운 레코드를 만드는 것이다. 그리고 나서 기존의 레코드와 새로운 레코드를 키(key) 값으로 연결시킨다. 웨어하우스 내에서 레코드 변경 정보를 반영하는 문제에 대한 일반적인 해결 방법에 대해서는 아직도 많은 논의가 진행되고 있다.

웨어하우스는 또한 메타데이터(metadata)로 알려진 형식의 데이터들도 저장한다. 메타

정보는 데이터에 대한 데이터(data about data)로 정의된다. 메타데이터의 목적은 웨어하우스에 포함된 데이터의 속성에 대해 더 자세히 이해할 수 있게 해주는 것이다. 일반적인 메타데이터의 유형은 두 가지로 구조적(structural)과 운영적(operational)으로 나눌 수 있다. 구조적 메타데이터(structural metadata)는 데이터의 설명, 유형, 표현 규칙, 데이터 아이템들간의 관계에 중심을 두는 것이다. 운영적 메타데이터(operational metadata)는 기본적으로 데이터의 품질과 사용성을 설명한다. 구조적 데이터와 운영적 데이터간의 가장 큰 차이는 구조적 데이터는 정적(static)임에 반해 운영적 데이터는 계속 변화한다는 것이다.

| 데이터 웨어하우스의 구조화: 스타 스키마 |

대부분 웨어하우스를 구현하기 위해서는 두 가지의 일반적인 기법들이 사용된다. 첫 번째 방법은 웨어하우스 모델을 다차원 배열로써 구축하는 것이다. 이 경우에 데이터는 사용자에게 보여주기 위하여 사용되는 포맷과 비슷한 형식으로 저장된다. 6.3절에서 다차원 데이터베이스 모델에 대한 장점과 단점에 대해서 배우게 될 것이다. 또 다른 방법으로는 웨어하우스 데이터를 관계형으로 저장하고 관계형 데이터베이스 엔진(engine)을 사용하여 사용자에게 다차원 형식으로 보여주는 것이다. 여기에서는 **스타 스키마**(star schema)로 잘 알려진 관계형 모델링 기법에 대해서 알아본다.

그림 6.3은 그림 5.3의 Acme신용카드 데이터베이스로부터 만들어진 스타 스키마를 보여준다. 스타 스키마의 테마는 신용카드 구매들이다. 스타 스키마의 중심에는 **사실 테이블**(fact table)이 있다. 사실 테이블은 다차원 공간의 차원들을 정의한다. 표 6.3에서 볼 수 있는 사실 테이블은 4가지 차원, 즉 **카드 소유자**(cardholder), **구매**(purchase), **위치**(Location), **시간**(time)으로 구성되어 있다. 사실 테이블에 있는 각 레코드는 두 가지 유형의 정보를 가진다 − 차원 키(keys)와 사실(facts). 차원 키(key)들은 시스템에서 생성된 값들로서 그들은 함께 사실 테이블의 각 레코드를 유일하게 정의한다. 차원 키들은 스타 스키마로 표현된 다차원 구조에서의 좌표들을 결정한다.

사실 테이블의 각 차원은 하나 혹은 그 이상의 연관된 **차원 테이블**(dimension table)들을 가질 수 있다. 스타(별) 모양의 각 끝점들에 차원 테이블들이 있고 중앙에는 사실 테이블이 있는 형태이기 때문에 스타 스키마라는 이름이 붙었다. 차원 테이블들은 각 차원에 대한 데이터를 가지고 있다. 차원 테이블과 사실 테이블은 일대다 관계이다. 그러므로 차원 테이블들은 사실 테이블보다 크기가 작다. 사실 테이블이 제3정규형임에도 불구하고 차원 테이블들은 정규화되어 있지 않다. 그 대신에 각 차원 테이블을 이루는 어트리뷰트들을 무엇을 선택하는가 하는 것은 우리가 스타 스키마를 통하여 구하고자 하는 분석적 질문들이

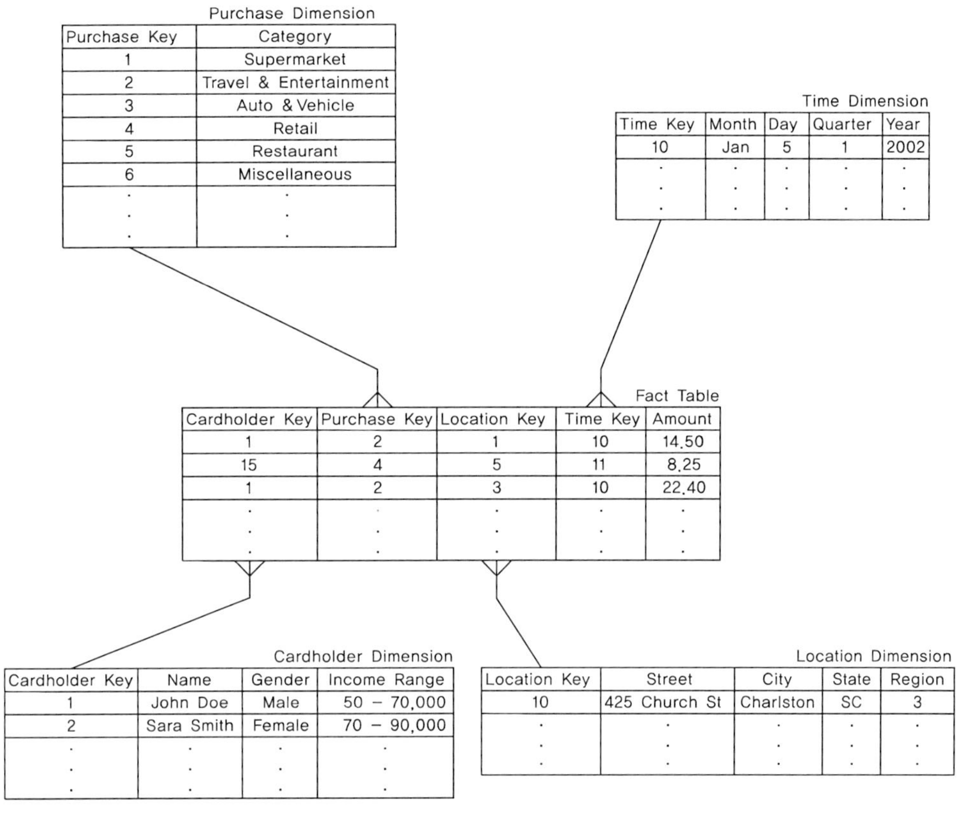

그림 6.3 신용카드 구매에 대한 스타 스키마

무엇이냐에 따라서 대부분 결정된다. 마지막으로 스타 스키마의 차원을 천천히 변하는 차원(slowly changing dimension)이라고 말하기도 한다. 이것은 앞 절에서 설명했듯이 차원 테이블이 포함한 정보가 자주 수정되지 않기 때문이다. Acme신용카드 데이터베이스에 대한 스타 스키마의 차원 테이블을 살펴보도록 하자.

그림 6.3의 스타 스키마에는 4가지 차원 테이블들이 있다. 카드 소유자(cardholder) 차원 테이블은 카드 소유자 차원과 연결되었고 데이터베이스에 저장된 각 사용자들의 이름, 성별, 소득 범위 정보를 포함하고 있다. 구매(purchase) 차원과 연결된 차원 테이블은 개별 신용카드 구매에 대해 가능한 범주들(categories)을 포함하고 있다. 위치(Location) 차원과 연결된 차원 테이블은 구매 장소 정보를 가지고 있다. 위치 차원은 지역(region) 뿐만 아니라 국가(state) 값도 가지고 있다. 각 국가는 4개의 지역 중에 하나에만 속해야 한다. 마지막으로, 시간(time) 차원 테이블은 일별(days), 월별(months), 분기별(quarters), 연도별(years)로 시간을 표현한다.

사실 테이블의 각 레코드는 차원 키(key) 항목들 이외에도, 하나 혹은 그 이상의 사실(facts)들과 연관되어 있다. 그림 6.3에 있는 사실 테이블은 각각의 신용카드 거래에서 구매액(Amount)을 나타내는 사실 항목을 가지고 있다. 이제 사실 테이블의 첫 번째 기록(entry)을 읽어 보자. 신용카드 구매는 John Doe에 의한 것이고 그는 1년에 $50,000에서 $70,000 정도의 소득 범위(income range)를 가진 남성 카드 소유자(cardholder)이다. 구매는 2002년 1월 5일(January 5,2002)에 여행오락 부분(Travel & Entertainment)에서 발생했다. 구매액(Amount)은 $14.50이다.

스타 스키마의 다차원성

스타 스키마의 다차원적 속성에 대해 좀 더 자세히 알아 보자. 그림 6.3에 있는 사실 테이블을 4차원 공간을 정의하고 있다. 그림 6.4에서는 4개의 차원 중의 3개를, 즉 **구매(purchase)**, **위치(location)**, **시간(time)** 차원을 3차원 좌표계로 표현하고 있다. 스타 스키마 내에 있는 네 번째 차원, 즉 **카드 소유자**에 대하여 그림 6.4에 있는 것과 같은 3차원 구조가 각각 존재한다. 이 그림은 i^{th} 번째 **카드 소유자**를 C_i로 주어졌을 때의 일반적인 경우를 보여주고 있다.

사실 테이블에 포함된 각 레코드는 이 4차원 공간에 있는 하나의 점으로 표현된다. 사실 테이블의 첫 번째 데이터 레코드($C_i = 1$)의 좌표 값 ($C_i = 1,2,10$)이 그림 6.4에 점 A에 표시되어 있다. A의 셀은 값 $14.50을 가지고 있다. 스타 스키마의 차원 테이블들은 그림

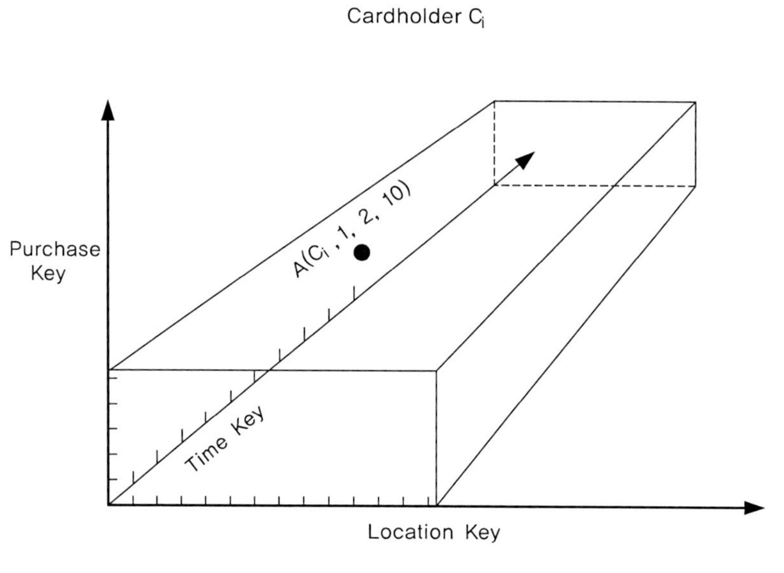

그림 6.4 그림 6.3에 있는 사실 테이블의 차원

6.4에 나타나 있지 않다. 비록 차원 테이블들이 그림에 표시되지 않지만 어떤 차원 테이블이라도 그 내용은 중심의 사실 테이블에 조인(join) 연산을 통해서 쉽게 얻어낼 수 있다.

사실 테이블의 세분성(granularity)은 트랜잭션 수준(transaction level)에 따른다. 즉, 각 카드 소유자들에 의해서 만들어지는 모든 구매들은 사실 테이블에 개별적으로 기록된다. 세분성 수준을 증가시키기 위해서는 한 고객의 하루 동안의 단일 유형의 모든 구매들의 요약을 기록할 수 있을 것이다. 이렇게 하면 **카드 소유자 키**(cardholder key)=1, **구매 키**(purchase key)=2, **시간 키**(time key)=10인 고객의 두 차례 구매 내역들이 그림 6.3의 사실 테이블에서 하나로 기록된다. 그 합쳐진 엔트리에 대한 구매액은 36.90달러로 기록된다. 만약 한 고객에 대해 월단위로 유형별 전체 구매를 기록한다면 더 높은 수준의 세분성을 얻을 수 있다. 이러한 세분성 수준을 선택한다면, 일(day) 어트리뷰트는 시간(time) 차원 테이블에서 제거될 것이다. 세분화 수준을 측정하기 위해서는 시스템을 사용할 사람들이 요구하는 상세성 레벨에 대한 명확한 이해가 필요하다. 어떤 문제에서든지, 세분화 수준을 높이면 사실 테이블의 전체 레코드 수가 감소되므로 시스템의 성능은 좋아지게 된다.

또 다른 관계 스키마들

눈송이 스키마(snowflake schema)는 스타 스키마와 비슷하지만 여기서는 사실 테이블에 직접 연결된 차원 테이블들이 더 나누어 분할된다. 이렇게 하면 차원 테이블들이 정규화되고 그것 때문에 전체 저장공간이 줄어든다. 이것의 장점은 중복성이 최소화되기 때문에 저장 효율성이 증가한다는 것이다. 게다가, 관계 테이블들이 더 작아지기 때문에 조인 연산들의 성능이 향상된다. 하지만 테이블의 전체 개수는 증가하기 때문에 정규화되지 않은 테이블에 저장된 것과 같은 동일 정보를 추출하기 위해 요구되는 데이터 질의의 복잡도는 증가한다.

스타 스키마와 비슷한 또 다른 스키마로는, 중심의 사실 테이블이 하나 이상 즉, 여러개 필요한 모델을 사용하는 **성운 스키마**(constellation schema)가 있다. 여러 주제를 다루는 데이터 웨어하우스에는 대부분 성운 스키마가 적합하다. 예를 들어 그림 6.3에서 정의된 신용카드 구매 데이터베이스에서 프로모션 정보를 포함하려고 한다고 가정해보자. 한가지 가능한 방법은 신용카드 구매에 대해 현재의 사실 테이블(fact table)을, 그리고 프로모션 구매 정보에 대해 두 번째 사실 테이블을 가지는 성운 스키마를 만드는 것이다. 그림 6.5는 신용카드 구매와 프로모션 모두를 지원하는 성운 스키마의 한가지 예를 보여준다.

그림 6.5는 프로모션 사실 테이블에 대한 각 레코드를 보여주는데 카드 소유자(card holder) 키와 함께 **프로모션 키**(promotion key), **시간 키**(time key), **반응**(response)도 함께 저장하고 있다. 두 가지 사실 테이블(fact table)이 모두 **카드 소유자** 차원 테이블을 공유하므로 그러한 카드 소유자 키 차원을 가지는 것은 데이터 중복성을 최소화시킬 수 있다. 프

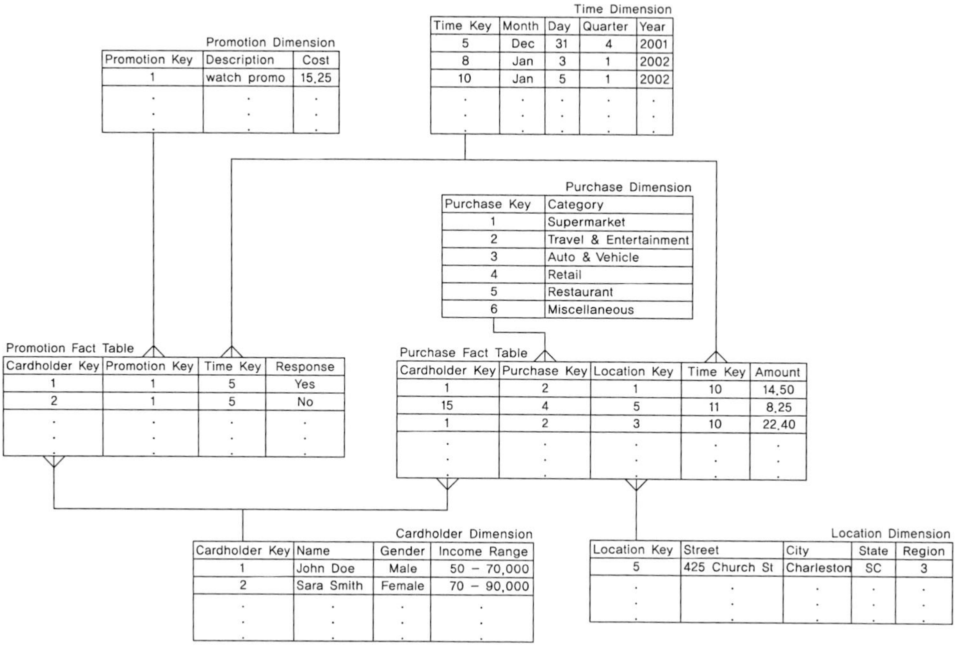

그림 6.5 신용카드 구매와 프로모션에 대한 성운 스키마

로모션 차원 테이블은 프로모션 정보를 자세히 설명하고 있으며 프로모션 차원 키에 연결되어 있다. 프로모션 사실 테이블에 들어 있는 시간(time) 차원 키는 공유되는 시간 차원 테이블에 연결되어 있다. 그 시간 링크는 각 프로모션 제공에 대한 시작일을 알리고 있다. 우리는 한 달 동안의 프로모션 기간을 가정하였기 때문에 프로모션의 종료 날짜를 가리키는 두 번째 시간 차원은 필요하지 않다. 하지만 만약 개별 프로모션 제공 기간이 서로 다르다면, 프로모션의 종료 날짜를 가리키는 두 번째 시간 차원은 필요할 것이다. 마지막으로, 프로모션 사실 테이블의 각 레코드는 '반응(response)'으로 표시된 단일 사실(fact)을 저장하고 있는데 이것은 카드 소유자가 특정 프로모션에 대한 수락 혹은 거절 여부를 알려 준다. 보다시피, 제2장에서 처음 기술되었던 신용카드 프로모션 데이터베이스는 그림 6.5의 성운 스키마에 정의된 테이블들에 대한 질의(query)를 통하여 쉽게 사용할 수 있도록 만들어 질 수 있다.

| 웨어하우스 데이터의 분석: 의사결정 지원 |

데이터 웨어하우스의 가장 중요한 기능은 의사결정 지원을 위한 데이터를 저장하는 것이다. 그림 6.2에서는 의사결정 시스템에서의 분석을 위해 데이터를 웨어하우스에서 가져오는 것을 보여주고 있다. 또한 그 의사결정 환경으로부터 데이터가 웨어하우스로 들어가는 것도 보여주고 있다. 의사결정 시스템으로부터 웨어하우스로 들어가는 데이터는 메타데이터의 형태인데 그 메타데이터는 하나 혹은 그 이상의 의사결정 분석 과정을 통하여 얻어진 정보로부터 만들어진다.

의사결정 지원은 3가지 범주로 정의될 수 있다. 각각은 다음과 같다.

1. **데이터 보고(Reporting data)** 보고(reporting)는 의사결정 지원의 가장 하위 단계라고 볼 수 있다. 그러나 다양한 고객을 위한 중요한 정보를 담은 보고서를 생성할 수 있는 능력은 사업의 성공적인 운영을 위해 가장 중요한 것이다.
2. **데이터 분석(Analyzing data)** 데이터 분석은 보통 몇 가지 다차원 데이터 분석 도구 형태로 수행한다. 다차원 데이터 분석은 다음 절에서 설명한다.
3. **지식 발견(Knowledge discovery)** 일반적으로 지식발견은 데이터 마이닝을 통하여 이루어진다. 하지만 반복된 질의와 데이터 분석을 포함한 수작업 데이터 마이닝 기법들도 때로는 데이터에서 의미 있는 패턴을 찾아내기도 한다.

의사결정을 위한 데이터 저장 이외에도, 웨어하우스는 종속 데이터 마트(dependent data marts)라고 알려진 더 작은 규모의 부분별 웨어하우스를 생성하기 위하여 데이터를 저장하기도 한다. 종속 데이터 마트는 하나의 주제에 대해서만 다루고 있으며 특정 목적에 맞게 설계된다. 또한, 데이터 마트는 데이터 웨어하우스보다 상위 레벨의 세분성을 보여주는 요약 정보를 포함하는 경우가 많다.

6.3 온라인 분석 프로세싱(OLAP)

온라인 분석 프로세싱(on-line analytical processing - OLAP)은 다차원 환경에서 데이터 분석 지원을 위한 질의 기반(query-based)의 방법론이다. OLAP는 인간이 만든 가설을 검증 혹은 반증을 하고, 수작업 데이터 마이닝을 위한 도구이다. OLAP을 완전히 설명하려면 최소 몇개의 장을 사용해도 다 설명하지 못할 것이다. 그러나 여기서는 OLAP 기술에 기반한 전략으로 해결될 수 있는 유형의 문제들을 기본적으로 이해하는 정도만 다룰 것이다.

OLAP 엔진은 그림 6.6에서 보는 바와 같은 큐브(cube) 형태로 다차원 데이터의 논리적 구조를 만든다. 이 큐브는 세 개의 차원, 즉 구매 범주(purchase category), 월 중 시간(time in months), 지역(region)을 보여주고 있다. 그 차원들은 그림 6.3의 스타 스키마에서 보여지는 어트리뷰트들의 일부분이라는 것을 알아차렸을 것이다. 그림 6.6에서 보는 것과 같은 3차원 큐브는 시각화하기가 쉽다. 그러나 3차원 이상의 데이터 큐브를 표현하기는 어렵다. 4차원 큐브에 대한 명확한 이미지를 그리기 위해서는 그 네번 째 차원에 대한 어트리뷰트 값들의 전체 수를 n이라고 했을 때 그 4차원 큐브를 n개의 3차원 큐브를 생각하면서 시각화해볼 수 있다. 더 높은 차원을 표현하기 위해서는 필요에 따라서 위 과정을 반복한다.

OLAP 큐브는 특정 목적을 위해 설계되기 때문에, 단일 웨어하우스에 있는 데이터로부터 구조화된 여러개의 큐브를 가지는 것은 드문 것이 아니다. 데이터 큐브를 설계하려면 각 어트리뷰트의 세분화(granularity) 뿐만 아니라 어떤 어트리뷰트들을 포함할 것인지를 결정하여야 한다. 잘 설계된 큐브는 데이터 셀에 유용하지 않은 정보가 들어가는 것을 방지하도록 구성되어야 한다. 예를 들어, 월(Month), 분기(Q_1, Q_2, Q_3, Q_4) 이렇게 두 개의 시간(time) 차원을 가진 큐브는 잘못 만든 것이다. 왜냐하면 (1월, Q_4)과 (12월, Q_1)와 같은 셀 조합은 언제나 빈 칸으로 있을 것이기 때문이다.

OLAP 기술의 한가지 중요한 특징은 데이터의 저장소에 있는데 그것은 기본적으로 관계형 혹은 다차원형이다. 만약 데이터 웨어하우스가 관계형이라면 OLAP 큐브의 내부적인 구현은 스타 스키마와 같을 것이다. 다차원 데이터 저장소에서는 데이터가 논리적으로 배열에 저장된다. 저장방식들은 각각 장점을 가지고 있다. 관계형 데이터 저장소에서는 사용자들이 그 스타 스키마내에서 정의된 구체적 레벨에서 데이터를 볼 수가 있다. 관계형 데이터 저장소의 두 번째 장점은 셀의 내용을 손쉽게 수정할 수 있다는 것이다. 셀이 사용중일지라도 수정될 수 있다. 다차원형 데이터 저장소의 주요한 장점은 질의(query) 속도 측면에서의 성능이다. 데이터 저장소가 관계형이든 혹은 다차원형이든 간에, 사용자는 그 데이터를 다차원 구조로 보게 된다.

OLAP 시스템의 다른 중요한 특징은 사용자 인터페이스의 디자인에 있다. 서로 다른 여러 사용자 인터페이스가 있지만 일반적인 구조는 스프레드시트와 비슷한 형태이다. 유용한 인터페이스는 사용자들로 하여금 여러 다른 관점에서 데이터를 볼 수 있도록 해주고, 통계적 계산이나 검증을 할 수 있도록 해주고, 데이터의 상세한 수준을 조절하여 질의할 수 있도록 해주고, 데이터의 교차 표(cross-tabulate)를 작성할 수 있도록 해주고, 그래프와 차트로 데이터를 볼 수 있도록 해준다. OLAP의 능력은 예제를 통하여 잘 설명될 수 있을 것이다.

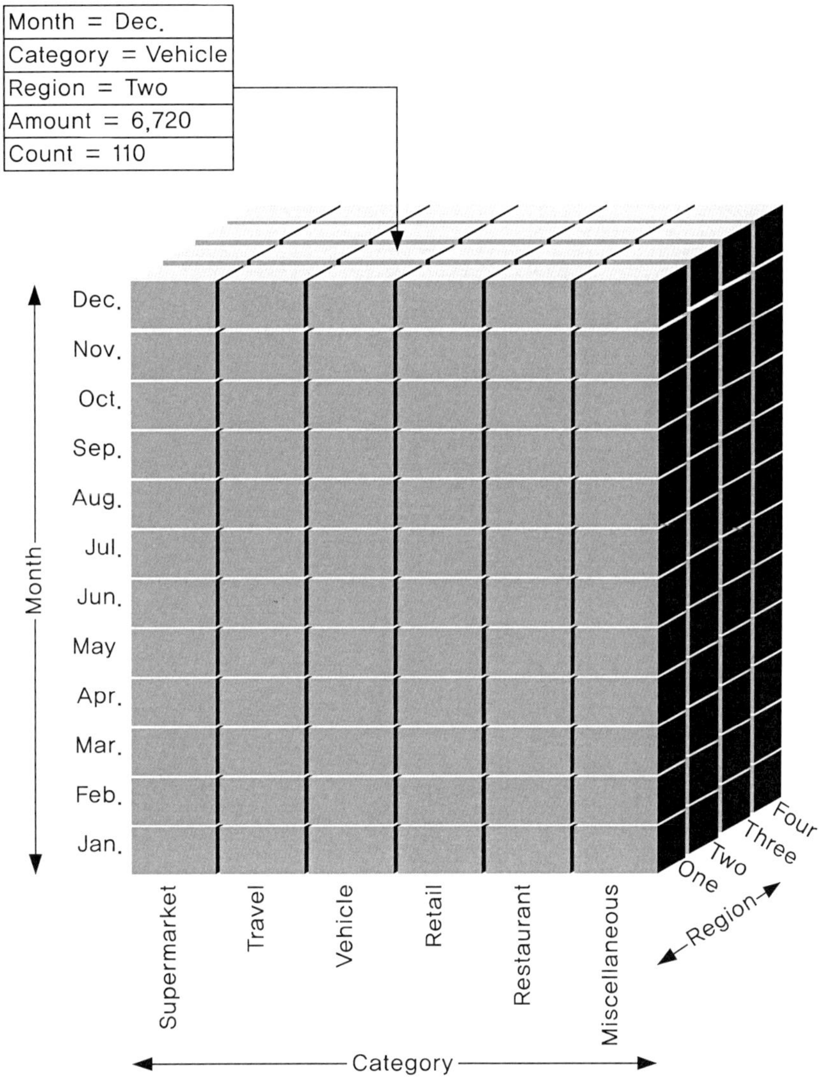

그림 6.6 신용카드 구매에 대한 다차원 큐브

| OLAP: 예제 |

이 책에서 설명한 신용카드 문제를 다시 한번 생각해보자. OLAP을 사용하여 프로모션 오퍼에 대한 시기와 위치에 대한 의사결정을 해보도록 하자.

그림 6.6의 3차원 데이터 큐브는 그림 6.3에서의 스타 스키마로 만든 것이다. 그 큐브

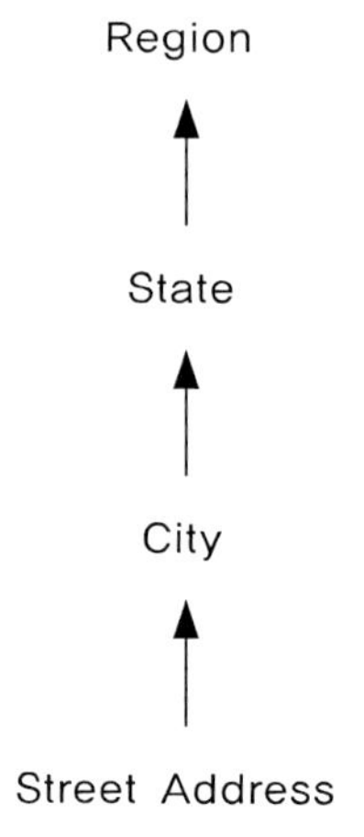

그림 6.7 지역(location)에 대한 개념 계층

는 12×6×4=288개의 셀을 가지고 있다. 각 셀에 저장된 데이터는 특정 월(month)과 지역(region)에 모든 신용카드 고객에 대한 범주(category)별 구매액(amount)을 보여준다. 만약 평균 구매액이 계산될 것이라면, 큐브는 각 월간, 범주별, 지역별에 대한 전체 구매 발생 건수도 포함할 것이다. 그림 6.6에서 화살표가 가리키고 있는 셀은 12월(달), 지역 코드2(지역)에서 자동차(vehicle) 구매에 대한 전체 구매 건수(count)와 전체 구매액을 보여준다.

OLAP 큐브의 각 어트리뷰트는 하나 혹은 그 이상의 연관된 **개념 계층(concept hierarchies)**들을 가지고 있다. 개념 계층은 다양한 상세화 레벨에서 어트리뷰트를 볼 수 있게 해준다. 그림 6.7에서는 **위치(location)** 어트리뷰트의 개념 계층을 보여준다. 보다시피 지역은 이 개념 계층에서 가장 높은 상세성(granularity) 레벨을 가진다. 계층의 두 번째 레벨에서는 여러 주(state)들이 지역을 구성하는 것을 볼 수 있다. 3번째, 4번째 레벨은 도시(city)들이 주(state)에 포함되고, 주소(address)들이 도시 안에 속하는 것을 알 수 있다. 정의에 의하여, 계층에서 각 주들은 단 하나의 지역(region)에만 속하고, 각 도시들은 정확히 하나의 주에 포함되어야 한다. 그림 6.7의 개념 계층과 더불어 OLAP 큐브가 의사결정 과정을 돕는 하나의 시나리오를 만들어 보자.

여행용 가방과 핸드백 프로모션을 시작할 가장 효과적인 상황을 찾고 싶다고 가정해보자. 우리의 목표는 프로모션 오퍼를 언제 그리고 어디서 제공했을 때 소비자들의 반응에 가장 큰 영향을 미치게 될 것인지를 판단하고자 하는 것이다. 이것은 예전에 상대적으로 많은 돈이 여행에서 지출되었던 시기와 지역을 찾아봄으로써 해볼 수가 있다. 일단 결정되면 우리는 최대 실적을 낼 수 있는 여행관련 프로모션 오퍼의 가장 효과적인 지역과 시기를 정할 수가 있다. 우리의 여행 프로모션 문제에서의 일반적인 OLAP 연산은 다음과 같다.

1. 슬라이스(slice) 연산은 OLAP 큐브에서 단일 차원의 데이터를 선택하는 것이다. 그림 6.6의 큐브에 대해, 슬라이스 연산은 전체 3차원에서 2개의 차원은 그대로 두고 남아 있는 하나의 차원을 선택하여 원래 큐브의 부분 큐브(subcube)를 만든다. 슬라이스 작업에 대한 두 가지 질의(query)는 다음과 같다:
   a. 여행(travel)과 관련된 모든 셀들에 대해 월(month)과 지역(region) 정보의 스프레드시트를 제공한다.
   b. 구매 범주(Purchase category) = 레스토랑(restaurant) 혹은 슈퍼마켓(supermarket)인 모든 셀을 선택한다.
2. 다이스(dice) 연산은 2개 이상의 차원들에 대해 선택(selection) 연산을 수행하여 원래 큐브로부터 부분 큐브(subcube)를 뽑아낸다. 다음은 다이스 연산을 필요로 하는 세 가지 질의를 보여주고 있다:
   a. 각 지역에서 여행 지출이 가장 많은 달(month)을 찾는다.
   b. 각각의 지역에서 소비자들이 여행과 오락에 대해 사용한 전체 액수에 중요한 차이가 있는가?
   c. 모든 지역에 대해 여행과 오락에 지출된 액수가 몇 월이 가장 많은가?
3. 롤업(Roll-up or aggregation)은 큐브에서 정의된 차원들 중 하나에 대해 셀들을 결합하는 것이다. 롤업의 한가지 형태는 어느 하나의 차원(dimension)과 연관된 개념 계층을 사용하여 높은 레벨의 일반화를 얻는 것이다. 우리는 그림 6.8에서 롤업이 시간(time) 차원에서 행해지는 예를 보도록 하자. 그림에서 화살표가 가리키는 셀은 10월(October), 11월(November), 12월(December)에 대한 지역 코드1의 슈퍼마켓(Supermarket) 데이터를 포함하고 있다. 롤업 연산의 두 번째 유형은 차원 전체를 실제로 삭제하는 것이다. 예를 보면, 위치(location) 차원을 제거한다고 생각해보자. 그 결과는 월과 범주(Category)로 설명된 전체 구매에 대한 스프레드시트가 될 것이다.
4. 드릴다운(drill-down)은 롤업의 반대로서 더 상세화된 레벨로 데이터를 보고자 하는 것이다. 그림 6.6의 지역에 대한 드릴다운은 새로운 큐브를 만들어 내는데 그 큐브에서의 각 셀은 특정 범주, 월, 주(state)를 나타나게 된다.
5. 회전(Rotation or pivoting)은 새로운 관점에서 데이터를 볼 수 있도록 해준다. 우리의 예에서는, 월을 가로축에 보여주고 구매 범주(purchase category)를 새로 축에 보여줌으로써 그림 6.6에서의 OLAP 큐브을 더 보기 쉽게 할 수 있을 것이다.

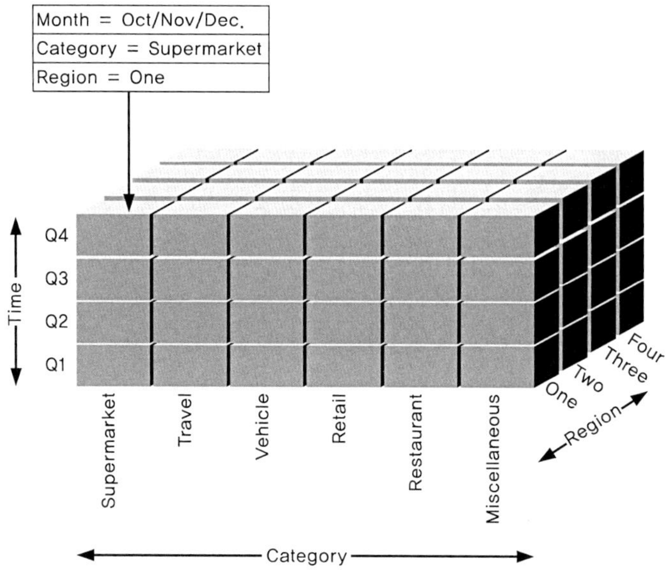

그림 6.8 월(month)에서 분기(quarter)로의 롤업

| 일반적인 고려사항 |

큐브 분석을 위한 유용한 전략에는 두 개 이상의 일련의 연산들이 필요하다. 예를 들어 그림 6.8에서 큐브를 생각해보자. 지역1과 지역2에서의 여행과 오락 구매에 대한 Q_4 합계를 보기 위해서는, 시간(time) 차원에 대해 원래 큐브를 롤업하고, 그 다음에 그 결과 큐브를 범주와 지역으로 다이스 연산을 한다. 또는 다이스 연산 대신에 두 번의 슬라이스 연산으로 바꿀 수 있는데 하나는 지역에 대해, 다른 하나는 구매 범주에 대해서이다. 두 번째 예를 들면, 여행과 오락은 하나의 범주로 그룹화되어 있기 때문에, 지역 야구장 티켓과 비교하여 항공 티켓과 같은 항목에 사용된 돈의 양을 알 수 없을 것이다. 1박 여행 경비(overnight travel expenses)를 따로 분리하여 알아내기 위하여, 여행과 오락 구매에서의 큰 액수가 레스토랑의 소비 증가와 슈퍼마켓의 구매 감소와 연관된 시기를 찾아보면 된다. 이것을 하기 위해서는 그림 6.6의 큐브를 먼저 슬라이스를 해서 구매 범주(purchase category)가 슈퍼마켓(supermarket), 레스토랑(restaurant), 여행과 오락(travel & entertainment)으로 제한된 부분 큐브(subcube)를 만든다. 그 다음으로 여행과 오락 구매에 순위를 매기고, 통계적인 분석 방법을 사용하면 여러 지역에서 여행과 레스토랑에서 구매의 큰 증가와 슈퍼마켓 판매의 감소가 나타나는 그러한 시기를 좀 더 잘 결정할 수가 있다. OLAP 엔진의 융통성과 함께 사용자 인터페이스의 세련됨은 어떤 면에서는 다중 질의를 필요로 하는 솔루션을

설계하는 데 필요한 시기(time)를 결정할 것이다.

MS 엑셀(Excel)에서 제공하는 인터페이스는 관계형 데이터베이스에 저장된 데이터로부터 생성된 OLAP 큐브들을 보여줄 수 있다. 큐브 안에 포함된 정보는 엑셀에서 피벗 테이블(pivot table)로 보여지고 관리될 수 있다. 피벗 테이블들은 사용하기 쉽고 더 복잡한 OLAP 인터페이스 도구들에서 볼 수 있는 많은 동일한 기능들을 제공해준다. 피벗 테이블들은 또한 스프레드시트로 데이터를 분석하는 데 있어 강력한 도구이다. 피벗 테이블의 기능에는 데이터를 요약할 수 있는 능력, 다양한 방식의 데이터 그룹화, 여러 다양한 형식의 데이터 디스플레이 등이 있다. 피벗 테이블에 대해서는 다음 절에 계속 설명된다.

6.4 데이터 분석을 위한 엑셀 피벗 테이블

피벗 테이블의 사용법을 이해하는 가장 좋은 방법은 예제를 가지고 실습을 해보는 것이다. 다음의 몇 가지 예제들은 피벗 테이블을 학습하는 데 있어서 좋은 시작 예제가 될 것이다. 그 이후에는 이 유용한 분석 도구에 대해서 스스로 더 알아보기 바란다.

엑셀 97(Excel 97), 엑셀 2000(Excel 2000), 엑셀 XP(Excel XP)에서 피벗 테이블을 생성하는 절차는 약간씩 다르다. 우리의 예제는 엑셀 2000에서 설명할 것이다. 약간의 차이가 있긴 하지만 엑셀 2000과 엑셀 XP는 피벗 테이블의 생성 방식이 비슷하다. 그러나 엑셀 2000과 엑셀 97은 여러 가지 큰 차이들이 있다. 그래서 우리는 엑셀 97에서의 같은 예제에 대한 작업 단계는 부록 E에서 따로 설명한다.

간단한 피벗 테이블 생성

신용카드 프로모션 데이터베이스에 대한 간단한 예제를 가지고 수입 범위(income range) 어트리뷰트에 대한 데이터를 피벗 테이블이 어떻게 요약하는지를 보도록 하자.

1. 시작하기 위해서 CreditCardPromotin.xls 파일을 엑셀 스프레드시트에 불러온다. 원래 파일이 잘못되지 않도록 새로운 스프레드시트로 복사한다.
2. 우리의 분석과 별 관계 없는 2,3번째 줄을 스프레드시트에서 삭제한다.
3. 데이터가 있는 셀에 마우스 커서가 있는지 확인한다. 상단 데이터(Data) 메뉴를 눌러 피벗 테이블과 피벗 차트 보고서(PivotTable and PivotChart Report)를 선택한

다. 3단계의 피벗 테이블과 피벗 차트 마법사(PivotTable and PivotChart Wizard)가 나타날 것이다.

4. 마이크로 소프트 엑셀 리스트 혹은 데이터베이스(Microsoft Excel list or database) 라디오 버튼을 선택한다. 이것은 분석될 데이터가 엑셀 스프레드시트 안에 들어 있다는 말이다. 피벗 테이블 혹은 피벗 차트(PivotTable or a PivotChart) 생성 옵션을 가지고 있는데, 피벗 테이블 옵션을 선택하고 다음(Next) 버튼을 눌러 계속 진행한다.
5. 단계2에서는 피벗 테이블을 생성하는 데 사용할 데이터의 범위 파라미터 값을 설정해야 한다. 처음에 우리는 데이터가 들어 있는 셀에 커서를 놓았으므로, 그 데이터 범위는 올바른 값이 들어 있을 것이다. 다음(Next) 버튼을 선택하여 3단계로 이동한다.
6. 단계3에서는 피벗 테이블의 위치를 설정한다. 새 워크시트(New worksheet) 라디오 버튼을 선택하고 마침(Finish) 버튼을 클릭하여 다음으로 진행한다.

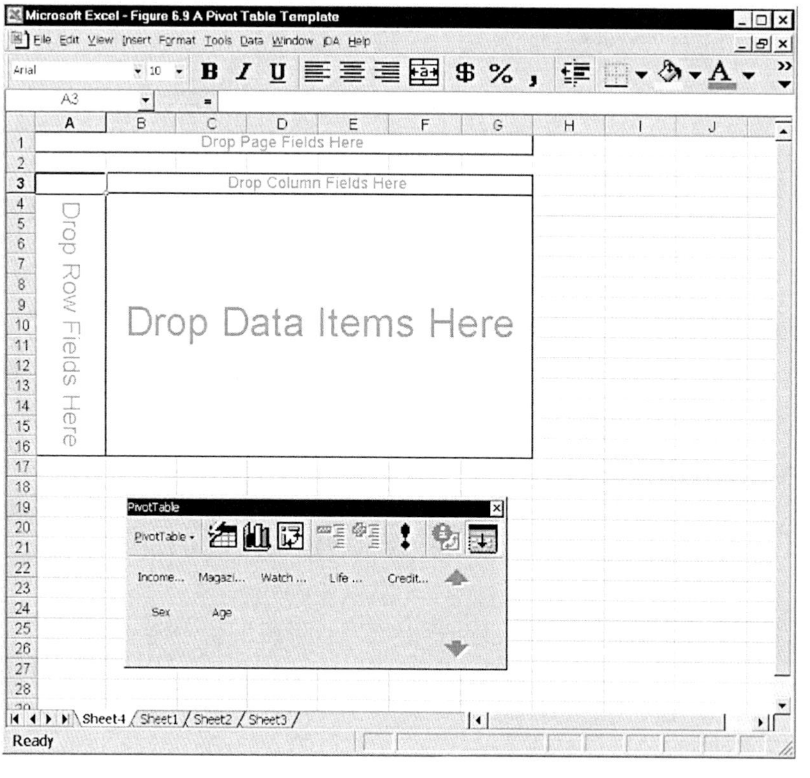

그림 6.9 피벗 테이블 템플레이트

그림 6.9에서는 피벗 테이블 마법사의 수행 결과가 화면에 보여질 것이다. 이 화면은 두 부분으로 되어 있는데, 화면의 위쪽에 있는 사각형 부분에는 데이터 아이템과 데이터 필드가 들어간다. 화면의 아래 영역에서는 피벗 테이블(PivotTable) 이름의 도구모음 상자가 있다. 도구모음 상자는 원본 스프레드시트의 첫 번째 줄에 포함된 어트리뷰트 이름들을 나열하고 있다. 메뉴에 보면 여러 가지 보고서 작성 옵션을 볼 수 있다. 툴바와 데이터 드롭 영역을 함께 사용하여 수입 범위(income range) 어트리뷰트에 대한 요약 보고서를 생성해보자.

7. 마우스로 수입 범위를 툴바에서 끌어다가 (Drop Row Fields Here)이 정해주는 영역에다가 끌어 놓는다. 그 다음에 툴바로 돌아가서 수입 범위를 드래그하여 (Drop Data Items Here)이 정해주는 영역에 붙여 넣는다.

이렇게 하면 그림 6.10에 있는 그 피벗 테이블이 만들어진다. 이 보고서를 보면 신용카드 고객 대부분이 수입 범위 $30,000에서 $40,000 사이에 있다는 것을 알 수 있다. 다음으로 도구모음을 사용하여 피벗 테이블의 형식을 수정하여 보자. 첫째, 피벗 테이블의 화면형식을 바꾸어 보자:

1. 도구모음에서 첫 번째 줄에 위치한 **보고서 형식**(Format Report) 영역을 클릭한다.
2. **자동 형식**(AutoFormat) 박스가 나타날 것이다. 상자에서는 10개의 보고서 형식들과 10개의 테이블 형식이 있어서 선택할 수 있다.

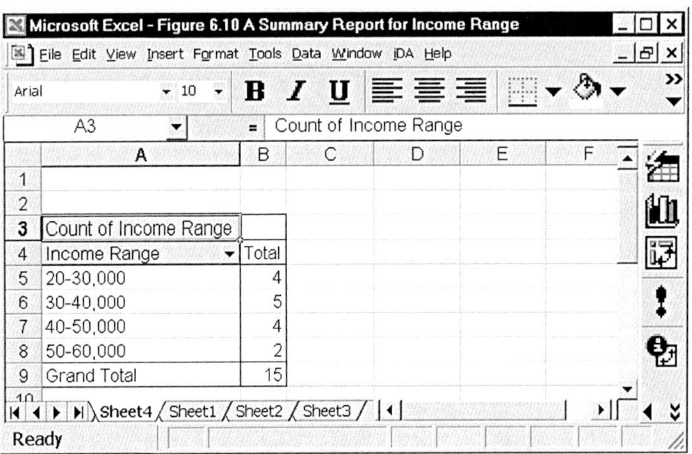

그림 6.10 수입 범위에 대한 요약 보고서

3. 여러 가지 보고서와 테이블 형식을 이리저리 실험해보자. 이 예제를 마무리하는 데 사용할 형식 하나를 선택하라.

현재는 전체 열이 개수(count)로 보여지지만 비율(percent)로 볼 수 있도록 출력 형식을 변경해보자.

1. (Count of Income Range)를 한번 클릭한다.
2. 피벗 테이블의 도구모음의 상단 오른쪽 부분에 위치한 (Field Settings)을 한번 클릭한다. 그러면 (PivotTable Field) 상자가 나타날 것이다.
3. options 〉〉을 한번 클릭하여 (Show data as:) 드롭다운 메뉴에 있는 옵션들을 살펴보자.
4. (% of column)을 선택하고 확인(OK) 버튼을 클릭하자.

전체 열의 데이터가 이제 비율(percent)로 나타날 것이다.
마지막으로, 테이블의 출력을 보충 설명하기 위해 파이(pie) 차트를 만들어 보자:

1. 4개의 수입 범위(income range) 값들의 퍼센트 값을 하이라이트하라.
2. 다음은 피벗 테이블 도구모음의 상단 왼쪽 부분에 있는 차트 마법사(Chart Wizard)를 한번 클릭한다. 그 4개의 수입 범위 값을 표현하는 bar 차트가 나타날 것이다. 하지만 값들을 직접 파이 차트에서 보고 싶을 경우가 있다. 그럴 때에는 차트 마법사(Chart Wizard)를 다시 한번 클릭하면 된다.
3. 파이 차트 유형 중 하나를 선택한 후 마침(Finish) 버튼을 클릭한다.

파이 차트는 'chart1' 이름의 새로운 시트 안에 만들어져 있다. 그 피벗 테이블의 결과는 'sheet4'에 남겨져 있다. 결과 형식은 파이 차트의 선택에 따라서 달라진다. 어떤 경우에든지 간에, 결과는 표 6.11에 보여지는 차트와 비슷한 것일 것이다. 피벗 테이블 도구모음이 파이 차트의 오른쪽에 세로로 다시 위치하게 된 것을 보라. 이것은 도구모음 상자를 그 쪽으로 드래그해서 옮긴 것이다.

다음은 피벗 테이블의 드릴다운 기능을 이용하여 특정 급여 범위에 있는 사람들의 기록을 보여주고자 한다.

1. 하단 시트 모음에서 'Sheet4'를 선택하여 피벗 테이블을 보여준다.
2. 찾고자 하는 급여 범위(예를 들어, 20－30K)에 대한 퍼센트 값을 가지고 있는 셀을 두번 클릭한다. 그러면 선택한 급여 범위 안에 있는 모든 사람들이 새로운 스프레드시트에 나타나게 된다.
3. 피벗 테이블로 돌아가려면, 'Sheet4'를 클릭한다.

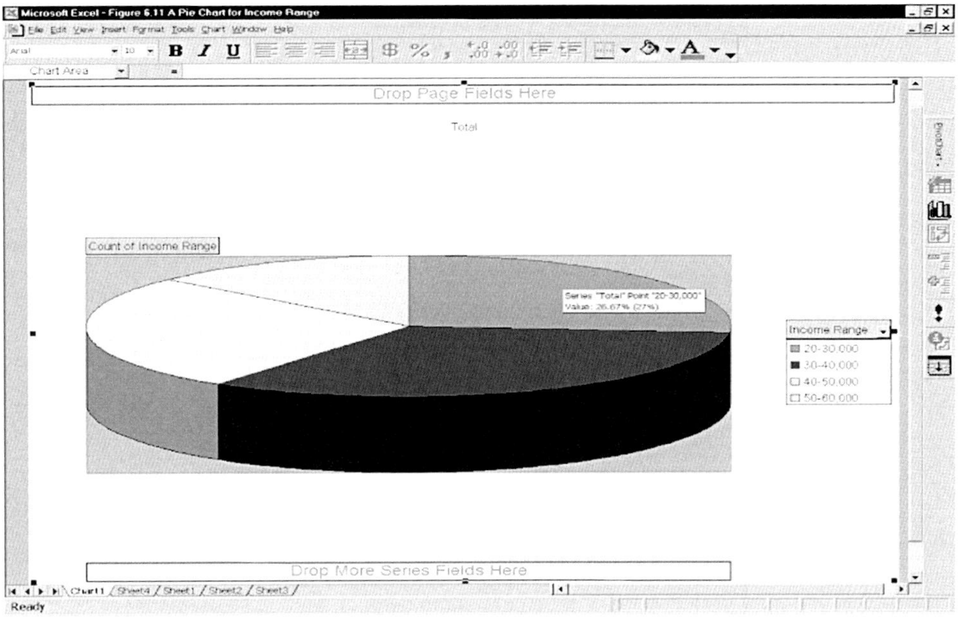

그림 6.11 수입 범위(income range)에 대한 파이 차트

여기까지 첫 번째 예제를 해보았다. 이 예제에서 만들어진 'Sheet4', 'Sheet5'와 'Chart1'을 삭제하고 나서 두 번째 예제를 시작해 보자!

피벗 테이블을 이용한 가설 검증

Acme신용카드 회사에서는 작년에 신용카드를 발급받았지만 신용카드 보험에 가입 신청을 하지 않은 카드 소유자들을 선택하여 전화로 가입을 권하기로 결정하였다. 데이터 분석 전문가는 신용카드 보험의 가입 여부와 소유자의 연령이 상관 관계가 있을 것이라고 추측하였다. 특히, 분석 전문가는 나이든 카드 소유자들과 젊은 카드 소유자들이 신용카드 보험에 가입 정도가 다를 것이다라는 가설을 검증해보고 싶어한다. 만약 이 가설이 옳다면, 특정 연령 이하의 카드 소유자들만이 가입 권유 전화의 대상으로 선택될 것이다.

가설 검증을 위해서 피벗 테이블과 우리의 상상력을 사용할 것이고 신용카드 광고 데이터베이스는 카드 소유자에 대한 매우 큰 표본 집합을 가지고 있다고 가정하자. 신용카드 보험 가입여부와 연령과의 상관 관계를 도출하기 위해서 가설의 검증은 다음과 같은 과정을 거친다:

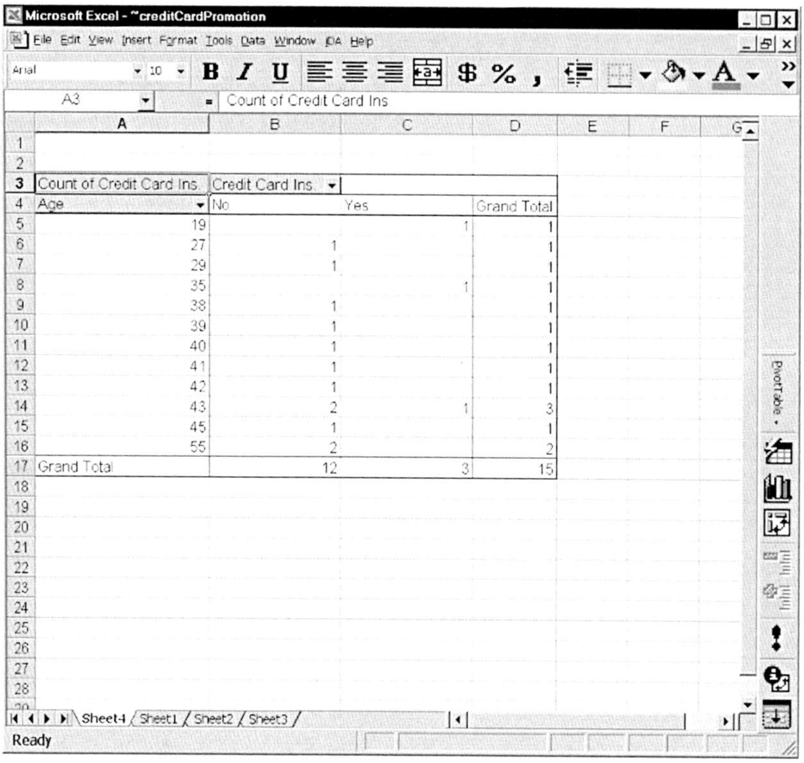

Count of Credit Card Ins	Credit Card Ins		
Age	No	Yes	Grand Total
19		1	1
27	1		1
29	1		1
35		1	1
38	1		1
39	1		1
40	1		1
41	1		1
42	1		1
43	2	1	3
45	1		1
55	2		2
Grand Total	12	3	15

그림 6.12 연령과 신용카드 보험 선택 여부에 대한 피벗 테이블

1. 먼저 'Sheet1'에서 데이터가 있는 셀에 마우스가 위치해 있는지 확인한다. 상단 메뉴에서 데이터(Data) 메뉴를 선택하고 피벗 테이블과 피벗 차트 보고서(PivotTable and PivotChart Report)를 선택하고 마침(Finish) 버튼을 선택한다.
2. (Drop Row Fields Here)라고 씌어진 곳에 연령(age)을 옮겨놓는다. (Drop Column Fields Here)라고 씌어진 곳에 신용카드 보험 가입여부(credit card insurance)를 옮겨놓는다.
3. (Drop Data Items Here)라고 씌어진 곳에 신용카드 보험 가입여부를 옮겨 놓는다. 결과 피벗 테이블은 그림 6.12에서 볼 수 있다.

이 결과 피벗 테이블을 보면 현재 매우 적은 수의 고객만이 신용카드 보험을 가지고 있다는 것을 알 수 있다. 그러나 연령의 분포를 본다면, 연령과 신용카드 보험 가입여부간의 관련성에 대한 어떠한 결론을 내리기 어렵다. 그 두 어트리뷰트들 사이에 어떤 가능한 관련성에 대한 명확한 그림을 만들기 위해서 '그룹(group)'함수를 사용할 수 있다. 방법은

다음과 같다:

1. 피벗 테이블의 '연령(age)' 어트리뷰트를 클릭한다.
2. 상단 메인 메뉴의 데이터(Data) 메뉴를 클릭한다.
3. 마우스를 그룹 및 윤곽 설정(Group and Outline)에 대고 그 다음에 그룹으로 옮긴다. 그룹을 클릭한다. 그룹 박스가 나타날 것이며 거기에서 Starting at, Ending at, By, 값을 선택하게 된다.
4. 확인(OK) 버튼을 클릭하여 기본(default) 값을 선택한다.

새로운 피벗 테이블을 그림 6.13에 보인다. 우리의 데이터 집합이 어떠한 유효한 결론을 도출하기에는 매우 작지만, 연령(age)으로 데이터를 그룹화하면 두 어트리뷰트간의 관련성에 대한 더 명확한 그림을 얻을 수 있을 것이다. 그룹화를 취소하기 위해서는 상단 메인 메뉴에서 데이터(Data)를 클릭한 후 마우스를 그룹 및 윤곽 설정(Group and Outline)에

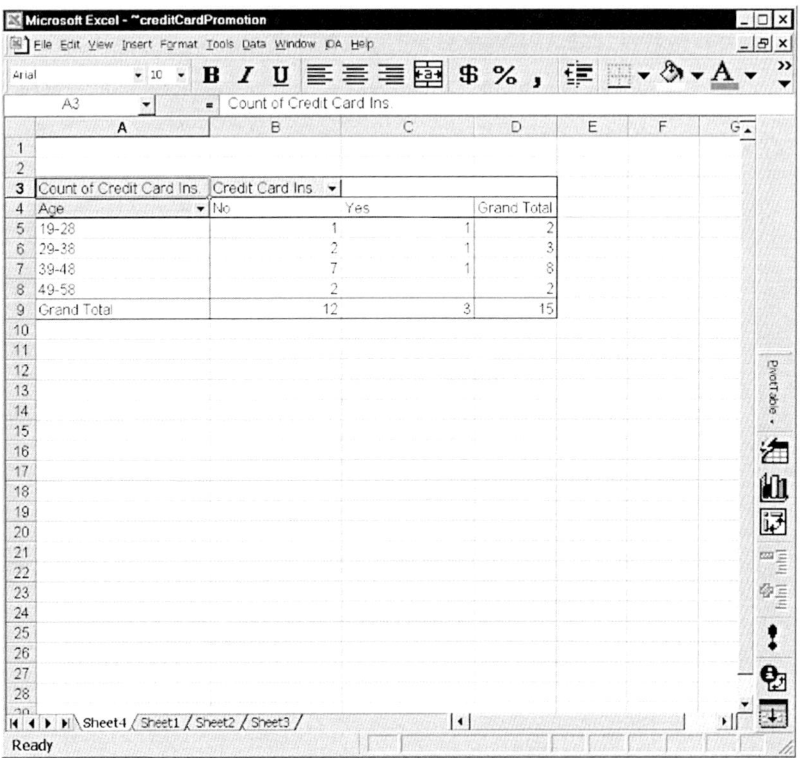

그림 6.13 신용카드 프로모션 데이터의 age에 의한 그룹화

놓고 그룹 해제(ungroup)를 클릭한다.

연령과 신용카드 보험과의 관련성을 판단해보기 위한 두 번째 방법이 있다. 이 방법은 신용카드 보험을 가진 사람과 그렇지 않은 사람들의 평균 연령을 계산해보는 것이다. 원본 신용카드 프로모션 데이터베이스를 사용하는 대신에 우리는 아래와 같이 도구모음에서 '피벗 테이블 마법사(PivotTable Wizard)'를 호출해서 현재 피벗 테이블을 수정하도록 할 것이다.

1. 도구 모음을 맨 윗줄에 있는 피벗 테이블 마법사(PivotTable Wizard)를 찾는다.
2. 마법사를 클릭한다. 이것은 피벗 테이블 마법사(PivotTable Wizard)의 단계 3을 보이게 하기 위한 것이다.
3. 레이아웃(layout)을 찾아서 마우스 왼쪽 버튼을 클릭한다. 현재 피벗 테이블 배치는 PivotTable Layout Wizard 안에 보여진다. 그림 6.14에서 현재의 배치를 보여주고 있다. 엑셀 97로 피벗 테이블을 사용해본 적이 있는 사용자들에게는 그림 6.14가 낯익을 것이다.
4. 행(Row) 영역에서 연령(age) 어트리뷰트를 제거하기 위해서는 마우스로 레이아웃(layout) 표시 윈도우의 맨 오른쪽에 위치한 연령 버튼으로 드래그해간다. 그리고 행 영역에서 credit card insurance를 열(Column) 영역으로 드래그한다.

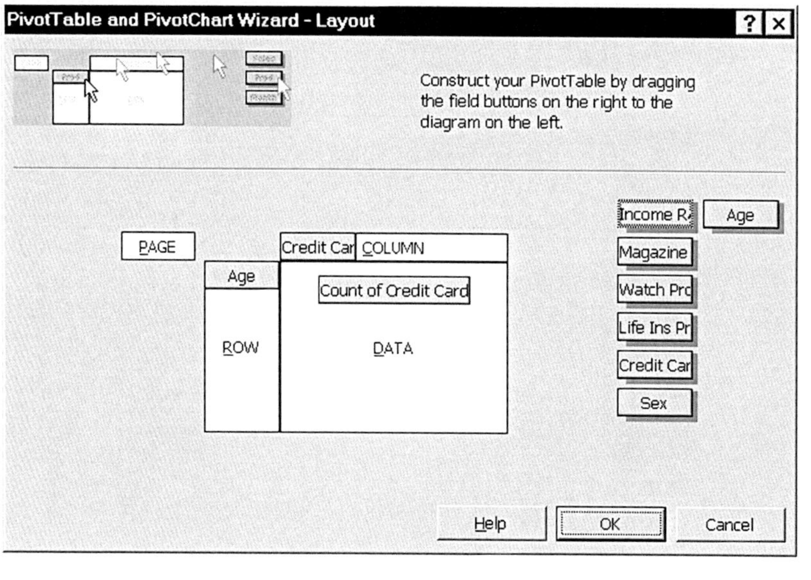

그림 6.14 피벗 테이블 레이아웃 마법사(PivotTable Layout Wizard)

5. 데이터 영역에서 Count of Credit Card Insurance를 제거하고 데이터 영역에 연령을 위치시킨다.
6. 데이터 영역에 있는 Sum of age를 더블 클릭한다. 피벗 테이블 영역(PivotTable Field) 상자가 나타날 것이다.
7. 요약: (summarize by:) 상자에서 평균(Average)을 클릭한다. 확인(OK) 버튼을 클릭한다. 그러면 피벗 테이블 레이아웃 마법사(PivotTable Layout Wizard)로 다시 돌아온다.
8. 피벗 테이블 레이아웃 마법사에서 확인(OK) 버튼을 클릭한다. 마지막으로 피벗 테이블 마법사(PivotTable Wizard)의 단계3에서 마침(Finish) 버튼을 클릭한다.

결과로 나온 피벗 테이블을 보면 **신용카드 보험가입 여부**(Credit card insurance) = 예(yes)인 평균 연령이 대략 32.33인데 반해 **신용카드 보험가입 여부** = 아니오(no)는 평균 연령이 41.42로 나왔다.

이것으로 두 번째 예제를 마친다. 'Sheet4'를 삭제하고 마지막 문제를 해보자!

다차원 피벗 테이블 생성

이 예제에서는 우리는 피벗 테이블을 사용하여 고객의 성별과 수입 범위(income range)에 대하여 잡지(magazine), 시계(watch), 생명보험(life insurance) 프로모션들 사이의 관련성을 조사할 것이다. 우리는 이것을 그림 6.15에서 보는 것과 같은 삼차원 큐브를 만들어서 해볼 것이다. 큐브의 각 셀은 프로모션 제안을 받아들였거나 혹은 그러지 않았던 고객의 수에 대한 카운트 값을 포함하고 있다. 그림 6.15의 화살표는 생명보험과 잡지 프로모션은 참가했지만, 시계 프로모션에는 참가하지 않은 고객의 전체 수를 가지고 있는 셀을 가리키고 있다. 우리는 성별(sex)과 수입 범위(income range)를 페이지(page) 변수들로 지정하여 우리의 분석에서 사용하려고 한다. 과정은 다음과 같다:

1. 먼저 마우스가 'Sheet1'에서 데이터를 포함하고 있는 셀에 위치하고 있는지 확인한다. 상단의 데이터(Data) 메뉴에서 피벗 테이블 및 피벗 차트 보고서(PivotTable and Pivot Chart Report)를 선택하고 마침(Finish) 버튼을 클릭한다.
2. 마우스로 watch promotion과 life insurance promotion을 Drop Row Fields Here로 표시된 영역에 드래그한다. Drop Column Fields Here로 표시된 위치에 잡지 프로모션(magazine promotion)을 드래그한다.

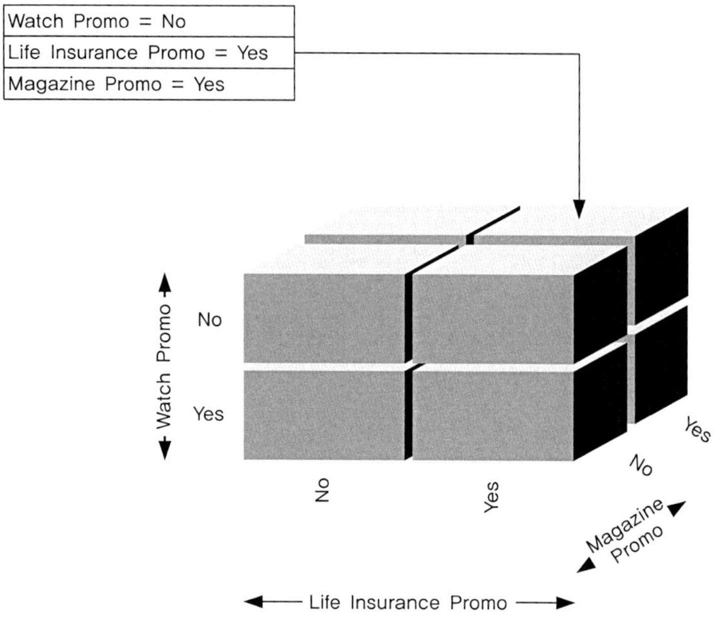

그림 6.15 신용카드 프로모션 큐브

3. 생명보험 프로모션(life insurance promotion), 시계 프로모션(watch promotion), 잡지 프로모션(magazine promotion)을 여기에 데이터 아이템을 드롭(Drop Data Items Here)으로 표시된 위치에 드래그한다.
4. 마지막으로 성별(sex)과 수입 범위(income range)를 여기에 페이지 영역을 드롭(Drop Page Fields Here)으로 표시된 위치에 드래그한다.

그 결과 피벗 테이블은 그림 6.16에 보여주고 있다. 24개의 강조된 셀들은 그림 6.15에 보여지는 큐브의 셀들과 대응된다. 큐브를 표현하는 24개의 셀들 이외에도 그 피벗 테이블은 각 프로모션에 대한 yes와 no의 전체 카운트 수와 전체 요약 합계도 보여준다. 피벗 테이블을 사용하여 세 가지 프로모션들 사이의 관계를 찾아보도록 하자.

먼저, 우리는 그 테이블을 사용하여 그림 6.15에 있는 셀에 대한 고객 수를 찾아보도록 하자.

1. 피벗 테이블의 가장 왼쪽 위치에 **생명보험 프로모션**(life insurance promotion) = 예(yes)가 있는 영역을 찾는다. 이것은 그림 6.16에서 줄 15부터 20까지이다.
2. 같은 영역 내에 **시계 프로모션**(watch promotion) = 아니오(no)를 가지는 하위 영역을 찾는다.

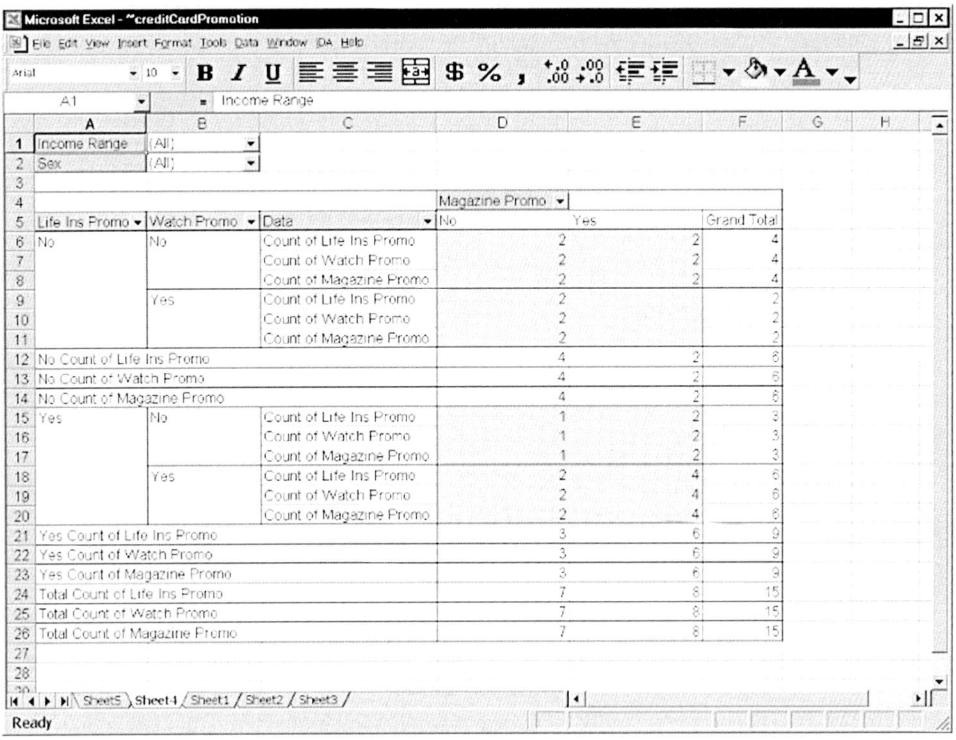

Income Range	(All)				
Sex	(All)				
			Magazine Promo		
Life Ins Promo	Watch Promo	Data	No	Yes	Grand Total
No	No	Count of Life Ins Promo	2	2	4
		Count of Watch Promo	2	2	4
		Count of Magazine Promo	2	2	4
	Yes	Count of Life Ins Promo	2		2
		Count of Watch Promo	2		2
		Count of Magazine Promo	2		2
No Count of Life Ins Promo			4	2	6
No Count of Watch Promo			4	2	6
No Count of Magazine Promo			4	2	6
Yes	No	Count of Life Ins Promo	1	2	3
		Count of Watch Promo	1	2	3
		Count of Magazine Promo	1	2	3
	Yes	Count of Life Ins Promo	2	4	6
		Count of Watch Promo	2	4	6
		Count of Magazine Promo	2	4	6
Yes Count of Life Ins Promo			3	6	9
Yes Count of Watch Promo			3	6	9
Yes Count of Magazine Promo			3	6	9
Total Count of Life Ins Promo			7	8	15
Total Count of Watch Promo			7	8	15
Total Count of Magazine Promo			7	8	15

그림 6.16 신용카드 프로모션에 대한 페이지(page) 변수를 가진 피벗 테이블

3. 이 영역에서 잡지 프로모션(magazine promotion) = 예(yes)에 대한 열(column)이 나올 때까지 오른쪽으로 따라간다.

세 가지 모든 프로모션에 대해 셀의 내용은 2가 들어 있다. 이것은 전체 두명의 고객이 생명보험(life insurance)과 잡지 프로모션에는 참가를 했지만 시계 프로모션은 구매하지 않았다는 것을 말해준다.

우리는 그 셀에 나타난 개인 레코드들을 더 살펴보기 위하여 드릴다운을 할 수 있다. 값 2를 가진 셀 중에 아무거 하나를 더블 클릭한다. 기본적으로 그 레코드들은 'Sheet5'에 표시될 것이다. 피벗 테이블로 돌아오기 위해서는 하단 시트 모음에 'Sheet4'를 클릭한다.

피벗 테이블은 원본 데이터에 연결을 유지하고 있기 때문에, 원본 스프레드시트 데이터에 대한 변경은 피벗 테이블에도 또한 보여질 것이다. 변경 사항이 피벗 테이블에 반영되게 하려면 피벗 테이블(PivotTable) 도구모음에 있는 느낌표를 클릭한다. 계속 진행하기 전에 이러한 기능들을 한번 테스트해보도록 하자.

다음으로 페이징(paging) 특징을 살펴보자. 피벗 테이블의 상단 왼쪽 모서리에서 테이블 정의로 설명된 페이징 변수(sex and income-range)가 보여진다. 페이지(page) 특징들을 사용하여 페이지 변수들과 프로모션에 대한 어트리뷰트들간의 관련성에 대해 알아볼 수가 있다. 예를 들어 여성 고객들에 대하여 수입 범위와 프로모션 제품들 사이의 관계를 알고 싶다고 하자. 절차는 다음과 같다.:

1. 성별(sex)을 상단 메뉴에서 클릭하고, female을 강조(highlight)한 후 확인(OK) 버튼을 클릭한다.
2. 수입 범위(income range)를 상단 메뉴에서 클릭하고 20-30,000을 강조한 후 확인(OK) 버튼을 클릭한다.

피벗 테이블은 $20,000와 $30,000와 사이의 수입을 가지는 여성들에 대한 프로모션 요약 데이터를 보여준다. 테이블을 보면 그 수입 범위내에는 두 명의 여성 고객들이 있다는 것을 알 수 있다. 시계와 잡지 프로모션을 구매한 여성은 없었고, 한 여성이 생명보험 프로모션을 구매하였다. 나머지 다른 수입 범위 데이터를 살펴보면, 연봉이 $30,000에서 $40,000사이인 여성들이 전통적으로 프로모션 제품 구매에 대한 최상 후보자들인 것을 알 수 있다. 당연히 이 페이징 기능은 엑셀의 피벗 테이블의 분석능력을 한차원 더 높여주고 있다.

우리는 여기서 데이터 분석 도구로서 피벗 테이블들을 소개했다. 뒤에 나온 연습 문제들을 더 풀어보면 피벗 테이블이 어떻게 데이터를 요약할 수 있는지를 더 쉽게 이해할 수 있을 것이다. 피벗 테이블에 대한 더 많은 정보는 MS 엑셀 도움말(Ms Excel Help)에서 얻을 수 있을 것이다.

6.5 요약

운영 데이터베이스들은 각 개별 트랜잭션들을 빠르고 효율적으로 처리하도록 설계되어 있다. 그러기 위해서 운영 데이터들은 정규화된 관계 테이블들에 저장한다. 정규화를 하게 되면 데이터의 중복이 최소화되고 따라서 효과적인 데이터 처리를 가능하게 한다. 더 이상 사용되지 않게 되는 트랜잭션 데이터가 있다면 그것은 운영 환경에서 이차 저장 매체로 옮겨진다. 만약 의사결정 지원 시스템을 가지고 있다면 그 저장 장치로는 아마도 데이터 웨어하우스를 사용해야 할 것이다. W.H.Inmon(1992)는 데이터 웨어하우스를 다음과 같이 정의하였다. "데이터 웨어하우스는 경영 의사결정 과정을 돕기 위한 주제 지향적이고, 통합적이고, 변경되지 않는, 시계열적인 데이터 집합이다."

데이터 웨어하우스를 구조화하기 위한 두 가지 방식이 있다. 첫 번째 방식은 다차원 배열로 데이터를 구조화하는 것이다. 두 번째 방식은 데이터 저장과 검색을 위해서 관계형 모델을 사용한다. 두 경우 모두, 사용자는 데이터를 다차원 데이터 형식으로 보게 된다. 각 방식마다 나름대로의 장점은 있지만, 스타 스키마로 구현된 관계형 방식이 더 많이 사용되는 기법이다. 스타 스키마는 중앙의 사실 테이블과 여러개의 차원 테이블들을 가지고 있다. 사실 테이블은 다차원 공간에서 차원들을 정의한다. 개별 차원 테이블들은 그들과 연결된 사실 테이블 차원들에 대한 상세한 정보를 저장한다. 스타 스키마의 한 가지 변형은 눈송이 스키마인데 이것은 정규화된 차원 테이블들의 구조화를 다룬다. 또 다른 변형으로는 사실 테이블들을 여러개 가지는 데이터 웨어하우스에 적용할 수 있는 성운 스키마가 있다.

웨어하우스의 데이터에 대한 가장 중요한 기능은 의사결정 지원에 있다. 의사 결정 지원에서의 3가지 영역은 **데이터 리포팅, 데이터 분석, 지식발견**이다. 데이터 리포팅 기능은 웨어하우스에 저장되어 있는 데이터에 대한 상세한 보고서를 생성할 수 있어야 한다. 지식발견은 데이터 마이닝을 통해 수행된다. 데이터 분석은 OLAP의 도움을 받아서 수행되는데, OLAP은 다차원 환경에서 데이터의 분석을 지원하는 질의 기반의 방법론이다. OLAP 도구들은 친숙한 사용자 인터페이스를 가지고 있고, 다양한 여러 관점에서 데이터를 볼 수 있게 하고, 통계 분석을 수행할 수 있고, 연속된 상세화 수준으로 데이터 질의(query)를 할 수 있게 해준다. MS 엑셀 피벗 테이블은 복잡한 OLAP 도구에서 볼 수 있는 유사한 기능들을 많이 제공해준다. 피벗 테이블 기능들은 데이터를 요약하고 그룹화할 수 있으며 데이터를 여러 형식으로 보여줄 수 있다.

6.6 핵심 용어

- **개념 계층(Concept hierarchy)** 어트리뷰트가 서로 다른 구체화 단계들로 보여질 수 있게 하는 매핑
- **성운 스키마(Constellation schema)** 하나 이상의 여러 사실 테이블이 존재할 수 있는 스타 스키마의 변형된 형태

- **데이터 모델(Data model)** 데이터가 어떻게 사용될지와 독립적으로 데이터의 구조를 문서화하는 표기 언어
- **종속 데이터 마트(Dependent data mart)** 특정 목적으로 설계된 부분적인 (부서별, 영역별, 주제별, 목적별) 웨어하우스를 말하며, 큰 데이터 웨어하우스 구조에서의 데이터로부터 만들어진다.
- **다이스(Dice)** 원본 큐브에서 부분 큐브(subcube)를 추출하기 위한 목적으로 2차원 이상에서 실시되는 OLAP 연산
- **차원 테이블(Dimension table)** 스타 스키마의 차원들 중에 하나에 대한 정보를 가지고 있는 관계형 테이블
- **드릴다운(Drill-down)** 데이터 큐브에서 수행되는 OLAP 연산으로서 좀 더 구체적인 수준으로 데이터를 살펴볼 수 있도록 한다.
- **엔티티 관계도(Entity relationship diagram (ERD))** 엔티티들과 그들간의 관계를 가지고 데이터의 구조를 보여주는 데이터 모델링 도구. 엔티티들간의 관계는 일대일, 일대다 혹은 다대다 관계일 수 있다.
- **엔티티(Entity)** 사람, 장소, 사물과 같은 클래스에 대한 기본적인 표현
- **ETL 루틴(ETL routine)** 데이터의 정제, 변환, 그리고 웨어하우스로의 적재(loading)를 하는 프로세스
- **사실 테이블(Fact table)** 스타 스키마내에서 다차원 공간의 차원들을 정의해주는 관계 테이블
- **제1정규형(First normal form, 1NF)** 한 엔티티 내의 모든 어트리뷰트들은 단일 값을 가져야 한다는 규칙
- **세분성(Granularity)** 저장된 정보의 세분화된 정도를 설명할 때 사용하는 용어
- **독립 데이터 마트(Independent data mart)** 웨어하우스와 비슷하지만 단일 주제에 특화된 데이터 저장소. 독립 데이터 마트는 외부 데이터 소스 뿐만 아니라 운영 데이터를 사용하여 구조화할 수 있다.
- **교차 엔티티(Intersection entity)** 한 개의 다대다 관계를 두 개의 일대다 관계로 변환하면서 생성된 엔티티
- **다대대 관계(Many-to-many relationship)** 두 엔티티 A와 B들 사이의 관계를 말하는데, A의 각 인스턴스들이 B의 하나 혹은 그 이상의 인스턴스들과 연관되고 B의 각 인스턴스들이 A의 하나 혹은 그 이상의 인스턴스들과 관계를 가진다.

- **메타데이터(Metadata)** 자료(data)에 대한 정보(data)
- **정규화(Normalization)** 데이터 모델에서 중복을 제거하기 위해 설계된 여러 단계의 프로세스
- **일대일 관계(One-to-one relationship)** 두 엔티티 A와 B들 사이의 관계를 말하는데, A의 각 인스턴스가 B의 반드시 하나의 인스턴스와만 관계가 있다.
- **일대다 관계(One-to-many relationship)** 두 엔티티 A와 B들 사이의 관계를 말하는데, A의 각 인스턴스들이 B의 하나 혹은 그 이상의 여러 인스턴스들과 관계를 가진다.
- **On-line transactional processing(OLTP)** 개별 트랜잭션을 빠르고 효율적이게 처리하기 위한 데이터베이스 절차들
- **피벗 테이블(Pivot table)** MS 엑셀 기반의 데이터 분석 도구인데, 데이터 요약, 다양한 방식의 데이터 그룹화, 여러 형식의 데이터 디스플레이를 하는 데 사용될 수 있다.
- **롤업(Roll-up)** 데이터 큐브의 셀들을 합쳐서 데이터에 대한 높은 레벨의 뷰를 제공할 수 있게 하는 OLAP 연산
- **회전(Rotation)** 사용자가 여러 관점으로 데이터를 분석할 수 있도록 도와주는 OLAP 연산
- **제2정규형(Second normal form, 2NF)** 1NF에 속하고 키가 아닌 모든 어트리뷰트들이 기본 키에 종속적일 때 그 엔티티는 2NF이다.
- **슬라이스(Slice)** 데이터 큐브의 단일 차원에서 선택을 하여 부분 큐브를 만드는 OLAP 연산
- **천천히 변하는 차원(Slowly changing dimension)** 어트리뷰트들이 시간에 따라서 변하는 차원
- **눈송이 스키마(Snowflake schema)** 스타 스키마의 변형으로서 사실 테이블에 직접 연결되어 있는 차원 테이블들의 일부가 더 작게 나뉘어져 있다. 이렇게 하면 차원 테이블들이 정규화될 수 있으며 결과적으로 전체 저장 장치를 더 적게 사용하게 된다.
- **스타 스키마(Star schema)** 관계형 데이터베이스로 구현된 다차원 데이터 웨어하우스 모델이다. 이 모델은 하나의 사실 테이블과 하나 혹은 그 이상의 차원 테이블로 구성되어 있다.
- **제3정규형(Third normal form ,3NF)** 2NF에 속하고 키가 아닌 모든 어트리뷰트가 기본 키에 완전 종속적일 때 엔티티는 3NF에 속한다.[1)]

1) 역자의 주: 기본 키가 아닌 어트리뷰트들간의 종속적인 관계가 있어서는 안 된다. 기본 키가 아닌 모든 어트리뷰트는 기본 키에 완전 종속되어야 한다.

6.7 연습 문제

| 복습 문제 |

❶ 아래 용어들의 차이점을 설명하라.

a. 독립 데이터 마트(Independent data mart)와 종속 데이터 마트(dependent data mart)

b. 사실 테이블(Fact table)과 차원 테이블(dimension table)

c. 슬라이스(Slice)와 다이스(dice)

d. 드릴다운(Drill－down)과 롤업(roll－up)

e. OLTP와 OLAP

❷ 다음 각 관계들이 일대일(one－to－one), 일대다(one－to－many) 혹은 다대다(many－to－many) 중에 어디에 속하는가. 그 이유도 이유를 설명하라.

a. 고용주 - 종업원

b. 자동차 - 자동차 번호판

c. 목사 - 교회의 전체 신도

d. 강좌 - 강사

e. 집 - 소유주

❸ 그림 6.3에 있는 스타 스키마를 생각해보자. 어느 고객이 어떤 주어진 월이나 연도에 그가 구매했던 특정 상품의 리스트를 보고 싶어한다고 하자. 어떻게 하면 될까? 자신의 생각을 말하라.

❹ 그림 6.3의 스타 스키마에서 두 번째 사실 테이블을 또 만들지 않고도 프로모션을 집어 넣을 수 있는 여러 방법들을 생각해보라. 각 방법의 장단점은 무엇인가?

❺ 6.3절에서 설명한 슬라이스와 다이스 연산들로부터 생성된 OLAP 큐브들을 스케치해보라.

| 계산 문제 |

❶ 그림 6.3에서의 스타 스키마로부터 3차원 OLAP 큐브을 스케치해보라. 다만 차원으로서는 purchase category, sex과 income range를 가진다. 데이터 큐브에서 유용한 정보를 추출하기 위한 여러 가지 슬라이스, 다이스와 회전 연산들을 설명하라.

LAB❷ CardiologyCategorical.xls 데이터베이스 파일로 피벗 테이블(pivot table)을 만들어라. 줄의 어트리뷰트 angina, thal와 열의 어트리뷰트 class를 만들어라. 데이터 영역에 angina, thal, class를 위치시키고 slope, sex, #colored vessels를 페이지(page) 변수들로 설정하자. 피벗 테이블(pivot table)을 사용하여 아래의 질문에 답하라:

a. 데이터베이스에서 건강한 남성(healthy mae)은 몇 명인가?
b. 3가지 색깔 이상의 그릇(colored vessel)을 소유한 건강한 여성(healthy female)은 몇 명인가?
c. 질병을 가진 개인(sick individual)을 정의하는 데 충분조건을 만족하는 #colored vessels와 angina에 대한 값은 무엇인가?
d. 다음 가설을 검증 혹은 반증하라: "#colored vessels = 0인 사람들 중 대다수는 건강하다."
e. 다음 가설을 검증 혹은 반증하라: "전형적인 건강한(healthy) 사람은 협심증(angina) 증상이 없으며 thal 어트리뷰트에 대한 값으로는 normal을 갖는다."

LAB❸ 그림 6.16의 피벗 테이블(pivot table)을 다시 만들어 아래의 질문에 답하라.

a. 단일 프로모션을 구매하지 않은 카드 소지자들은 몇 명인가?
b. 잡지와 시계 프로모션은 구매하였지만 생명보험 프로모션은 구매하지 않은 카드 소지자들은 몇 명인가?
c. 소득이 $50,000에서 $60,000인 남성 카드 소지자들은 몇 명인가?
d. 다음 가설을 검증 혹은 반증하라: 3가지 프로모션을 모두 구매한 소비자들은 신용카드 보험도 구매한다.

Chapter 7
정식 평가 기법

이 장에서 학습할 내용

- 모델 test 집합의 정확도를 위한 신뢰 구간을 측정
- 통계적인 평가 기법을 사용하여 두 개의 supervised 학습자 모델의 정확도 비교
- 가설 검증을 사용하여 수치 어트리뷰트의 유의미성 판단
- 상관 계수와 산포도를 사용하여 중복된 수치 어트리뷰트들을 찾아내기
- Cross-Validation(교차 타당성 검증)과 부트스트래핑을 사용하여 supervised 학습자 모델 평가
- unsupervised 클러스터링을 사용하여 supervised 학습 평가하기
- supervised 학습 사용하여 unsupervised 클러스터링의 결과 평가하기
- unsupervised 클러스터링의 결과 평가를 위한 어트리뷰트 분석 기법
- 수치 결과 값을 가진 supervised 모델의 평가

이 앞선 내용들에서 test 집합의 오류 비율(error rates), 오분류 행렬(confusion matrices), 리프트 차트(lift charts)들이 supervised 학습자 모델 평가에 도움이 될 수 있다는 것을 알았다. 또한 unsupervised 클러스터링의 결과 평가에 supervised 학습이 어떻게 사용되는지를 살펴보았었다. 이 장에서는 supervised 학습과 unsupervised 클러스터링에서 형식화된 평가 모델들에 초점을 맞추어 성능 평가에 대한 논의를 계속할 것이다. 이 장에서 소개되는 대부분의 기법들은 통계적인 어트리뷰트들을 가지고 있다. 이러한 접근의 장점은 데이터 마이닝 실험들의 결과에 신뢰도 수준을 도입할 수 있다는 것이다.

각 기법에 내재된 이론적인 방법보다 표준적인 통계와 비통계 방법을 가지고 실제적인 문제 해결을 강조한다. 데이터 마이닝 문제에 적절한 평가 기법들을 명확히 이해할 수 있도록 개발하여 필요한 도구들을 제공하는 것이 목표이다. 대부분의 관심 있는 독자들의 필요를 충족시켜주기에 충분한 방법들을 설명한다. 그러나, 부록 D에서는 더욱 더 깊이 있는 통계적인 평가 기법들을 다루기를 원하는 독자들을 위해서 부과적인 내용들을 제공한다.

7.1절에서는 평가의 결과를 알려줄 수 있는 데이터 마이닝 과정들에 대한 구성요소 부분들을 설명한다. 7.2절에서는 평균(mean), 분산(variance scores), 표준 오류 계산(standard error computations), 데이터 분산도(data distributions), 표본 집단(populations)과 표본(samples), 가설의 검증(hypothesis testing)과 같은 여러 기능적인 통계적 개념들에 대한 전반적인 내용들을 살펴볼 것이다. 7.3절에서는 분류기 오류 비율(classifier error rate)에 대한 test 집합의 신뢰 구간(confidence intervals)을 계산하는 방법을 살펴볼 것이다. 7.4절에서는 완성된 모델들의 분류 정확도를 비교하기 위해서 test 집합의 오류 비율에 대한 고전적인 가설 검증을 사용하는 방법을 보게 될 것이다. 7.5절에서는 수치 어트리뷰트의 의미를 알기 위해서 고전적 가설 검증 모델(hypothesis testing model)을 적용하는 방식을 학습한다. 7.6절에서는 unsupervised 클러스터링의 결과 평가를 위한 여러 방법들을 살펴 본다. 7.7절에서는 수치 결과 값을 갖는 supervised 학습자 모델의 평가 방법에 대한 설명을 할 것이다. 책을 읽고 이 장의 예제들을 학습하는 것으로써 통계적인, 발견적인(heuristic), 실험적인(experimental) 방법들과 수작업 분석들을 조합하여 적용하는 것이 가장 좋은 평가가 된다는 것을 알게 될 것이다.

7.1 평가의 대상

그림 7.1은 supervised 학습자 모델을 생성하고 검증하는 데 사용되는 주요 구성요소들을 보여준다. 여기에 보여지는 모든 요소들이 생성된 모델의 성능에 여러 면에서 영향을 미친다. 모델이 기대만큼의 성능을 보이지 못할 때에는 각 요소들이 그 성능에 대하여 어떠한 영향을 미치는지를 평가해봐야 할 것이다. 그림 7.1에서의 각각의 요소들은 앞서서 여러 장에서 주제로 설명되었던 것이다. 다음은 그림에서 나타난 그 구성요소들을 평가관점에서 조금 더 자세히 설명하고 있다.

1. **Supervised 모델** Supervised 학습자 모델들은 일반적으로 test 데이터로 평가된다. 잘못 분류되는 것으로 인하여 발생될 수 있는 비용과 영향은 경우에 따라 다를 수 있으므로 특별히 주의를 기울여야 한다. 예를 들어, 대출 문제해결 모델(loan application

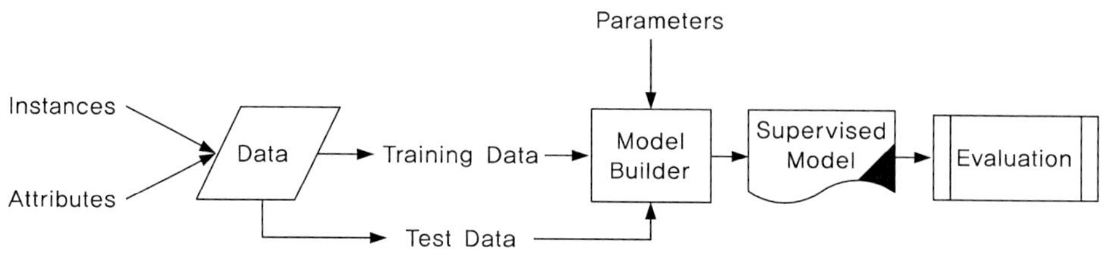

그림 7.1 Supervised 학습의 구성요소

model)에서 채무를 이행하지 않을 유력한 후보(strong candidates)들을 채택하지 않는 모델을 만들기 위해서 대출금 전액을 지불할 것 같은 경계선 근처의 사람들을 기각하게 될 것이다. 이 장에서는 범주 결과(categorical output)를 가지는 supervised 모델에 대한 test 집합 에러율(test set error rate)의 신뢰 구간(confidence intervals)을 계산하는 방법을 평가 방법으로 사용하는 것을 보여줄 것이다.

2. Training 데이터 만약 supervised 학습자 모델에서 test 정확도가 낮다면(즉, test 집합에 대한 성능이 안 좋다면) training 데이터에 그 원인이 있을 수 있다. training 데이터가 그 도메인에 대한 모든 가능한 인스턴스들에 대한 대표성을 가지고 있지 못하거나 전형성(typicality)이 떨어지는 불필요한 데이터들이 다수 포함되어 있는 경우에는 좋은 결과를 낼 수가 없다. 가장 좋은 예방 조치는 training 데이터를 임의로 선택하고 거기서의 클래스 분포가 모집단에서의 분포와 비슷한지를 확인해보는 것이다. 데이터가 적절히 분산되어 있는지를 확인해볼 수 있는 절차를 층화(stratification)라고 부른다. 인스턴스 선택의 대표성을 확인해볼 수 있는 또 다른 기법으로는 training 인스턴스의 전형성 점수를 확인해보는 것이다.
3. 어트리뷰트 (Attributes) 어트리뷰트들이 도메인의 인스턴스들을 얼마나 잘 정의하였는지에 초점을 맞춘 것이 어트리뷰트 평가(attribute evaluation)이다. 7.5절에서 어트리뷰트 평가 절차를 살펴볼 것이고, 수치 어트리뷰트 평가에 대한 추가적인 통계적 도구를 보여주고, 중복된 수치 어트리뷰트들을 어떻게 찾아내는지를 보여줄 것이다.
4. 모델 생성기(Model builder) 다른 학습 기법으로 만들어진 supervised 학습 모델들은 다른 test 집합 에러율을 내는 경향이 있다는 것을 우리는 보아왔다. 하지만 어떠한 하나의 학습 기법이 다른 기법에 비해서 더 우수하게 나오는 상황이 있을 것이다. 예를 들어, 신경망(neural networks)들은 유실(missing) 혹은 이상(noisy)인 training 데이터가 많이 포함되어 있을 때 다른 supervised 학습 기법보다 좋은 결과를 보이는 경향이 있다. 7.4절에서는 같은 training 집합을 사용하여 만들어진 두 개의 학습

자 모델이 test 집합 성능에서 있어서 큰 차이를 보이는 것을 어떻게 결정하는지 설명될 것이다.

5. 파라미터(Parameters, 모수) 대부분의 데이터 마이닝 모델들은 하나 이상의 사용자 정의 학습 파라미터들이 있다. 5장에서 보았듯이, 파라미터 설정은 모델의 성능에 큰 영향을 미칠 수 있을 것이다. 다른 데이터 마이닝 기법들로 만들어진 supervised 학습자 모델을 비교하는 데 사용된 기법은 같은 데이터 마이닝 방법을 사용하지만 다른 파라미터 설정을 사용한 모델의 비교에도 적용될 수 있다.
6. Test 집합 평가(Test set evaluation) Test 집합의 목적은 미래의 모델 성능을 측정하고자 하는 것이다. test 데이터는 무작위(random)로 뽑아져야 하며 적절한 층화(stratification)를 사용하여야 한다.

그림 7.1은 unsupervised 클러스터링에 적용될 수 있는데, 다만 분류 클래스가 알려진 인스턴스들의 test 집합은 없다. 7.6절에서는 unsupervised 평가 기법과 unsupervised 클러스터링을 평가하기 위한 추가적인 방법을 살펴볼 것이다.

7.2 평가 도구

통계는 우리 삶의 일부분이다. 통계적 연구의 결과들은 우리가 은퇴했을 때 애써서 번 돈을 어떻게 할 것인지, 도박에서 어느 쪽에 돈을 걸 것인지, 그리고 어떠한 외과 수술을 받아야 할지 등에 대한 의사결정을 도와준다. 아래의 내용은 지난 과거에 알려진 여러 흥미로운 통계적 발견들이다.

- 미국에서 100,000,000 가정 주부들 중의 60%가 $6,000 이상의 신용카드 부채를 가지고 있다.
- 미국에서 모든 성인 중 50%는 주식 시장에 투자하고 있지 않다.
- 모든 중범죄자 중에 70%는 아버지가 없는 가정에서 태어났다.
- 700,000명 중 한 명은 개에 물려 사망한다.
- 남자 15명의 중의 한 명은 전립선 암을 겪게 될 것이다.
- 여성이 미망인이 되는 평균 연령은 56세이다.
- 65세 이상 100명 중 한 명은 $5,000,000가 넘는 재산을 가지고 있으며 4명은 경제적 독립적인 생활이 가능하고($1,000,000에서 $4,000,000), 41명은 계속 일을 하여야

하며, 54명은 파산한 사람들이다.

통계적인 연구들의 결과는 매우 주의를 기울여 해석되어야만 한다. 예를 들어, 여성이 미망인이 되는 평균 연령은 56세이지만 미망인이 되는 연령의 중간 값(median)은 그 보다 높을 것이며 그리고 그것이 더 가치 있는 정보일 것이다.

위와 같은 것들의 발견들은 종종 랜덤 추출 과정을 통해서 얻어진다. 첫 번째 문장이 여기에 해당된다. 가정 주부의 신용카드 부채의 양을 알기 위해서 모든 미국 가족들에 대한 조사를 하는 것은 매우 어렵다. 그래서 전문가들은 표본을 추출하고 오차범위 내에서 표준 표본 집단(general population)을 이용하여 발견한 것을 보고한다. 앞에서 살펴보았듯이 통계적인 연구들을 하기 위해서 개발된 기법들을 데이터 마이닝 문제에 적용할 수 있다. 통계적 접근의 장점은 데이터 마이닝 실험의 결과들을 신뢰도 수준과 연관시킬 수 있기 때문이다.

데이터 마이닝 모델들을 비교, 평가하기 위한 여러 유용한 통계 기법들을 살펴보기 전에 먼저 평균, 분산, 표본 집단, 집단 분포와 같은 기본적인 내용들을 보도록 하자.

| 단일 값 요약 통계정보 |

수치 값을 갖는 데이터 집단은 평균, 표준 편차, 도수와 확률 분포 값이 유일하게 정해진다. **평균**(mean, or average value)은 μ으로 표기되고 데이터의 합을 데이터 개수로 나누어 계산된다.

평균 값(mean)을 값들의 평균(average value)이라고 설명한다면, **분산**(variance – σ2)은 평균(mean)에 대하여 분산된(즉, 얼마나 퍼져 있는지) 양을 나타내는 값이다. 분산을 계산하기 위해서는 먼저 평균과의 차이에 대한 제곱근들의 합으로 계산한다. 즉, 각 데이터 값을 평균에서 빼고 그것을 제곱한 다음에 그들을 모두 합한다. 이렇게 합한 값을 데이터의 개수로 나누면 그것이 분산 값이 된다. **표준 편차**(standard deviation)는 σ으로 표시되고 분산에 대한 제곱근이다.

평균, 분산, 표준 편차 값들을 표본 데이터에 대하여 계산할 때는 기호는 다음과 같이 바뀐다. 표본의 평균과 분산 값에 대해 아래와 같은 표기를 사용할 것이다:

$$표본\ 평균 = \overline{X}$$
$$표본\ 분산 = V$$

평균과 분산은 데이터를 요약할 수 있는 유용한 통계량이다. 그러나 개별 데이터간 큰 차이가 있음에도 두 집단들은 평균과 표준 편차 값이 매우 유사하게 나타날 수도 있다. 그러므로 데이터를 더 자세하게 이해하기 위해서는 표본 집단에 포함된 데이터의 분포에 대해 아는 것이 필요하다. 데이터의 양이 적을 때에는 데이터로 분포는 쉽게 알아낼 수 있다. 그러나 데이터의 양이 매우 클 때에는 분포를 알아내기 어려울 때가 있다.

| 정규 분포(Normal Distribution) |

많이 알려진, 그리고 기본적으로 중요한 데이터 분포는 **정규 분포**(normal distribution)인데, 이것은 가우시안 곡선(Gaussian curve) 혹은 정규 확률 곡선으로도 불린다. 많은 유용한 통계량들이 정규 분포를 가지는 모집단에 대하여 개발되었다.

정규 혹은 종형 곡선은 1733년 프랑스의 수학자 Abraham de Moivre에 의해서 부자들의 도박문제를 해결하던 중 우연히 발견되었다. 동전 던지기 실험에서 앞면의 수와 뒤면의 수를 기록하면서 발견되었다. 그는 동전을 10번 던지는 실험을 반복해서 앞면이 나오는 평균 횟수를 기록했다. 그렇게 했을 때, 가장 많이 나온 횟수도 그렇고 그 횟수들의 평균 값도 5가 되는 것을 발견했다. 여섯 번과 네 번이 나온 경우가 그 다음으로 많이 나왔으며 그 빈도는 둘 다 같았다. 그 다음으로 3번과 7번이 많이 나왔으며 다음으로 2번과 8번이 나왔다. Moivre의 초기 발견 이후에, 많은 것 중에 몇 개만 언급하자면 독해력, 키, 몸무게, 지능 지수와 업무 만족도 비율 등이 정규 분포된다는 것이 발견되었다. 연속 정규 곡선을 정의하는 일반적인 수학 공식은 평균과 표준 편차에 의하여 정의될 수 있으며 부록 D에서 자세히 설명하고 있다.

정규 곡선 그래프는 표 7.2에서 보여지고 있다. x 축은 중간 값인 좌표 0이 산술적 평균을 의미한다. 평균의 양쪽에 있는 정수들은 평균으로부터의 표준 편차를 의미한다. 설명하

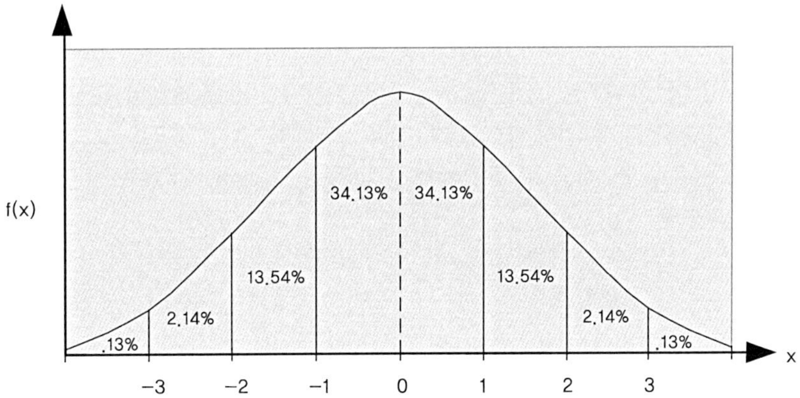

그림 7.2 정규 분포

자면 데이터가 정규 분포되면 대략 모든 값들 중 34.13%가 평균과 평균에서 표준 편차만큼 큰 곳에 위치한다. 마찬가지로, 전체에서 34.13%가 평균에서 표준 편차만큼 작은 범위 안에 존재한다. 즉, 대략 전체에서 68.26%가 평균 양쪽으로 표준 편차 크기의 범위 안에 존재하는 것을 예상할 수 있다.

예로써, 시험 점수들이 평균 70이고 표준 편차 5인 정규 분포를 따른다고 가정해보자. 이것으로 우리는 모든 학생 중 68.26%가 65점에서 75점 사이의 시험 점수를 받게 될 것이라는 것을 예상할 수 있다. 마찬가지로 모든 학생의 95%가 60점에서 80점 사이의 점수를 받게 될 것을 예상할 수 있다. 다르게 말하면, 모든 학생의 시험 점수가 평균 점수 70점 아래 위로 2개의 표준 편차 사이에 있을 것을 95%의 신뢰도로 알 수 있다.

대부분의 데이터가 정규 분포를 따르지는 않기 때문에 정규 분포가 데이터 마이닝에서 논의되는 이유에 대한 궁금증이 있을 것이다. 결국, 한 가지 어트리뷰트가 정규 분포를 따른다고 할지라도 정규 분포를 따르지 않는 여러 수치 값들을 가지고 있는 개체들을 처리해야만 하기 때문이다. 정규 분포에 대해서 설명하는 목적은 두 가지이다. 첫째, 어떤 데이터 마이닝 모델들은 그것이 사용하는 수치 어트리뷰트가 정규 분포를 따른다고 가정하고 있다. 이러한 모델에 대한 논의는 10장에서 하게 될 것이다. 그것보다도 우리는 정규 분포의 속성을 데이터 마이닝 모델들의 성능 평가를 하는 데 사용할 수 있다는 것을 이 장의 나머지 절에서 보게 될 것이다.

| 정규 분포와 표본 평균 |

관심 있는 모집단들은 너무 커서 실험적 분석을 매우 어렵게 만드는 경우가 대부분이다. 이러한 이유로 실험은 종종 전체 모집단에서 무작위로 선택된 부분 집합으로 하게 된다. 그림 7.3은 10개의 데이터 원소들을 가진 모집단으로부터 추출된 3개의 원소들을 포함하고 있는 데이터 표본 집합을 보여준다.

모집단으로부터 표본 추출을 할 때 우리는 표본 집합의 분산이 정규 분포를 따른다는 것을 확신할 수 없다. 모집단이 정규 분포되어 있는 경우를 생각해보자. 그러나 정규 분포를 확신할 수 있는 특수한 상황이 있다. 말하자면,

> 주어진 모집단에서 같은 크기의 독립적인 임의의 표본들로부터 얻은 평균의 분포는 정규 분포를 따른다.

이 문장의 중요성을 더 잘 이해하기 위해서 평균적인 미국 가구의 신용카드 부채에 대한 조사 문제를 생각해보자. 대략 미국에는 100,000,000개의 가구가 있다. 우리는 각각의 모든 가구를 조사할 시간도 없고 돈도 없다. 그러므로 평균 가족 신용카드 부채 수치를 얻

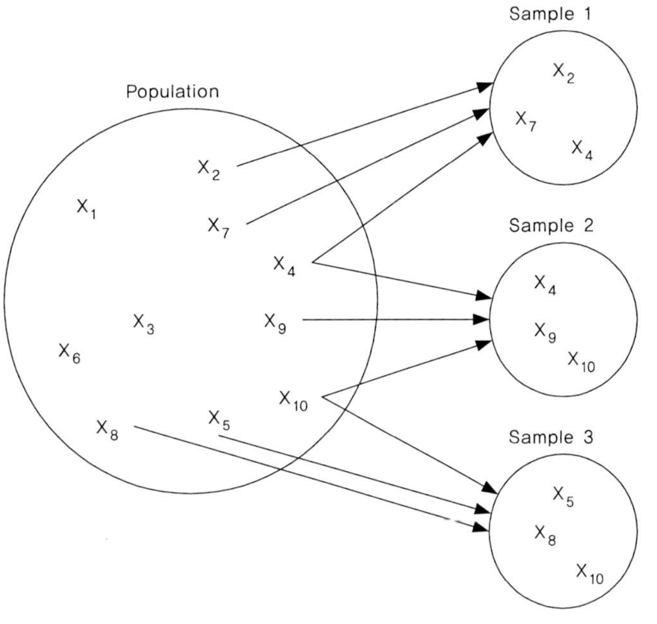

그림 7.3 10개의 원소를 가진 모집단으로부터의 무작위 표본 추출

기 위해서 10,000,000 가구를 임의의 부분 집합으로 추출하여 얻은 값으로 우리는 미국 가구의 신용카드 부채의 평균 값이라고 일반화시킨다. 우리가 궁금해 하는 것은, 표본 데이터로부터 계산된 평균이 전체 가족 평균 신용카드 부채 평균에 대한 추정치로서 얼마만큼 신뢰할 수 있는 것인가이다.

이 질문에 대한 해답을 얻기 위해서 10,000,000 가구를 새롭게 임의 추출해서 평균 가족의 신용카드 부채를 매번 기록하는 실험을 여러 번했다고 가정해보자. 반복된 과정으로부터 얻은 평균 값들은 정규 분포를 따른다고 할 수 있다. 일반적인 방식으로 말하자면, 추출된 표본의 평균들로 전체 집단의 평균을 정확하게 측정할 수 있다. 또한 같은 크기의 모든 가능한 표본들로부터 얻어진 표본 평균의 평균은 전체 집단의 평균과 정확히 같다.

이제 우리는 10,000,000 가구에 대한 초기 표본 평균에서 계산된 신용카드 부채 평균이 전체 모집단에 대한 평균에 대한 불편 추정 값(unbiased estimate)이라는 것을 알았다. 우리는 아직 계산된 평균 값에 대한 신뢰도(confidence)를 가지고 있지 않다. 비록 우리의 계산된 값이 모집단에 대한 정확한 평균 부채 값이라고 명백하게 말할 수는 없을지라도, 우리는 그 표본 분산을 사용하면 계산된 평균 값에 대한 신뢰 구간을 쉽게 얻어낼 수 있다.

첫째, 모집단에 대한 분산을 추정할 수 있다. 모집단의 분산은 표본 분산이 v이고 표본 크기가 n일 때 v/n로 추정할 수 있다. 다음으로 표준 오류(standard error)를 계산할 수 있

다. 표준 오류(SE)는 추정된 모집단의 분산의 제곱근이다. 표준 오류를 계산하는 공식은 다음과 같다:

$$SE = \sqrt{v/n} \tag{7.1}$$

표본 평균들의 집단이 정규 분포를 따르고 표준 오류가 그 집단의 분산에 대한 추정치이므로, 우리는 아래와 같이 말할 수 있다:

> 어떠한 표본 평균이라도 95%의 경우는 모집단 평균의 위아래로 표준 오류의 두 배만큼의 범위 안에 있을 것이다.

가족의 신용카드 부채 문제에 대해서, 실제 가족의 신용카드 부채 평균은 계산된 표본 평균에서 표준 오차의 2배만큼 위아래 사이에 있다는 것을 95%로 신뢰할 수 있다고 말할 수 있다. 이 예에서 10,000,000 가구 표본의 평균 가구 부채가 $6000이고 표준 오류는 100이라고 가정해보자. 그러면 전체 모집단의 미국 가구의 신용카드 부채의 실제 평균은 $5800에서 $6200 사이에 있다고 우리는 95%의 신뢰도로 말할 수 있다.

우리는 이 기법과 함께 다음 절에서 소개될 가설 검증 기법을 사용하면 test 집합 에러율에 대한 신뢰 구간을 계산하고, 두 개 이상의 데이터 마이닝 모델의 분류 에러율을 비교하고, 각 클래스 혹은 클러스터들을 가장 잘 구별시킬 수 있는 수치 어트리뷰트를 찾아낼 수가 있을 것이다.

| 가설 검증을 위한 고전적 모델 |

가설은 어떤 사건의 결과에 대한 경험에 근거한 (가능성 있는) 추측을 말한다. 가설 검증은 일상적인 정치, 행정에서 사용될 뿐만 아니라 과학, 의학 분야에서도 일반적으로 사용된다. 의학 분야의 가설에 근거한 예제를 이용하여 표준적인 실험 설계를 자세히 살펴보도록 하자.

집안 먼지에 대한 알레르기와 관련한 증상을 치료하기 위해서 개발된 트리트먼트 X (treatment X)라는 신약의 효과를 검증하기를 원한다고 가정해보자. 실험을 위하여, 알레르기 증상이 있는 사람들의 집단에서 무작위로 두 그룹을 선택하자. 그 중 한 그룹을 **실험군**(experimental group)으로, 다른 한 그룹을 **통제군**(control group)으로 선택한다. 트리트먼트 X를 실험군에 지급하고 설탕으로 만든 가짜 알약은 통제군에 지급한다. 개별 환자들은 자신이 어떤 그룹에 속하는지에 대해 알지 못하도록 관리한다. 매일 알레르기 반응의 전체 횟수의 평균적인 증가와 감소를 두 그룹 환자들에 대해서 기록한다. 일정 시간이 경과한 후 두 환자 그룹 사이에서 지급한 약에 따라 확연한 차이가 있는지를 알아보기 위해서 통계적인 검증을 해보자.

일반적인 절차는 실험의 결과에 대하여 검증하고자 하는 가설을 만드는 것이다. 일반적으로 그 결과는 **귀무가설**(null hypothesis)의 형태로 표현한다. 실험의 결과로서 발견될 어떤 관계성이 단지 우연히 발생한 것이라고 주장한다는 점에서 이 귀무가설은 부정적인 관점의 가설이다. 예를 들어, 귀무가설은 두 환자 그룹이 큰 차이가 없음을 결론으로 설정할 것이다. 우리 실험에 대한 그럴 듯한 귀무가설은 다음과 같다.

> 가짜 약을 받은 환자들과 트리트먼트 X를 받은 환자들 사이에 일간 전체 알레르기 반응에 대한 증감의 평균은 큰 차이가 없다.

귀무가설은 약품의 효과가 "크게 좋지 않았다"보다는 "큰 차이가 없다"임을 주목해야 한다. 그 이유는 트리트먼트 X가 거부 반응을 일으키지 않고 알레르기 반응을 악화시키는 것에 대한 어떠한 사전확신(a priori guarantee)을 가지고 있지 않기 때문이다.

일단 실험을 하고 실험 결과에 대한 데이터가 수집이 되면, 그 결과가 두 그룹간에 유의미한 차이를 보이는 것인지에 대하여 검증한다. 실험에서 측정된 파라미터 값들의 평균 값 사이에 유의미한 차이를 검증하는 모델은 아래와 같다:

$$P = \frac{|\overline{X_1} - \overline{X_2}|}{\sqrt{(v_1/n_1 + v_2/n_2)}} \tag{7.2}$$

여기서

P는 유의 수준이고,

$\overline{X_1}$ 와 $\overline{X_2}$ 은 독립 표본들의 단순 평균이고,

v_1과 v_2는 각 평균들의 분산 값이고,

n_1와 n_2는 표본의 크기들과 대응된다.

위 식에서 분자에 있는 식은 두 표본 평균의 차이의 절대 값이다. 평균 값들 사이의 유의미한 차이를 검증하려면 그 차이 값을 평균 차이(mean of difference)의 분포에 대한 표준 에러 값으로 나눈다. 두 표본들이 독립이므로 표준 오류는 간단히 두 표본 평균과 관련된 두 표본 분산의 합에 제곱근이다. 두 평균 차이가 우연히 발생한 것이 아니라는 것을 95% 신뢰하기 위해서는 등식의 P 값은 2보다 같거나 커야 한다. 같은 크기의 독립 표본 집합으로부터 얻어진 평균의 분포처럼 표본 평균들간 차이 값의 분포 또한 정규 분포를 따

표 7.1 귀무가설에 대한 오분류 행렬(confusion matrix)

	Computed Accept	Computed Reject
Accept Null Hypothesis	True Accept	Type 1 Error
Reject Null Hypothesis	Type 2 Error	True Reject

르므로 그 모델은 유효(valid)하다.

신뢰 수준 95%에서도 에러의 가능성이 존재한다. 가설 검증에서는 두 가지 일반적인 오류의 유형이 정의되어 있다. **제1형 오류(type 1 error)**는 참인 귀무가설이 기각되었을 때 발생한다. **제2형 오류(type 2 error)**는 기각되어야 할 귀무가설이 채택되었을 때 발생한다. 이들 두 가지 가능성들은 표 7.1의 오분류 행렬에서 볼 수 있다. 우리의 실험에서는 제1형 오류는 트리트먼트 X가 실제로는 그렇지 않은 데도 우리로 하여금 먼지 알레르기 반응의 평균 발생 빈도에 큰 영향을 미친다는 것을 믿게 한다. 마찬가지로, 제2형 오류는 트리트먼트 X가 실제로는 그러함에도 불구하고 우리로 하여금 알레르기 반응의 평균 발생 횟수에 영향을 미치지 않는다고 나타낸다.

이 방법론의 필요조건은 각 평균은 독립된 데이터 집합으로부터 계산해야 한다는 것이다. 데이터 마이닝에서는, 일반적인 경우에 데이터의 단일 test 집합으로 모델들을 비교한다. 다행히 우리는 하나의 test 데이터 집합만 가지고 있는 상황에 맞게 그 고전적 모델을 약간 수정할 수가 있다.

7.3 test 집합 신뢰 구간 계산 방법

training 데이터와 test 데이터 이외에 **유효성 검사 데이터(validation data)**도 사용할 수가 있다. 유효성 검사 데이터의 목적 중 하나는 같은 training 집합으로부터 생성된 모델들 중 하나를 고를 수 있게 해주는 것이다. 일단 학습되면, 각 모델은 유효성 검사 데이터를 사용하여 가장 분류 정확도가 높은 모델이 최종 모델로 선택된다. 유효성 검사 데이터는 supervised 모델의 분류 정확도를 극대화시키도록 파라미터 설정을 최적화하는 데에도 사용할 수 있다.

일단 supervised 학습자 모델이 유효화(validated)되면, 그 모델을 test 데이터를 사용하여 평가하게 된다. 모델 성능의 가장 일반적인 측정은 **분류기 에러율**(classifier error rate)이다. 말하자면,

$$\text{분류기 에러율}(E) = \frac{test\ \text{집합의 에러개수}}{test\ \text{집합의 인스턴스 개수}} \tag{7.3}$$

분류기 에러율을 계산하는 목적은 모델의 성능을 예측해볼 수 있다는 데 있다. 이 에러율이 실제 모델 성능에 대한 유효한 측정이라는 것을 우리는 얼마나 신뢰할 수 있는가? 이 질문에 대한 대답을 위해서는 우리는 표준 에러 통계(standard error statistic)를 사용하여 모델 성능의 에러율 신뢰도 구간을 계산해보면 된다. 표준 에러 측정(standard error measure)을 사용하기 위해서는 분류기 에러율을 표본 평균으로 취급하면 된다. 비록 에러율이 비율이기는 하지만 만약 test 집합의 개체수가 충분이 크다면(즉, n 〉 100) 그 에러율은 평균 값을 나타낼 수 있다.

계산된 에러율에 대한 신뢰 구간을 결정하기 위해서 우리는 먼저 분류기 에러율과 연관된 표준 에러를 계산해야 한다. 그 다음에 에러율과 함께 표준 에러를 사용하여 신뢰 구간을 계산한다. 그 과정은 아래와 같다.

1. 크기는 n이고 에러율이 E인 test 집합 표본 S가 주어지면
2. 표본 분산을 다음과 같이 계산한다. Variance(E) = E(1−E)
3. 분산(E)의 제곱근을 n으로 나누어서 표준 에러(SE)를 계산한다.
4. E+2(SE)로 신뢰 구간 95%의 위 경계(upper bound)를 계산한다.
5. E−2(SE)로 신뢰 구간 95%의 아래 경계(lower bound)를 계산한다.

신뢰 구간이 계산되는 것을 좀 더 자세히 이해하기 위하여 예제를 살펴보도록 하자. 분류기(classifier)가 100개의 test 집합 인스턴스를 가진 무작위 표본에 대하여 에러율이 10%라고 가정하자. E = 0.10으로 설정하고 표본 분산을 계산한다:

$$Variance(0.10) = 0.10(1-0.10) = 0.09$$

100 개체들의 test 집합으로 표준 오류를 계산하면

$$SE = \sqrt{(0.09/100)} = 0.03$$

실제 test 집합의 에러율은 0.10의 위아래로 표준 오류의 두 배만큼의 범위 안에 들어

있을 신뢰도는 95%이다. 즉 이것은 실제 test 집합의 에러율은 0.04와 0.16 사이에 있을 것이라는 것이며 다시 말하면 test 집합 정확도는 84%와 96% 사이에 있음을 의미한다.

test 집합의 개체 수를 증가시킨다면 신뢰 범위 크기를 줄일 수 있을 것이다. test 집합의 크기가 1000 개체로 증가한다고 가정하면 표준 오류는 아래와 같이 계산된다:

$$SE = \sqrt{(0.09/1000)} \approx 0.0095$$

앞선 예제처럼 계산하면 test 집합의 정확도 범위는 88%와 92% 사이가 된다. 위에서 보듯이 test 집합의 크기는 신뢰 구간 범위에 영향을 미친다. test 집합의 크기는 무한정 크게 한다면 표준 오류가 0에 가까워질 것이라는 것을 예상할 수 있다. 이 기법에 대한 3 가지 일반적인 고려사항이 있다.

1. 신뢰 구간은 test 데이터가 모든 가능한 test 집합 인스턴스들 중에서 무작위로 선택되었을 때에만 유효하다.
2. test, training, 유효성 검사(validation) 데이터는 서로 중복되거나 겹치지 않아야 한다.
3. 가능하다면, 각 class에 있는 인스턴스들은 그들이 전체 데이터 집합에서 보여지는 것과 같은 비율로 training, 유효성 검사, test 데이터에 분포되어 있어야 한다.

충분한 test 집합이 없다면, **교차 타당성 검증**(cross validation)으로 알려진 기법을 적용할 수 있다. 이 방법에서는 전체 가능한 데이터를 n개의 같은 크기의 유닛으로 분할한다. 1부터 n - 1까지의 유닛들은 학습에 사용되고, n 번째 단위는 test 집합으로 사용된다. 이 과정은 같은 크기의 모든 유닛이 한번씩 모두 test 데이터로 사용될 때까지 반복된다. test 집합 모델의 정확도는 n회 학습-테스트 과정의 반복으로 얻어진 평균 정확도로써 측정된다. 대부분의 상황에서는 n을 최대 10으로 사용한다. 교차 타당성 검증도 training과 test 데이터에서 클래스 분포가 같도록 보장하도록 하는 것이 좋다.

부트스트래핑(bootstrapping)은 교차 타당성 검증에 대한 대안으로 사용된다. 부트스트래핑에서는 training 집합을 선택할 때에 같은 인스턴스가 여러 번이라도 반복하여 선택되는 것을 허용한다. 각 데이터 인스턴스는 training을 위해서 선택된 후에 다시 각 데이터 풀에 넣어서 다시 그 다음 training 집합을 선택하게 한다. 만약 n개의 인스턴스를 가진 데이터 집합이 부트스트랩 기법을 사용하여 n번 만들어 진다면 그 training 집합은 그 n개의 인스턴스 중 약 2/3를 포함하게 된다는 것은 수학적으로도 입증이 된 것이다. 이렇게 되면 나머지 1/3의 인스턴스가 test에 사용된다.

마지막으로, 우리는 2장에서 test 집합 에러율이 supervised 학습자 모델을 평가할 때 사용되는 여러 고려 사항 중에 하나일 뿐이라는 것을 배웠다. 이것을 다시 강조하기 위해서, 우리는 모든 신용카드 구매의 평균 0.5%는 사기에 의한 것이라고 가정해보자. 그러면 신용카드 사기를 탐지하도록 설계된 모델이 모든 신용카드 구매가 유효한 것이라고 판단하는 것이라고 해도 그것의 정확도는 99.5%이다. 그러나 이러한 모델은 설계된 의도대로 수행할 수 없기 때문에 가치가 없다. 반면에, 비록 FP(false positive; 사기가 아님에도 사기라고 잘못 판단하는 경우)의 비율이 높아지더라도 신용카드 사기의 경우는 모두 정확하게 탐지해내는 모델이 더 가치가 있는 것이다.

이러한 문제를 해결하는 한 가지 방법은 잘못된 분류에는 가중치를 부여하는 것이다. 신용카드 예제에서 도난 카드임에도 이것을 감지하지 못한 부정확 분류에 큰 가중치를 할당하고, 도난 카드가 아닌데도 도난 카드로 부정확 분류한 것에는 이보다 작은 가중치를 주는 것이다. 이러한 모델은 도난 카드 사용이 감지되지 않는 쪽으로 가게 되면 분류 에러율을 더 증가하도록 만들게 될 것이다. 다음 절에서는 test 집합 분류 에러율이 어떻게 두 supervised 학습자 모델들의 성능을 비교하는 데 사용될 수 있는지에 대해 보게 될 것이다.

7.4 Supervised 학습자 모델의 비교

고전적 가설 검증 패러다임(paradigm)을 적용하여 같은 학습 데이터로 만들어진 두 학습자 모델들을 비교할 수 있다. 모델 성능은 test 집합 에러율로 측정하게 된다. 이 문제를 귀무가설 형식으로 다음과 같이 기술해보자.

> 같은 training 데이터로 만들어진 두 개의 supervised 학습자 모델 M_1과 M_2의 test 집합 에러율에는 유의미한 차이가 없다.

세가지 가능한 test 집합 시나리오는:

1. 그 모델들의 정확도는 표본 데이터로부터 무작위로 선택된 두 개의 독립된 test 집합을 사용하여 비교한다.
2. 같은 test 집합 데이터를 사용하여 그 두 모델을 비교한다. 그 비교는 pairwise로 인스턴스별 계산을 사용한다.
3. 같은 test 데이터를 사용하여 그 모델들의 전체 분류 정확도를 비교한다.

통계적 관점에서 가장 간단한 것은 첫 번째 방법인데, 그 이유는 우리가 7.2절에서 보았던 고전적 가설 검증 모델을 직접 적용할 수 있기 때문이다. 이 방법은 test 집합 데이터가 충분히 많이 있을 때에만 유용하다. 데이터 집합이 매우 클 때에만 독립된 test 데이터 집합을 추출하는 것이 가능하다. 그러나, 데이터 크기가 작을 때에는 하나의 test 집합만이 가능할 수도 있다.

같은 test 집합을 사용하는 경우에는, 사용할 수 있는 한 가지 방법은 그 test 집합 결과들의 인스턴스별 짝 매칭(pairwise matching)이다. 이 방법은 부록 D에서 설명하고 있다. 여기서는 보다 간단한 기법, 즉 두 모델의 전체 분류 정확도를 비교하는 방법을 설명한다. 이 방법은 두 개의 독립된 (시나리오 1) 혹은 하나의 단일 test 집합 (시나리오 3) 경우들 모두에 적용될 수 있다. 두 분류 모델 M_1과 M_2의 성능을 비교하기 위한 통계의 가장 일반적인 형태는:

$$P = \frac{|E_1 - E_2|}{\sqrt{q(1-q)(1/n_1 + 1/n_2)}} \tag{7.4}$$

여기서,

E_1 = 모델 M_1의 에러율

E_2 = 모델 M_2의 에러율

q = $(E_1 + E_2)/2$

n_1 = test 집합 A에서의 인스턴스 수

n_2 = test 집합 B에서의 인스턴스 수

$q(1-q)$는 두 에러율에 대한 평균을 사용해 계산된 분산 값이다. 단일 test 집합의 크기 n일때, 이 공식은 다음과 같이 단순화된다:

$$P = \frac{|E_1 - E_2|}{\sqrt{q(1-q)(2/n)}} \tag{7.5}$$

등식 (7.4), (7.5)에서, 만약 $P \geq 2$이면 test 집합의 성능 M_1과 M_2의 차이가 유의미하다는 것의 신뢰도가 95%이다.

예를 보도록 하자. M_1, M_2 학습자 모델의 test 집합 성능을 비교하기를 원한다고 가정해보자. 우리는 test 집합 A에서 M_1를 그리고 test 집합 B에서 M_2를 테스트한다. 각

test 집합들은 100개의 개체들을 포함한다. M_1은 집합 A의 분류 정확도 80%를 가지고 M_2는 집합 B의 70% 정확도를 가진다. 모델 M_1은 모델 M_2보다 더 좋은 성능을 보이는지를 측정하고 싶다고 가정하자. 계산은:

- M_1 모델에 대해 E_1 = 0.20
- M_2 모델에 대해 E_2 = 0.30
- q는 (0.20+0.30)/2=0.25로 계산된다.
- 합쳐진 분산 q(1−q)는 0.25(1.0−0.25)=0.1875
- P 계산은

$$P = \frac{|0.20 - 0.30|}{\sqrt{0.1875(1/100 + 1/100)}}$$

$$P \approx 1.633$$

P<2 이므로, 모델의 성능 차이는 유의미하지 않다. 두 test 집합들을 바꾸고 실험을 반복하면 결과에 대한 신뢰도를 증가시킬 수 있다. 만약 초기에 선택된 test 집합에서 유의미한 차이가 관찰되었다면 이 과정은 특히 더 중요하다. 그렇게 해서 P에 대한 두 값의 평균을 유의미성 테스트에 사용한다.

7.5 어트리뷰트 평가

우리는 4장에서 '어트리뷰트−값'의 예측력(predictability)와 예고력(predictiveness)[1] 점수가 어떻게 범주형 어트리뷰트의 유의미성을 결정하는 데 사용되는지를 살펴보았다. 최소한 하나의 높은 예측 값을 가진 범주형 어트리뷰트가 입력 어트리뷰트(input attribute)로 사용되어야 한다고 하였다. 범주형 어트리뷰트의 유의미성을 측정하기 위한 또 다른 방법으로는 예측력과 예고력의 곱을 계산해보는 것이다. 최소 하나의 값에서 사용자 정의 경계 값(threshold)보다 큰 값을 가지는 어트리뷰트들이 입력 어트리뷰트로 골라져야 한다.

1) 역자의 주: 예측력(Predictability)은 어떤 특정 클래스가 주어졌을 때 어떤 어트리뷰트가 어떤 값을 가질 확률을 말하며, 예고력(predictiveness)은 어떤 어트리뷰트가 어떤 값을 가지면 그것이 어떤 특정 클래스 속할 확률을 말한다. 즉 예측력은 한 클래스 안에서의 유사도를 나타내며, 예고력은 서로 다른 클래스들간의 비유사도를 나타낸다.

이 방식의 이점은 하나의 어트리뷰트는 한 클래스 안에서 일정 빈도를 가지는 예측 값을 만족할 때에만 선택된다는 것이다. 이러한 방법은 한 두개의 인스턴스에 노이즈(잘못된 틀린 값)를 가지는 예측력 없는 어트리뷰트가 선택될 가능성을 없앤다.

우리는 4장의 ESX에서 클래스의 평균과 도메인의 표준 편차를 사용하여 수치 데이터의 어트리뷰트 유의미성을 계산하였다. 5장에서는 중복 어트리뷰트의 제거를 강조하였으며 최상의 입력 어트리뷰트들의 선택을 위한 유전자 알고리즘을 간략히 설명했다. 이번 절에서는 우리의 논의를 수치 어트리뷰트의 제거로 확장시켜볼 것인데 MS 엑셀에서 제공되는 어트리뷰트 상관도(correlation)과 산포도를 사용하여 어트리뷰트 중복성을 찾아내는 것을 보일 것이다.

5장에서 우리는 supervised 학습이 유실(missing) 데이터의 값을 추정하는 데 사용될 수 있다는 것을 보았다. 이 장의 마지막에 있는 연습 문제에서는 같은 방법으로 범주형 뿐만 아니라 수치형 데이터들간의 중복성을 발견해낼 수 있을 보인다.

| 엑셀로 중복 어트리뷰트 찾기 |

상관 계수(correlation coefficient)(모집단에 대해서는 ρ(그리스 문자 rho라고 발음) 그리고 표본 집단에 대해서는 r이라고 부름)는 두 수치 어트리뷰트들 사이의 선형 연관성을 측정한다. 상관 계수는 −1에서 1 사이의 범위를 가진다. 양의 상관(positive correlation)은 두 개의 어트리뷰트들이 같이 증가하거나 감소하는 것을 의미한다. 키와 몸무게는 높은 양의 상관을 보여주는 두 어트리뷰트들이다. 음의 상관(negative correlation)은 하나의 어트리뷰트가 증가하면 다른 하나는 감소하는 두 어트리뷰트들이다. 연령과 달리기 속도는 높은 음의 상관을 보여준다. 만약 r이 0에 가까우면 두 어트리뷰트들은 선형 연관성이 없는 것이다. 중요한 것은 상관의 결과로부터 어떤 결정을 유추해내는 것은 주의를 기울여야 한다는 것이다. 상관 계수 값으로 두 어트리뷰트가 관계되어 있다는 것을 알 수는 있지만, 그 관계가 우연적인 것일 수도 있기 때문이다.

상관 관계 계산하기

만약 두 개의 입력 어트리뷰트가 양방향으로 혹은 음방향으로 높은 상관 관계가 있다고 하면 그 중에 하나만 데이터 마이닝에서 사용해야 한다. 유의도 값이 더 높은 어트리뷰트가 (7.5절의 두 번째 부분에서 볼 수 있는) 선택된다. 마이크로소프트 엑셀을 사용하여 수치 어트리뷰트들의 상관 관계를 계산할 수 있다. 여러 유형의 어트리뷰트들이 들어 있는 심장병 환자 기록 데이터베이스(CardiologyCategorical.xls)에 대한 예제를 가지고 이 계산을 해보도록 하자.

MS 엑셀을 이용한 어트리뷰트 상관 계수 계

콜레스테롤 수치(cholesterol level)**와 혈압**(blood pressure) 사이의 상관 관계 정도를 계산하기 위해서 엑셀에 있는 CORREL 함수를 사용할 것이다. 이 과정은 다음과 같다.

1. 엑셀을 실행시켜 CardiologyCategorical.xls 데이터베이스 파일을 불러온다.
2. 마우스를 빈 셀(예를 들어 O1셀)에 놓는다. 단계 3이 완료되면 상관 계수 값이 선택된 셀에 보일 것이다.
3. 엑셀의 공식 편집 상자에 커서를 놓는다. 그리고 =CORREL(D4:D306, E4:E306)을 써넣는다. 첫 번째 유효한 데이터 위치가 4번째 행이기 때문에 D1이 아닌 D4에서 시작한다.
4. 단계 2에서 선택된 셀에서 상관 계수 값을 읽는다.

셀에 값 0.123174가 보일 것이다. 이 값은 0에 가깝기 때문에 두 어트리뷰트 값들 사이에는 상관 관계가 매우 작음을 보여준다.

산포도(Scatterplot Diagram) 만들기

상관 계수는 두 변수들 사이의 선형 관계만을 측정할 수 있다. 낮은 r 값을 가지는 두 어트리뷰트들도 **곡선**(curvilinear, curved line)의 관계를 가지고 있을 수도 있다. 만약 두 어트리뷰트들간에 선형 관계가 적은 것으로 추정된다면, 우리는 산포도를 사용하여 그 두 수치 어트리뷰트들이 곡선의 형태로 상관되어 있는지를 알아볼 수 있다. **산포도**(scatterplot diagram)는 해당되는 어트리뷰트 값들 짝을 2차원으로 보여준다. 이 산포도는 두 어트리뷰트들간의 선형 관계들도 또한 보여 준다.

그림 7.4는 두 어트리뷰트들간의 완벽한 양의 상관을 나타내는 산포도를 보여준다. 그림 7.5는 완벽한 음의 상관을 보여준다. 그림 7.6의 산포도를 보면 두 어트리뷰트들이 선형 상관이 아님을 보여주고 있다. 하지만 이 그림이 분명하게 보여주듯이, 그 어트리뷰트들은 곡선(curvilinear) 관계를 따르고 있다.

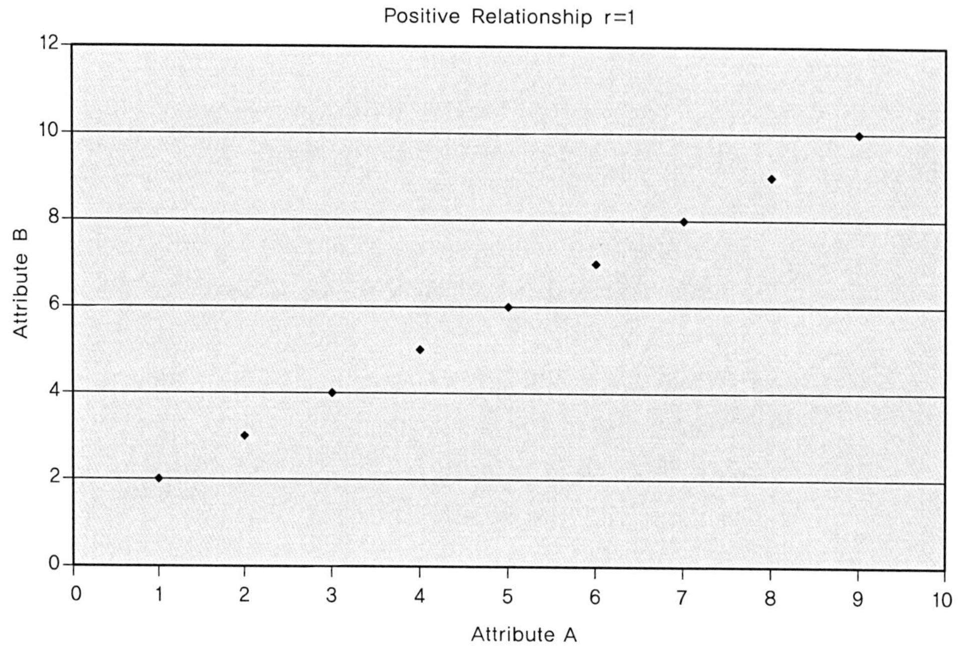

그림 7.4 완벽한 양의 상관 관계(r=1)

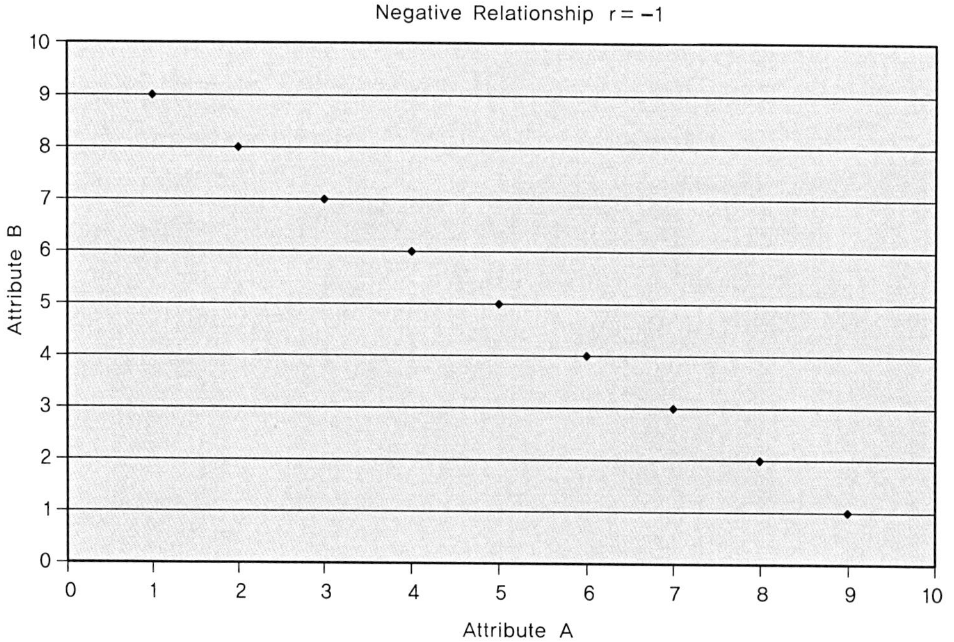

그림 7.5 완벽한 음의 상관 관계(r=−1)

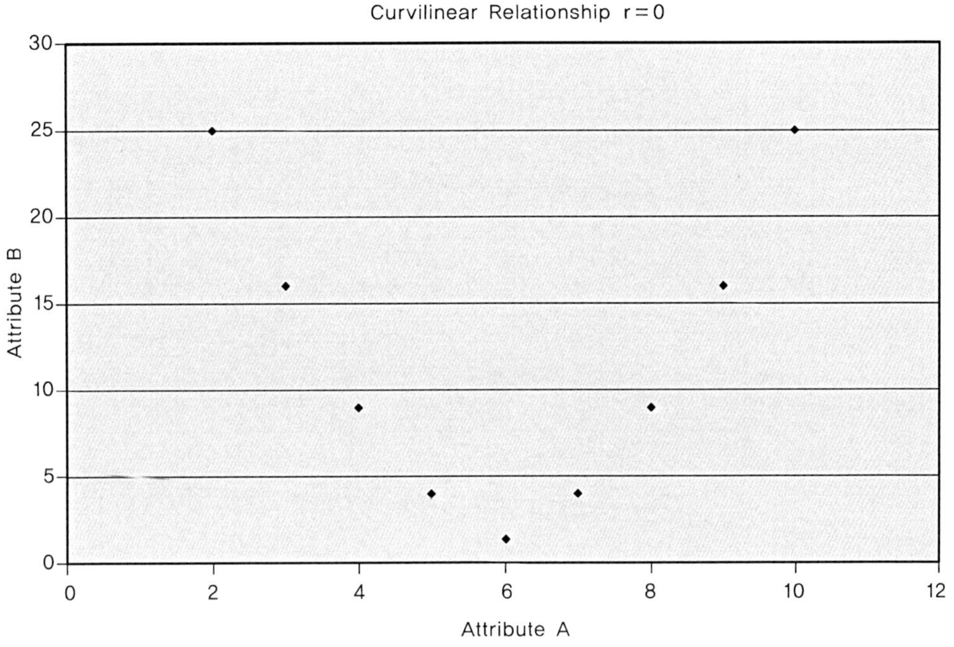

그림 7.6 선형 상관 관계가 전혀 없지만 분명한 곡선의 상관 관계를 가지는 어트리뷰트

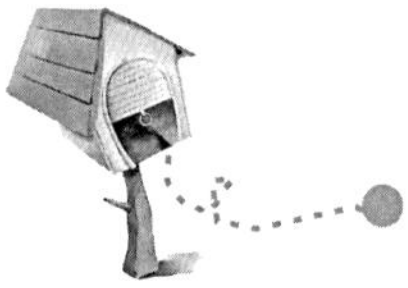

MS 엑셀을 이용한 산포도 생성

콜레스테롤 수치(Cholesterol level)와 혈압(blood pressure)에 대해서 엑셀로 산포도를 만들어보자. 과정은 다음과 같다.

1. MS 엑셀에서 CardiologyCategorical.xls 데이터베이스 파일을 불러온다.
2. 엑셀 메뉴에 마우스를 옮긴다. Insert(삽입)를 찾아서 왼쪽 버튼을 클릭한다.
3. 마우스를 메뉴 아래로 옮겨 Chart(차트)를 왼쪽 버튼으로 클릭한다.
4. 차트 타입에서 XY(Scatter)를 왼쪽 버튼으로 클릭한다. 그리고 나서 Next(다음)을 왼쪽 버튼으로 클릭한다.
5. Data Range(범위) 텍스트 상자에서 := D4:D103,E4:E103을 입력한다. 이렇게 하면 처음 100 개의 데이터 인스턴스에서 두 어트리뷰트에 대한 산포도가 만들어지게 된다. Columns의 비율 버튼이 선택된 것을 확인하고 Next(다음) 버튼을 클릭한다.
6. 차트 제목을 넣는다. X 축에는 혈압(blood pressure)를 입력하고 Y 축에는 콜레스테롤(cholesterol)을 입력한다. Next(다음)을 클릭한다.

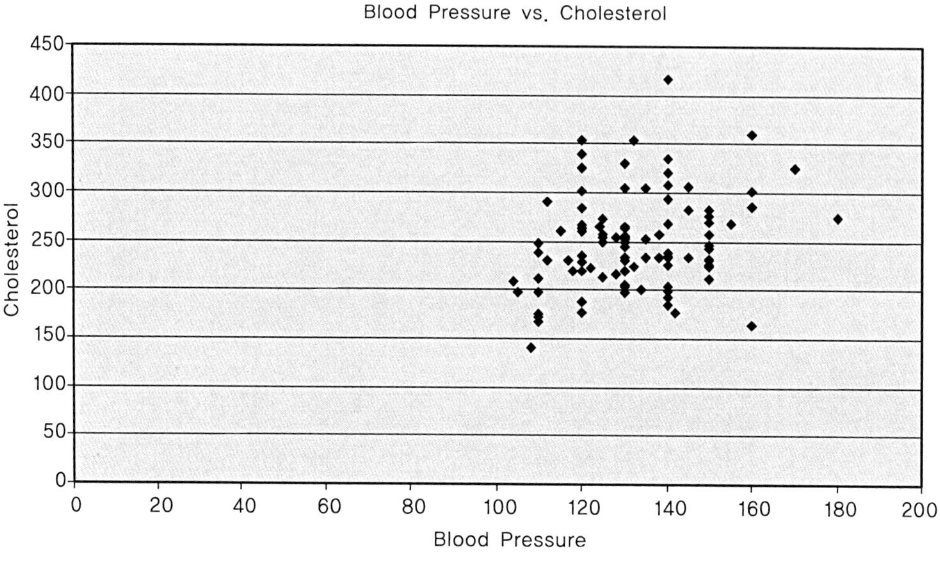

그림 7.7 혈압과 콜레스테롤 관계에 대한 산포도

7. 그 차트를 새 시트에 저장하거나 혹은 현재 시트에 저장하고 Finish(마침) 버튼을 클릭한다.

그림 7.7은 결과 산포도를 보여준다. 앞서 계산된 상관 계수 값 0.123174와 산포도를 가지고 보면 그 두 어트리뷰트들은 관계가 없는 것으로 결론내릴 수 있다.

| 수치 어트리뷰트 유의미성에 대한 가설 검증 |

우리는 고전적인 가설 검증 모델 기법들을 사용하여 수치 어트리뷰트 유의미성을 다음과 같이 계산해볼 수 있다.

1. 주어진 것
   - 유의미성을 추정하려고 하는 수치 어트리뷰트 A
   - n 개의 클래스 $C_i, C_2, \ldots, C_n$과 어트리뷰트 A에 대한 그 각각의 평균 값 $\overline{X_1}, \overline{X_2}, \ldots, \overline{X_n}$.
2. 두 개의 클래스 짝 C_i와 C_j에 대하여 다음을 계산

$$P_{ij} = \frac{|\overline{X_i} - \overline{X_j}|}{\sqrt{v_i/n_i + v_j/n_j}} \tag{7.6}$$

표 7.2 심장병 환자 데이터: 수치 어트리뷰트 유의미도

	Class Sick	Class Healthy	ESX Attribute Significance	Hypothesis Test for significance
Age(Mean)	56.50	52.50	0.45	4.08
(sd)	7.96	9.55		
BP(Mean)	134.40	129.30	0.29	2.51
(sd)	18.73	16.17		
Chol(Mean)	251.09	242.23	0.17	1.50
(sd)	49.46	53.55		
MHR(Mean)	139.10	158.47	0.85	7.96
(sd)	22.60	19.17		
Peak(Mean)	1.59	0.58	0.86	8.00
(sd)	1.30	0.78		

다만, A에 대해 $\overline{X_i}$는 클래스 i의 평균이고 $\overline{X_j}$는 클래스 j의 평균이다. A에 대해 v_i는 클래스 i의 분산이고 v_j는 클래스 j의 분산이다. n_i는 C_i에서의 인스턴스 개수, n_j는 C_j의 인스턴스 개수이다.

3. 비교한다. P_{ij}의 값들 중 어느 하나가 >= 2이면, 그 어트리뷰트는 유의미한 것으로 결정된다.

이 검증에서 우리가 주목해야 하는 것은, 어느 어트리뷰트에 대한 두 개의 클래스간 비교가 유의미한 차이를 보인다면, 이 어트리뷰트는 그 분류(classification)에서 유의미한 것으로 생각되어져야 한다.

이 기법을 자세히 설명하기 위해서 어트리뷰트 유의미성에 대한 가설 검증을 여러 형태의 어트리뷰트들로 이루어져 있는 심장병 환자 데이터 집합 내에서 수치 어트리뷰트들에 적용해보았다. 표 7.2는 각 수치 어트리뷰트들에 대해 계산된 P_{ij}의 값들을 보여준다. 이 테이블은 또한 ESX 어트리뷰트 유의미성 휴리스틱을 사용하여 계산된 유의미성 점수도 보여준다. ESX 휴리스틱은 0.25 이하의 유의미성 점수를 가진 어트리뷰트는 아주 작은 예측 값으로 간주한다는 것을 상기해보자. ESX 휴리스틱 뿐만 아니라 가설 검증 모델은 콜레스테롤(cholesterol)을 제외한 모든 어트리뷰트들이 유의미하다고 나타낸다.

요약하자면, 여러 수치 어트리뷰트들이 데이터에 존재할 때, 학습자 모델 성능에 큰 영향을 미치지 않는 어트리뷰트들을 먼저 제거하는 것이 가장 좋은 방법이다. 그 다음에는, 남아 있는 어트리뷰트들에 대하여 상관 관계를 테스트하고 필요하다면 제거해야 한다.

7.6 Unsupervised 평가 기법

Supervised 학습과 unsupervised 클러스터링은 서로간에 상대방을 평가하는 데 사용될 수 있기 때문에 그 둘은 서로 보완 관계를 가지고 있다. 이 절에서는 그 두 가지 경우를 다 보도록 하고 unsupervised 클러스터링에 대한 추가적인 평가 방법들을 볼 것이다.

| supervised 학습의 평가를 위한 unsupervised 클러스터링 |

supervised 학습의 평가에 unsupervised 클러스터링이 사용될 때에는 supervised 학습에서 사용된 데이터 인스턴스들을 unsupervised 클러스터링 기법이 사용하게 되는데, 여기서 출력 어트리뷰트는 클러스터링에서 사용되지 않고 다만 보기 전용(display-only)으로만 설정된다. 만약 그 인스턴스들이 training 데이터에 포함된 미리 정의된 클래스들로 클러스터되어 들어간다면, 그 training 데이터로 만들어진 supervised 학습자 모델은 성능이 좋을 것이다. 만약 인스턴스들이 그 클래스들로 클러스터 되지 않는다면 그 training 데이터로 만들어진 supervised 모델은 성능이 저조할 것이다. 5.10절에서 ESX가 신용 카드 감시 데이터 집합에 이 방식이 적용되는 것을 보았다.

비록 이 방법이 직접적이고 간단하기는 하지만, 클러스터링 기법에 따라서 여러 번 반복을 해야만 최종 평가를 하게 될 수 있을 수도 있다. 예를 들어 평가에 K-Means 알고리즘을 활용하기로 했다고 가정해보자. K-Means 알고리즘으로 만들어진 클러스터들은 초기에 선택된 클러스터 평균에 많은 영향을 받게 된다. 한번만 해보는 것은 최적(optimal)하지 않은 수렴이 될 가능성이 있다. 최적화되지 않은 수렴에서는 하나의 클러스터에 여러 클래스의 인스턴스들이 섞여 있게 될 것이다. 그 결과로 이것은 우리들에게 supervised 학습에 대한 그 도메인의 효력에 대한 잘못된 인상을 주게 될 것이다. 마찬가지로, 만약 ESX가 unsupervised 기법이면 여러번 반복들을 해야만 파라미터 설정에 대한 최상의 선택할 수 있게 될 것이다.

Unsupervised 평가는 training 데이터에만 의존하므로, 그렇게 해서 구한 만족스런 클러스터링이 test 집합 인스턴스에 대해서도 받아들일 만한 성능을 낼 것이라는 것은 보장하지 못한다. 이러한 이유로 이 기법은 다른 평가 방법들을 상호 보완해주고, supervised 모델의 실패에 대한 설명을 해주는데 가장 가치 있게 사용될 것이다. 일반적으로는, 이 방법의 가치와 training 데이터에 들어 있는 클래스들의 개수와는 역관계를 가지고 있는 것을 볼 수 있다.

| Supervised 학습 모델을 이용한 unsupervised 클러스터링의 평가 |

2장에서 supervised 학습이 unsupervised 클러스터링의 결과를 평가하고 설명하는 데 도움을 줄 수 있는지를 보았었다. 이 방법은 unsupervised 클러스터링에 사용된 기법과는 독립적이기 때문에 특히 매력적이다. 그 절차를 다시 살펴보자:

1. 각각 형성된 클러스터를 클래스로 지정한다.
2. 각 클래스에서 무작위로 인스턴스들을 표본 추출하여 supervised 학습자 모델을 만든다.
3. 남은 인스턴스들로 supervised 학습자 모델을 테스트한다.

많은 unsupervised 기법들은 그 클러스터링에 대한 설명능력이 부족하기 때문에, supervised 분류는 만들어진 클러스터들에 대한 설명과 분석을 할 수 있게 해준다. 이 기법의 약간 다른 변형으로는 각 클러스터로부터 처음 n개의 프로토타입 인스턴스들을 가지고 supervised 학습 모델을 만드는 것이다. 이 과정을 따라하게 되면, 각 클러스터를 가장 잘 정의하고 있는 인스턴스들의 관점에서 모델 성능을 볼 수 있게 된다.

| Unsupervised 클러스터링 평가를 위한 다른 방법들 |

Unsupervised 평가는 때로 두 단계 과정을 거친다. 첫 번째 평가는 내부 평가인데 우리가 사용자 정의 파라미터 값에 최적화된 선택을 할 때까지 클러스터링 절차를 반복한다.

두 번째 평가는 외부적 평가인데, 그 클러스터들을 만들어 낸 모델과는 독립적이다. 아래와 같이 여러 추가적인 외부 평가 방법들에 대한 간단한 목록이 있다.

1. 앞 절에서 설명한 supervised 학습 방법을 사용한다. 하지만 모든 인스턴스를 다 training 데이터로 사용한다.
   이 방법은 만약에 클러스터들간의 차이에 대한 완전한 설명이 매우 중요한 경우에 적당하다. 생성 규칙(production rule)들을 생성할 수 있는 supervised 학습 모델은 설명능력 때문에 특히 더 선호된다.
2. 클러스터의 품질에 대한 대안 기법들의 측정기준을 적용한다.
   예를 들어, 수치 데이터 집합에 대한 n개의 클래스들에 대해 클러스터링하기 위해서 ESX를 사용한다고 가정해보자. 그러면 평균을 계산하고 각 클러스터에 대한 평균 값으로부터 SSE(Sum of Squared Errors; 제곱 에러합)를 계산함으로써 그 결과를 분석한다.
3. 클러스터 품질에 대한 당신만의 측정기준을 만든다.

병합형(agglomerative) 클러스터링은 종료조건이 만족할 때까지 클러스터링 과정의 각 단계에서 인스턴스들을 병합하는 unsupervised 기법이다. 제10장에서 우리는 병합형 클러스터링을 설명하였고 언제 그 병합이 종료되어야 하는지에 대한 결정을 내릴 때 사용할 수 있는 두 가지 휴리스틱 기법을 설명하였다.

4. 클러스터간의 어트리뷰트 값 비교

   클러스터간의 어트리뷰트 값들이 크게 다르다면, 우리는 클러스터간의 인스턴스 차이도 또한 크다고 결론지을 수 있다.

이 리스트를 시작점으로 사용하여 unsupervised 평가에 대한 당신만의 툴 킷을 개발할 것을 권장한다.

7.7 Supervised 모델이 수치 출력 값을 가진 경우의 평가

지금까지 우리는 범주형 출력 값을 가진 모델에 대해서만 논의하였었다. 하지만 설명된 그 기법들을 사용하여 출력이 수치인 경우의 모델을 평가할 수도 있다. 앞서 말한 기법들을 적용하기 위해 우리는 수치 출력을 내는 모델에 대한 성능 평가 도구, 즉 분류 에러율과 같은 성능 평가 측정 도구가 필요하다. 그 같은 여러 측정 도구들이 정의되어 왔는데 그 대부분은 실제, 그리고 계산된 출력간의 차이에 기반한 것이었다. 각 경우에 그 차이가 가장 작은 것이 가장 좋은 시나리오다. 우리는 여기서 수치 출력을 평가하는 세 가지 일반적인 방법을 사용할 것이다. 그것은 에러 제곱의 평균(mean squared error), 에러 제곱의 평균의 제곱근(root mean squared error), 에러 절대 값의 평균(mean absolute error)이다.

에러 제곱 평균(mean squared error; MSE)은 식 (7.7)에서 보는 것과 같이 실제 출력 값과 계산된 출력 값 사이의 차이(즉, 에러)를 제곱한 것의 평균 값이다.

$$mse = \frac{(a_1 - c_1)^2 + (a_2 - c_2)^2 + \ldots + (a_i - c_i)^2 + \ldots + (a_n - c_n)^2}{n} \tag{7.7}$$

여기서 i^{th} 번째 인스턴스에 대하여

a_i = 실제 결과 값

c_i = 계산된 결과 값

표 7.3　절대 에러와 제곱 에러(출력 어트리뷰트 = 생명보험 프로모션)

Instance Number	Actual Output	Computed Output	Alsolute Error	Squared Error
1	0.0	0.024	0.024	0.0005
2	1.0	0.998	0.002	0.0000
3	0.0	0.023	0.023	0.0005
4	1.0	0.986	0.014	0.0002
5	1.0	0.999	0.001	0.0000
6	0.0	0.050	0.050	0.0025
7	1.0	0.999	0.001	0.0000
8	0.0	0.262	0.262	0.0686
9	0.0	0.060	0.060	0.0036
10	1.0	0.997	0.003	0.0000
11	1.0	0.999	0.001	0.0000
12	1.0	0.776	0.224	0.0502
13	1.0	0.999	0.001	0.0000
14	0.0	0.023	0.023	0.0005
15	1.0	0.999	0.001	0.0000

에러 제곱 평균의 제곱근(root mean squared error; RMS)은 간단하게 말하면 바로 위에 설명한 MSE의 제곱근이다. 제곱근을 해줌으로써 *mse*의 차원을 실제 에러 계산의 차원으로 줄일 수가 있다. 제9장에서 설명하게 되는 역전파 신경망(backpropagation neural network) 모델은 신경망 수렴의 측정 도구로서 *rms*를 사용한다. 1.0보다 적은 값에 대해서는 *rms* 〉 *mse*가 된다.

절대 에러 평균(mean absolute error; MAE)은 실제 값과 계산된 결과 값 차이의 절대값의 평균을 말한다. MAE의 장점은 실제 값과 계산된 결과 값들 사이에 편차가 큰 경우에 상대적으로 영향을 덜 받는다는 것이다. 게다가, *mae*는 에러 값들에 대한 차원성(dimensionality)을 유지할 수 있다. 식 (7.8)은 *mae*의 식을 보여주고 있다.

$$mae = \frac{|a_1 - c_1| + |a_2 - c_2| + \ldots + |a_n - c_n|}{n} \tag{7.8}$$

제2장에서 우리는 '생명보험 프로모션'이 결과 어트리뷰트로 된 신용카드 프로모션 데이터에다가 iDA 역전파 신경망(backpropagation neural network)을 적용했다. 표 7.3은 그

실험에 대한 실제 값과 계산된 결과값들을 다시 보여주면서, 각 인스턴스에 대하여 에러 값의 절대 값과 제곱 값을 보여주고 있다. 비록 이 표에서는 테스트의 결과가 아니라 훈련(training) 과정의 결과를 보여주는 것이지만, 설명의 편의를 위하여 이 예제를 가지고 설명하도록 하겠다. 표에 있는 데이터를 사용하여 *mse*, *mae*, *rms*를 계산하면 아래와 같다:

$$mse = \frac{(0.0-0.024)^2+(1.0-0.998)^2+\ldots+(1.0-0.999)^2}{15}$$

$$\approx \frac{0.1838}{15} \approx 0.0123$$

$$mae = \frac{|0.0-0.024|+|1.0-0.998|+\ldots+|1.0-0.999|}{15}$$

$$\approx \frac{0.9060}{15} \approx 0.0604$$

rms 를 계산하려면 간단히 0.0123의 제곱근을 구하면 된다. 계산하면 *rms* 값은 0.1107이 된다.

마지막으로 만약 수치 모델 테스팅에 대하여 이 책에서 이야기한 것보다 더 많은 것을 알고 싶다면 부록 D(Appendix D)에 보면 수치 결과 값을 가지는 supervised 학습자 모델의 비교 뿐만 아니라 test 집합 신뢰 구간 계산하는 것에 대한 공식과 예제들이 잘 나와 있다.

7.8 요약

모델의 성능은 training 데이터, 입력 어트리뷰트, 학습 기법, 학습 파라미터 설정 등과 같은 여러 요소 들에게 영향을 받는다. 어떤 식으로든 모델의 성능에 영향을 주는 요소들은 평가의 대상 후보들이 된다.

Supervised 학습자 모델의 성능은 일반적으로 test 집합 에러에 대한 측정으로 평가된다. 범주형 결과 값을 가지는 모델들에 대해서는, 측정은 전체 test 집합 인스턴스 수와 test 집합 에러 수의 비율로 계산된 test 집합 에러율로 한다. 결과 값이 수치형인 모델들에 대해서는, 에러 측정은 보통 MSE, RMS 혹은 MAE를 사용한다.

비록 대부분의 데이터들은 정규 분포를 따르지 않는다 하더라도, 같은 크기의 독립된 샘플들로부터 얻어진 표본 평균들에 대한 분포는 정규 분포를 따른다. 우리는 이 사실을 이용하여, test 집합의 에러율을 표본 평균으로 사용하고 정규 분포의 성질을 사용하여 에러율 신뢰 구간을 계산할 수 있다. 우리는 또한 가설 검증을 적용하여 여러 개의 supervised 학습자 모델들에 대한 test 집합 에러율 값을 비교할 수 있을 것이다. 이러한 통계적 기법들은 데이터 마이닝 과정의 결과를 신뢰도와 연관시킬 수 있도록 해준다.

만약 두 개의 입력 어트리뷰트들이 서로 관계 있다면 그들 중에 하나만이 데이터 마이닝에서 선택되어야 한다. 두 개의 수치 어트리뷰트들은 선형 혹은 곡선의 형태로 관계되어 있거나 혹은 전혀 상관 관계가 되어 있지 않을 수 있다. 상관 계수를 계산하면 두 어트리뷰트들 사이의 선형 관계의 정도를 측정할 수 있다. 만약 두 수치 어트리뷰트들이 곡선 혹은 선형 관계를 보이는지를 보려면 산포도를 만들어 보면 된다.

Unsupervised 학습 기법에서는 보통 그 자체적인 내부 평가 기준이 사용된다. 대부분의 unsupervised 기법들은 클러스터 형성에 대한 최소한의 설명만 해주고 있기 때문에, unsupervised 클러스터링의 평가는 발견된 것에 대한 설명이 포함되어야 한다. Supervised 학습은 unsupervised 클러스터링 결과를 설명하고 평가하는 데 사용될 수 있다. 또 다른 효과적인 평가 과정으로는 다른 클러스터들에 들어 있는 인스턴스들이 유의미하게 다른지 알아보기 위하여 클러스터간, 어트리뷰트-값 비교를 수행하는 것이 있다.

7.9 핵심 용어

- **부트스트래핑(bootstrapping)** 인스턴스들이 training 데이터 집합에 한번 이상 나타날 수 있다.
- **분류 에러율(Classifier error rate)** test 집합 에러의 개수를 test 집합의 전체 인스턴스의 개수로 나눈 것.
- **통제군(Control group)** 실험에서, 처치를 받지 않는 그룹. 통제군은 실험 처치를 받은 그룹에서의 변화를 비교 측정하기 위한 벤치마크로서 사용된다.
- **상관 계수(Correlation coefficient)** 상관 관계는 두 수치 어트리뷰트들 사이의 선형 관계의 정도를 측정한다. 상관 계수는 -1과 1 사이의 값을 가진다. 양의 상관(positive correlation)은 두 어트리뷰트가 동시에 증가하거나 감소하는 것을 의미한다. 하나의 어트리뷰트가 증가할 때 다른 어트리뷰트가 감소한다면 음의 상관(negative correlation)이라고 한다.

- **교차 타당성 검증(Cross validation)** 데이터 집합을 모두 같은 크기로 n개의 하위 그룹으로 나눈다. 그 중 n-1 개는 training에 사용되고 n 번째는 test 집합으로 사용된다. 이 과정은 고정 크기로 구분된 데이터 하위 그룹 전부가 한번씩 test 집합으로 사용될 때까지 반복된다. 모델에서 test 집합의 정확도는 n번의 training-test 실험으로부터 얻어진 평균 정확도로 계산된다.
- **곡선 관계(Curvilinear relationship)** 두 개의 수치형 변수가 서로간에 선형이 아닌 곡선의 관계를 보이는 것.
- **실험군(Experimental group)** 통제 실험에서, 그 효과를 측정하고자 하는 실험 처치를 받은 그룹
- **평균(Mean)** 수치 값들의 평균
- **절대 에러 평균(Mean Absolute Error; MSE)** 수치형 결과값을 가지고 있는 인스턴스들의 집합이 주어졌을 때, 절대 에러 평균은 분류기의 예측 출력값과 실제 출력 값과의 차이 값을 절대 값으로 하여 합을 낸 것의 평균 값이다.
- **제곱에러 평균(Mean Squared Error; MSE)** 수치형 결과 값을 가지고 있는 인스턴스들의 집합이 주어졌을 때, 절대 에러 평균은 분류기의 예측 출력 값과 실제 출력 값과의 차이 값을 제곱하여 합을 낸 것의 평균 값이다.
- **정규 분포(Normal distribution)** 만약 데이터의 빈도 그래프가 종형이거나 대칭적 특징을 가진다면 데이터의 분포는 정규 분포를 따른다고 말한다.
- **귀무가설(Null hypothesis)** 유의미한 차이가 없는 가설
- **에러 제곱 평균의 제곱근(Root mean squared error)** 에러 제곱 평균(MSE)의 제곱근 값
- **표본 데이터(Sample data)** 인스턴스들의 모집단으로부터 뽑아진 개별 데이터 아이템
- **산포도(Scatterplot diagram)** 두 수치 어트리뷰트들 사이의 관계를 그려 주는 2차원 그래프
- **표준 편차(Standard deviation)** 분산의 제곱근
- **표준 에러(Standard error)** 표본 분산을 표본의 크기로 나누고 그 결과를 제곱근을 취하여 계산된 분포 측정
- **층별화(Stratification)** 각 클래스가 training과 test 데이터 모두에서 적절히 분포되도록 하는 방식으로 데이터를 선택하는 것
- **제1종 오류(Type 1 error)** 귀무가설이 참인데도 기각하는 것

- **제2종 오류(Type 2 error)** 귀무가설이 거짓인데도 채택하는 것
- **검사 데이터(Validation data)** Supervised 모델의 파라미터 설정을 최적화하거나 혹은 같은 training 데이터로 만들어진 여러 모델들 중에 하나를 선택하는 데 도움을 주도록 사용할 수 있는 데이터 집합
- **분산(variance)** 평균으로부터의 제곱 편차의 평균

7.10 연습 문제

| 복습 문제 |

❶ 아래의 용어들의 차이를 설명하라.
   a. 검사 데이터(validation data)와 테스트 데이터(test set data)
   b. 양의 상관(Positive correlation)과 음의 상관(negative correlation)
   c. 통제군(Control group)과 실험군(experimental group)
   d. 에러 제곱 평균(Mean squared error)과 절대 에러 평균(Mean absolute error)
   e. 교차 타당성 검증(Cross validation)과 부트스트래핑(bootstrapping)

❷ 아래의 각각의 시나리오에서 제1형과 제2형 오류를 말하라. 또한, 발생한 제1형과 2형 오류 모델들이 최선의 선택인지를 결정하라. 자신의 생각을 정당화해보라.
   a. 눈이 올 것인지를 예측하는 모델
   b. 텔레비전을 구매할 것 같은 고객들을 선택하는 모델
   c. 텔레마케팅을 할 대상후보들을 결정하는 모델
   d. 허리 디스크 수술을 해야 하는 사람들을 예측하는 모델

❸ 7.5절에서는 어트리뷰트-값의 예고력(predictiveness)과 예측력(predictability) 점수의 곱으로 계산된 범주형 어트리뷰트 유의미성의 측정을 설명하였다. 범주형 어트리뷰트 유의미성을 측정하기 위한 이 방법의 장점과 단점은 무엇인가?

❹ 모집단이 정규 분포를 이룰 때, 모집단에서 선택된 어떤 값이 모집단 평균에서부터 2배의 표준 편차 범위 안에 있을 것이라는 것에 대해 95% 이상의 신뢰도를 가질 수 있다. 어떤 값이 그 모집단의 평균으로부터 한쪽 방향으로 3배의 표준 편차 범위 안에 있을 신뢰 수준은 무엇인가?

| 데이터 마이닝 질문 |

❶ 엑셀을 열고 Sonar.xls 데이터 파일을 불러온다. 그 데이터를 새로운 엑셀 스프레드시트에 복사한다. 'class' 어트리뷰트를 출력 어트리뷰트로 설정하고 어트리뷰트 'output1'부터 'output4'까지는 사용하지 않는 것으로 정한다. ESX로 supervised 마이닝 과정을 수행하라. 실계수 허용 값(real-valued tolerance)을 0.75로 설정하라. 처음 150개의 인스턴스들을 훈련에 사용하고 나머지 150개의 인스턴스들을 테스트에 사용하라. 같은 실험을 하는데 이번에는 허용 값((tolerance)을 0.50으로 설정하고 해보자. 식 7.5을 사용하여 두 모델 사이의 test 집합 에러율 차이가 유의미한가를 알아보자.

❷ 엑셀을 열고 CreditScreeing.xls 데이터 파일을 불러온다. Class를 출력 어트리뷰트로 정해서 ESX로 supervised 데이터 마이닝 과정을 수행하라. training은 모든 데이터를 다 사용하라. 7.5절의 두 번째 부분에 설명된 수치 어트리뷰트 유의미성에 대한 가설 검증을 사용하여 ESX으로 구한 가장 높은 유의미성 점수를 가지는 두 개의 수치 어트리뷰트에 대한 어트리뷰트 유의미성 점수를 계산하라. P의 값을 보면 어트리뷰트의 하나 아니면 모두가 클래스 멤버쉽의 유의미한 예측자인 것을 알 수 있는가?

LAB❸ CardiologyNumerical.xls 데이터 파일을 불러 새로운 엑셀 스프레드시트에 복사한다. 어트리뷰트 '#colored vessels'과 'thal' 사이에 선형 상관관계가 있는지를 CORREL 함수를 사용하여 알아보아라. 그 두 어트리뷰트들 사이의 관계를 그림을 통해서 설명하기 위해서 산포도를 만들어 보라. 두 어트리뷰트 모두가 클래스 출력 값을 예측하는 데 유의미하다고 가정하였을 때, 상관 계수 값 혹은 산포도를 보면 그 중 하나는 제거해도 된다고 할 수 있을까?

❹ 엑셀을 열고 DeerHunter.xls 데이터 파일을 불러온다. ESX로 두 개의 데이터 마이닝 과정을 아래와 같이 수행한다.

a. 처음 3000개의 인스턴스를 training에 사용하고 나머지는 test에 사용한다. 빠른 마이닝 옵션(quick mining option)을 yes로 설정한다. 오분류 행렬(confusion matrix)과 test 집합 에러율의 신뢰 구간을 기록하라.
b. 이번에는 빠른 마이닝 옵션을 no로 설정하고 A의 과정을 반복하라.
c. 두 test 집합의 정확도 값을 비교하라. 어떤 결론을 내릴 수 있는가?

LAB❺ 우리는 supervised 학습을 사용하여 범주형 어트리뷰트들간의 혹은 수치형 어트리뷰트들 간의 중복성 여부를 찾아낼 수 있다. 또한 supervised 학습을 사용하여 분류형 어트리뷰트와 수치형 어트리뷰트간의 중복성 여부도 찾아낼 수 있다. 다음 실험을 해보자.

a. CardiologyCategorical.xls 파일을 새로운 엑셀 스프레드시트에 불러온다. 원본 파일을 수정하지 말고 스프레드시트의 이름을 바꾼다.

b. 어트리뷰트 thal을 출력 어트리뷰트로, 그리고 #colored vessels을 입력 어트리뷰트로 정한다. 어트리뷰트 'class'를 포함한 모든 다른 어트리뷰트들을 사용 안함(unused)으로 설정한다.
c. ESX와 처음 200개의 인스턴스를 사용하여 supervised 학습자 모델을 생성한다. 학습이 종료되고 test 데이터도 분류되었을 때, RES MTX 시트를 확인하라. test 집합의 정확도는 얼마인가? 어떻게 결론을 내릴 수 있는가?
d. 같은 실험을 반복하는데 이번에는 단일 입력 어트리뷰트로 최대 심장 박동수(maximum heart rate)를 설정하고 폐질환 유형(chest pain type)을 결과 어트리뷰트로 설정하라. 어떻게 결론을 내릴 수 있는가?
e. supervised 학습을 사용하여 중복 어트리뷰트들을 찾기 위한 일반적인 절차를 적어보라. 당신이 제시한 방법에 대한 장점과 단점을 설명하라.

Part III 고급 데이터 마이닝 기법

Chapter 8
신경망(Neural Networks) 학습

이 장에서 학습할 내용

- 전방향(feed-forward) 신경망과 추정 문제
- 신경망에서의 입출력 데이터 변환
- 역전파 알고리즘을 사용한 전방향 신경망의 학습 방법
- 유전자 학습을 사용한 전방향 신경망의 훈련 방법
- 자기조직 신경망과 unsupervised 클러스터링
- 신경망의 강점과 약점

신경망(neural network)은 기업과 과학 그리고 학계에서 그 사용이 계속 증가하고 있다. 이것은 신경망이 수치 값 혹은 실수 값을 예측하는 데 성공적으로 사용된 그 동안의 실적 때문이다. 신경망의 응용에 대한 개요는 Widrow, Rumelhart, and Lehr(1994)에 잘 나타나 있다.

비록 여러 가지 신경망 아키텍처가 존재하지만 우리는 여기에서 많이 사용되는 두 가지 구조에 대하여 이야기한다. supervised 분류(classification)에서는 역전파(backpropagation)나 유전자 학습(genetic learning)으로 훈련된 전방향 신경망(feed-forward neural network)을 살펴볼 것이고 unsupervised 클러스터링에서는 Kohonen의 SOM(self-organizing map)에 대하여 이야기할 것이다.

8.1절에서는 신경망에 대한 기초 개념과 용어를 소개할 것이다. 신경망의 입력 값은 0과 1 사이 범위의 수치 값을 가진다. 응용분야에 따라서는 이것이 문제가 될 수 있으므로 우리는 신경망의 입출력 문제를 자세히 다루도록 하겠다. 8.2절에서는 supervised 신경망과 unsupervised 신경망이 어떻게 훈련되는지에 대한 개념적인 개요를 보여준다. 신경망은 그 출력 값을 설명할 수 있는

능력이 부족하다는 비판을 받아오고 있다. 8.3절에서는 신경망의 해석을 위하여 개발된 여러 가지 기법들에 대하여 설명한다. 8.4절에서는 모든 신경망에서 발견되는 일반적인 장점과 약점을 설명한다. 8.5절은 어떻게 backpropagation 알고리즘과 self-organizing 신경망이 훈련되는지에 대한 자세한 예들이 제공된다. 만약 신경망 학습에 대한 자세한 이해가 크게 필요하지 않다면 8.5절은 생략할 수 있다.

8.1 전방향 신경망(Feed-Forward Neural Networks)

신경망은 인간의 뇌를 흉내내려고 하는 수학적 모델이다. 학습된 지식(knowledge)은 대개 여러 층의 서로 연결된 프로세서들의 집합으로 표현된다. 이들 프로세서는 보통 neurodes라고 불리는데 이 이름은 뇌 속의 뉴론과 관계 있음을 암시한다. 각 노드는 접해 있는 다른 층의 노드들과 가중치(weight)를 가지고 연결되어 있다. 개별 노드들은 연결된 노드로부터 입력 값을 받고 weight 값과 함께 간단한 함수를 사용하여 출력 값을 계산한다.

신경망(neural network) 학습은 supervised 또는 unsupervised이다. 학습(learning)은 입력 인스턴스들이 계속 반복적으로 네트워크에 주어지는 동안 연결 가중치(connection weight) 값들이 조정되는 과정이라고 할 수 있다. 일단 training이 끝나면 새로 분류될 인스턴스들이 훈련된 신경망에 넣어지고 출력층(output layer)에서 나오는 값에 따라 분류(classified)된다.

그림 8.1은 완전 연결 **전방향(feed-forward)** 신경망 구조에 입력 인스턴스 [1.0, 0.4, 0.7]이 들어가는 것을 보여주고 있다. 화살표는 각 인스턴스가 네트워크안에서 흘러가는 방향을 표시하고 있다. 이 네트워크가 **완전 연결(fully connected)**이라는 것은 각 layer의 모든 노드들이 그 다음 layer의 모든 노드들과 연결(connected)되어 있다는 것을 말한다.

각 인스턴스안의 입력 어트리뷰트의 개수와 입력층(input layer)의 노드의 개수는 동일하게 된다. 사용자는 몇 개의 은닉층(hidden layer)을 사용할 것인가 뿐만 아니라 한 은닉층 안에 몇 개의 은닉 노드(hidden node)를 사용해야 하는가도 정해주어야 한다. 이들 값은 실험을 통하여 얻어질 수 있다. 일반적으로 은닉층의 개수는 보통 2개로 제한된다. 신경망의 출력층(output layer)은 어플리케이션에 따라서 하나의 노드 혹은 여러 개의 노드를 가질 수 있다.

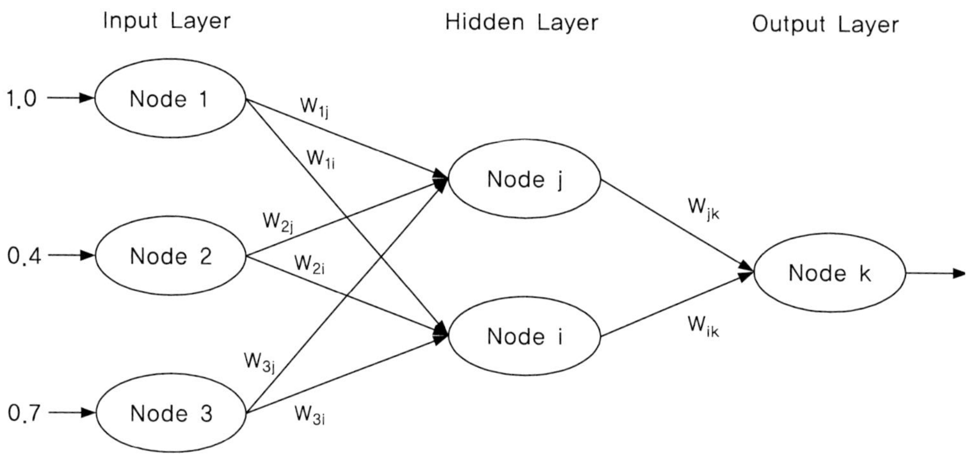

그림 8.1 완전 연결 전방향 신경망(fully connected feed-forward neural network)

| 신경망 입력 포맷 |

신경망의 개별 노드로 들어가는 입력은 [0,1] 사이의 범위에 있는 수치 값이어야 한다. 따라서 범주 데이터(categorical data)는 수치 값으로 다시 표현을 해주어야만 한다. 또한 [0,1]의 범위 바깥에 있는 수치 값들에 대해서도 변환을 해주어야 한다.

범주 데이터의 변환은 여러 가지 방법으로 할 수 있다. 한 가지 아주 직접적인 방법은 그 간격 범위(interval range), 즉 [0,1]을 똑같은 크기의 단위로 나누는 것이다. 예를 들어 어트리뷰트 color가 있고 가능한 값으로는 red, green, blue와 yellow를 가지고 있다고 하자. 이 방법을 이 경우에 사용한다면 다음과 같이 값을 할당할 수 있을 것이다. 즉, red = 0.00, green = 0.33, blue = 0.67, 그리고 yellow = 1.00. 비록 이 방법을 사용해도 되긴 하지만 여기엔 명백한 함정이 있다. 이 방법은 그 변환으로 인하여 거리(distance)라는 요소가 개입될 수가 있다. 우리의 예에서는 red와 green 사이의 거리가 red와 yellow사이의 거리보다 작은데, 따라서 색깔 red가 yellow보다는 green에 좀 더 가까운 것처럼 보이게 된다.

범주형을 수치형으로 변환(conversion)하는 두 번째 방법은 입력 노드를 추가로 더 사용해야 하는 방법이다. 4개의 값을 가지는 어트리뷰트 color의 예를 다시 사용하도록 하자. color에 대한 입력 노드를 추가로 더 사용하여서 4개의 color를 다음과 같이 표현할 수 있다. red = [0,0], green = [0,1], blue = [1,0], yellow= [1,1] 이 '두 개의 입력 노드 방식'에서는 첫 번째 방법에서 나타났던 bias를 없앨 수가 있다.

자 이제 수치 데이터를 [0,1]의 범위로 변환하는 방법을 보도록 하자. 어트리뷰트 값 100, 200, 300, 400이 있다고 가정하자. 한 가지 간단한 방법은 가장 큰 어트리뷰트 값으로 모든 어트리뷰트 값들을 나누는 것이다. 우리의 예에서는 각 수치 값을 가장 큰 값인 400으로 나누면 변환된 값 0.25, 0.5, 0.75, 1.0을 구할 수 있다. 이 방법의 문제점은 0에 가까운 값들이 별로 없다면 0과 1 사이라는 전체 범위를 효율적으로 활용할 수가 없다는 것이다. 식 (8.1)에서 보는 것과 같이 이 방법을 약간 수정하면 그 문제를 해결할 수도 있다.

$$new\,Value = \frac{original\,Value - minimum\,Value}{maximum\,Value - minimum\,Value} \tag{8.1}$$

여기서
*newValue*는 [0,1] 범위로 계산된 값
*originalValue*는 변환되기 전의 값
*minimumValue*는 그 어트리뷰트에서 가능한 가장 작은 값
*maximumValue*는 그 어트리뷰트에서 가능한 가장 큰 값

이 식을 위의 우리 예에서의 값에 적용을 하면 0.0, 0.33, 0.66, 1.0이 된다.

제일 큰 값이 얼마인지 모르고 있는 경우에 한가지 방법은 분모에 임의의 큰 값을 사용하는 것이다. 하지만 임의의 값으로 나누는 것은 마찬가지로 값의 전체 범위를 모두 활용하지 못하게 될 수가 있다. 마지막으로, 데이터 분포가 많이 편중된(highly skewed data) 경우에 이들 기법을 그대로 사용하면 최적의(optimal) 결과를 얻지 못하게 될 수도 있다. 편중된 데이터를 처리하는 일반적인 방법은 위의 방법을 사용하기 전에 각 값을 밑(base)이 2인 혹은 10인 로그(logarithm)로 변환하는 것이다.

| 신경망 출력 포맷 |

신경망의 출력 노드는 [0,1] 범위의 연속된 실수(continuous) 값을 갖는다. 하지만, 이 출력 값은 범주형 클래스의 값으로 변환할 수 있다. 이것을 보기 위하여 다음의 예를 사용하도록 하자. 즉, 특별 프로모션을 신청할 가능성이 높은 신용카드 신규고객들을 인식할 수 있도록 신경망을 훈련시킨다고 하자. 우리는 두 개의 출력층 노드들, 즉 노드 1과 노드 2를 사용한다고 하자. training에서 지난번 프로모션을 신청한 고객에 대한 출력 값은 첫번째 출력 노드는 1로, 그리고 두 번째 출력 노드는 0으로 표시한다. 프로모션을 신청하지 않은 고객에 대한 출력 값은 노드1과 노드2에 각각 0과 1의 값을 지정한다. 일단 훈련이 끝나면 신경망은 노드1과 노드2의 값이 0.9와 0.2인 것으로 그 새 고객은 프로모션을 신청할 것이라고 인식하게 된다.

이 방법은 출력 값의 조합이 0.2, 0.3과 같은 경우에는 명확한 분류(classification)를 하지 못한다는 단점이 있다. 이 경우를 위한 여러 가지 방법이 제안되었는데 그 중 한가지 방법은 노드의 출력 값과 확신도(certainty factors)를 연관시키는 것이다. 흔히 사용되는 방법은 특별한 test 데이터 집합을 사용하여 출력 값을 해석하고 그것의 분류 값을 정하는 것이다. 이 방법을 사용하면 우리는 출력 값이 범주형일 때에도 하나의 출력 노드만 사용할 수가 있다. 다음의 예는 이 방법을 잘 보여주고 있다.

이미 언급된 신용카드 고객의 예에서 하나의 출력 노드를 사용한다고 하자. 특별 프로모션을 신청할 가능성이 높은 고객에 대한 이상적인 출력 값을 1로 지정하고, 그 가능성이 낮은 고객에 대한 값을 0으로 지정한다. 그 다음에 신경망을 training시키고 우리는 출력 값 0.8 이상을 프로모션을 신청할 가능성이 높은 고객으로 분류할 수 있는 신뢰 기준으로 생각할 수 있다. 하지만 출력 값이 0.45면 어떻게 할 것인가? 그 특별한 test 데이터 집합을 사용하여 이런 문제를 해결할 수도 있다. training이 끝난 신경망에 그 test 집합을 집어 넣어서 각 test 인스턴스에 대한 출력 값을 미리 기록해둔다. 그 다음에 새 인스턴스를 그 신경망에 적용하는데, 만약 그 새 인스턴스 x가 불확실한 출력 값 v를 낸다면 v 혹은 그 근처에 클러스터링되는 test 집합의 인스턴스들의 대다수가 가지고 있는 분류 값을 x의 분류로 사용하면 된다.

마지막으로, 신경망에서 계산된(computed) 출력 값을 예측(prediction)으로 사용하고자 할 때에는 또 다른 문제가 발생하기도 한다. 예를 들어 내가 선호하는 주식의 미래 가격을 예측(prediction)하기 위하여 신경망을 training시켜 사용한다고 하자. 그런데 신경망의 출력 값은 0과 1 사이의 값이므로, 그 값을 미래의 주식 가격으로 변환시키는 방법이 필요하게 된다.

실제 출력 값이 0.35라고 하고 그것으로 미래의 주식 가격을 결정하려고 하면 원래의 [0,1] 범위 변환을 다시 역으로 해야 한다. 즉 간단하게 주식 가격의 training 데이터의 값 범위에 0.35를 곱하고 거기에 주식의 최저 가격을 더하면 된다. 만약 training 데이터의 가격 범위가 $10.00에서 $100.00 사이라면, 계산은 다음과 같이 된다.

(90.00)(0.35) + $10.00

이렇게 하면 예측된 미래의 주식 가격은 $41.50이 된다. 대부분의 상용 신경망 소프트웨어 패키지는 이 같은 [0,1] 범위와 수치 값 사이의 변환 기능을 제공하고 있다. 그래도 우리는 여전히 모든 초기 입력을 수치 값으로만 사용해야 한다.

| Sigmoid 함수 |

전방향 신경망(feed-forward neural network)의 각 노드의 목적은 입력 값을 받아서 그 출력 값을 다음 상위 층에 넘겨주는 것이다. 입력층(input layer)의 노드들은 입력 어트리뷰트값을 은닉층(hidden layer)에 그대로 넘겨준다. 따라서 그림 8.1에 보여지는 입력 인스턴스들에 대하여 노드 1의 출력 값은 1.0, 노드 2의 출력 값은 0.4, 그리고 노드 3의 출력 값은 0.7이 된다.

표 8.1 그림 8.1의 신경망에서의 초기 Weight 값

W_{1j}	W_{1i}	W_{2j}	W_{2i}	W_{3j}	W_{3i}	W_{jk}	W_{ik}
0.20	0.10	0.30	−0.10	−0.10	0.20	0.10	0.50

은닉층 혹은 출력층에서의 노드 n은 이전 layer의 연결된 노드들로부터 입력 값을 받아서 그 값들을 하나의 값으로 합치고 이 하나의 값을 평가 함수(evaluation function)의 input으로 사용한다. 평가 함수의 output은 [0,1] 사이의 값으로 나오고 이 값이 노드 n의 출력 값이 된다.

하나의 예를 가지고 보도록 하자. 표 8.1은 그림 8.1의 신경망에 대한 weight 값들의 예를 보여주고 있는데 노드 j를 살펴보자. 노드 j로의 입력 값을 계산하기 위하여 각 weight 값과 해당되는 입력층 값을 곱한 값들의 합계를 구한다. 즉,

노드 j로의 입력 값 = (0.2)(1.0) + (0.3)(0.4) + (−0.1)(0.7) = 0.25

따라서 0.25가 노드j의 평가 함수의 입력 값으로 들어간다.

평가 함수의 첫 번째 기준은 그 함수가 [0,1] 범위의 출력 값을 내야 한다는 것이다. 두 번째 기준은 그 함수가 충분히 활성화[1]되었을 때에는 1에 가까운 값을 내야 한다는 것이다. 이렇게 해야만 그 함수는 신경망에서 활성(activity)을 전파(propagate)할 수가 있다. Sigmoid 함수는 그 두 가지 조건을 다 만족하고 따라서 노드 평가에 주로 사용되는 함수이다. sigmoid 함수는 다음과 같다.

$$f(x) = \frac{1}{l + e^{-x}} \tag{8.2}$$

여기서

e는 자연 로그의 밑(base)으로 대략 2.718282 이다.

1) 역자의 주: 노드(즉 뉴론)는 그 노드로의 입력 값에 따라서 활성화(activated)되거나 비활성화된다. 활성화되면 그 노드는 출력 값을 내고 그 출력 값은 연결된 다른 노드의 입력 값으로 들어가게 된다. 활성화의 정도는 그 노드의 출력 값의 크기에 비례한다고 생각하면 된다. 최대로 활성화되었을 경우는 출력 값이 1이 된다.

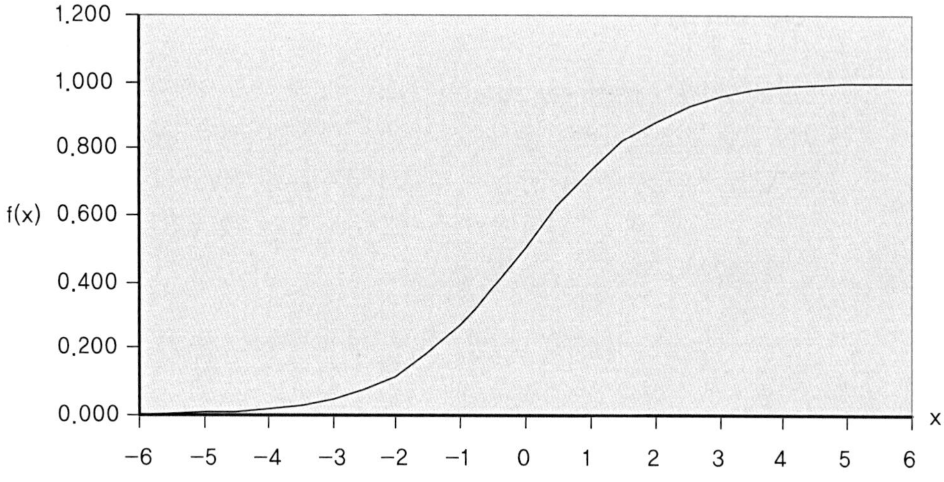

그림 8.2 sigmoid 함수

그림 8.2는 sigmoid 함수의 그래프를 보여주고 있다. 0보다 작은 x 값은 출력 활성이 작다는 것을 알 수 있다. 예를 들어 f(0.25)는 0.562의 output을 내는데 이것이 노드 j의 출력 값이 된다.

8.2 신경망의 훈련: 개념적 관점

이번 절에서는 전방향 신경망(feed-forward network)을 training시키는 두 가지 방법과 unsupervised 신경망 클러스터링을 위한 한가지 방법에 대하여 이야기할 것이다. 여기서 구체적인 알고리즘에 대하여 이야기되진 않을 것이지만 대부분의 독자들에게 신경망 학습에 대한 기본적인 호기심을 충족시키기에는 충분할 것이다.

하지만 좀 더 자세하게 알고 싶은 독자들은 8.5절에서 신경망 학습에 대한 구체적인 설명을 볼 수 있을 것이다.

| 전방향 신경망을 사용한 Supervised 학습 |

Supervised 학습은 training과 testing의 두 과정 모두를 해야 한다. training 단계에

서 training 인스턴스들은 계속 반복하여 신경망으로 전달되어 각 weight 값들이 수정될 수 있도록 한다. 연결 가중치(connection weight) 값들은 training 집합의 에러율이 최소가 되는 방향으로 변한다. 신경망 training은 정해진 종료 조건이 만족되면 멈추게 된다. 종료조건은 신경망이 최소 전체 에러(minimum total error) 값에 접근할 때, 혹은 특정 시간 조건, 최대 반복 횟수 등이 될 수 있다.

신경망의 훈련: 역전파(Backpropagation) 학습

역전파 학습(Backpropagation learning)은 전방향 신경망(feed-forward networks)을 훈련시키는 데 가장 많이 사용된다. 역전파에서는 각 training 인스턴스를 신경망에 집어 넣고 출력 값을 계산해낸다. 출력층 노드 각각마다 출력 값이 계산된다는 것을 상기하라. 그림 8.1과 그 그림의 입력 인스턴스를 사용하여 역전파 학습을 보도록 하자.

그림 8.1의 인스턴스에 대하여 우리는 출력 값이 0.582라고 계산했었다. 이제 그 인스턴스에 대한 목표 출력값(target output)이 0.65라고 하자. 그러면 그 계산된 출력 값과 목표값과의 절대 에러(absolute error)는 0.068이 된다. 하지만 왜 에러가 나오는지를 보려고 할 때 문제가 나타난다. 즉, 신경망의 연결 가중치 중의 어느 것 때문에 에러가 발생했는지를 알 수가 없다. 그 weight 값들 중의 단 하나만 고쳤는 데도 그 인스턴스를 넣었을 때 더 좋은 결과가 나올 수도 있다. 아마도 두 개나 그 이상의 weight 값들의 조합 때문일 수도 있다. 그리고 여전히 그 오류는 출력 노드와 연관된 모든 연결(connections)들과 어느 정도 연관되어 있을 가능성도 있다.

역전파 학습 알고리즘은 그 제일 마지막 경우를 가정하고 있다. 우리가 사용한 예에서 노드 k의 출력 값 에러는 다시 신경망으로 역으로 전파되어 모든 관계된 8개의 weight 값이 변경된다. 각 연결 가중치의 변경 값은 식에 의하여 계산되는데 그 식은 노드 k의 출력 값 에러, 개별 노드의 출력 값들 그리고 sigmoid 함수의 도함수(derivative)를 사용한다. 이 식은 실제 에러(actual error) 값을 평활화(smoothing)[2]시켜서 어느 하나의 training 인스턴스에 의하여 값이 급격히 변화 수정되는 것을 방지하도록 한다.

충분히 반복(iterations)을 하면 역전파 학습 기법은 수렴(converge)을 보장한다. 하지만 그 수렴이 최적(optimal)이라는 것을 보장하지는 않는다. 따라서 이 알고리즘의 몇몇 어플리케이션에서는 최적이 아니라 수긍할만한 수준의 결과로 만족해야 할 수도 있다.

2) 역자의 주: 평활화(smoothing)는 자료의 급격한 변화를 억제하여 전반적으로 부드러운 변화 양상을 갖도록 하는 것을 말한다.

표 8.2 그림 8.1의 신경망에 대한 Weights 개체(element)들의 population

Population Element	W_{1j}	W_{1i}	W_{2j}	W_{2i}	W_{3j}	W_{3i}	W_{jk}	W_{ik}
1	0.20	0.10	0.30	−0.10	−0.10	0.20	0.10	0.50
2	0.14	0.38	0.19	0.25	−0.17	0.27	0.11	0.54
3	0.20	0.10	0.38	−0.16	−0.16	0.24	0.12	0.53
4	0.23	0.10	0.39	−0.18	−0.17	0.26	0.15	0.54

신경망의 훈련: 유전자 학습

유전자 학습(Genetic learning)으로도 전방향 신경망(feed-forard neural nets)을 훈련시킬 수 있다. 아이디어는 다음과 같이 간단하다. 먼저 개체군(population)은 랜덤으로 초기화시킨다. 개체군의 각 개체(element)는 신경망의 연결 가중치(connection weights)의 한 집합에 해당한다. 표 8.2는 그림 8.1의 신경망에 대한 개체군 개체들의 한 예를 보여주고 있다. 일단 개체 개체군이 그렇게 초기화되면 그 중 첫 번째 개체의 가중치들로 신경망을 구성한다. 그 신경망에 training 데이터를 집어 넣고 그 training 인스턴스에 대한 출력값 에러를 기록한다. 모든 training 인스턴스들에 대하여 반복한 후에 제곱 에러(squared error) 혹은 절대 에러(absolute erra)의 평균을 계산하고 그 계산된 에러는 그 개체에 대한 적합도 점수(fitness score)가 된다. 이 과정을 그 개체군의 모든 개체에 대하여 반복한다.

전체 개체 개체군을 그렇게 사용하여 신경망을 구성하고 훈련시키자 마자 교차(crossover), 돌연변이(mutation), 그리고 선택(selection)의 조합이 적용되고 이 과정을 계속하여 반복한다. 반복하다가 개체군 속에서 최소한 하나의 개체라도 정해진 적합도 점수를 만족하면 신경망은 수렴(convergence)한다. 그렇게 training이 끝나면 신경망의 가중치 값은 개체군 속의 개체들 중에서 가장 좋은 적합도 점수를 가진 개체의 가중치 값으로 주어지면 된다. 역전파 학습과 마찬가지로 이 기법도 수렴은 보장하면서도 그 수렴이 최적이라는 것은 보장하지 못한다. 마찬가지로 유전자 학습 알고리즘의 몇몇 어플리케이션들도 최적은 아니지만 최대한 수긍할만한 수준의 결과를 얻게 될 수 있다.

| SOM(Self-Organizing Maps)을 사용한 Unsupervised 클러스터링 |

Teuvo Kohonen(1982)은 1980년대 초에 Kohonen feature maps을 개발하여 신경망이 unsupervised 클러스터링을 할 수 있다는 것을 보였다. 그의 원래 연구는 이미지와 사운드를 매핑하는 것이었다. 하지만 그 기법은 unsupervised 클러스터링에도 효과적으로 사용될 수 있었다. Kohonen 네트워크는 self-organizing maps(SOMs)으로도 또한 알려져 있다.

Kohonen 네트워크는 두 개의 층을 가진다. 입력층(input layer)은 각 입력 어트리뷰트마다 하나의 노드를 가지고, 각 노드들은 출력층(output layer)에 있는 모든 노드에 대하여 연결 가중치(weighted connection)를 가진다. 출력층은 일반적으로 이차원 그리드(two-dimensional grid)로 구성되지만 다른 형태도 가능하다. 그림 8.3은 두 개의 입력층 노드와 아홉 개의 출력층 노드를 가진 간단한 형태의 Kohonen 네트워크를 보여주고 있다.

네트워크가 학습되는 동안에 입력 인스턴스들은 각 출력층 노드에 들어간다. 한 인스턴스가 네트워크에 들어갔을 때 그 입력 인스턴스와 가장 가깝게 매치(match)되는 연결 가중치를 가진 출력 노드가 그 인스턴스에 대한 승자가 된다. 그 승자 노드는 그 인스턴스에 좀 더 가깝게 매치되도록 가중치(weight) 값이 변경된다. 처음에는 그 승자 노드의 이웃 노드들도 또한 현재 인스턴스의 어트리뷰트 값에 조금 더 가깝게 매치되도록 연결 가중치가 변경된다. 하지만 그 인스턴스가 네트워크에 몇 번 들어간 후에는 이웃의 크기가 점점 작아져서 마지막에는 하나의 승자 노드만 연결 가중치를 변경할 수 있도록 되어 있다.

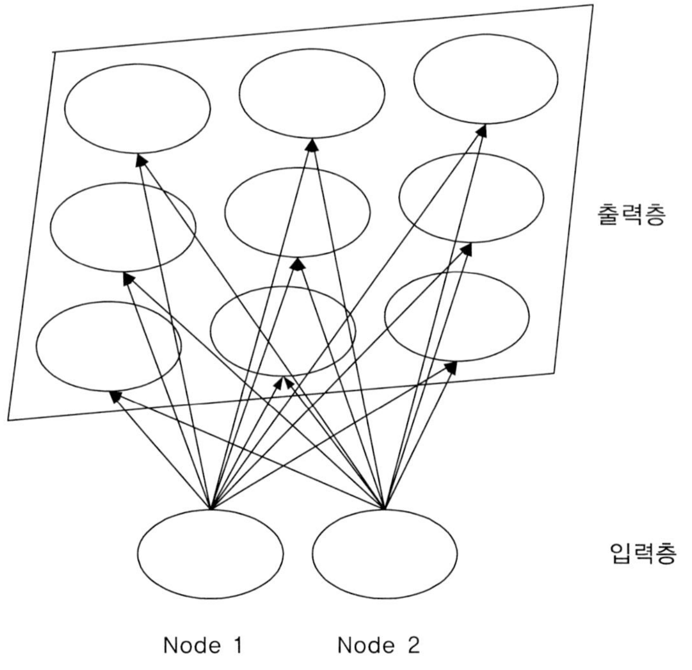

그림 8.3 2개의 입력층 노드를 가진 3 x 3 Kohonen 네트워크

인스턴스들이 네트워크를 통과할 때마다, 출력층 노드들은 그들이 이긴 횟수를 기록하고 있다. 바로 지난번 데이터 패스(pass)에서 가장 많은 인스턴스들에 대하여 승리를 한 출력 노드들이 저장된다. 저장된 출력층 노드들의 개수는 그 데이터에 있을 것이라 생각되는 클러스터들의 개수에 해당된다. 마지막으로, 지워진 노드들로 분류된 training 인스턴스들은 다시 한번 네트워크에 들어가서 저장된 노드들 중의 하나로 분류된다.

Training 집합 인스턴스들과 연관된 노드들은 이 데이터 집합의 클러스터를 나타낸다. 혹은 test 데이터를 사용하여 이것으로 만들어진 클러스터들을 분석해서 발견된 것의 의미를 파악하는 방법을 사용할 수도 있다.

8.3 학습된 신경망의 해석(Neural Network Explanation)

신경망 구조에서의 가장 큰 단점 중의 하나는 학습된 것을 이해하기가 힘들다는 것이다. 신경망이 무엇을 학습하였는지를 구체적으로 설명할 수 있는 한가지 방법은 신경망 구조를 규칙(rules)의 집합으로 변환하는 것이다. 신경망에서 규칙을 추출하는 알고리즘은 일반적으로 분류 정확도(classification correctness)에 영향이 매우 작은 가중치 값을 갖는 연결(weighted links)을 없애는 과정을 가진다. 하지만 불행하게도 규칙 추출 방법은 제한된 경우에서만 성공적이라고 할 수 있다.

Sensitivity 분석은 각 어트리뷰트가 신경망의 출력 값에 대하여 가지게 되는 영향에 대한 힌트를 얻는 데 성공적으로 사용할 수 있다. 여기에는 여러 가지 구체적인 방법들이 있는데 일반적인 절차는 다음과 같은 단계를 가진다.

1. 데이터를 training 집합과 test 집합으로 구분한다.
2. training 데이터로 신경망을 훈련시킨다.
3. test 집합 데이터를 가지고 다음과 같이 새로운 인스턴스 I를 만든다. 즉, I의 각 어트리뷰트 값은 test 데이터내의 해당 어트리뷰트의 모든 값들의 평균으로 정한다.
4. 각 어트리뷰트에 대하여:
   a. 인스턴스 I의 어트리뷰트 값을 변경시켜 그 변경된 I를 신경망에 넣는다.
   b. 그 변경이 신경망 출력 값에 갖게 되는 효과를 관찰한다.
   c. 각 어트리뷰트의 상대적인 중요도는 그 어트리뷰트 값의 변화차이(variations)가 네트워크 출력 값에 대해 가지는 효과로 측정된다.

그 sensitivity 분석으로 우리는 각 개별 어트리뷰트의 상대적 중요도에 대한 랭킹을 매길 수가 있게 된다. 하지만 이 방법은 학습된 것을 좀 더 잘 이해할 수 있게 해주는 명시적(explicit) 형태의 규칙(rules)을 제공해주지는 않는다.

unsupervised 클러스터링을 위한 일반화된 해석(explanation) 도구로서 사용되는 한 가지 방법은 **대표 멤버 기법(average member technique)**이다. 이 방법에서는 각 클래스에서 그 클래스의 각 어트리뷰트의 평균 값을 구하여 그 클래스의 평균 혹은 가장 대표되는 멤버를 계산한다. 또 다른 방법으로는 2장에서 설명하였던 방법인데 supervised 학습을 사용하여 unsupervised 클러스터링의 결과를 해석하는 것이다. 다음은 그것을 unsupervised 신경망 학습에 적용하는 절차이다.

1. unsupervised 클러스터링을 위하여 필요한 데이터 변환을 시킨다.
2. 데이터를 unsupervised 네트워크 모델에 집어 넣는다.
3. 신경망으로 만들어진 각 클러스터를 클래스라고 부르고 각 클래스에 임의의 이름을 붙인다.
4. 새로 만들어진 클래스들을 규칙 생성기를 가진 supervised 분류 모델을 위한 training 데이터로 사용한다.
5. 생성된 규칙들을 검토하여 클러스터링 알고리즘으로 만든 개념 클래스들(concept classes)의 본질을 파악한다.

이 방법은 만들어진 클러스터들의 유사도(similarity) 뿐만 아니라 차이(differences)에 대한 일반화(generalization)를 제공한다는 점에서 대표 멤버 기법에 비하여 장점을 가진다. 또한 각 클러스터를 설명해주는 규칙을 생성할 수 있다. 9장에서 우리는 iDA 신경망 소프트웨어를 사용하여 사슴 사냥꾼 데이터 집합에 이 기법을 적용하여 볼 것이다.

8.4 일반적 고찰

신경망을 만드는 과정은 예술이면서 동시에 과학이다. 보통은 어트리뷰트도 여러 가지로 다르게 선택해보고 학습 파라미터 값들도 이리저리 변경해보면서 여러 번의 실험을 해야 한다. 신경망 모델의 성능에 영향을 끼치는 요인들의 일부가 다음에 나열되어 있다.

- 신경망을 구성하는 데 어떤 어트리뷰트를 사용할 것인가?
- 신경망의 output은 어떻게 표현될 것인가?
- 은닉층(hidden layers)은 몇 개를 사용할 것인가?
- 각 은닉층에서는 은닉 노드(hidden nodes)를 몇 개 사용할 것인가?
- Training의 종료조건은 무엇으로 할 것인가?

이들 질문에 대한 정답이 있는 것은 아니지만 실험과정을 통하여 원하는 결과를 얻을 수 있다. 9장에서 우리는 iDA 신경망 소프트웨어를 가지고 실험을 하면서 이들 질문에 대한 답을 찾아보도록 하겠다. 다음은 지식발견(knowledge discovery)에서 신경망의 장점과 단점을 살펴보도록 하자

| 장점 |

- 신경망은 노이즈가 들어 있는 데이터 집합도 잘 처리할 수가 있다. Sigmoid 함수와 같은 신경망 평가 함수는 이상치(outliers)나 랜덤 에러에 의해 유발되는 데이터의 급격한 변화(variation)를 평활(smooth)시킨다.
- 신경망은 수치 데이터 뿐만 아니라 범주형 출력 값도 처리하고 예측할 수 있다. 하지만 범주 데이터의 변환 과정은 좀 까다롭다.
- 신경망은 데이터에 시간 요소가 들어가야 하는 어플리케이션에서도 사용할 수 있다(11장에 설명).
- 신경망은 여러 다양한 도메인에서도 일관되게 성공적으로 사용된다.
- 신경망은 supervised 학습과 unsupervised 클러스터링, 모두에 사용될 수 있다.

| 단점 |

- 신경망에 대한 가장 큰 단점은 아마도 학습된 내용을 설명(해석)할 수 있는 방법이 부족하다는 것일 것이다.
- 신경망 학습 알고리즘은 최적해(optimal solution)에 수렴한다는 것을 보장하지 못한다. 대부분의 신경망에서 이 문제는 여러 가지 학습 파라미터들을 조정하여 처리할 수 있다.
- 신경망은 과훈련(overtrained)되기 쉽다. 과훈련이 되면 training 데이터에 대해서는 매우 성공적이지만 test 데이터에 대해서는 매우 나쁜 성능을 보이게 된다. 이 문제는 test 집합의 성능을 계속 측정해봄으로써 찾아낼 수 있다.

8.5 신경망 훈련: 자세하게 보기

여기서 우리는 두 가지의 신경망 구조를 가지고 training 동안에 어떻게 연결 가중치(connection weight) 값들을 수정해나가는지에 대한 구체적인 예를 보도록 하겠다. 첫 번째 절에서는 역전파(backpropagation) 학습에 대한 간단한 예를 보고 역전파 학습 알고리즘에 대한 일반적인 형태를 언급하겠다. 두 번째 절에서는 Kohonen SOM(self-organizing maps)이 unsupervised 클러스터링에 어떻게 사용되는지를 보도록 하겠다.

| 역전파(backpropagation) 알고리즘: 예 |

역전파는 전방향 신경망(feed-forward networks)에서 가장 많이 사용되는 training 방법이다. 역전파는 가중치(weight) 값의 수정을 출력층(output layer)에서부터 시작하여 거꾸로 은닉층(hidden layers)으로 내려가면서 진행한다. 예를 가지고 이 과정을 설명하는 것이 가장 이해하기 쉬울 것이다. 그림 8.1에 나와 있는 신경망과 입력 인스턴스, 그리고 표 8.1에 나와 있는 초기 가중치 값을 사용하여 backpropagation 알고리즘의 한 패스(pass)를 따라해보도록 하자.

우리가 사용하는 그 입력 인스턴스에 대한 목표 출력 값(target output)이 0.65라고 가정하자. 첫 번째 단계에서는 그 인스턴스를 신경망에 넣어주고 노드 k의 출력 값을 계산한다. Sigmoid 함수를 적용하여 다음과 같이 모든 출력 값을 계산한다.

Input to node j = (0.2)(1.0) + (0.3)(0.4) + (−0.1)(0.7) = 0.250
Output from node j = 0.562
Input to node i = (0.1)(1.0) + (−0.1)(0.4) + (0.2)(0.7) = 0.200
Output from node i = 0.550
Input to node k = (0.1)(0.562) + (0.5)(0.550) = 0.331
Output from node k = 0.582

그 다음엔 출력층에서 관찰된 에러를 다음과 같이 계산한다.

$$Error(k) = (T - O_k)[f'(x_k)] \quad (8.3)$$

여기서

$T=$ 목표 출력 값(target output)

$O_k =$ 노드 k에서의 계산된 출력 값(computed output)

$(T-O_k)=$ 실제 출력 에러(actual output error)

$f'(x_k)=$ sigmoid 함수의 일차 도함수(first-order derivative)

$x_k =$ 노드 k의 sigmoid 함수의 입력

식 8.3은 실제 출력 에러(actual output error)를 sigmoid 함수의 일차 도함수로 곱한 것을 보여준다. 그렇게 곱하는 것은 출력 에러를 확대시켜서, sigmoid 함수 커브의 급경사 점에서 더 강하게 값의 변환 수정을 하게 한다. x_k에서의 sigmoid 함수의 도함수는 $O_k(1-O_k)$로 대신 쉽게 구해낼 수 있다. 따라서

$$Error(k) = (T-O_k)O_k(1-O_k) \tag{8.4}$$

우리의 예에서는 Error(k)를 계산하면 다음과 같다.

$$Error(k) = (0.65 - 0.582)(0.582)(1-0.582) = 0.017$$

은닉층 노드(hidden layer nodes)에 대한 출력 에러들의 계산은 좀 더 직관적이다. 노드 j에서의 에러에 대한 일반적인 식은 다음과 같다.

$$Error(j) = (\sum_k Error(k)W_{jk})f'(x_j) \tag{8.5}$$

여기서

$Error(k)=$ 노드 k에서의 계산된 출력 에러

$W_{jk}=$ 노드 j와 출력 노드 k 사이 연결선의 가중치 값

$f'(x_j)=$ sigmoid 함수의 일차 도함수

$x_j =$ 노드 j의 sigmoid 함수의 입력. 식 8.3에서처럼 $O_j(1-O_j)$을 계산하는 것과 같다.

계산되어진 에러 값은 출력 노드들 모두에 대하여 합해진다. 우리의 예에서는 출력 노드가 하나 뿐이므로 에러 값은 다음과 같이 된다.

$$Error(j) = (0.017)(0.1)(0.562)(1 - 0.562) = 0.00042$$

$Error(i)$의 계산은 연습문제에서 하도록 하자.

역전파의 마지막 단계는 각 개별 노드의 연결 가중치(connection weight) 값들을 수정하는 것이다. 가중치(Weight) 값 조정은 Widrow and Hoff(Widrow and Lehr, 1995)에 의하여 개발된 델타 규칙(delta rule)을 사용한다. 델타 규칙은 제곱 에러(squared errors)의 합(SSE)을 최소화시킨다. 여기서 에러는 계산된(computed) 그리고 실제(actual) 출력 값 간의 차이 값이다. 가중치 조정 공식을 보여주고 예를 가지고 이 조정 과정을 보도록 하자. 공식은 다음과 같다.

$$w_{jk}(new) = W_{jk}(current) + \Delta W_{jk} \tag{8.6}$$

여기서 Δw_{jk}는 현재 가중치 값에 더해지는 값이다.

최종적으로 Δw_{jk}는 다음과 같이 계산된다.

$$\Delta w_{jk} = (r)[Error(k)](O_j) \tag{8.7}$$

여기서

r= 1 > r > 0인 학습률(learning rate) 파라미터

$Error(k)$=노드 k에서 계산된 에러

O_j= 노드 j의 출력 값

우리의 예에서 r = 0.5로 파라미터 조정을 한 것이 여기에 있다.

- Δw_{jk} = (0.5)(0.017)(0.562) = 0.0048

  w_{jk}에 대한 변경 값 = 0.1 + 0.0048 = 0.1048
- Δw_{1j} = (0.5)(0.00042)(1.0) = 0.0002

  w_{1j}에 대한 변경 값 = 0.2 + 0.0002 = 0.2002
- Δw_{2j} = (0.5)(0.00042)(0.4) = 0.000084

  w_{2j}에 대한 변경 값 = 0.3 + 0.000084 = 0.300084
- Δw_{3j} = (0.5)(0.00042)(0.7) = 0.000147

  w_{3j}에 대한 변경 값 = −0.1 + 0.000147 = −0.099853

노드 i의 링크에 대한 가중치 값 조정은 연습으로 남겨두도록 하자. 이제 우리는 역전파가 어떻게 작동하는지를 살펴보았다. 어떻게 작동하는지를 보았으므로 일반적인 역전파의 학습 알고리즘을 서술해보도록 하자.

1. 네트워크를 초기화한다.
   a. 입력층, 은닉층, 그리고 출력층에서의 노드 개수를 정하여 신경망의 토폴로지(topology)[3]를 구성한다.
   b. 모든 노드 연결에 대한 가중치 값을 -1.0과 1.0 사이의 임의의 값으로 초기화한다.
   c. 학습 파라미터를 0과 1.0 사이의 값으로 정한다.
   d. 종료 조건을 정한다.
2. 모든 training 집합 인스턴스들에 대하여
   a. 네트워크에 training 인스턴스를 넣는다.
   b. 출력 값 에러를 본다.
   c. 이미 설명된 방법으로 네트워크 가중치 값들을 변경한다.
3. 종료 조건에 만족되지 않으면 단계 2를 반복한다.
4. test 데이터 집합으로 네트워크의 정확도를 테스트한다. 정확도가 최적(optimal)이 아니면 네트워크 토폴로지의 파라미터 값을 변경하여 다시 실험해본다.

종료 조건으로는 training 데이터의 전체 패스(pass) 횟수(epochs라고 부른다)를 사용할 수 있다. 또는 학습이 된 정도에 의하여 종료 여부를 결정할 수도 있다. 2장에서 소개된 root mean squared error를 네트워크 학습의 표준 측정으로 사용할 수도 있다. *rms*를 계산하는 공식은 다음 값에 제곱근(square root)을 씌우면 된다.

$$\frac{\sum_{n}\sum_{i}(T_{in} - O_{in})}{ni} \tag{8.8}$$

여기서

$n =$ training 집합 인스턴스들의 총 개수

$i =$ 출력 노드들의 총 개수

$T_{in} =$ n번째 인스턴스의 i번째 출력 노드에 대한 목표 출력 값(target output)

$O_{in} =$ n번째 인스턴스의 i번째 출력 노드에 대한 계산된 출력 값(computed output)

보다시피 *rms*는 모든 인스턴스의 출력 값 에러(output error)의 평균을 제곱근(square root) 씌운 것이다. 공통된 기준은 *rms*가 0.1이하가 되면 역전파 학습을 멈추는 것이다.

3) 역자의 주: 신경망의 기본 구조라고 생각하기로 하자. 즉 노드와 노드들간의 연결에 대한 전체 구조를 말한다.

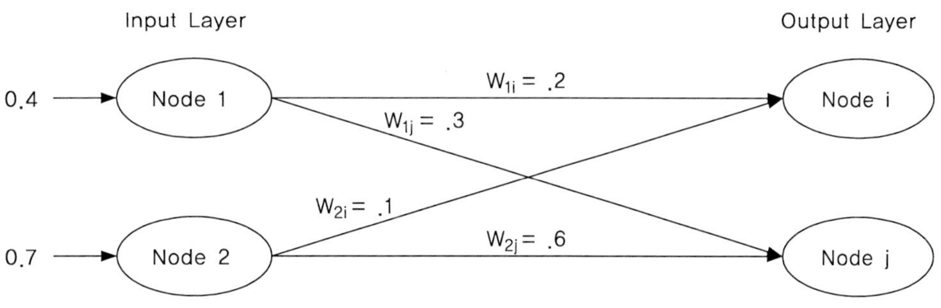

그림 8.4 두 개의 출력층 노드들에 대한 연결

이 방법의 다른 변형도 있다. 그 중 하나는 training 데이터 에러를 계속 기록은 하지만 가중치 값 수정은 전체 training 인스턴스가 신경망에 다 넣어진 다음에 한꺼번에 하는 것이다. 어느 방법을 사용하던 간에 원하는 결과를 얻기 위해서는 그 과정을 몇 번 반복해야 한다.

| Kohonen SOM(Self-Organizing Maps)의 예 |

Unsupervised 클러스터링이 어떻게 수행되는지 보기 위하여 그림 8.3의 Kohonen feature map에서의 입력층 노드(input layer nodes)와 두 개의 출력층 노드(output layer nodes)를 사용해보자. 이 상황은 그림 8.4에 보여지고 있다.

한 인스턴스가 네트워크에 들어가면 각 출력층 노드는 그 인스턴스에 대한 분류 점수(score)가 계산된다. 한 인스턴스에 대한 출력 노드 j의 분류 점수는 다음과 같다.

$$\sqrt{\sum_i (n_i - w_{ij})^2} \qquad (8.9)$$

여기서 n_i는 현재 인스턴스의 입력 노드 i에서의 어트리뷰트 값이고, w_{ij}는 i번째 입력 노드와 출력 노드 j 사이의 가중치 값이다. 즉 입력 인스턴스의 어트리뷰트 값들과 가장 유사한 가중치 벡터를 갖는 출력 노드가 승리 노드가 된다.

공식을 사용하여 그림 8.4에 있는 입력 인스턴스 [0.4,0.7]로 두 개의 출력 노드에 대한 점수를 계산하여 보자. 출력 노드 i의 점수는

$$\sqrt{(0.4-0.2)^2+(0.7-0.1)^2} = 0.632$$

마찬가지로 출력 노드 j에 대한 점수는

$$\sqrt{(0.4-0.3)^2+(0.7-0.6)^2}=0.141$$

보다시피 주어진 인스턴스의 입력 값들과 더 유사한 가중치 벡터를 가진 노드 j가 승자가 된다. 그 결과로 그 출력 노드는 그 인스턴스에 대한 승자가 된 보상으로 가중치 값이 조정된다. 다음 공식으로 가중치 벡터 값을 조정하게 된다.

$$w_{ij}(new)=w_{ij}(current)+\Delta w_{ij} \qquad (8.10)$$

여기서

$\Delta w_{ij}=r(n_i-w_{ij})$

$O<r<=1$

그 승자 출력 노드는 그 가중치 벡터를 그 새로운 인스턴스의 값들의 방향으로 조정한다. 예를 들어 r = 0.5일 때 노드 j의 가중치 벡터는 다음과 같이 조정된다.

- Δw_{1j} = (0.5)(0.4 − 0.3) = .05
- Δw_{2j} = (0.5)(0.7 − 0.6) = .05
- $\Delta w_{1j}(new)$ = 0.3 + .05 = 0.35
- $\Delta w_{2j}(new)$ = 0.6 + .05 = 0.65

승자 노드의 이웃 노드들도 같은 공식을 사용하여 가중치 값을 조정한다. 이웃은 일반적으로 사각 그리드(square grid)로 정의된다. 승자 노드는 그 그리드의 중앙이 된다. 이웃의 크기와 학습률(learning rate) r은 training이 시작될 때 정해진다. 그 두 가지 파라미터(parameters) 값은 training의 iterations이 진행되면서 선형적으로 감소한다. 학습은 정해진 iterations 횟수에 도달하거나 혹은 인스턴스 분류가 더 이상 변화가 없게 되면 멈추게 된다.

출력 노드들의 모든 연결 가중치가 정해지고 n개의 가장 밀도 높은 출력 노드 외의 것은 모두 삭제하면 클러스터링은 끝나게 된다. 그 다음에 마지막으로 원래 training 데이터 혹은 새로운 test 데이터 집합이 출력층(output layer)으로 한번 들어가게 된다. 최종적으로 training 데이터 혹은 test 데이터로 만들어진 클러스터들을 분석하여 무엇이 발견되었는지를 결정한다.

8.6 요약

신경망은 여러 개의 프로세서 노드들이 서로 연결된 병렬 컴퓨팅 시스템이다. 네트워크의 각 개별 노드의 입력은 [0,1] 범위의 수치 값에 한정된다. 이것 때문에 범주 데이터는 네트워크를 training하기 전에 미리 변환시켜 놓아야 한다.

신경망 모델 개발이라는 것은 먼저 신경망을 training시켜놓아서 원하는 계산이 수행되도록 해놓고, 그 다음에 그 훈련된 신경망을 새로운 문제 해결에 적용하는 것을 말한다. 학습 단계에서 training 데이터는 출력 노드에 가장 좋은 결과가 얻어질 수 있도록 노드들간의 연결 가중치 값을 조정하는 데 사용된다.

전방향 신경망 구조(feed-forward neural network architecture)는 일반적으로 supervised 학습에 사용된다. 전방향 신경망은 각 층마다 노드들을 가지고 있으며 인접한 층에 있는 노드들간의 가중치 연결선(weighted connection)을 가지는 형태를 하고 있다.

전방향 신경망은 대개 역전파 학습 방법으로 훈련된다. 역전파 학습은 가중치 값의 조정을 출력층에서부터 시작하여 은닉층으로 내려가면서 진행한다. 유전자 학습도 또한 전방향 신경망을 훈련시키는 데 적용할 수 있다.

Self-organizing Kohonen 신경망 구조는 인기 있는 unsupervised 클러스터링 모델이다. Self-organizing 신경망은 training 인스턴스들에 대하여 출력 노드들이 서로 경쟁하게 하는 방식으로 학습을 한다.

각 인스턴스에 대하여 그것의 어트리뷰트 값과 가장 유사한 가중치 벡터를 가진 출력 노드가 승자 노드가 된다. 그 결과로 승자 노드는 현재 training 인스턴스와 좀 더 유사해질 수 있도록 가중치 값을 조정한다. Unsupervised 학습이 끝나면 많은 인스턴스들에 대하여 승리한 출력 노드들이 남아서 저장된다. 그 다음에 test 데이터가 적용되고 그 test 데이터에 의해 만들어진 클러스터가 분석되어 학습되어진 것의 의미를 판단할 수 있게 된다.

신경망과 관련된 가장 큰 이슈는 그것이 학습된 것을 인간이 이해하기 쉬운 형태로 설명(혹은 해석)하기가 힘들다는 것이다. 그럼에도 불구하고 신경망은 경영이나 과학 분야에서 많은 문제 해결에 성공적으로 적용되어오고 있다. 비록 우리는 여기서 가장 많이 알려진 신경망에 대해서만 소개를 했지만 그 외에도 많은 다른 신경망 구조와 학습 규칙들이 개발되었다. Jain, Mao와 Mohiuddin(1996)은 우리가 신경망에 대하여 좀 더 공부할 수 있는 시작점으로 사용할 수 있을 것이다.

8.7 핵심 용어

- **대표 멤버 기법(Average member technique)** unsupervised 클러스터링 신경망의 해석(explanation) 기법이다. 각 클러스터를 대표하는 멤버는 해당 클래스의 각 어트리뷰트의 평균 값에 의해 계산된다.
- **역전파 학습(Backpropagation learning)** 대부분의 전방향 신경망(feed-forward network)에서 사용되는 training 방법으로 출력층에서 시작하여 거꾸로 은닉층을 통과하면서 가중치(weight) 값을 수정하는 방식으로 작동한다.
- **델타규칙(Delta rule)** 계산된(computed) 출력 값과 target 출력 값 사이의 제곱 에러(squared errors)의 합을 최소화하도록 설계된 신경망 학습 규칙
- **Epoch** 신경망을 통하여 training 데이터 전체가 한번 통과하는 것
- **전방향 신경망(Feed-forward neural network)** 다층(multi-layered) 신경망에서 하나의 층에 있는 모든 가중치 값들이 다음 층의 노드들로 연결되어 있는 신경망 구조. 가중치 값들은 이전 층의 입력으로 거꾸로 되돌아 연결되지 않는다.
- **완전 연결(Fully connected)** 한 층(layer)의 모든 노드들이 다음 층의 모든 노드들과 연결되어있는 신경망 구조
- **Kohonen 네트워크** unsupervised 클러스터링을 위해 사용되는 두 개의 층을 가진 신경망
- **신경망(Neural network)** 여러 개의 상호 연결된 프로세서들로 구성된 병렬 컴퓨팅 시스템
- **Neurode** 신경망의 프로세서 노드. 여러 개의 neurode들은 전체 신경망 구조를 형성하기 위하여 연결되어 있다.
- **Sensitivity 분석** 신경망의 해석(explanation) 기법으로 개별 어트리뷰트들의 상대적인 중요도에 대하여 랭킹을 매길 수 있게 해준다.
- **Sigmoid 함수** 일반적으로 사용되는 신경망의 평가 함수(evaluation function)들 중 하나이다. Sigmoid 함수는 연속적(continuous)이며 0과 1 사이의 출력 값을 가진다.

8.8 연습 문제

| 복습 문제 |

❶ 세개의 입력(input) 값, 5개의 노드를 가진 하나의 은닉층(hidden layer), 그리고 4개의 노드를 가진 출력층(output layer)으로 구성된 완전 연결 전방향 신경망(fully connected feed-forward network)의 노드와 링크를 그려보라.

❷ 8.1절에서 범주 데이터 변환(categorical data conversion)의 두 가지 방법을 소개하였다. 범주형 어트리뷰트 income range가 10-20K, 20-30K, 30-40K, 40-50K ... 90-100K의 값을 갖는다고 할때, 각각의 방법을 사용하여 범주형 어트리뷰트 income range를 동등한 수치 값(numeric equivalent)으로 변환하는 방법을 설명하여 보라. 어느 방법이 더 적절한가?

❸ 대표 멤버 기법(average member technique)은 때로는 unsupervised 신경망 클러스터링의 결과를 설명하는 데 사용된다.

a. 이 방법의 장단점을 나열하라.

b. 이 기법과 K-Means 알고리즘과의 유사점은 무엇인가?

| 계산문제 |

❶ 관심 있는 주식의 미래 가격을 예측하기 위하여 신경망을 학습(train)시켰다. 한 해의 주식 가격의 범위는 최소 $20이고 최고 $50이다.

a. 식 (8.1)을 사용하여 현재 가격 $40를 0과 1 사이의 값으로 변환시켜라.

b. 미래 특정 기간에 대한 주식 가격을 예측하기 위하여 신경망 모델을 적용한다고 가정해보자. 신경망의 출력 값이 0.3이다. 이 값을 우리가 이해할 수 있는 예측 가격으로 변환하여라.

❷ 표 8.1에 나타난 연결 가중치(connection weight)를 가진 그림 8.1의 전방향 신경망(feed-forward network)을 생각해보자. 입력 인스턴스 [0.5,0.2,1.0]를 전방향 신경망에 적용하고 아래의 작업을 수행하여라.

a. 노드 i와 노드 j의 입력 값을 계산하여라.

b. sigmoid 함수를 사용하여 노드 i와 노드 j의 초기 출력 값을 계산하여라.

c. b에서 계산된 출력 값을 사용하여 노드 k의 입력 값과 출력 값을 계산하여라.

Chapter 9
iDA로 신경망 구성하기

이 장에서 학습할 내용

- iDA의 역전파(backpropagation) 신경망을 사용한 supervised 신경망 학습
- iDA의 self-organizing 신경망을 사용한 unsupervised 클러스터링
- 클러스터들의 의미 해석을 위한 ESX supervised 학습 모델의 사용

이 장에서는 iDA에서 제공하는 신경망(neural network) 툴에 대한 사용 방법을 보여줄 것이다. iDA 신경망 소프트웨어는 역전파 학습을 적용한 supervised 분류(classification) 모델과 SOM(Self-Organizing Map) 구조를 적용한 unsupervised 클러스터링 모델을 제공한다. 9.1절에서 역전파 학습을 적용한 iDA의 전방향 신경망(feed-forward neural network)을 살펴볼 것이고 9.2절에서 iDA의 SOM 구조를 이용한 unsupervised 클러스터링을 살펴볼 것이다. 9.3절에서는 unsupervised 신경망 데이터 마이닝 작업에서 형성된 클러스터들의 의미를 해석(explain)하기 위하여 ESX가 어떻게 사용되는지 보여줄 것이다.

iDA의 신경망 소프트웨어를 실행시키기 위해서는 컴퓨터에 자바 인터프리터가 설치되어 있어야 한다. 책과 함께 제공되는 CD에는 자바를 설치하기 위한 실행파일이 포함되어 있다. 다른 방법으로는 www.javasoft.com을 방문하면 무료로 제공되는 자바 인터프리터를 얻을 수 있다.

9.1 역전파(backpropagation) 학습을 위한 4단계(four-step) 접근 방법

이 절에서는 4단계의 간단한 절차를 사용하는 두 가지 예제를 통하여 iDA로 supervised 학습을 수행하는 것을 공부할 것이다. 네 가지 절차의 각 단계는 다음과 같다.

1. 마이닝할 데이터의 준비
2. 신경망 구조의 결정
3. 신경망의 training 과정 보기
4. 요약 결과(summary result)의 해석

| 예제 1: Exclusive-OR 함수 모델링 |

대부분의 사람들은 기초 논리 연산자와 친숙하다. 일반적인 연산자에는 논리합(and), 논리곱(or), 함축(implication), 부정(negation), 배타적 논리합(exclusive 또는 XOR)이 있다. XOR 함수의 정의는 표 9.1에서 보여준다. XOR 함수는 두 가지 클래스를 결정하는 문제로 생각할 수 있다. 첫 번째 클래스는 두 개의 인스턴스에 대하여 XOR 함수의 출력 값이 1로 표시되고 두 번째 클래스는 함수의 출력 값이 0으로 표시된다.

그림 9.1은 출력 값을 시각적으로 보여준다. x 축은 입력1에 대한 값을 나타내고 y 축은 입력2에 대한 값을 나타낸다. XOR 함수의 출력 값이 1인 클래스의 인스턴스들은 'A'로 표시된다. 마찬가지로 XOR 함수의 출력 값이 0인 클래스의 인스턴스들은 'B'로 표시된다. XOR 함수는 여타 논리 연산자와 다르게 선형적 분리(linearly separable) 함수가 아니기 때문에 특별한 관심을 받고 있다. 클래스 B에 있는 인스턴스들로부터 클래스 A의 인스턴스들을 분리하기 위하여 직선을 그릴 수 없다는 것을 그림 9.1에서 볼 수 있다.

퍼셉트론 신경망(perceptron network)으로 알려진 최초의 신경망은 하나의 입력층(input layer)과 하나의 출력층(output layer)으로 구성되어 있다. 이러한 초기의 신경망에서

표 9.1 배타적 논리합(exclusive-OR) 함수

Input 1	Input 2	XOP
1	1	0
0	1	1
1	0	1
0	0	0

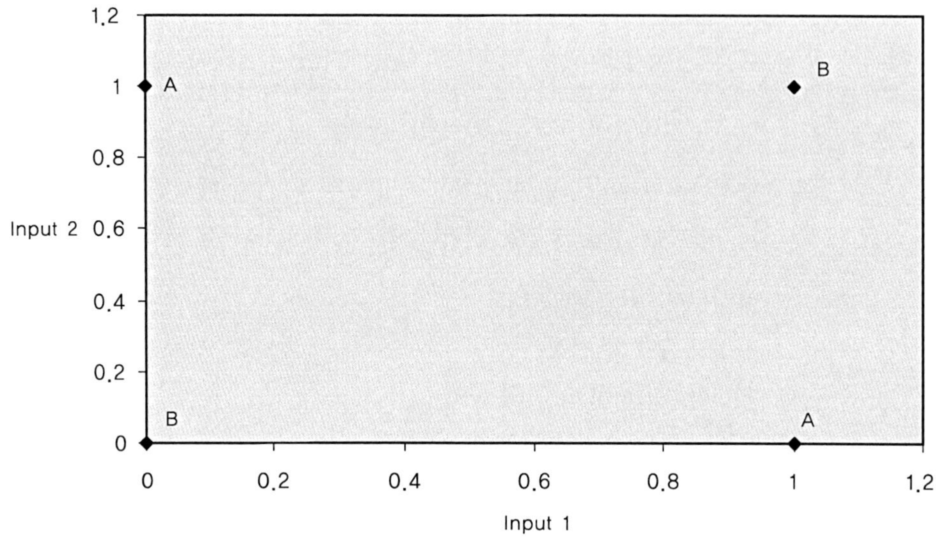

그림 9.1 XOR 함수의 그래프

XOR 함수는 문제를 일으킨다. 퍼셉트론 신경망(Perceptron network)은 선형적으로 분리 가능한 해법을 가진 문제를 표현할 때만 수렴(converge)할 수 있기 때문이다. 비선형 문제를 모델링할 수 있는 역전파 신경망 구조의 발견은 신경망 기술에 새로운 관심을 불러 일으키는데 큰 공헌을 했다.

XOR 함수에 4단계 (four-step) 접근방법 적용하기

XOR 함수를 모델링하는 역전파 신경망을 만들기 위하여 앞에서 소개한 4단계 절차를 사용해보자. 다행히 iDA의 역전파 신경망 툴을 이용할 때에 우리가 이미 친숙한 엑셀 인터페이스를 사용할 수 있다.

단계 1 마이닝할 데이터의 준비

XOR 함수에 대한 training 데이터를 만들기 위해 그림 9.2와 동일한 새로운 엑셀 스프레드시트를 만들어라. 첫 번째 행은 어트리뷰트의 이름을 나타내고 두 번째 행은 어트리뷰트의 데이터 타입을 나타낸다. 모든 신경망의 입력 값과 출력 값은 실수임을 기억하라. 세 번째 행은 어트리뷰트의 용도(usage)를 나타낸다. 어트리뷰트 input 1과 input 2는 입력 어트리뷰트를 표시하고 XOR은 출력 어트리뷰트를 나타낸다.

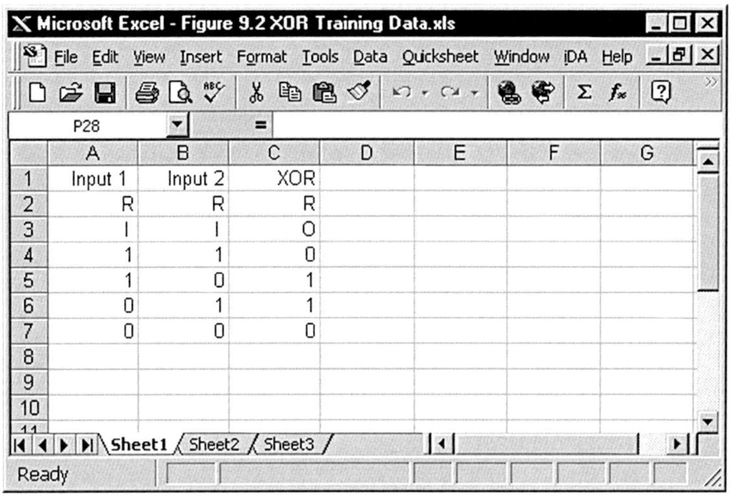

그림 9.2 XOR training 데이터

단계 2 신경망 구조의 결정

신경망의 구조를 결정하기 위하여 우리는 몇가지 선택을 해야 한다. Parameter Setting for Backpropagation Learning이라고 쓰여진 설명박스(description box)는 각 선택 항목에 대한 간단한 설명을 제공한다. 아래 단계에 의해 XOR 함수에 대한 신경망의 구조가 결정된다.

1. iDA dropdown 메뉴를 클릭하라. 그림 9.3의 대화 박스(dialog box)가 나타날 것이다.
2. Create a New Backpropagation Neural Network 옵션을 선택하고 OK를 클릭하라. 그림 9.4와 유사한 Backpropagation options 박스가 나타날 것이다.
3. 그림 9.4와 동일하게 맞추기 위해 옵션 박스의 파라미터들을 수정하라. 즉, Epochs 옵션 박스의 값을 10000으로 변경하고 Convergence의 값을 0.001로 지정하라.
4. OK를 클릭하여 신경망의 training을 초기화하라.

단계 3 신경망의 training 과정 보기

그림 9.5는 신경망의 실행 창(execution window)을 보여준다. 훈련이 진행되면서 실행 창에는 총 epoche 횟수와 각 epoch 현재의 root mean square error가 보여진다. *rms* 는

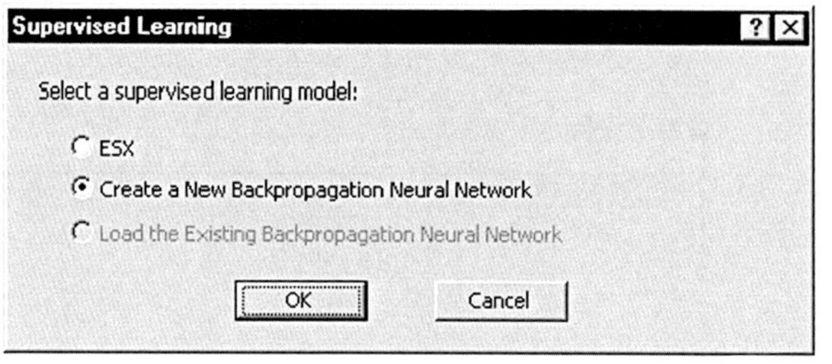

그림 9.3 supervised 학습을 위한 대화 박스(dialog box)

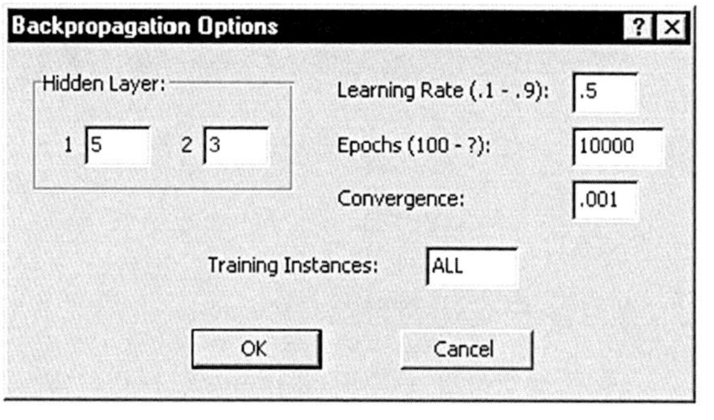

그림 9.4 역전파 학습을 위한 training 옵션

일반적으로 훈련이 진행됨에 따라 감소한다. 초기 가중치 값, 선택된 어트리뷰트들의 적절성, 출력 어트리뷰트의 포맷, training 인스턴스들의 선택, epoche 수, 학습률(learning rate)을 포함한 몇몇 요소들이 최종 *rms* 의 값을 결정한다.

1. 만약 실행창이 자동으로 닫히지 않으면 실행창의 오른쪽 위의 'X'를 클릭하라.
2. 훈련이 모두 끝나면 OK의 클릭을 요청하는 박스가 나타날 것이다. OK를 클릭하면 신경망의 훈련 결과를 볼 수 있다.

신경망의 훈련 결과는 Sheet1 RES NN으로 이름 붙여진 엑셀 시트에 나타난다. 그림 9.6은 XOR 문제에 대하여 역전파 신경망을 수행하여 얻어진 결과를 보여준다.

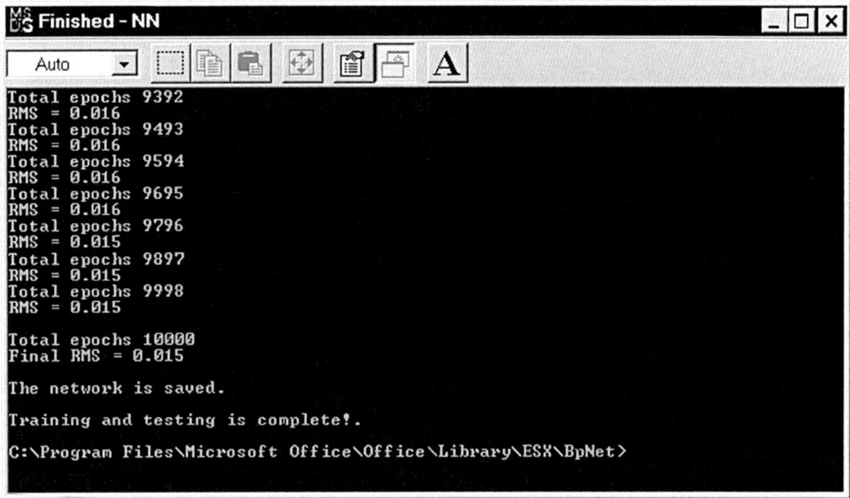

그림 9.5 신경망의 실행창(execution window)

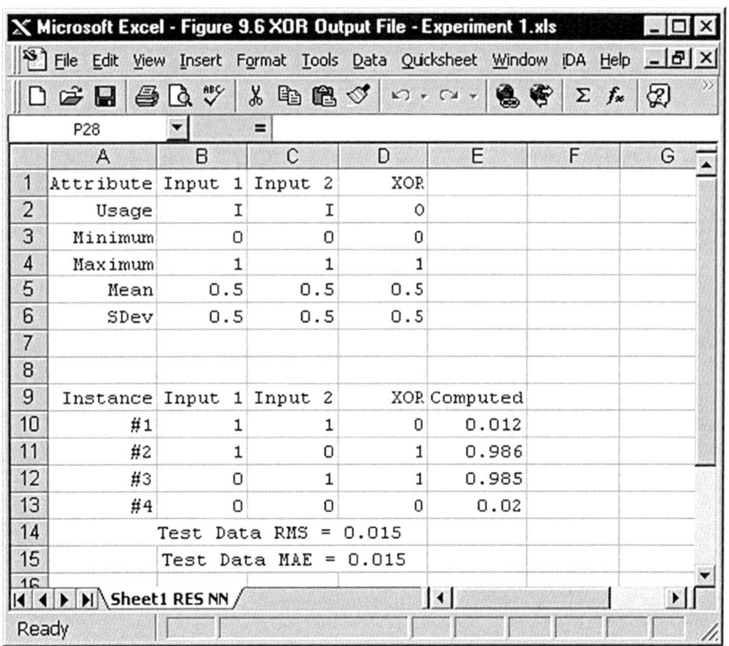

그림 9.6 실험1에 대한 XOR 결과 파일

단계 4 요약 결과(summary results)의 해석

각자가 수행한 결과의 처음 여섯개 행은 그림 9.6에 나타난 스프레드시트의 여섯개 행과 동일할 것이다. 첫 번째 행은 신경망을 만들기 위해 사용된 어트리뷰트의 이름을 나타낸다. 두 번째 행은 각 어트리뷰트의 용도(usage)를 보여준다. 세 번째와 네 번째 행은 각 어트리뷰트들의 최소 값과 최대 값을 제공한다. 다섯 번째와 여섯 번째 행은 training 데이터에 대한 어트리뷰트들의 평균과 표준 편차를 나타낸다.

아홉 번째 행은 다시 어트리뷰트의 이름이 반복되는데 마지막 열은 Computed라고 이름 붙여진다. 이 열의 각 행은 대응하는 인스턴스에 대하여 신경망이 계산한 출력 값을 보여준다. 열 번째 행부터는 test 집합의 각 인스턴스들에 대한 어트리뷰트값과 함께 신경망을 통해서 계산되어진 출력 값이 구체적으로 나타난다. 열 번째 행은 인스턴스 #1의 정확한 출력 값은 0이고 신경망이 계산한 값은 0.012임을 보여준다. 결과 시트의 마지막 두 줄은 test 데이터에 대한 *rms*와 *mae*를 나타낸다. 모든 인스턴스들이 훈련을 위해 사용된 후 해당 training 데이터는 신경망을 테스트하기 위해 다시 사용된다.

그림 9.6에서 보여진 계산된 출력 값은 개개인이 동일한 실험을 수행할 때 나타나는 출력값과 비슷할 것이다. 계산된 출력 값의 차이는 신경망을 초기화할 때 부여되는 연결 가

역전파 학습의 파라미터

Hidden layers (은닉층) iDA 신경망은 하나 또는 두개의 은닉층(hidden layer)을 가질 수 있다. 각 은닉층에 포함될 은닉층 노드의 개수를 지정한다.

Learning rate (학습률) 학습률(learning rate)은 0.1에서 0.9 사이의 값을 가질 수 있다. 일반적으로 학습률을 낮게 지정하면 더 많은 훈련 반복(training iteration)이 필요하다. 학습률을 높게 지정하면 신경망이 보다 빠르게 수렴하지만 최적화되지 않은 해법을 도출할 가능성이 높아진다.

Epochs Epoches는 전체 training 데이터가 신경망을 통과하는 총 횟수이다.

Convergence(수렴) 수렴은 훈련을 종료하기 위한 최대 root mean square error를 결정하는 것이다. 수렴 파라미터의 합리적인 값은 0.10이다. Epoche 횟수에 따라 훈련이 종료되길 원한다면 수렴 파라미터의 값을 임의로 낮게 정해줘야 한다.

Training instances 데이터 파일이 n개의 인스턴스를 포함하고 있고 그 중 m개의 인스턴스를 training 데이터로 지정하면 최초 m개의 인스턴스들은 신경망을 훈련하는 데 사용되고 나머지 인스턴스들 (n−m)개는 신경망을 테스트하기 위해 사용된다. 만약 n개의 인스턴스가 training 데이터로 지정된다면 training 데이터가 신경망을 테스트하기 위해 다시 사용될 것이다.

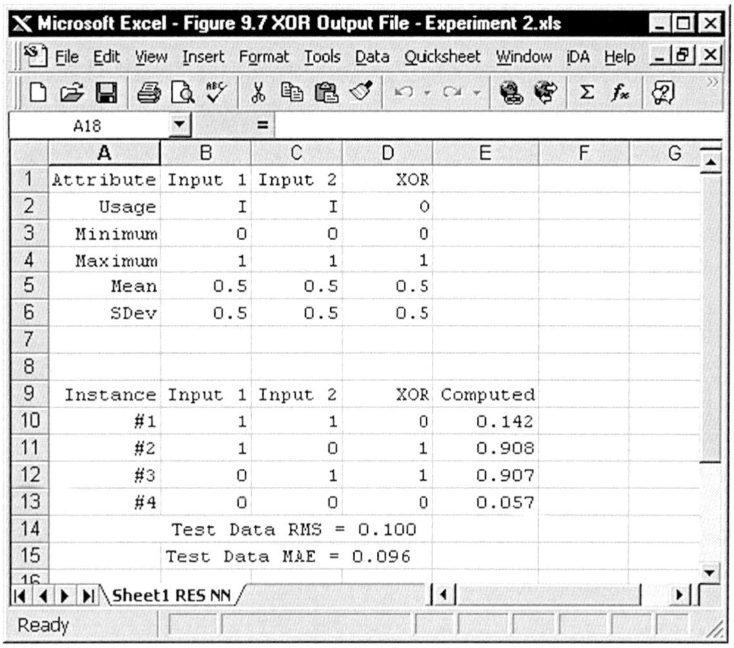

Microsoft Excel - Figure 9.7 XOR Output File - Experiment 2.xls

	A	B	C	D	E
1	Attribute	Input 1	Input 2	XOR	
2	Usage	I	I	O	
3	Minimum	0	0	0	
4	Maximum	1	1	1	
5	Mean	0.5	0.5	0.5	
6	SDev	0.5	0.5	0.5	
7					
8					
9	Instance	Input 1	Input 2	XOR	Computed
10	#1	1	1	0	0.142
11	#2	1	0	1	0.908
12	#3	0	1	1	0.907
13	#4	0	0	0	0.057
14		Test Data RMS = 0.100			
15		Test Data MAE = 0.096			

그림 9.7 실험 2에 대한 XOR 결과 파일

중치(connection weight)가 무작위로 결정되기 때문에 발생한다. 따라서 동일한 신경망 구조라고 할지라도 두 개의 서로 다른 신경망의 training 작업은 거의 항상 출력 값에서 약간의 차이를 보일 것이다. 출력 값에 있어서 좀 더 큰 변화를 관찰하기 위해 신경망 구조를 수정하고 실험을 반복해보자. 이번에는 은닉층1에 두 개의 노드를 가지게 하고 은닉층2에는 노드를 하나도 가지지 않게 하여 신경망 구조를 설계한 후 두 번째 실험을 수행하라. 나머지 파라미터들은 수정하지 말아라.

이 실험에 대한 결과는 그림 9.7에서 보여준다. 첫 번째 인스턴스의 계산된 출력 값이 0.142임을 주목하라. 이것은 상대적으로 큰 에러를 나타내고 있는데 이것은 은닉층1에 다섯 개의 노드대신 두 개의 노드를 사용한 것 때문에 나타난다. Epoche의 수를 10,000에서 100,000으로 올렸을 때 결과가 더욱 개선되는지 보기 위하여 하나의 실험을 더 시도해보자. 다시 은닉층1은 두 개의 노드를 갖게 하고 은닉층2는 하나의 노드도 갖지 않도록 신경망을 설계하라. training epoche는 10,000에서 100,000으로 변경하라. 나머지 파라미터들은 수정하지 말아라.

이 실험의 *rms*는 0.027로 더욱 개선된 결과를 보였다. 각자가 수행한 결과도 개선된 *rms*를 보이는가? 그렇지 않다면 더 좋은 결과를 보일 때까지 여러 번 실험을 반복해보아라.

	A	B	C	D	E	F	G	H	I	J	K
1	blue	green	red	nred	ir1	ir2	class	output1	output2	output3	output4
2	R	R	R	R	R	R	C	R	R	R	R
3	I	I	I	I	I	I	U	O	O	O	O
4	104	43	49	65	80	43	urban	1	1	1	1
5	82	34	30	35	78	23	agriculture1	1	1	1	0
6	84	34	32	19	76	24	agriculture2	1	1	0	0
7	83	37	35	45	6	33	turf_grass	1	0	0	0
8	98	41	63	81	55	77	s_decidious	0	0	0	0
9	93	35	54	69	29	60	n_decidious	0	0	0	1
10	78	29	28	67	64	25	coniferous	0	0	1	1
11	75	24	21	12	9	4	shallow_water	0	1	1	1
12	78	26	24	15	11	6	deep_water	0	0	1	1
13	88	34	42	46	73	40	marsh	1	0	1	1
14	82	30	33	42	71	33	shrub_swamp	0	1	0	1
15	82	31	36	49	68	30	wooded_swamp	1	0	1	0
16	108	51	78	69	15	77	dark_barren	0	0	1	0
17	125	58	81	82	74	95	br_barren1	1	1	0	1
18	148	66	88	74	23	78	br_barren2	1	0	0	1

그림 9.8 satellite image 데이터

| 예제 2: satellite image 데이터 집합 |

다음 예제는 5장에서 처음으로 설명되었던 지구표면 일부분의 디지털 위성 이미지의 픽셀 데이터 집합을 사용한다. 이 데이터 집합은 iDA 예제 디렉터리에 Sonar.xls라는 이름으로 들어 있다는 것을 기억하라. 이 데이터 집합의 흥미로운 면은 15개의 출력 클래스가 있다는 것이다. 15개의 클래스를 모델링하기 위하여 출력층(output layer)의 노드 개수를 4개로 구성한다.

그림 9.8은 15개 클래스 각각을 대표하는 인스턴스들을 보여주고 있다. 각 클래스에 대한 일련의 출력 값들은 임의로 선택되었다. 또한 각 인스턴스가 서로 다른 클래스로부터 선택되었기 때문에 같은 출력 값을 갖는 인스턴스들은 없다. Sonar 데이터 집합으로 실험을 하기 위해 이전에 정의한 4단계 절차를 사용하자.

인공위성 이미지(satellite image) 데이터 집합에 4단계(four-step) 접근 방법 적용하기 |

단계 1 마이닝할 데이터의 준비

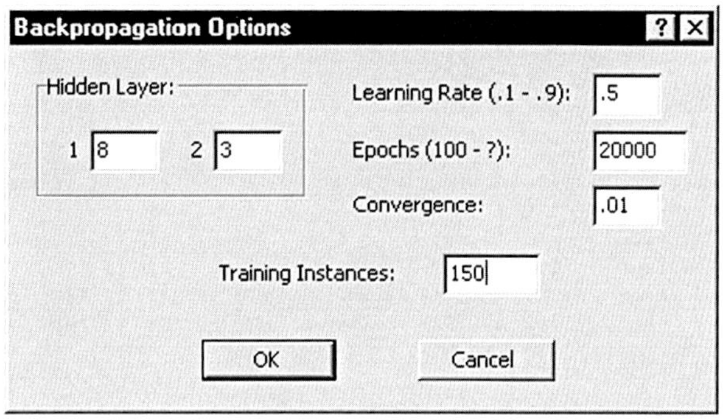

그림 9.9 satellite image 데이터에 대한 역전파 학습 파라미터

실험을 시작하기 위하여 Sonar.xls 파일을 열고 시트1 데이터를 새로운 스프레드시트로 복사하라. 어트리뷰트의 타입과 용도(usage)가 그림 9.8에 나타난 값과 동일한지 확인하라. 클래스의 구조를 정의하기 위하여 네개의 출력 어트리뷰트가 사용되었기 때문에 클래스 어트리뷰트는 미사용(unused)으로 표시되어야만 한다.

단계 2 신경망 구조의 결정

그림 9.9는 실험에 사용되는 신경망 구조를 정의하기 위한 파라미터 값들을 보여준다. 데이터 집합은 300개의 인스턴스로 구성되어 있는데 대략 20개의 인스턴스들이 각 클래스를 나타낸다. 데이터는 각 클래스별로 10개의 인스턴스를 가지는 최초의 150개 인스턴스로 나뉘어진다. 실험시 150개 인스턴스는 훈련에 사용되고 나머지 150개 인스턴스는 테스트에 사용된다. 은닉층 1은 8개의 노드를 가지고 은닉층 2는 3개의 노드를 가지는 두 개의 은닉층 구조를 사용함을 주목하라. 실험을 수행하기 위해 그림 9.9에서 보여진 것처럼 파라미터 값을 채우고 신경망의 훈련을 위해 OK를 클릭하라.

단계 3 신경망의 training 과정보기

신경망의 훈련은 몇 분이 걸리기 때문에 *rms*(root mean square) error 값이 변화하는 것을 볼 기회가 있다. 행운이 따르지 않는다면 0.1 또는 그 이하의 *rms* 값을 볼 수는 없을 수도 있다. 여기에는 몇가지 이유가 있는데 주요 원인은 training 데이터에 각 클래스 별로 대략 10개의 인스턴스를 가지는 15개의 클래스가 있다는 사실 때문이다. 클래스의 수는 매우 많은데 인스턴스의 수가 아주 적은 상황에서 신경망이 적당한 값에 수렴하기를 기대하며 많은 것들을 요청하게 된다.

Microsoft Excel - Figure 9.10 Statistics for the Satellite Image Data.xls

	A	B	C	D	E	F	G	H	I	J	K
1	Attribute	blue	green	red	nred	ir1	ir2	output1	output2	output3	output4
2	Usage	I	I	I	I	I	I	O	O	O	O
3	Minimum	68	21	1	10	4	0	0	0	0	0
4	Maximum	160	68	97	93	87	99	1	1	1	1
5	Mean	94.16	38.716	46.543	51.833	49.323	39.466	0.536	0.4	0.53	0.596
6	SDev	20.411	12.392	22.668	23.565	27.301	26.102	0.498	0.489	0.499	0.49

그림 9.10 satellite image 데이터에 대한 통계 데이터

이 실험에서는 training 데이터에 대한 마지막 *rms*가 0.270이었고 test 데이터에 대해서는 0.294이었다. 마지막 *rms*가 0.30이나 그 이상의 값이 나왔더라도 실망하지 말아라. 가장 좋은 결과를 얻기 위해 파라미터 값을 바꾸면서 연습(exercise)을 하는 것처럼 여러 번 실험을 수행할 수 있다.

단계 4 요약 결과(summary results)의 해석

그림 9.10은 각 어트리뷰트에 대한 최소 값과 최대 값 뿐 아니라 평균과 표준 편차도 제공한다. 각자의 실험에서 나타난 평균과 표준 편차는 그림 9.10에서 보여진 값들과 일치해야만 한다.

그림 9.11은 test 집합 중 최초 24개 인스턴스들에 대한 분류 결과를 보여준다. 그림 9.11에는 class 어트리뷰트에 대한 열(열 B)이 있는데 class 어트리뷰트는 미사용(unused)으로 선언이 되었기 때문에 신경망에서 형성된 결과에는 포함되지 않는다. 그러나 test집합의 분류 정확도를 측정하는 데 도움을 주고자 원래 스프레드시트로부터 class 어트리뷰트를 복사해서 나타내었다.

특정 test 인스턴스가 정확하게 분류되었는지 확인하기 위하여 네개의 출력 값을 관찰하고 신경망에 의해 계산되어진 출력 값과 실제 출력 값을 비교한다. 그림 9.11에서 output1 은 열 G의 계산된 출력 값에 대응되고 output2는 열 H의 계산된 출력값에 대응된다. 동일하게 output3은 열 I의 계산된 출력 값에 대응되고 output4는 열 J의 계산된 출력 값에 대응된다.

test 인스턴스 #1은 각각의 대응되는 계산된 출력 값이 실제 출력 값에 근사하게 접근하므로 정확하게 분류되었음을 나타낸다. 이것은 또한 test 인스턴스 #2에서도 마찬가지다. 그러나 test 인스턴스 #3은 output2가 1이고 계산된 출력 값은 0이므로 잘못 분류된 것이

Microsoft Excel - Figure 9.11 Satellite Image Data - Actual and Computed Output.xls

	A	B	C	D	E	F	G	H	I	J
1	Instance	Class	output1	output2	output3	output4	Computed	Computed	Computed	Computed
2	#1	br_barren2	1	0	0	1	0.981	0.016	0	0.992
3	#2	br_barren1	1	1	0	1	0.999	0.98	0	0.999
4	#3	br_barren1	1	1	0	1	0.999	0	0	0
5	#4	br_barren1	1	1	0	1	0.997	0.833	0	0.999
6	#5	br_barren1	1	1	0	1	0.998	0.985	0	0.999
7	#6	br_barren1	1	1	0	1	0.999	0.999	0	0.161
8	#7	br_barren1	1	1	0	1	0.999	0	0	0
9	#8	br_barren1	1	1	0	1	0.999	0.992	0	0.999
10	#9	br_barren1	1	1	0	1	0.999	0.999	0	0.993
11	#10	br_barren1	1	1	0	1	0.999	0.998	0	0.983
12	#11	br_barren1	1	1	0	1	0.999	0.999	0	0.994
13	#12	urban	1	1	1	1	0.999	0.988	0.999	0
14	#13	urban	1	1	1	1	0.999	0.996	0.995	0
15	#14	urban	1	1	1	1	0.999	0.998	0.985	0
16	#15	urban	1	1	1	1	0.999	0.997	0.993	0
17	#16	urban	1	1	1	1	0.999	0.997	0.995	0
18	#17	urban	1	1	1	1	0.999	0.997	0.995	0
19	#18	urban	1	1	1	1	0.999	0.997	0.995	0
20	#19	urban	1	1	1	1	0.999	0.997	0.994	0
21	#20	urban	1	1	1	1	0.999	0.997	0.992	0
22	#21	urban	1	1	1	1	0.999	0.997	0.995	0
23	#22	agriculture1	1	1	1	0	0.999	0.996	0.996	0
24	#23	agriculture1	1	1	1	0	0.999	0.996	0.995	0
25	#24	agriculture1	1	1	1	0	0.999	0.997	0.995	0

그림 9.11 satellite image 데이터: 실제 출력 값과 계산된 출력 값

다. 또한 output4는 1이고 계산된 출력값은 0(열 J)을 나타낸다.

계속 관찰해 보면 인스턴스 #7을 제외하고 인스턴스 #11까지 정확하게 분류되었다. 그러나 인스턴스 #12로부터 시작해서 인스턴스 #21까지는(urban 클래스) 실제 값과 계산된 출력 값 사이에 커다란 불일치가 나타난다. Urban 클래스의 인스턴스들은 최적의 *rms*를 악화시키는 데 부분적으로 기여하고 있다. 이러한 결과를 개선시키기 위해 epoche 파라미터 값을 증가시키고 새로운 신경망 구조로 실험을 반복하는 것을 고려해야 할 것이다.

마지막으로, 훈련된 신경망을 출력 값이 알려지지 않은 인스턴스들을 분류하기 위해 사용할 수 있다. 출력 값이 알려지지 않은 인스턴스들의 분류를 결정하기 위하여 간단하게 해당 인스턴스들을 test 데이터의 일부분으로 포함시켜라. 그리고 실제 출력 값을 포함하는 셀을 공백으로 남겨놓아라. 이런 방법으로 클래스가 알려지지 않은 인스턴스에 대한 출

력값을 계산하기 위하여 신경망을 사용할 수 있다.

| 일반적 고찰 |

신경망을 만드는 것은 예술이자 과학이다. 이러한 이유 때문에 신경망을 만들기 위하여 가장 좋은 파라미터들을 선택하는 과정은 일반적으로 창조와 합리적인 추론을 모두 포함한다. 아주 많은 실험적인 시행착오가 필요하기 때문에 초보자들은 종종 유용한 신경망 모델을 구성해나가는 과정이 어느 정도 지루하다는 것을 알게 된다. 그러나 대부분의 경우에 시간과 끈기 있는 노력은 만족스러운 문제 해결로 보상된다.

역전파 학습의 특별한 관심사 가운데 하나는 신경망이 과훈련(overtraining) 될 가능성이다. 과훈련이 발생하면 신경망 모델은 training 데이터의 출력 값은 훌륭하게 추측하나 test 인스턴스의 출력 값을 추측할 때는 나쁜 성능을 보인다. 이러한 시나리오는 training 인스턴스들에 대해서는 만족스러운 *rms*를 얻을 수 있으나 test 데이터에 대해서는 그렇지 못할 때 가장 많이 관찰된다. 이러한 문제의 극복을 돕는 한 방법은 해당 신경망을 적은 epoche로 다시 훈련하는 것이다. 두 번째 고려사항은 training 데이터가 전체 인스턴스의 모집단(population)을 대표해야만 하는 것이다. 마지막으로 신경망 구조를 결정하는 파라미터들을 가지고 계속해서 실험하는 것이 만족스러운 결과를 가져온다.

9.2 신경망 클러스터링을 위한 4단계(four-step) 접근 방법

이 절에서는 iDA의 신경망 소프트웨어로 unsupervised 클러스터링이 어떻게 수행되는지 보여줄 것이다. 다행히 unsupervised 학습 모델을 만들기 위하여 역전파 학습에서 사용했던 4단계를 동일하게 적용할 수 있다.

| 예제: 사슴 사냥꾼 데이터 집합 |

iDA로 unsupervised 네트워크 클러스터링의 처리과정을 묘사하기 위하여 4장에서 처음으로 설명되었던 사슴 사냥꾼 데이터 집합을 사용한다. 사슴 사냥꾼 데이터 집합은 개별 사냥꾼들이 그들의 사냥 여행을 위하여 더 많은 총 비용을 지불할지 아닐지를 나타내는 yes라고 이름 붙여진 하나의 출력 어트리뷰트를 포함하고 있음을 상기하라. 그 추가 비용은 변수이고 a라고 라벨이 붙여진 어트리뷰트 열에 나타난다.

어트리뷰트 yes를 보기 전용으로 지정하고 unsupervised 클러스터링을 수행할 것이다. yes = 1인 인스턴스들은 하나의 잘 정의된 클러스터를 형성하고 yes = 2인 인스턴스들은 두 번째 클러스터를 형성할 것이라고 가설을 세운다. 만약에 이것이 사실이라면 입력 어트리뷰트들은 출력 어트리뷰트의 값을 구분할 수 있다는 결론을 내릴 수 있다. 만약 형성된 클러스터들이 이러한 방식으로 인스턴스들을 나누지 않는다면 입력 어트리뷰트들은 출력 어트리뷰트 값을 예측하는 데 유용하지 않다고 결론지을 수 있다. 어떤 일이 발생할지 4단계의 처리 과정을 사용해보자.

사슴 사냥꾼 데이터 집합에 4단계 (four-step) 접근방법 적용하기

단계 1 마이닝할 데이터의 준비

사슴 사냥꾼 데이터 집합의 몇몇 어트리뷰트들은 범주 데이터(categorical data)이다. 그러나 모든 범주형(categorical) 어트리뷰트들의 실제 값은 숫자 타입이다. 따라서 실수 타입으로 사용하기 원하는 범주형 어트리뷰트는 그 타입을 간단하게 바꿀 수 있다.

1. 엑셀을 실행하고 DeerHunter.xls라고 이름붙여진 예제 디렉터리 파일을 load하라.
2. 사슴 사냥꾼 데이터를 잘라내어 새로운 스프레드시트에 복사하라.
3. 범주 데이터로 지정된 어트리뷰트들의 타입을 실수로 바꿔라.
4. 어트리뷰트 wtdeer의 용도를 unused(U)로 지정하고 어트리뷰트 yes의 용도를 보기 전용(D)으로 지정하라. 다른 모든 어트리뷰트들은 입력값으로 지정하라.
5. iDA dropdown 메뉴를 클릭하고 Begin mining session을 선택하라.
6. Kohonen neural network 옵션을 선택하고 OK를 클릭하면 신경망의 구조를 지정하기 위한 옵션 박스가 나타난다.

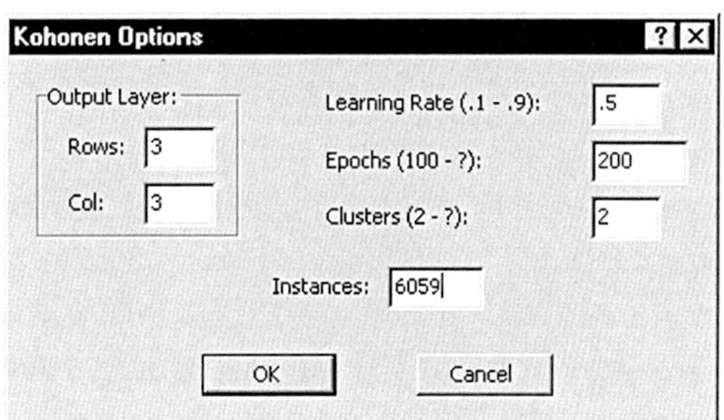

그림 9.12 Unsupervised 클러스터링에 대한 학습 파라미터

단계 2 신경망 구조의 결정

그림 9.12는 실험에 사용할 신경망 구조를 구성하기 위한 옵션들을 나타낸다. 옵션 박스는 몇가지 선택사항을 제공하는데 이것은 Parameter Settings for Unsupervised Network Clustering이라고 이름 붙여진 설명박스(description box)에 간단하게 설명되어 있다. 그림 9.12는 실험에서 출력층의 그리드 구조로 3×3을 선택했음을 보여준다. 따라서 신경망 훈련시 총 아홉개의 초기 클러스터들이 형성된다. 또한 두 개의 출력 클러스터를 지정했기 때문에 일단 훈련이 완료되면 두 개의 가장 인기 있는 출력층 노드를 제외한 나머지 노드들은 삭제될 것이다.

그림 9.12는 또한 신경망 훈련에 전체 데이터 집합을 사용하겠다고 선택했음을 보여준다. 이 경우 최종적으로 신경망을 클러스터링할 때 모든 데이터 인스턴스들이 사용될 것이다. 그러나 training 데이터로 총 인스턴스 모집단의 일부분을 선택한다면 나머지 인스턴스들(test 데이터)만 최종 클러스터들을 형성할 것이다. 우리의 실험에서는 training 데이

Unsupervised 신경망 클러스터링의 파라미터

Output rows and columns(출력 행과 열) 행과 열 파라미터는 출력층의 그리드 구조를 결정한다. 강제 사항은 아니지만 일반적으로 행의 개수와 열의 개수를 동일하게 선택하는 것이 좋다.

Learning rate(학습률) 학습률은 0.1에서 0.9 사이의 값을 가질 수 있다. 역전파에서 낮은 학습률은 더 많은 훈련 반복(training iteration)을 요구한다. 높은 학습률은 신경망이 더 빠르게 수렴되도록 하지만 최적화되지 않은 해법을 도출할 가능성이 높아진다.

Epochs Epoches는 전체 training 데이터가 신경망을 통과하는 총 횟수이다.

Clusters 클러스터 파라미터의 값은 신경망에 의해 만들어지는 클러스터의 총 개수를 결정한다. n개의 클러스터를 지정했다고 가정하라. 훈련이 끝났을 때 클러스터링 알고리즘은 출력층 노드를 가장 인기 있는 것부터 가장 인기 없는 노드까지 정렬한다. 단 n개의 인기있는 출력층 노드들이 신경망의 테스트를 위해 남겨진다.

Instances 인스턴스 파라미터는 training 인스턴스의 총 개수를 결정한다. 훈련이 완료되면 신경망의 가중치(weight) 값은 고정되고 test 데이터가 최종 클러스터링을 만들기 위하여 사용된다. 만약 모든 데이터 인스턴스들이 훈련을 위해 지정되었다면 training 데이터는 신경망을 테스트하는 데도 사용될 것이다. Unsupervised 클러스터링에서는 training과 test를 위해 같은 데이터를 사용하는 것이 일반적이다.

터가 신경망의 연결 가중치(connection weight)를 결정하기 위하여 사용되고 최종 결과 클러스터링을 만들기 위해서도 사용된다.

마지막으로 신경망에 대해서 200 epoche를 선택했음을 주목하라. 일반적으로 수천개의 반복적인 훈련을 요구하는 역전파 모델과 다르게 unsupervised 모델은 보통적은 수의 훈련 반복(training iteration)으로 수렴(convergence)할 것이다. 출력층의 크기가 커지면 신경망을 훈련하기 위한 시간이 크게 증가하기 때문에 적은 수의 반복으로 수렴한다는 것은 긍정적인 측면이다.

실험을 계속하기 위하여 각자의 Kohonen 옵션 대화 박스(dialog box)에 있는 파라미터 값을 그림 9.12에 나타나 있는 값들과 동일하게 수정하고 OK를 클릭하여 신경망의 훈련을 시작하라.

단계 3 신경망의 훈련 과정 보기

그림 9.13은 초기의 훈련 반복(training iteration)에 대한 신경망의 실행창(execution window)을 보여준다. 역전파 학습과 같이 실행창은 총 epoche 수와 현재의 root mean square error를 보여준다. 그러나 더 흥미로운 것은 total delta 로 나타나는 값이다. 이 값은 training 데이터가 신경망을 통과한 후 발생하는 연결 가중치(connection weight)에 대한 총 변화량을 나타낸다. 즉 49번째 훈련에서 신경망 연결 가중치의 총 변화량은 대략 1935.163이었다. 199번째 반복에서의 변화량은 0.0으로 나타난다. 실제로, 최소누적 변화량이 training 데이터가 신경망을 통과하는 동안 발생한다. 그러나 중요한 점은 신경망 가

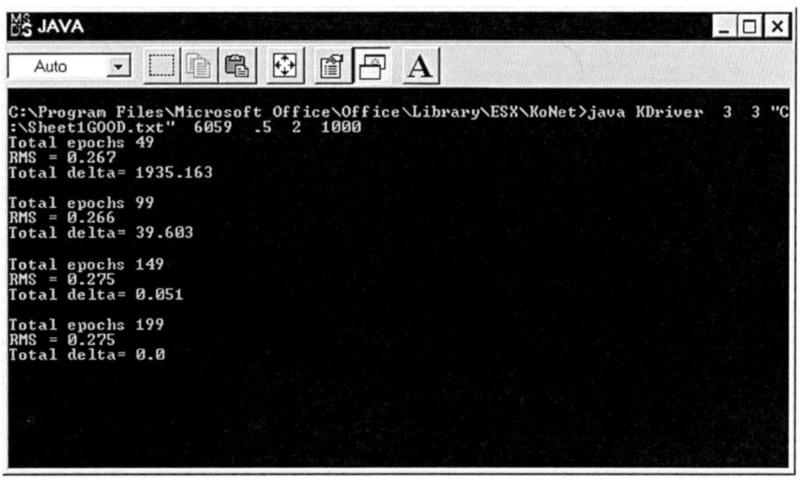

그림 9.13 신경망 실행창(execution window)

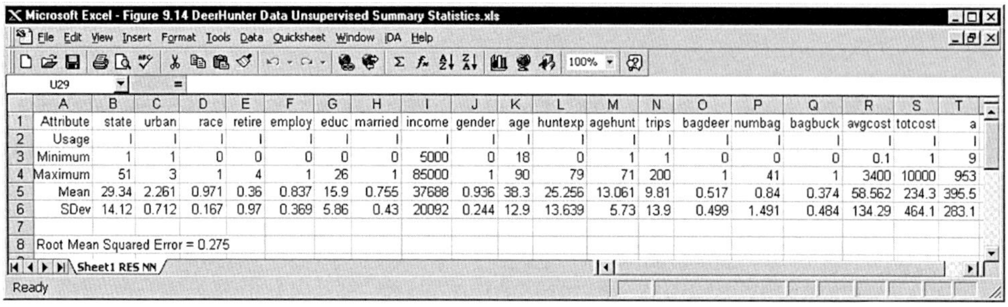
Microsoft Excel - Figure 9.14 DeerHunter Data Unsupervised Summary Statistics.xls

	A	B	C	D	E	F	G	H	I	J	K	L	M	N	O	P	Q	R	S	T
1	Attribute	state	urban	race	retire	employ	educ	married	income	gender	age	huntexp	agehunt	trips	bagdeer	numbag	bagbuck	avgcost	totcost	a
2	Usage	I	I	I	I	I	I	I	I	I	I	I	I	I	I	I	I	I	I	I
3	Minimum	1	1	0	0	0	0	0	5000	0	18	0	1	1	0	0	0	0.1	1	9
4	Maximum	51	3	1	4	1	26	1	85000	1	90	79	71	200	1	41	1	3400	10000	953
5	Mean	29.34	2.261	0.971	0.36	0.837	15.9	0.755	37688	0.936	38.3	25.256	13.061	9.81	0.517	0.84	0.374	58.562	234.3	395.5
6	SDev	14.12	0.712	0.167	0.97	0.369	5.86	0.43	20092	0.244	12.9	13.639	5.73	13.9	0.499	1.491	0.484	134.29	464.1	283.1
7																				
8	Root Mean Squared Error = 0.275																			

Sheet1 RES NN

Ready

그림 9.14　사슴 사냥꾼 데이터: unsupervised 요약 통계(summary statistics)

중치의 총 변화량이 최소 값(예를 들어 1.0) 아래로 떨어질 때 신경망이 수렴된다는 것이다. 비록 신경망의 수렴이 보장된다 할지라도 어떤 수렴이 최적인지 확신할 수 없다. 이런 이유 때문에 해당 데이터를 표현하는 최종 모델을 선택하기 전에 여러 개의 신경망 구조를 가지고 실험을 해보는 것이 가장 좋다.

Training이 완료되면 실행 윈도우의 오른쪽 위에 있는 'x'를 클릭한다. 윈도우가 닫히고 메시지 박스가 나타날 것이다. OK를 클릭하면 요약된 통계 데이터를 보여주는 시트가 나타난다.

단계 4 요약 결과(summary results)의 해석

그림 9.14는 실험 결과에 대한 요약된 통계 데이터를 포함하는 시트를 보여준다. 이러한 정보를 가진 시트는 Sheet1 RES NN이라고 이름이 붙여져 있다. 각자가 실험한 결과 시트 중 최초 6개 행은 그림 9.14에서 보여진 시트와 동일해야 한다. 처음 두 개의 행은 어트리뷰트 명과 용도(usage)를 나타낸다. 셋째 행과 넷째 행은 각 어트리뷰트의 최소 값과 최대 값을 의미한다. 다섯 번째 행과 여섯 번째 행은 평균과 표준 편차 점수를 보여준다.

최종 클러스터링에 대한 root mean squared error는 여덟 번째 행에 나타난다. unsupervised 클러스터링에는 출력 어트리뷰트가 존재하지 않기 때문에 *rms*가 약간 다르게 해석된다. *rms*는 벡터 가중치(vector weight)와 인스턴스 어트리뷰트 값 사이의 평균 제곱 차(average squared difference)를 계산하여 얻어진다. 비록 가능한 가장 낮은 값이 요구되지만 더 중요한 측면은 *rms*가 하나의 값을 향하여 수렴하는지 아니면 훈련 동안 계속 변하는지 여부이다.

그림 9.14의 여덟 번째 행에 나타난 0.275의 *rms*는 그림 9.13에서 보여지는 rms와 일치한다는 것에 주목하라. 그리고 최종 결과에서 큰 에러값을 보이는 것은 마지막 클러스터링에서 출력층의 노드 중 가장 인기있는 두 개를 제외하고 나머지가 제거되기 때문에 나타

난 현상으로 이상한 일이 아니다. 제거된 클러스터와 연관된 각 인스턴스들은 이전에 분류된 클러스터보다는 덜 적합한 새로운 클러스터로 분류되어야 한다.

그림 9.15는 원래의 데이터와 함께 각 인스턴스들의 클러스터 번호를 표시하는 열이 추가된 리스트의 일부분을 보여주고 있다. 이러한 정보를 포함하고 있는 결과 시트는 Sheet1 RES NN DET라고 제목이 붙여져 있다. 첫 번째 행은 데이터 집합에 있는모든 어트리뷰트들을 나열한다. 두 번째 행은 어트리뷰트의 타입을 지정하고 세 번째 행은 각 어트리뷰트의 용도를 나타낸다. 네 번째 행과 그 아래는 데이터 인스턴스들을 보여준다. 각 행의 마지막 열은 관련된 인스턴스에 해당하는 클러스터 번호를 나타내는 숫자 값을 보여준다. 클러스터 번호는 각 인스턴스들이 마지막 훈련 반복(training iteration)에서 어떤 출력 그리드에 위치되었는지를 말해준다. 우리의 실험은 모든 데이터 인스턴스들이 출력 노드 2와 출력 노드 3으로 분류되었음을 보여준다. 비록 각자의 실험 결과 시트가 동일하게 두 개의 출력 클러스터를 보인다 할지라도 실제 클러스터 번호의 지정은 서로 다를 것이다.

각 클러스터에 대한 개별 인스턴스를 관찰하기 위하여 간단하게 결과 시트를 scroll하여라. 만약 당신의 실험 결과가 우리의 것과 유사하다면 데이터 인스턴스의 클러스터가 어트리뷰트 yes의 값과 거의 일치하지 않음을 알 수 있을 것이다. 이것은 사냥을 할 권리에 대한 추가 비용을 받아들이는 사냥꾼들은 함께 클러스터링될 것이라는 초기 가설이 틀렸음을 처음으로 지적해준다. 이러한 관찰 아래 클러스터 안에서 발견될 패턴을 결정하기 위한

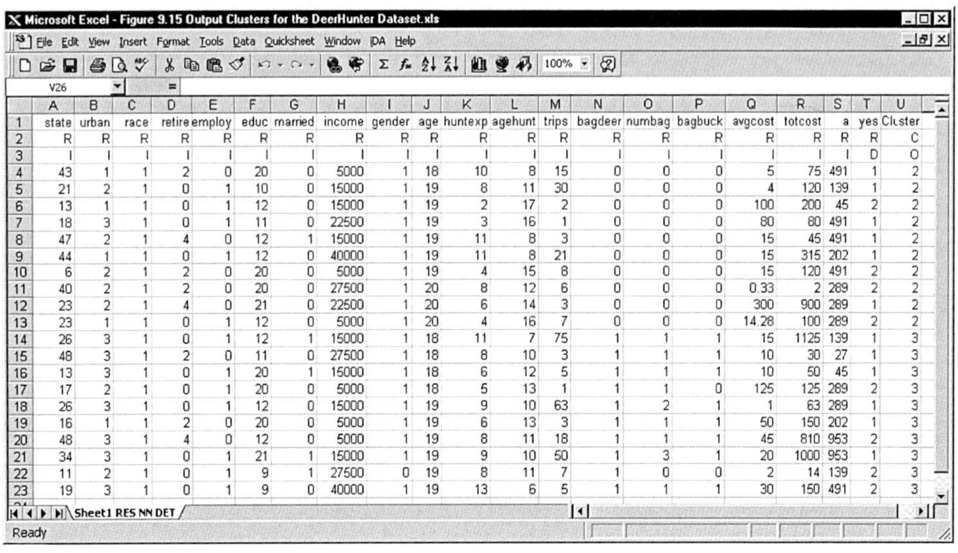

	A	B	C	D	E	F	G	H	I	J	K	L	M	N	O	P	Q	R	S	T	U
1	state	urban	race	retire	employ	educ	married	income	gender	age	huntexp	agehunt	trips	bagdeer	numbag	bagbuck	avgcost	totcost	a	yes	Cluster
2	R	R	R	R	R	R	R	R	R	R	R	R	R	R	R	R	R	R	R	R	C
3	I	I	I	I	I	I	I	I	I	I	I	I	I	I	I	I	I	I	I	D	O
4	43	1	1	2	0	20	0	5000	1	18	10	8	15	0	0	0	5	75	491	1	2
5	21	2	1	0	1	10	0	15000	1	19	8	11	30	0	0	0	4	120	139	1	2
6	13	1	1	0	1	12	0	15000	1	19	2	17	2	0	0	0	100	200	45	2	2
7	18	3	1	0	1	11	0	22500	1	19	3	16	1	0	0	0	80	80	491	1	2
8	47	2	1	4	0	12	1	15000	1	19	11	8	3	0	0	0	15	45	491	1	2
9	44	1	1	0	1	12	0	40000	1	19	11	8	21	0	0	0	15	315	202	1	2
10	6	2	1	2	0	20	0	5000	1	19	4	15	8	0	0	0	15	120	491	2	2
11	40	2	1	2	0	20	0	27500	1	20	8	12	6	0	0	0	0.33	2	289	2	2
12	23	2	1	4	0	21	0	22500	1	20	6	14	3	0	0	0	300	900	289	1	2
13	23	1	1	0	1	12	0	5000	1	20	4	16	7	0	0	0	14.28	100	289	2	2
14	26	3	1	0	1	12	1	15000	1	18	11	7	75	1	1	1	15	1125	139	1	3
15	48	3	1	2	0	11	0	27500	1	18	8	10	3	1	1	1	10	30	27	1	3
16	13	3	1	0	1	20	1	15000	1	18	6	12	5	1	1	1	10	50	45	1	3
17	17	2	1	0	1	20	0	5000	1	18	5	13	1	1	1	0	125	125	289	2	3
18	26	3	1	0	1	12	0	15000	1	19	9	10	63	1	2	1	1	63	289	1	3
19	16	1	1	2	0	20	0	5000	1	19	6	13	3	1	1	1	50	150	202	1	3
20	48	3	1	4	0	12	0	5000	1	19	8	11	18	1	1	1	45	810	953	2	3
21	34	3	1	0	1	21	1	15000	1	19	9	10	50	1	3	1	20	1000	953	1	3
22	11	2	1	0	1	9	1	27500	0	19	8	11	7	1	0	0	2	14	139	2	3
23	19	3	1	0	1	9	0	40000	1	19	13	6	5	1	1	1	30	150	491	2	3

그림 9.15 사슴 사냥꾼 데이터 집합에 대한 결과 클러스터

추가적인 도움이 필요할 것이다. 다행히 9.3절에서 이러한 도움을 제공한다.

현재의 스프레드시트는 9.3절에서 unsupervised 신경망 클러스터링을 좀더 분석하기 위하여 사용될 것이기 때문에 열어둔 채로 남겨두어라.

| 일반적 고찰 |

신경망 구조를 선택할 때 첫 번째 고려사항은 출력 그리드의 크기이다. 일반적인 규칙은 그리드의 크기를 마지막 출력의 클러스터 개수와 함께 직접적으로 변화시키는 것이다. 출력 그리드를 최종 클러스터링의 개수보다 상당히 크게 하는 것이 좋다. 예를 들어 데이터를 설명하기 위하여 두개의 클러스터를 추측하고 있다고 가정해보자. 출력 그리드는 최종 클러스터의 개수보다 크게 잡아야 한다고 알고 있기 때문에 2×2 출력 그리드를 선택하고 최종 출력에 대하여 두 개의 클러스터를 지정한다. 비록 2×2 출력 그리드가 최종 클러스터보다 두배 많은 출력층을 제공해주지만 2×2 출력 그리드는 이웃 훈련(neighborhood training)을 못하게 하고 클러스터의 형성에 대한 옵션의 개수를 제한한다. 이 경우에는 3×3 또는 4×4 그리드가 더 좋은 선택일 것이다.

두 번째 고려사항은 신경망 수렴의 최적성이다. 최종 모델을 선택하기 전에 신경망에 대하여 여러 번 실험을 해보는 것은 각 마이닝 작업에서 형성된 클러스터링의 최적성에 대한 직관을 제공한다. 일반적인 규칙으로서 *rms* 값이 작을수록 높은 품질의 클러스터를 의미한다.

마지막으로 unsupervised 신경망 클러스터링과 함께 설명된 두 개의 결과 시트는 발견되었을 흥미로운 패턴에 대해서는 제한된 정보를 제공한다. ESX가 unsupervised 신경망 클러스터링에 의해 형성된 패턴들을 설명하는 데 어떻게 도움을 주는지 살펴보자.

9.3 신경망 클러스터 분석을 위한 ESX

사슴 사냥꾼 데이터 집합의 실험에서 생겨난 Sheet1 RES NN DET는 ESX를 사용하여 supervised 분류(classification)를 하기 위해 특별히 구성되었다는 것을 알아차렸을 것이다. 사슴 사냥꾼 데이터 집합으로부터 만들어진 클러스터의 구조를 더 잘 이해하기 위해 supervised 학습을 사용해보자.

신경망 클러스터링을 평가하기 위해 supervised 학습 적용하기

1. unsupervised 클러스터링의 결과가 들어 있는 Sheet1 RES NN DET를 열어라.
2. 원본 데이터 집합 (original dataset)이 unsupervised 신경망 훈련에 사용될 수 있도록 데이터 집합에 있는 몇 개의 범주형 어트리뷰트들이 실수 값으로 변경되었다. 변한 어트리뷰트 값들을 다시 원래의 범주형 데이터 형식으로 복구시켜라. 출력 어트리뷰트 yes가 범주형 데이터 형식 그리고 보기 전용으로 되어 있는지 확인하여라.
3. 스프레드시트는 이제 어트리뷰트 클러스터에 대한 supervised 데이터 마이닝 작업을 할 준비가 되었다. iDA의 dropdown 메뉴를 누르고 ESX를 선택하여라. 훈련용으로 모든 데이터 인스턴스를 사용하고 tolerance setting은 기본 값을 사용하여라.
4. quick mine session의 사용 여부를 물어보면 No를 선택해라. 데이터 집합의 사이즈가 크기 때문에 데이터 마이닝 작업은 몇 분이 걸릴 것이다.
5. 규칙을 생성하기 위해서 minimum correctness setting을 70으로 minimum rule coverage를 20으로 설정하여라.

우리는 4장의 요약에서 설명된 데이터 마이닝 작업을 분석하기 위한 전략 중 처음 세단계 과정을 거쳐 우리의 결과를 살펴볼 것이다. 당신의 결과도 우리와 같은지 아래의 분석을 연습 삼아 따라가 보자.

1. 입력 어트리뷰트들이 얼마나 잘 클러스터를 구성했는지 알아보기 위해 클래스간의 유사도(class resemblance score)와 개별 클래스 규칙을 살펴본다.
   - 만들어진 두 개의 클러스터는 클러스터 2의 2952개의 인스턴스들에게는 0.667의 유사도 점수를 보이고 클러스터 3의 3134 인스턴스들에게는 0.634의 유사도를 보인다. 도메인 유사도는 0.60으로 주어졌다. 만들어진 클러스터가 중요하다는 최초의 증거이다.
   - 두 개의 클래스는 하나의 규칙에 의해 정의되었다.

     If *bagdeer* = 0 Then *Class* = 2.

     If *bagdeer* = 1 Then *Class* = 3.
2. 어트리뷰트 에러를 찾기 위해 그리고 예측 능력이 있는 숫자형 어트리뷰트를 찾기 위해 도메인 요약 통계의 수치를 살펴보아라.
   - 가장 예측 능력이 높은 어트리뷰트는 numbag이다. 이 어트리뷰트는 각 사냥꾼에 의해 사냥된 사슴의 수를 나타낸다.
   - 예측 능력이 있는 다른 어트리뷰트들은 totalcost와 agehunt와 trips이다.

3. 예측 능력이 있는 범주형 어트리뷰트를 찾기 위해 도메인 요약 통계의 수치를 살펴 보아라.
   - 범주형 어트리뷰트 값 *Bagdeer* = 0은 클래스2의 소속을 결정하기 위한 필요충분 조건을 나타낸다. 마찬가지로 *Bagdeer* = 1은 클래스3의 소속을 결정하기 위한 필요충분 조건이다.
   - 범주형 어트리뷰트 yes에 대한 값들은 각 클러스터에 대해 클래스의 소속을 예측하지 못한다. 예를 들어 클러스터 2에서 1563개의 인스턴스들이 yes = 1을 보였고 1362개의 인스턴스들이 yes = 2을 보였다.

요약하자면 사슴 사냥꾼 데이터 집합의 인스턴스들은 의미 있는 클러스터들을 형성하였다. 그러나 사슴 사냥꾼이 다음 사냥 여행을 위해 더 많은 돈을 지불하느냐를 나타내는 어트리뷰트보다 bagdeer 어트리뷰트에 의해 클러스터링이 진행되었다. 사냥 여행을 위해 추가로 돈을 더 지불할 사냥꾼을 구별하기 위해서는 추가의 작업이 더 필요할 것이다.

9.4 요약

iDA의 전방향 역전파 신경망 툴은 추정(estimation)과 예측(prediction)을 위한 supervised 모델을 구축할 수 있게 해준다. iDA의 역전파 학습은 마이닝할 데이터의 준비, 신경망 구조의 결정, 신경망의 training 과정 보기 그리고 요약 결과(summary results)의 해석이라는 4단계(four-step)의 절차로 설명될 수 있다. 신경망의 구조를 설계할 때 하나 또는 두 개의 은닉층(hidden layer)을 사용할지 결정을 해야 한다. 또한 각 은닉층에서의 노드 개수, 신경망의 수렴 기준(convergence criterion), 학습률(learning rate)을 구체화하여야 한다.

역전파 마이닝 작업은 결과로서 실제 값과 신경망에 의해 계산된 값을 보여준다. 모델의 정확성에 대한 결정을 돕기 위해 결과물로서 root mean square error와 mean absolute error value도 제공한다. test 데이터가 없다면 training 데이터가 모델의 정확도를 측정하기 위해 사용된다. 훈련된 네트워크는 또한 클래스가 알려지지 않은 인스턴트들의 출력 값을 예측하기 위하여 사용될 수 있다.

iDA의 unsupervised 클러스터링 신경망 툴은 두개 층(two-layer)의 Kohonen 아키텍처에 기초하고 있다. 역전파 학습에서 사용된 동일한 4단계 처리를 unsupervised 클러스터링에도 적용할 수 있다. 네트워크의 설계 단계에서 출력층의 초기 크기(size)와 데이터가 표현될 클러스터의 개수, 학습률 그리고 네트워크 훈련의 양(amount)을 결정해야 한다.

Unsupervised 네트워크 클러스터링에 의해 만들어진 출력 시트 중 하나는 특별히 ESX로 supervised 학습을 하기 위해 형식이 맞춰져 있다. 이것 때문에 형성된 클러스터의 의미를 해석하기 위하여 ESX를 적용할 수 있다.

9.5 핵심 용어

- **선형적 분리 (Linearly separable)** 두 클래스 A, B가 있는 도메인 공간에서 직선이 클래스 B의 인스턴스와 클래스 A의 인스턴스들 사이를 지나가 두 영역을 분리시킬 수 있다면 클래스 A와 B는 선형적으로 분리 가능하다고 말한다.
- **퍼셉트론 신경망(Perceptron neural network)** 하나의 입력층과 하나의 출력층으로만 구성된 간단한 형태의 전방향(feed-forward) 신경망 아키텍처
- **Total delta** training 데이터가 신경망을 통과할 때마다 발생하는 연결 가중치들의 총 절대 값 변화

9.6 연습 문제

| 데이터 마이닝 문제 |

LAB❶ 표에 나타난 3개의 논리적 연산자들 가운데 하나의 연산자를 모델링하는 역전파 신경망을 만들어라. 이 연산자들은 선형적으로 분리가능하기 때문에, 적은 수의 epochs만으로도 각 연산자들을 인식하는 신경망을 훈련시킬 수 있다는 가설을 세울 수 있을 것이다. 이 가설을 채택할 것인지 기각할 것인지를 판단하기 위해 하나 또는 그 이상의 연산자들을 가지고 여러 가지 실험을 수행해보라.

Input 1	Input 2	And	Or	Implication
1	1	1	1	1
0	1	0	1	1
1	0	0	1	0
0	0	0	0	1

LAB❷ 신용카드 프로모션 데이터 베이스(CreditCardPromotionNet.xls)의 수치형(numerical form)을 사용하고 역전파 학습을 사용하여 신규 신용카드 고객이 새로운 생명보험 프로모션을 수락할 가능성을 추정(estimation)하는 모델을 만들어라. 이 모델은 예측 목적이기 때문에 magazine promotion flag와 watch promotion flag를 미사용(unused)으로 설정하여라. 실험을 수행하기 위하여 아래 테이블에 나타난 신규 고객을 표현하는 6개의 인스턴스들을 데이터 집합의 끝에 추가하여라. magazine promotion, watch promotion, life insurance promotion은 공란으로 남겨두어라. 신경망을 훈련시키기 위해 15개의 원본 (original) 인스턴스를 사용하여라. 표에 나열된 고객 중 누가 새로운 생명보험 프로모션을 하기 위한 좋은 후보가 되는가?

Income Range	Magazine Promotion	Watch Promotion	Life Ins Promo	Credit Card Ins	Sex	Age
30000				0	0	33
40000				1	1	42
20000				0	0	19
30000				0	1	50
40000				1	0	48
30000				0	0	31

❸ 심장병 환자 데이터(CardiologyNumerically)의 수치형을 사용하여 역전파 학습을 수행하여라. 적절한 신경망 구조를 정의하라. 200개의 인스턴스는 훈련에 사용하고 나머지 103개의 인스턴스는 생성된 신경망을 테스트하기 위해 사용하여라. 1개의 은닉층(hidden layer) 구조 뿐 아니라 2개의 은닉층 구조를 사용하여 여러 번 실험을 반복하여라. 하나 또는 두개의 은닉층 구조를 사용하는 것이 test 집합의 결과를 더 좋게 만드는가?

LAB❹ 심장병 환자 데이터(CardiologyNumerical.xls)의 수치형을 사용하여 unsupervised 신경망 클러스터링을 수행하여라. 5x5 출력층(output layer)을 사용하고 2개의 결과 클러스터를 설정하여라. epoch의 총 수는 1000 혹은 그 이하로 제한하여라. 어트리뷰트 class를 보기 전용(display-only)으로 설정하였는지 확인하여라. 9.3절의 절차에 따라서 아래의 질문에 답하여라.

a. healthy 클래스와 sick 클래스에 속한 인스턴스들이 분리된 클러스터로 형성되는가?

b. 입력 어트리뷰트들이 건강한 사람과 환자를 구분하기 위해 적절한가?

❺ 9.1절의 두 번째 부분에서 설명된 인공위성 이미지(satellite image) 데이터로 역전파 실험을 반복하여 수행해라. 그림 9.9에서 기술된 파라미터 설정을 사용하는데 epoch 수치는 100,000 이상으로 증가시켜라.

a. test 집합의 값들을 관찰하고 분류 오차(classification error)가 크게 나타나는 3개의 클래스를 나열하여라.

b. 훈련용과 동일한 150개의 인스턴스를 사용하여 supervised 분류를 수행하기 위해서 ESX를 사용하라. output1에서 output4까지의 어트리뷰트들이 미사용(unused)으로 설정되어 있고 어트리뷰트 class가 출력 어트리뷰트로 설정되어 있는지 확인해라. real-valued tolerance를 0.30으로 설정해라. 오차 행렬(confusion matrix)을 관찰하여 높은 분류 오차율(classification error rate)을 가지는 3개의 클래스를 나열하여라.

c. a에서 나열한 클래스들은 ESX에 의해서 분류된 클래스들과 일치하는가?

❻ 이 연습 문제는 unsupervised 신경망 클러스터링을 수행하기 위하여 Sonaru.xls의 위성 이미지(satellite image) 데이터를 사용한다.

a. Sonaru.xls 파일의 Sheet1 데이터를 새로운 스프레드시트로 복사하여라.

b. 어트리뷰트 class를 보기 전용으로 설정하여라.

c. unsupervised 신경망 훈련 작업을 시작하여라.

d. 12×12 출력층 구조를 사용하고 훈련에서 모든 인스턴스들을 사용하여라. epoch 값을 1000으로 설정하고 최종 클러스터의 개수는 6으로 설정하여라.

e. 일단 훈련이 완료되면, 결과를 분석하기 위해 9.3절의 절차를 따라하여라.

f. 각 클러스터에 대한 클래스 유사도 정수(class resemblance score)는 얼마인가? 클래스 유사도 점수(class resemblance score)는 도메인 유사도(domain resemblance)와 어떻게 비교할 수 있는가?

g. 단일 클래스를 포함한 클러스터들이 존재하는가? 어떤 클래스들이 같은 클러스터에 함께 그룹화되는가? 이것은 무엇을 말해주는가?

LAB❼ 예제 디렉터리에 있는 grb4u.xls를 새로운 스프레드시트에 복사하여라. Unsupervised 클러스터링을 수행하기 위해서 Kohonen 네트워크를 사용하여라. 출력 행과 열(output rows and columns)의 수를 각각 5로 설정하여라. 클러스터의 수를 3으로 설정하여라. ESX를 사용하여 네트워크에 의해 형성된 3개의 클러스터에 대하여 설명하라. burst length, burst brightness, burst hardness에 관하여 설명하여라. 최종 클러스터를 4개로 설정하여 실험을 반복하여라.

❽ 예제 디렉터리의 grb4u.xls 파일을 새로운 스프레드시트에 복사하여라. T50과 T90을 출력 어트리뷰트로 설정하여라. 역전파 학습을 사용하고 640개의 training 인스턴스들을 사용하여 burst length가 burst brightness와 burst hardness에 의해서 얼마나 잘 예측될 수 있는지 보여라.

❾ 제2장의 연습 문제 중 데이터 마이닝 문제 질문 2에서 한달 이상의 기간에 대한 당신의 신용카드 구매 기록을 정리해보도록 했었다. 당신의 그 신용카드 구매기록에 대하여,

a. 적절한 어트리뷰트를 만들고 이 정보를 새로운 엑셀 스프레드시트에 어트리뷰트-값 형식으로 저장하여라. 데이터 분석을 위해 신경망을 사용할 수 있도록 필요한 데이터 변환(data transformation)을 수행하여라. 각 데이터에 당신이 구매한 내역이면 1의 값을 가지는 출력 어트리뷰트를 추가하여라.
b. 목록 끝에 현재의 구매내역과 유형이 비슷한 정상적인 구매내역과 유형이 다른 비정상적인 구매내역으로 구성된 새로운 가상내역들을 추가하여라.
c. iDA의 supervised 역전파 신경망 도구를 사용하여 신용카드 구매를 표현하는 모델을 생성하여라. test 데이터에는 실재 구매내역 뿐 아니라 목록에 추가된 가상의 구매내역을 모두 포함시켜라.
d. 비정상적인 구매내역에 대하여 출력 어트리뷰트는 어떤 값을 나타내는가?
e. 두 번째 실험으로, 출력 어트리뷰트를 미사용(unused)으로 설정하고 unsupervised 신경망 클러스터링을 수행하여라. 모든 데이터 인스턴스를 사용하여 네트워크를 훈련시켜라. 최종 클러스터를 2개로 설정하여라. 비정상적인 구매내역은 실제 구매내역과 함께 클러스터링되는가? 아니면 그들은 고유의 클러스터를 형성하는가?

Chapter 10
통계적 기법

이 장에서 학습할 내용

- 적절한 데이터 마이닝 기법으로서의 선형 회귀(linear regression)의 이해
- Microsoft Excel의 LINEST 함수를 이용한 선형 회귀 분석
- 이진(binary) 결과 값을 가진 데이터 집합에 대하여 로지스틱 회귀 분석을 사용하여 supervised 학습 모델만들기
- 범주 데이터, 수치 데이터, 또는 두 가지 종류가 섞인 데이터를 가진 데이터 집합에 대한 supervised 모델을 만들 수 있는 베이즈(Bayes) 분류 알고리즘
- 병합적(Agglomerative) 클러스터링
- 개념 계층(concept hierarchy)을 만드는 unsupervised 데이터 마이닝 기법인 개념적 클러스터링
- 통계적 모수(parameter) 조정을 사용하여 클러스터링을 하는 EM 알고리즘
- 통계적 방법과 기계학습 기반의 데이터 마이닝 방법을 구별짓는 기본적인 특징

이 장에서는 여러 가지 통계적 데이터 마이닝 기법에 대하여 조금 더 자세하게 설명하도록 하겠다. 이 통계적 기법에 대한 전체적인 이해를 하기 위하여 각 기법들을 자세히 공부하여야 할 필요는 없다. 이런 이유로 이 장의 각 절은 서로 독립적으로 되어 있다. 이 장과 제11장에서 보여지는 여러 실험들은 Weka[1]의 무료 소프트웨어를 사용하였다.

10.1절은 선형 회귀 분석(linear regression)과 회귀 트리(regression tree)에 대하여 설명한다. 게다가 Excel의 LINEST 함수를 이용하여 다중 선형 회귀 분석(multiple linear regression)을 수행하는 방법도 보인다. 10.2절에서는 로지스틱 회귀 분석(logistic regression)과 그것이 어떻게 이진 결과 값(binary outcome)을 가진 데이터 집합에 대한 supervised 학습 모델을 만드는 데 사

1) WEKA(Waikato Environment for Knowledge Analysis) 뉴질랜드의 Waikato대학교에서 개발된 무료 소프트웨어임.

용되는지에 대하여 이야기한다. 10.3절에서는 베이즈 분류 알고리즘이 어떻게 범주적 그리고 실제값 데이터에 대하여 supervised 학습 모델을 만드는 지를 학습하게 된다. 10.4절에서는 세 가지 unsupervised 클러스터링 기법에 대하여 설명한다. 10.5절에서는 데이터 마이닝에 있어서 통계적 방법과 기계학습(machine learning)적인 방법의 차이점에 대하여 학습한다.

10.1 선형 회귀 분석(Linear Regression Analysis)

통계적 회귀(regression)는 수치 데이터들에 대하여 하나 이상의 입력 어트리뷰트를 하나의 출력 어트리뷰트에 연결시키는 수학 방정식을 만들어 냄으로써 그 수치 데이터들을 일반화시키는 supervised 기법이다. 선형 회귀에서는 하나 이상의 독립 변수들을 선형적(linearly)으로 결합시켜 단일 독립 변수 값의 변동에 대한 모델을 만든다. 선형 회귀 방정식은 다음과 같은 형태를 가진다.

$$f(x_1, x_2, x_3 ... x_n) = a_1x_1 + a_2x_2 + a_3x_3 + ...a_nx_n + c \tag{10.1}$$

$x_1, x_2, x_3 \cdots x_n$은 독립변수이고 $a_1, a_2, a_3 \cdots a_n$과 c는 상수이다. $f(x_1, x_2, x_3 \cdots x_n)$는 독립변수를 나타내며 일반적으로 간단하게 y로 표시한다. 일반적으로 선형 회귀는 독립 변수와 종속 변수간의 관계가 거의 선형적(linear)일 때 적절하게 사용될 수 있다.[2)]

| 간단한 형태의 선형 회귀 분석 |

가장 간단한 형태의 선형 회귀 방정식은 종속 변수의 예측자(predictor)로서 하나의 독립 변수만 가지고 있는 경우이다. 이런 형태의 회귀를 단순 선형 회귀(simple linear regression)라고 한다. 회귀 방정식은 기울기 절선형(slope-intercept form)으로 쓰여 진다. 말하자면

2) 역자의 주: 부가설명 선형 방정식이라고 하면 가장 간단한 형태가 y=ax+b의 형태이다. x와 y는 변수(variable)이고 (즉 어떠한 값도 올 수 있다는 것이고) a와 b는 상수이다(즉 정해진 값이다). 따라서 y의 값은 x의 값이 무엇이냐에 따라서 결정된다. 즉 y는 x의 값에 종속(dependent)되어 있으며 따라서 종속 변수라고 부른다. 일반적인 형태의 선형 방정식 $y = a_1 \times x_1 + a_2 \times x_2 + ... a_n \times x_n + b$에서는 y를 제외한 다른 어떠한 변수들도 서로 간에 종속성이 있으면 안 된다. 따라서 이들 x_1, x_2, ... x_n을 서로 종속되지 않고 독립되어 있다고 해서 독립 변수라고 부른다.

$$y = ax + b \tag{10.2}$$

x는 독립 변수이고 y는 x에 종속되어 있다. 상수 a와 b의 값은 이미 알고 있는 x와 y에 대한 데이터 집합에 통계적인 기준을 적용한 supervised 학습을 통하여 구한다. 식 (10.2)의 그래프는 기울기(slope) a와 y축과의 접점 b를 가지는 직선이다.

a와 b를 계산하는 일반적인 통계 측정 방법은 최소 제곱 기준(least-squared criterion)이다. 그 최소 제곱 기준은 실제 결과 값과 예상 결과 값간의 차이 값을 제곱한 것의 합을 최소화시킨다. 그 최소 제곱 방법을 통한 a와 b의 도출은 미적분에 대한 지식을 필요로 한다. 따라서 그냥 간단히 a와 b를 계산하는 식만 보여주도록 하겠다. 전체 n개의 인스턴스가 있다고 할 때, a와 b는

$$b = \frac{\sum xy}{\sum x^2} \qquad a = \frac{\sum y}{\sum n} - \frac{b\sum y}{n} \tag{10.3}$$

단순 선형 회귀는 이해하기도 적용하기도 쉽다. 하지만 오직 하나의 독립 변수만 사용해야 한다는 것은 대부분의 데이터 마이닝 어플리케이션에서 많은 제한점을 갖게 한다.

| 엑셀을 사용한 다중 선형 회귀 분석 |

Microsoft Excel은 단순(simple) 그리고 다변수(multiple) 선형 회귀를 위한 회귀 분석 도구를 포함하고 있다. 여기서는 Excel의 도움말 자료에 있는 예를 가지고 엑셀의 LINEST함수를 설명하도록 하겠다. LINEST 함수는 선형 회귀에 최소 제곱 기준을 사용한다. 보다 자세한 설명은 엑셀의 도움말 메뉴에서 단어 'regression'을 입력해서 살펴보기 바란다.

LINEST 함수 사용하기

LINEST 함수를 보기 위하여, Microsoft Excel의 도움말 자료에 있는 예에서 가져온 표 10.1에 있는 샘플 데이터를 보도록 하자. 데이터의 각 줄은 어느 사무지역에 있는 어느 특정한 사무용 빌딩에 대한 정보를 보여주고 있다. 개발자는 그 테이블 데이터에 근거하여 어느 특정한 사무용 빌딩의 가격을 추정하는 데 선형 회귀를 사용하려고 한다. 독립 변수로는 '층 면적', '사무실 수', '출입문 수' 그리고 '건물연수'가 사용된다. 종속 변수는 '그 사무용 빌딩의 가격'이 된다. 선형 회귀 분석이 테이블 데이터에 대하여 어떻게 수행되는지 다음의 과정들이 보여준다.

표 10.1 사무지역 사무용 빌딩 데이터

Space	Offices	Entrances	Age	Value
2310	2	2	20	$142,000
2333	2	2	12	$144,000
2356	3	1.5	33	$151,000
2379	3	2	43	$150,000
2402	2	3	53	$139,000
2425	4	2	23	$169,000
2448	2	1.5	99	$126,000
2471	2	2	34	$142,000
2494	3	3	23	$163,000
2517	4	4	55	$169,000
2540	2	3	22	$149,000

1. 새로운 엑셀 스프레드시트를 연다. 열 A에서 E, 행 1에서 12에다가 표 10.1의 데이터를 입력한다. 스프레드시트의 첫 번째 행은 표에 나타난 것과 같이 어트리뷰트 이름이 포함되도록 만들어야 한다.
2. LINEST 함수의 결과는 n×n 배열로 나타나며, 이때 n은 회귀(regression)를 위해 사용된 변수의 전체 개수를 의미한다. 이 문제에서는 n=5이다. 마우스를 사용하여 입력 데이터의 아래 혹은 오른쪽에 적어도 5개의 행과 열의 영역을 하이라이트(영역이 선택됨을 의미함)시킨다. 이 영역은 회귀 분석의 결과를 넣기 위한 배열을 나타낸다. 이 하이라이트된 영역은 열과 같은 수의 행을 가져야 한다.
3. 회귀를 수행하기 위해, 엑셀 공식바(formula bar)에 다음과 같은 함수식을 삽입하여라.

   = LINEST(E2:E12,A2:D12,TRUE,TRUE)

   함수식 첫 번째 문자는 등호("=")가 포함되어야 한다.

4. 다음으로 Ctrl+Shift+Enter를 누른다. 이는 엑셀 스프레드시트 하이라이트된 영역에 회귀 분석의 결과를 나타내준다.

회귀(regression)의 결과를 설명하기 전에, LINEST 함수의 부가적인 설명을 하면, 첫 번째 함수 파라미터는 종속 변수이다. 보다 정확히, E2:E12 상태는 열 E의 2행에서 12행 사이가 종속 변수이다. 두 번째 파라미터는 독립 변수에 대한 데이터 범위를 알려준다. 우

표 10.2	사무용 빌딩 데이터에 대한 회귀 분석 통계			
−234.2371645	2553.211	12529.77	27.64139	52317.83
13.26801148	530.6692	400.0668	5.429374	12237.36
0.996747993	970.5785	#N/A	#N/A	#N/A
459.7536742	6	#N/A	#N/A	#N/A
1732393319	5652135	#N/A	#N/A	#N/A

리의 예에서, 독립 변수에 대한 값은 열 A의 2행에서 열 D의 12행 사이에 있다.

만약 세 번째 파라미터가 참(TRUE) 혹은 생략되었다면, 회귀 방정식에 의해서 상수항은 정상적으로 계산되어질 것이다. 만약 거짓(FALSE)이라면, 상수항은 0이 될 것이다. 만약 네 번째 파라미터가 거짓(FALSE)이라면, LINEST는 단지 회귀 방정식의 계수만을 돌려준다. 만약 이 파라미터가 TRUE라면, 출력 배열은 회귀 방정식의 효능을 결정하는 데 도움을 주는 다양한 통계량이 포함된다. 지금 우리는 어떻게 LINEST 함수가 적용되었는지 보았으므로 이제 회귀 분석의 결과를 살펴보도록 하자.

엑셀 스프레드시트의 하이라이트된 영역에 나타난 것과 같이 회귀 분석의 결과는 표 10.2에 있다. 테이블에서 직접 회귀 방정식에 대한 계수를 읽는다. 그 계수는 테이블 첫 번째 행에서 나타나고 역순으로 주어진다. 즉, 가장 왼쪽의 값은 가장 오른쪽에 있는 독립 변수에 대한 계수이다. 같은 지역의 사무용 빌딩의 값을 추정하기 위한 회귀 방정식은 다음과 같다.

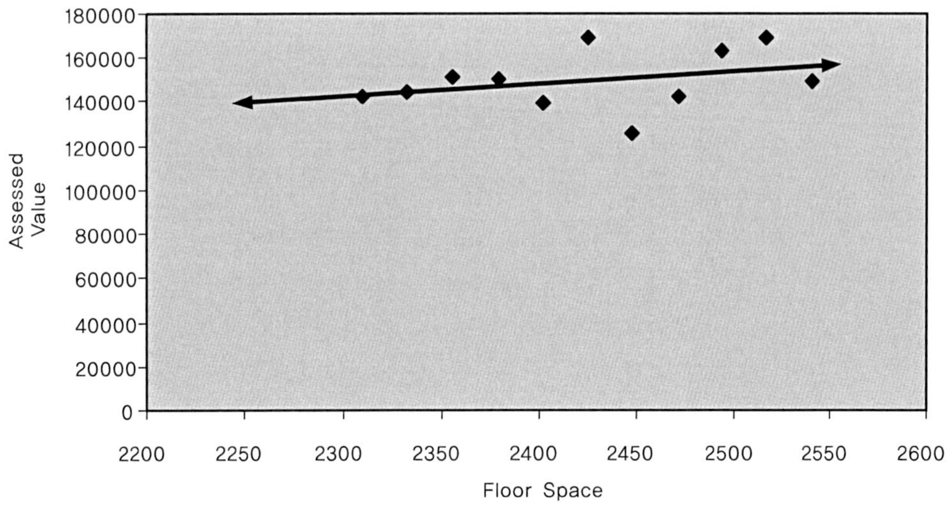

그림 10.1 단순 선형 회귀 방정식

$$Value = 27.64Space + 12529.77Offices + 25553.21Entrances - 234.24Age + 52317.83$$

평가된 값을 추정하는 데 있어서 이 회귀 방정식이 얼마나 정확한 것인가를 질문해보고 싶다. 우리는 간단히 선형 회귀를 가지고도 만들어진 회귀 방정식의 이차원 그래프와 산포도(scatterplot diagram)를 봄으로써 이 질문에 부분적으로 대답할 수 있다. 예를 들면, 그림 10.1은 하나의 독립 변수 마루 공간(floor space)을 사용하여 평가된 값에 대한 산포도와 회귀 방정식의 그래프를 보여주고 있다. 이 그림은 독립 변수와 종속 변수 사이의 선형적인 관계를 명확히 나타낸다. 하지만, 독립 변수가 하나 이상이 있을 때에는, 독립 변수가 종속 변수와 선형적으로 관계가 있다는 것을 결정하기 위해서는 기본적인 통계적분석이 필요하다. 우리가 필요한 이 정보는 표 10.2의 3, 4번째 행에 들어 있다.

표의 3번째 행에 첫 번째 입력 값은 **결정 계수**(coefficient of determination)이다. 이는 종속 변수에 대한 실제 값과 추정된 값 사이의 상관 관계를 나타낸다. 계수가 1.0이면 실제와 계산된 변수 값의 차이가 없다는 것을 의미한다. 우리의 예에서는 0.9967 값을 보인다. 비록 상관 관계가 높을지라도, 결정 계수는 test 집합 데이터보다 training 데이터를 사용하여 계산되어지기 때문에 우리는 그 회귀 방정식이 실제 평가된 값의 좋은 예측기임을 가정하는 데 신중해야 한다.

4번째 행의 첫 번째 입력 값은 회귀 분석에 대한 F 통계량(F-statistic)이다. 만약 3번째 행의 결정 계수가 중요하다면, F 통계량은 확증을 돕는다. F 통계량을 이해하기 위해서는, 우리는 대부분의 통계 책에서 찾을 수 있는 F 결정 값 테이블을 이용해야 한다. F 통계량은 자유도(degrees of freedom)에 대한 두 척도가 요구된다. 그 척도는 보통 F 결정 값 테이블에서 V1과 V2로 표기된다. V1은 독립변수의 총 수이다. 우리의 예에서는 V1은 4이다. V2는 training 인스턴스의 총 수로부터 분석된 변수의 총수를 뺌으로써 계산된다. 우리의 예에서는 V2는 (11-5) = 6이다. V2는 또한 표 10.2의 4번째 행의 두 번째 입력 값으로 보여진다.

유의수준 0.05에 단측(one-tailed) F 테이블에서 V1=4 그리고 V2=6의 값을 찾으면 4.53이다. 4번째 행에 F값 459.75는 명백하게 중요하다. 이 말은 회귀 방정식은 training 데이터의 부분인 사무용 빌딩의 평가된 가치를 정확하게 결정할 수 있다는 것이다. 다시한번, 우리는 보이지 않은 데이터 인스턴스들에 대해 평가된 값을 정확하게 추정하기 위한 방정식의 능력을 일반화하는 데 있어서 조심해야 한다. 만약 training 데이터로 보인 동일한 선형 관계가 이전에 관찰되지 않았던 데이터에서 또한 발견될 수 있다는 것을 확신한다면, 이 회귀 방정식은 새로운 데이터에 안전하게 사용되어질 수 있다.

마지막으로, 표 10.2의 두 번째 행의 값은 평가된 빌딩 값을 예측하는 데 있어서 개개의 독립 변수의 유용함을 나타낸다. 어떻게 이 값들이 사용되는지에 대해 좀 더 자세히 알아보려면 LINEST Help 문서를 참조하도록 하자.

| 회귀 트리(Regression Trees) |

회귀 트리(Regression trees)는 통계적 회귀 분석의 또 다른 방법이다. 회귀 트리라는 이름은 통계학자들이 수치 출력 값을 예측하는 모델을 회귀 모델이라고 말하는 것에서 그 이름이 나왔다. 본질적으로 회귀 트리는 결정 트리(decision tree)이며 다만 트리의 터미널 노드(leaf node)의 값이 범주적이 아닌 수치 값이라는 것이다. 각 터미널 노드의 값은 그 터미널 노드를 통해 전달되는 모든 인스턴스에 대하여 출력 어트리뷰트의 수치 평균 값을 취함으로써 계산되어진다.

회귀 트리는 데이터가 비선형일 때 선형 회귀 방정식보다 더 정확하다. 하지만 회귀 트리는 아주 해석하기가 귀찮고 매우 어려울 수 있다. 이러한 이유로 회귀 트리는 때로는 선형 회귀와 함께 합쳐져서 모델 트리(model tree)라는 것을 이룬다. 모델 트리에서는 부분 회귀 트리의 각 터미널 노드는 평균 어트리뷰트 값보다는 선형 회귀 방정식을 나타낸다. 선형 회귀를 회귀 트리와 합치면서 정확한 결과를 얻는 데 필요한 트리 레벨의 수가 적어

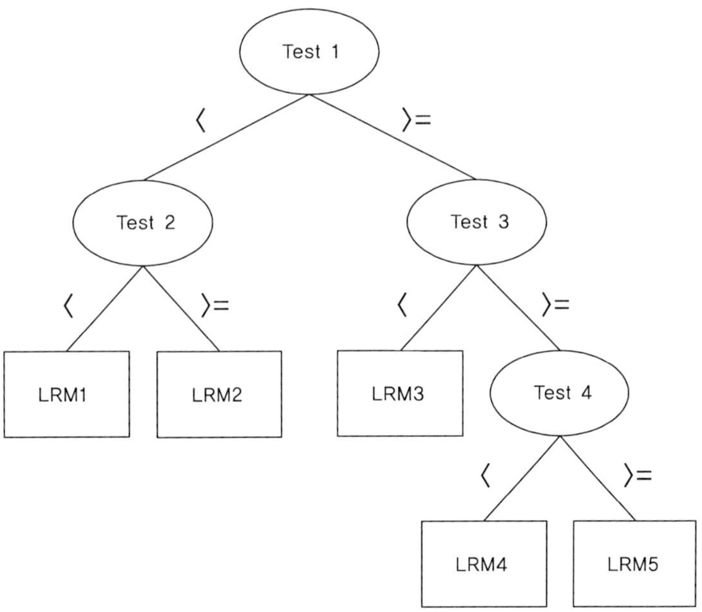

그림 10.2 일반적인 모델 트리

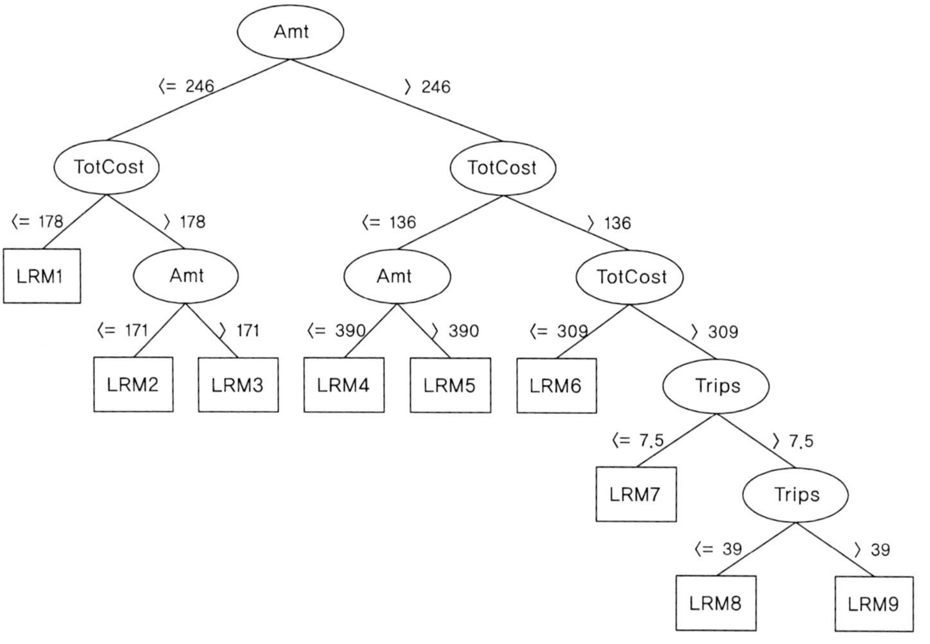

그림 10.3 사슴 사냥꾼 데이터 집합의 모델 트리(출력 어트리뷰트 Yes)

지므로 회귀 트리 구조도 더 간단해질 수 있다.

그림 10.2는 기본적인 모델 트리 구조를 보여준다. 실수 어트리뷰트에 대한 4개의 test가 있고 5개의 터미널 노드가 보여지고 있는데 각 터미널 노드는 각 선형 회귀 방정식을 나타낸다. 모델 트리의 복잡도는 독립 변수와 종속 변수간에 보여지는 선형도(degree of linearity)에 따른다. 실험에서와 같이 우리는 두 개의 모델 트리는 만들었다. 하나는 수치값 형태의 심장병 환자(cardiology patient) 데이터를 사용하여, 그리고 두 번째는 사슴 사냥꾼(deer hunter) 데이터 집합을 사용한 것이다.

심장병 환자 데이터에 대한 모델 트리는 하나의 노드를 가지고 있으며 그 노드는 다변수 선형 회귀 방정식을 나타낸다. 이 결과는 독립 변수와 종속 변수간의 관계가 선형적이라는 것을 말해준다. 사슴 사냥꾼 데이터 집합의 모델 트리는 그림 10.3에 보여지고 있는데 트리는 여덟 개의 어트리뷰트 test와 아홉 개의 선형 회귀 방정식을 보여준다. 이 트리의 복잡도는 독립 변수와 종속 변수간에는 선형도가 부족하다는 것을 암시한다.

10.2 로지스틱 회귀 분석(Logistic Regression)

제2장에서 우리는 신용카드 프로모션 데이터베이스에 대하여 다변수 선형 회귀를 사용하여 출력 어트리뷰트인 생명보험 프로모션에 대한 값을 결정하는 방정식을 만들었다. 선형 회귀는 수치 어트리뷰트 값을 요구하기 때문에 우리는 모든 범주 데이터를 수치데이터로 변환시켜야 한다. 잡지 프로모션, 시계 프로모션, 생명보험 프로모션과 같은 어트리뷰트에서의 Yes 그리고 No의 값은 1과 0으로 바뀌었다. 그리고 성별 어트리뷰트에서 남과 여도 마찬가지로 1과 0으로 바뀌었다. 마지막으로 수입 범위라는 범주 어트리뷰트에 대한 값은 각 범위 점수의 낮은 끝(lower end)으로 변환되었다.

우리가 사용한 그 예는 대략적으로 설명하려고 사용했던 것일 뿐이지, 결과 값으로 두 개의 값을 가지고 있는 문제를 모델링하는 데에 선형 회귀 분석을 사용하려고 하는 것은 심각한 문제점을 가지게 된다[3]. 문제는 회귀 방정식에서는 종속변수에 그러한 값을 내지 않는다는 것에 있다. 즉, 선형 회귀 분석은 직선의 함수를 만들기 때문에 종속 변수의 값은 양수 그리고 음수 방향 모두에 닫혀 있지 않다. 그러므로 식 (10.1)의 오른쪽 편이 이진 결과 값(binary outcome)으로 나오게 하려면 그 선형 회귀 모델을 변환시켜주어야 한다. 결과 어트리뷰트 값이 [0,1] 사이의 값으로 제한되도록 선형 모델을 변환시킴으로써 그 회귀 방정식은 측정된 사건의 발생에 대한 확률 값을 내는 것으로 생각할 수 있다.

비록 선형 회귀 모델을 변환하는 여러 가지 옵션이 있기는 하지만 우리는 여기서 로지스틱 모델에 대하여 이야기하도록 하자. 로지스틱 모델은 로그(logarithmic) 변환을 적용하여 식 (10.1)의 오른쪽 편이 지수항(exponential term)이 되도록 변환시키는 것이다.

| 선형 회귀 모델의 변환 (Transforming the Linear Regression Model) |

로지스틱 회귀 분석은 조건 확률 점수를 각 데이터 인스턴스에 연관시키는 비선형 회귀 분석 기법이다. 로지스틱 모델에 의하여 수행되는 변환을 이해하기 위하여서 먼저 식 (10.1)을 확률 계산식이라고 생각해보도록 하자. 확률 값 1은 한 클래스(즉, *life insurance promotion = yes*)의 관측을 의미한다. 마찬가지로 확률 값 0은 다른 class(즉, *life insurance promotion = no*)의 관측을 나타낸다. 식 (10.4)는 식 (10.1)의 수정된 형태인데 식의 왼편이 조건 확률(conditional probability)로 쓰여져 있다.

3) 역자의 주: 선형 회귀 방정식의 종속 변수는 수치 값을 표시하여야 하는데, 예에서처럼 두 개의 이산 값을 가지는 경우에는 적절하지 않다는 의미이다.

$$p(y=1|\mathbf{x})=a_1x_1+a_2x_2+a_3x_3......a_nx_n+c \tag{10.4}$$

식 (10.4)는 속성 벡터(feature vector) $\mathbf{x}$[4)]가 주어졌을 때 $y=1$에 해당하는 클래스가 발생할 조건 확률을 나타내는 비유계(unbounded) 값으로서 $p(y=1 \mid \mathbf{x})$로 표시한다. 이 식에서 보여지는 경계 문제점을 없애기 위하여 그 확률은 다음과 같은 가능성 비율(odds ratio)로 표시된다.

$$\left[\frac{p(y=1|\mathbf{x})}{1-p(y=1|\mathbf{x})}\right] \tag{10.5}$$

어떤 속성 벡터 $\mathbf{x}$에 대하여 그 가능성(odds) 비율은 $y=0$ 클래스의 빈도에 비하여 $y=$ 1의 클래스가 얼마나 더 발생하는가를 나타낸다. 이 가능성 비율의 자연 로그(즉 logit)는 식 (10.1)의 오른편에 배정된다. 즉

$$1n\left[\frac{p(y=1|\mathbf{x})}{1-p(y=1|\mathbf{x})}\right]=\mathrm{ax}+c \tag{10.6}$$

여기서

$\mathbf{x}=(x_1,\ x_2,\ x_3,\ x_4......x_n)$

$\mathbf{ax}+c=a_1x_1+a_2x_2+a_3x_3......a_nx_n+c$

마지막으로 $p(y=1|\mathbf{x})$에 대하여 식 (10.6)을 풀어서 그 확률의 유계(bounded) 표현으로 바꾸면 아래의 식 (10.7)과 같이 된다.

$$p(y=1|x)=\frac{e^{\mathrm{ax}+c}}{1+e^{\mathrm{ax}+c}} \tag{10.7}$$

여기서

e는 exp로 표시되는 자연로그의 밑이다.

식 (10.7)을 로지스틱 회귀 분석 모델이라고 정의한다. 그림 10.4는 방정식의 그래프가 [0,1]의 범위 안에 유계되는 S자 모양의 곡선을 이루는 것을 보여주고 있다. 지수항(exponent term)이 음수 방향 무한대(negative infinity)로 갈수록 식 (10.7)의 오른편은 0에 접근한다. 마찬가지로 지수(exponent)가 양의 방향으로 무한대로 커질수록 식의 오른편은 1에 접근한다.

4) 역자의 주: 여기서 속성(feature)는 어트리뷰트를 의미한다.

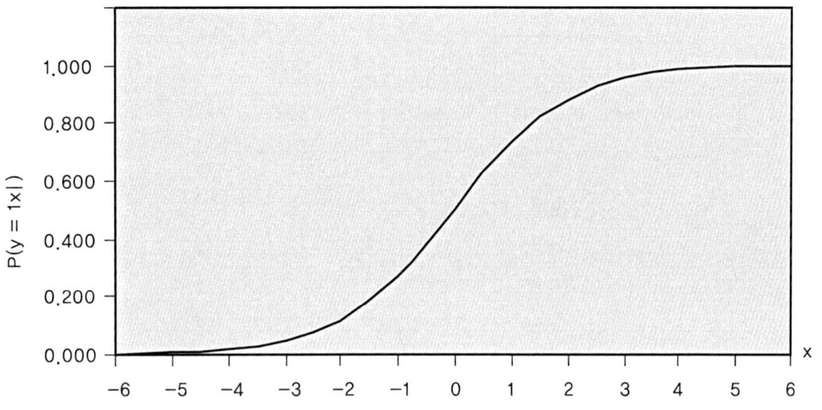

그림 10.4 로지스틱 회귀 방정식

식 (10.7)의 지수항 $\mathbf{ax}+c$의 계수(coefficient) 값은 반복적으로 결정한다. 그렇게 함으로써 예측 확률의 로그의 합을 최소화시키고자 하는 것이다. 로그의 합이 0에 가깝게 되거나 혹은 iteration에서 값의 변화가 없을 때 수렴된 것이다. 그 기법의 자세한 설명은 이 책의 범위를 벗어나는 것이고 관심 있는 독자는 여러 자료를 통하여 구체적인 설명을 얻기를 바란다(Hosmer and Lemeshow, 1989; Long, 1989).

| 로지스틱 회귀 분석의 예(Logistic Regression: An Example) |

웹사이트 http://members.aol.com/johnp71/logistic.html에서 구할 수 있는 로지스틱 회귀 모델의 구현을 우리의 신용카드 프로모션 데이터 집합(CreditCardPromotionNet.xls)의 수치 값 형태에 적용시켜보았다. life insurance promotion을 종속 변수로 정하고 magazine promotion과 watch promotion을 제거하여 life insurance promotional offering을 구매한 신규 고객의 확률을 예측할 수 있도록 하였다. 식 (10.7)의 지수항의 식은 다음과 같다.

$$\mathbf{ax}+\mathrm{c} = 0.0001Income + 19.827CreditCardIns - 8.314Sex - 0.415Age + 17.691 \qquad (10.8)$$

이 방정식을 보면 credit card insurance와 sex의 값이 지수항의 값을 결정하는 데 가장 영향력 있는 것임을 알 수 있다. 또한 개인의 수입이 가장 영향력이 적음을 볼 수 있다.

로지스틱 모델과 그 모델에 의하여 계산된 출력을 만드는 데 사용된 training 데이터는

표 10.3 로지스틱 회귀 분석 : 종속변수 = Life insurance promotion

Instance	Income	Credit Card Insurance	Sex	Age	Life Insurance Promotion	Computed Probability
1	40K	0	1	45	0	0.007
2	30K	0	0	40	1	0.987
3	40K	0	1	42	0	0.024
4	30K	1	1	43	1	1.000
5	50K	0	0	38	1	0.999
6	20K	0	0	55	0	0.049
7	30K	1	1	35	1	1.000
8	20K	0	1	27	0	0.584
9	30K	0	1	43	0	0.005
10	30K	0	0	41	1	0.981
11	40K	0	0	43	1	0.985
12	20K	0	1	29	1	0.380
13	50K	0	0	39	1	0.999
14	40K	0	1	55	0	0.000
15	20K	1	0	19	1	1.000

표 10.3에 보여진다. 보다시피 계산된 모든 값은 [0,1] 사이에 닫혀 있다. 또한 인스턴스 8과 12에 대한 값을 제외한 모든 계산된 출력 값은 정확한 분류(classification)를 보인다.

마지막으로, 식 (10.8)을 식 (10.7)의 지수항에 대입하여 새로운 신용카드 고객 인스턴스에 대한 조건 확률 점수를 계산할 수 있다. 예를 들어 다음의 새로운 인스턴스를 보자.

$Income = 35K$

$Credit\ Card\ Insurance = 1$

$Sex = 0$

$Age = 39$

식 (10.7)을 적용하여 확률 0.999를 계산할 수 있다. 이것은 이 새로운 고객이 새로운 생명보험 프로모션(life insurance promotion)에 참여할 가능성이 아주 높다는 것을 보여준다. 하지만 credit card insurance 값을 1에서 0으로 바꾸고 sex를 0에서 1로 바꾸면 확률 점수는 0.035가 된다. 따라서 연봉이 35K이고 credit card insurance를 가지고 있지 않은 39살의 남자 고객은 새로운 생명보험 프로모션(life insurance promotion)에는 가능성이 매우 낮은 선택임을 알 수 있다.

10.3 베이즈 분류기(Bayes Classifier)

베이즈 분류기는 간단하지만 강력한 supervised 분류(classification) 기법이다. 이 모델은 모든 입력 어트리뷰트들이 모두 같은 중요도를 가지고 서로 독립적이라는 것을 가정하고 있다. 이들 가정에 해당되지 않는다 하더라도 베이즈 분류기는 실제 상황에서 여전히 비교적 성공적으로 사용되고 있다. 이 분류기는 다음과 같은 베이즈 이론(Bayes theorem)에 근거하고 있다.

$$P(H|E) = \frac{P(E|H) \times P(H)}{P(E)} \tag{10.9}$$

H는 검증될 가설(Hypothesis)이고 E는 가설과 연관된 증거(evidence)이다.

분류(Classification)의 관점에서 본다면 가설은 종속 변수이고 예측 클래스를 나타낸다. 증거는 입력 어트리뷰트의 값에 의하여 결정된다. P(E|H)는 E가 주어졌을 때 H가 참일 조건 확률이다. P(H)는 사전(a priori) 확률인데 이것은 어떠한 증거가 나타나기 전에 가설의 확률을 말한다. 조건 확률과 사전 확률은 training 데이터에서 쉽게 계산할 수 있다. 이 분류기는 다음의 예로 쉽게 이해될 수 있다.

| 베이즈 분류기의 예(Bayes Classifier: An Example) |

표 10.4는 제 2장에서 정의된 신용카드 프로모션 데이터베이스의 일부를 보여주고 있다. 예를 우선 이렇게 만들어 보자. 즉 우리가 값을 예측하려고 하는 출력 어트리뷰트를 sex로 정해보자. 표 10.5는 각 입력 어트리뷰트에 대한 출력 어트리뷰트 값의 분포(즉, counts와 ratio)를 보여주고 있다. 표 10.5를 보면 예를 들어 4명의 남자가 잡지 프로모션에 참여했고 그것은 전체 남자의 3분의 2라는 것을 알 수 있다. 두 번째 예에서 표 10.5는 여자 4명 중 3명이 잡지 프로모션을 구입했음을 보여준다.

표 10.5의 데이터를 이용하여 베이즈 분류기가 새로운 분류(classification)를 하는 것을 보도록 하자. 다음과 같은 새로운 인스턴스를 분류해야 하는 경우를 생각해보자.

Magazine Promotion = yes
Watch promotion = yes

표 10.4 베이즈 분류기에 대한 데이터

Magazine Promotion	Watch Promotion	Life Insurance Promotion	Credit Card Insurance	Sex
Yes	No	No	No	Male
Yes	Yes	Yes	Yes	Female
No	No	No	No	Male
Yes	Yes	Yes	Yes	Male
Yes	No	Yes	No	Female
No	No	No	No	Female
Yes	Yes	Yes	Yes	Male
No	No	No	No	Male
Yes	No	No	No	Male
Yes	Yes	Yes	No	Female

Life Insurance Promotion = *no*

Credit Card Insurance = *no*

Sex = ?

두 가지의 가설을 검증하여야 한다. 하나의 가설은 위의 예의 신용카드 소유자가 남성이라는 것이고, 두 번째 가설은 여성이라는 것이다. 어느 가설이 맞는지를 결정하기 위하여 우리는 베이즈 분류기를 사용하여 각 가설에 대한 확률을 계산한다. 위의 예에서의 그 사람이 남성일 확률을 계산하는 일반적인 방정식은 다음과 같다.

$$P(sex = male \mid E) = \frac{P(E \mid sex = male)\,P(sex = male)}{P(E)} \tag{10.10}$$

표 10.5 어트리뷰트 성별(Sex)에 대한 카운트와 확률

	Magazine Promotion		Watch Promotion		Life Insurance Promotion		Credit Card Insurance	
Sex	Male	Female	Male	Female	Male	Female	Male	Female
Yes	4	3	2	2	2	3	2	1
No	2	1	4	2	4	1	4	3
Ratio:yes/total	4/6	3/4	2/6	2/4	2/6	3/4	2/6	1/4
Ratio:no/total	2/6	1/4	4/6	2/4	4/6	1/4	4/6	3/4

조건 확률 P(E|sex=male)로 먼저 시작을 해보자. 이 확률은 모든 증거(evidence)에 대한 조건 확률 값을 곱함으로써 얻어질 수 있다. 이것은 각 증거들이 서로 독립적이라는 가정 하에서 가능한 것이다. 전체 조건 확률은 다음 4개의 조건 확률의 곱으로 계산될 수 있다 :

$$P(magazine\ promotion = yes \mid sex = male) = 4/6$$
$$P(watch\ promotion = yes \mid sex = male) = 2/6$$
$$P(life\ insurance\ promotion = no \mid sex = male) = 4/6$$
$$P(credit\ card\ insurance = no \mid sex = male) = 4/6$$

이들 값은 표 10.5를 보고 직접 쉽게 구할 수 있다. 따라서 *sex = male*일 조건 확률은

$$P(E \mid sex = male) = (4/6)\ (2/6)\ (4/6)(4/6)$$
$$= 8/81$$

식 (10.10)에서의 사전(a priori) 확률, 즉 P(*sex = male*)는 프로모션 참가에 대한 사전 정보가 전혀 없는 상태에서 고객이 남성일 확률이다. 이 경우에 사전(a priori) 확률은 간단히 말해서 남성일 확률이다. 예에서는 6명의 남성과 4명의 여성이 있으므로 *sex = male*일 사전(a priori) 확률은 3/5가 된다.

이들 두 값이 주어졌을 때 식 (10.10)의 분자 부분을 계산해보면

(8/81)(3/5) $\approx$ 0.0593이 된다.

이제 $P(sex = male \mid E)$ = 0.0593 / $P(E)$

다음으로 $P(sex = female \mid E)$은 다음의 식으로 계산할 수 있다.

$$P(sex = female \mid E) = \frac{P(E \mid sex = female)P(sex = female)}{P(E)} \tag{10.11}$$

표 10.5의 데이터에서 직접 조건 확률을 먼저 계산해보자.

$$P(magazine\ promotion = yes \mid sex = female) = 3/4$$
$$P(watch\ promotion = yes \mid sex = female) = 2/4$$
$$P(life\ insurance\ promotion = no \mid sex = female) = 1/4$$

$$P(credit\ card\ insurance = no \mid sex = female) = 3/4$$

전체 조건 확률은

$$P(E \mid sex = female) = (3/4)\ (2/4)\ (1/4)\ (3/4)$$
$$= 9/128$$

데이터에는 4명의 여성이 있으므로 사전(a priori) 확률 $P(sex = female)$은 2/5가 된다. 따라서 식(10.11)의 분자 부분은
(9/128) (2/5) ≈ 0.0281이 된다. 따라서

$$P(sex = female \mid E) \approx 0.0281/P(E)$$

마지막으로, $P(E)$는 $sex = male$이나 $sex = female$이나 관계 없이 증거들의 확률을 나타내므로 두 경우 모두에게 같은 값이 된다. 따라서 이 값은 무시하여도 되고, 0.0593 > 0.0281이므로 베이즈 분류기는 위의 인스턴스가 남성인 신용카드 고객일 가능성이 높다고 이야기할 수가 있는 것이다.

| 어트리뷰트 카운트 값이 0인 경우(Zero-Valued Attribute Counts) |

베이즈 기법에서의 가장 큰 문제점은 어트리뷰트 값의 카운트 중의 하나가 0일 때 발생한다. 예를 들어서 credit card insurance의 어트리뷰트에 대하여 값이 no를 가지고 있는 여성들의 수가 0이라고 가정해보자. 이 경우에 $P(sex = female \mid E)$의 분자 값은 0이 될 것이다. 이렇게 되면 0과의 곱은 모두 0이 되어버리므로 다른 모든 어트리뷰트의 값들은 모두 의미가 없어져 버리게 된다.

이 문제를 해결하기 위하여 각 계산된 비율의 분자 분모에 작은 상수 값 k를 더한다. 그러면 n/d 형태의 비율은

$$\frac{n + (k)(p)}{d + k} \tag{10.12}$$

여기서 k는 0과 1 사이의 값이고 (보통 1), p는 어트리뷰트가 가질 수 있는 값의 가지수로 동일하게 나눈 만큼, 즉 만약 한 어트리뷰트가 두 가지 값을 가진다면 p는 0.5가 될 것이다.

바로 이전의 예에서 이 기법을 가지고 조건 확률 $P(E \mid sex = female)$을 다시 계산해보자. $k=1$이고 $p=0.5$이면 $sex = female$일 때의 증거(evidence)의 조건 확률은

$$\frac{(3+0.5)\times(2+0.5)\times(1+0.5)\times(3+0.5)}{5\times5\times5\times5} \approx 0.0176$$

| 유실 값(Missing Data) |

다행히 유실 값 아이템(missing data items)은 베이즈 분류기에서는 문제가 되지 않는다. 예를 들어 표 10.5에 정의된 모델에 의해 분류된 다음 인스턴스를 보도록 하자.

$$\begin{aligned}
&Magazine\ \ Promotion = Yes\\
&Watch\ \ Promotion = Unknown\\
&Llife\ \ Insurance\ \ Promotion = No\\
&Credit\ \ Card\ \ Insurance = No\\
&Sex = ?
\end{aligned}$$

watch promotion의 값을 모르면 우리는 그냥 이 어트리뷰트를 무시하고 조건 확률을 계산하면 된다. 그렇게 하면

$$\begin{aligned}
&P(E \mid sex = male) = (4/6)\ (4/6)\ (4/6) = 8/27\\
&P(E \mid sex = female) = (3/4)\ (1/4)\ (3/4) = 9/64\\
&P(sex = male \mid E) \approx 0.1778/P(E)\\
&P(sex = female \mid E) \approx 0.05625/P(E)
\end{aligned}$$

보다시피 그렇게 하면 watch promotion의 어트리뷰트에 확률 값 1.0을 주는 것과 마찬가지가 된다. 결국 두 개의 조건 확률 모두에게 더 큰 값이 만들어지게 된다. 하지만 두 개 확률 값 모두에게 같은 효과가 있는 것이므로 이것 또한 문제될 것이 없다.

| 수치 데이터(Numeric Data) |

수치 데이터도 데이터의 분포를 나타내는 확률 밀도 함수(probability density function)가 알려져 있다면 유사한 방법으로 처리하면 된다. 만약 특정한 수치 어트리뷰트가 정규분포를 따른다면 (10.13)과 같은 표준 확률 밀도 함수를 사용하면 된다.

표 10.6 베이즈 분류기 데이터 집합에 Age 어트리뷰트의 추가

Magazine Promotion	Watch Promotion	Life Insurance Promotion	Credit Card Insurance	Age	Sex
Yes	No	No	No	45	Male
Yes	Yes	Yes	Yes	40	Female
No	No	No	No	42	Male
Yes	Yes	Yes	Yes	30	Male
Yes	No	Yes	No	38	Female
No	No	No	No	55	Female
Yes	Yes	Yes	Yes	35	Male
No	No	No	No	27	Male
Yes	No	No	No	43	Male
Yes	Yes	Yes	No	41	Female

$$f(x) = 1/(\sigma\sqrt{2\pi})e^{-(x-\mu)^2/(2\sigma^2)} \tag{10.13}$$

여기서

$e=$ 지수함수(exponential function)

$\mu=$ 주어진 수치형 어트리뷰트에 대한 클래스 평균

$\sigma=$ 어트리뷰트에 대한 클래스 표준 편차

$x=$ 어트리뷰트 값

이 식이 아주 복잡해보이기는 하지만 적용하기는 매우 쉽다. 예를 들어, 표 10.6의 데이터를 보자. 이 데이터는 표 10.4의 데이터에 수치 어트리뷰트인 age를 하나 더 추가한 것이다.

이 새 정보를 이용하여 다음 인스턴스가 남성인지 혹은 여성인지 각각의 조건 확률을 계산해보도록 하자.

$Magazine\ \ Promotion = Yes$

$Watch\ \ Promotion = Yes$

$Llife\ \ Insurance\ \ Promotion = No$

$Credit\ \ Card\ \ Insurance = No$

$Age = 45$

$$Sex = ?$$

전체 조건 확률을 위하여 다음을 계산하면

$$P(E \mid sex = male) = (4/6)(2/6)(4/6)(4/6)[P(age = 45 \mid sex = male)]$$
$$P(E \mid sex = female) = (3/4)(2/4)(1/4)(3/4)[P(age = 45 \mid sex = female)]$$

sex = *male*일 때 *age*에 대한 조건 확률을 결정하기 위하여 *age*는 정규 분포를 따른다고 가정하고 그 확률 밀도 함수를 사용하도록 하자. 표 10.5의 데이터에서 평균과 표준 편차를 구한다. *sex* = *male* 클래스에서는 σ=7.69, μ=37.00, 그리고 x = 45이다. 따라서 *sex* = *male*일 때 *age* = 45일 확률은

$$P(age = 45 \mid sex = male) = 1/(\sqrt{2\pi}\,7.69)e^{-(45-37.00)^2/[2(7.69)^2]}$$

계산을 하면

$$P(age = 45 \mid sex = male) \approx 0.030$$

이 된다. *sex* = *female*일 때의 *age*에 대한 조건 확률을 구하기 위하여서는 σ=7.77, μ = 43.50, 그리고 x=45을 대신 대입하면 된다. 즉,

$$P(age = 45 \mid sex = female) = 1/(\sqrt{2\pi}\,7.77)e^{-(45-43.50)^2/[2(7.77)^2]}$$

전체 조건 확률 값은 다음과 같이 계산할 수 있다.

$$P(age = 45 \mid sex = female) \approx 0.050$$

그러면 이제 전체 조건 확률값을 구할 수 있다.

$$P(E \mid sex = male) = (4/6)(2/6)(4/6)(4/6)(0.030) \approx .003$$
$$P(E \mid sex = female) = (3/4)(2/4)(1/4)(3/4)(0.050) \approx .004$$

마지막으로, 식 (10.9)를 적용하면

$$P(sex = male \mid E) \approx (.003)(0.60)/P(E) \approx .0018/P(E)$$
$$P(sex = female \mid E) \approx (.004)(0.40)/P(E) \approx .0016/P(E)$$

이전처럼 $P(E)$는 무시하면 그 인스턴스는 *male* 클래스에 속한다고 결론지을 수 있다.

10.4 클러스터링 알고리즘(Clustering Algorithms)

이 장에서는 세 가지의 unsupervised 학습 기법을 소개한다. 각 방법은 데이터를 분리된 그룹(disjoint partitions)으로 클러스터링을 하는 데 서로 다른 접근 방법을 보여준다. 세 가지 기법 모두 일반적으로 통계적 기법으로 생각될 수도 있지만 세 번째 방법은 실제로 데이터의 본질에 대한 제한적인 가정을 하고 있다.

| 병합형 클러스터링(Agglomerative Clustering) |

병합형 클러스터링은 많이 사용되는 unsupervised 클러스터링 기법이다. 만들어질 클러스터의 개수를 사용자가 미리 지정하는 K-means 알고리즘과 달리 데이터 인스턴스 각각이 하나의 클러스터라는 가정에서부터 시작한다. 병합형 클러스터링 알고리즘의 과정은 다음과 같다.

1. 각 데이터 인스턴스는 서로 분리된 부분(partition)으로 놓고 시작한다.
2. 모든 데이터 인스턴스가 하나의 클러스터로 다 모일 때까지 다음 a, b를 수행한다.
   a. 가장 비슷한 두 클러스터를 찾아낸다.
   b. (a)에서 찾은 클러스터들을 하나의 클러스터로 합친다.
3. 단계 2의 과정에서 만들어진 클러스터링을 골라서 최종 결과로 한다.

신용카드 프로모션 데이터베이스를 가지고 병합형 클러스터링이 어떻게 수행되는지를 살펴보도록 하자.

병합형 클러스터링의 예(Agglomerative Clustering: An Example)

표 10.7은 제 2장에서 설명된 신용카드 프로모션 데이터베이스에서 5개의 인스턴스만을 보여주고 있다. 표 10.8은 위 알고리즘 단계2(a)에서의 첫 번째 iteration에서 계산된 인

표 10.7 신용카드 프로모션 데이터베이스에 있는 5개의 인스턴스

Instance	Income Range	Magazine Promotion	Watch Promotion	Life Insurance Promotion	Sex
I_1	40-50K	Yes	No	No	Male
I_2	25-35K	Yes	Yes	Yes	Female
I_3	40-50K	No	No	No	Male
I_4	25-35K	Yes	Yes	Yes	Male
I_5	50-60K	Yes	No	Yes	Female

스턴스 유사도를 보여준다. 각 인스턴스간의 유사도는 먼저 두 인스턴스간의 어트리뷰트 값이 일치하는 개수를 세고 그것을 전체 비교 개수로 나누면 계산된다. 예를 들어서, I_1과 I_3을 비교하면 전체 5개의 어트리뷰트 비교에서 4개가 일치하므로 표 10.8의 I_3과 I_1의 칸에 0.80(즉 4/5)이 계산되어져 있다.

단계2(b)는 첫 번 iteration에서 만들어진 클러스터들 중에서 가장 비슷한 두 개를 합치는 과정이다. 테이블 조합 (I_3, I_1)과 (I_4, I_2)가 가장 높은 유사도를 보이므로 I_1과 I_3 혹은 I_2와 I_4를 합치도록 하자. 여기서는 I_1과 I_3을 합쳐보도록 하자. 그러면 이제 하나의 인스턴스만 가지는 클러스터 3개(즉, I_2, I_4, I_5)와 두 개의 인스턴스(I_1과 I_3)를 가지는 클러스터 한 개, 이렇게 모두 4개의 클러스터를 가지게 된다.

다음으로 이제 클러스터들간의 유사도를 구하는 방법을 보도록 하자. 여러 가지 방법이 있을 수 있지만 우리의 예에서는 단일 테이블 계산(a single table computation)에 있는 모든 인스턴스의 평균 유사도를 사용하도록 하자. 즉, I_1과 I_3을 가지고 있는 클러스터와 I_4를 가지고 있는 클러스터를 합치기 위한 유사도를 계산하기 위해서는 I_5개의 어트리뷰트 값 비교 중에서 7개가 일치하므로 7/15=0.47의 유사도가 계산된다. 이 유사도는 표 10.9의 (I_4, I_1I_3) 칸에 보면 나와 있다. 이 테이블에서는 알고리즘의 두 번째 iteration에서의 모든 유사도가 계산되어져 있다.

표 10.8 병합형 클러스터링: 첫 번째 iteration

	I_1	I_2	I_3	I_4	I_5
I_1	1.00				
I_2	0.20	1.00			
I_3	0.80	0.00	1.00		
I_4	0.40	0.80	0.20	1.00	
I_5	0.40	0.60	0.20	0.40	1.00

표 10.9 병합형 클러스터링: 두 번째 iteration

	$I_1 I_3$	I_2	I_4	I_5
$I_1 I_3$	0.80			
I_2	0.33	1.00		
I_4	0.47	0.80	1.00	
I_5	0.47	0.60	0.40	1.00

표 10.9는 다음 iteration에서 I_4와 I_2가 합쳐지는(merge) 것을 보여준다. 따라서 단계 2의 세 번째 iteration 다음에는 3개의 클러스터가 될 것이다. 한 클러스터는 I_4와 I_2를 갖고 있고, 두 번째 클러스터는 I_1과 I_3, 그리고 마지막 클러스터는 I_5만 가지게 된다. 개별 클러스터들은 계속적으로 합쳐져서 모든 인스턴스들이 하나의 클러스터로 합쳐질 때까지 계속된다.

마지막 단계에서는 최종 클러스터링을 선택해야만 하는 가장 어려운 단계이다. 휴리스틱적인 척도 뿐 아니라 여러 통계적 척도도 사용될 수 있다. 다음은 일반적인 휴리스틱 방법 3가지를 소개한다.

1. 클러스터를 만드는 데 사용된 유사도를 이용하여 하나의 클러스터내의 유사도 평균과 모든 인스턴스에 대한 전체 유사도를 비교하라. 전체 혹은 도메인 유사도는 간단히 말해서 알고리즘의 최종 iteration에서 나온 점수를 말한다. 일반적으로, 개별 클러스터 유사도 점수의 평균이 도메인 유사도보다 크다면 그 클러스터링은 유용하다는 긍정적인 증거가 된다. 원하는 성능을 보여주는 클러스터링이 여러 개가 되는 경우에는 이 기법은 최종 결과를 선택하는 것보다는 클러스터링을 제거시켜나가는 데 가장 잘 사용될 수 있다.
2. 두 번째 방법으로서, 각 클러스터 내부의 유사도를 각 클러스터들간의 유사도와 비교한다. 예를 들어, 세 개의 클러스터 A, B, C가 있을 때 우리는 클러스터 A를 다음 세 가지 점수를 계산해서 분석한다. 첫 번째 점수는 클러스터 A 내부의 유사도, 두 번째 점수는 클러스터 A의 모든 인스턴스가 클러스터 B의 모든 인스턴스와 합쳐졌을 때 계산된 유사도, 그리고 세 번째 점수는 클러스터 C의 인스턴스를 클러스터 A와 합쳤을 때 얻어지는 유사도 점수이다. 내부 유사도가 더 높은 값이 나와야 좋은 것이다. 첫 번째 기법과 마찬가지로, 여러 개의 클러스터링이 나오게 될 것이다. 따라서 이 기법은 최종 결과를 고르는 것보다는 클러스터링을 제거시켜나가는 데 잘 이용될 수 있다.
3. 이전 기법들과 함께 사용될 수 있는 유용한 방법은 각 저장된 클러스터링에서 만들

어진 규칙(rule) 집합을 살펴보는 것이다. 예를 들어, 알고리즘의 10번 iteration이 먼저 수행되었다고 가정해보자. 그 다음에, 10개의 클러스터링 중에서 5개를 이전의 기법으로 제거했다고 하자. 이번 방법에서는 나머지 각 클러스터링을 규칙 생성기(rule generator)에 적용하여 각 클러스터에서 만들어진 규칙들을 조사해보는 것이다. 가장 좋은 규칙 집합을 보인 클러스터링을 최종 결과로 선택한다.

데이터에 대한 어떠한 가정이 주어졌을 때에는, 어느 클러스터링이 가장 좋은 결과인지를 통계적 분석으로 알아낼 수도 있다. 가장 좋은 분할(partitioning)을 선택하는 데 사용될 수 있는 가장 일반적인 통계 테스트는 BIC라고 불리는 Bayesian Information Criterion이다. BIC는 클러스터가 정규 분포일 때 사용될 수 있다. BIC는 어떤 모델에 대하여 이 모델이 얼마나 더 좋은지에 대한 확률을 제공해 줄 수 있다(Dasgupta and Raftery, 1998).

일반적 고찰

병합형 클러스터링은 반복해서 클러스터들을 병합해나가면서 클러스터링의 계층 구조(hierarchy)를 만든다. 비록 이 책에서는 여기까지만 논의를 하지만, 클러스터 유사도 점수를 계산하거나 클러스터들을 합병시켜나가는 여러 가지 다른 방법들이 존재한다.

또한 데이터가 실수 값일 때에는, 인스턴스 유사도를 정의하는 것은 매우 어려운 일일 수 있다. 가장 간단한 방법은 유클리디언 거리(Euclidean distance)를 사용하는 것이다.

병합형 클러스터링은 다른 클러스터링 기법에 대한 준비 작업으로 많이 사용될 수 있다. 예를 들어 K-means 알고리즘은 처음에 초기 클러스터 평균점을 선택해주어야 한다. 보통은 그 초기 포인트는 랜덤으로 하거나 임의로 정해준다. 하지만 그러한 초기 선택이 최종 클러스터링이 성능에 큰 영향을 미치기 때문에 가장 좋은 최종 클러스터링을 얻을 가능성을 높이기 위하여서는 먼저 병합형 클러스터링을 적용하여 K-means 알고리즘에서처럼 같은 개수의 클러스터를 만들고, 그 다음에 병합형 기법에서 얻어진 클러스터 평균점을 계산하여 처음 K-means 클러스터링에 대한 초기 평균점으로 사용할 수 있다.(Mukherjee et al., 1998).

| 개념적 클러스터링(Conceptual Clustering) |

개념적 클러스터링은 unsupervised 클러스터링 기법인데 점진적 학습(incremental learning)을 사용하여 개념 계층(concept hierarchy)을 만든다. 이 개념 계층은 트리 구조의 형태를 갖는데 루트 노드는 개념 일반화의 최상위 레벨을 나타낸다. 따라서 루트 노드는 모든 도메인 인스턴스들에 대한 요약 정보를 갖게 된다. 특별히 관심 있는 것은 트리의 basic-level 노드들이다. Basic-level 노드는 인간에게 매력적이고 이해를 쉽게 한다는 점에서 흥미롭다. 클러스터 품질 측정을 위한 적절한 도구를 사용하면 이들 basic-level 노드들은 개념 트리의 첫 번째 혹은 두 번째 레벨에서 만들어진다. 다음은 표준적인 개념 클러스터링 알고리즘이다.

1. 첫 번째 인스턴스만 가지고 클러스터를 하나 만든다.
2. 나머지 인스턴스에 대하여, 트리의 각 레벨에서 다음 두 가지 중 하나를 택한다.
   a. 새 인스턴스를 기존의 클러스터에 넣는다.
   b. 그 인스턴스만 가지고 새로운 클러스터를 만든다.

이 알고리즘은 클러스터링 과정이 점진적(incremental) 성격을 가지고 있음을 보여준다. 즉, 각 인스턴스가 차례대로 기존의 개념 계층에 하나씩 제공된다. 그 다음에, 그 계층의 각 레벨에서 평가함수를 사용하여 그 인스턴스를 기존의 클러스터에 포함시키거나 혹은 그것을 가지고 새로운 클러스터를 만들 것인가를 결정한다. 다음 절에서는 잘 알려진 확률 기반 개념 클러스터링 시스템에서 사용된 평가함수에 대하여 설명하도록 하겠다.

범주 유틸리티(Category Utility)의 측정

COBWEB(Fisher, 1987)은 지식을 개념 계층 구조(hierarchy)에 저장하는 개념 클러스터링 모델이다. COBWEB은 인스턴스를 어트리뷰트-값 형태로 받아들이는데 어트리뷰트는 범주 값이어야 한다.

COBWEB의 평가 함수는 인간의 분류 계층에서 심리적으로 선호되는 basic-level을 일관되게 만들어 낸다. 그 평가 함수는 범주 유틸리티(category utility)라고 알려진 척도의 일반화된 형태로 표현된다. 그 범주 유틸리티 함수는 어떤 특정 객체에 대해 만약 그 객체가 주어진 카테고리 내에 있다고 가정할 때 어트리뷰트-값의 정확한 예측의 기대 수(expected number)에서의 gain 값을 측정한다.

범주 유틸리티의 식에는 세 가지 확률이 사용된다. 하나는 조건 확률 $P(A_i = V_{ij} \mid C_k)$인데 클래스 C_k의 멤버십이 주어졌을 때 어트리뷰트 A_i의 값이 V_{ij}이 될 확률을 말한다. 이것은 제4장에서 소개된 어트리뷰트-값 예측률(predictability)의 공식 정의이다. 만약 $P(A_i=V_{ij} \mid C_k)=1$이라면 클래스 C_k의 모든 인스턴스는 어트리뷰트 A_i에 대해선 값 V_{ij}를 항상 가질 것이라는 것을 나타낸다. A_i가 값 V_{ij}를 가진다는 것은 클래스 C_k를 정의하는 데 필요조건이라고 말할 수 있다. 두 번째 확률 $P(C_k \mid A_i=V_{ij})$도 조건 확률인데 어트리뷰트 A_i가 값 V_{ij}를 가진다고 할 때 그 인스턴스가 클래스 C_k에 있을 확률이다. 이것은 제4장에서 기술된 어트리뷰트-값 예측률의 정의이다. 만약 $P(C_k \mid A_i=V_{ij})$가 1이라면, A_i가 V_{ij}이면 이 인스턴스의 클래스는 C_k가 될 것이다. 어트리뷰트 A_i가 값 V_{ij}를 가진다는 것은 클래스 C_k

를 정의하기 위한 충분조건이다.

이들 확률 척도는 i, j 그리고 k의 모든 값에 걸쳐서 합쳐져서 분할(partition) 품질에 대한 휴리스틱 척도로 사용된다. 다음과 같다.

$$\sum_K \sum_i \sum_j P(A_i = V_{ij})\ P(A_i = V_{ij} \mid C_K)\ P(A_i = V_{ij} \mid C_k) \qquad (10.14)$$

확률 $P(A_i=V_{ij})$를 집어넣으면 좀 더 자주 나타난 어트리뷰트 값이 분할 품질(partition quality)을 측정하는 데 좀 더 중요한 역할을 하도록 한다. 분할 품질에 대한 표현을 사용하면 범주 유틸리티는 다음의 식으로 표현된다.

$$\frac{\sum_{k=1}^{K} P(C_K) \sum_i \sum_j P(A_i = V_{ij} | C_k)^2 - \sum_i \sum_j P(A_i = V_{ij})^2}{K} \qquad (10.15)$$

분자의 첫 번째 항은 이전에 설명된 분할 품질 표현을 조금 다르게 베이즈 규칙을 적용해서 표현한 것이고, 두 번째 항은 어떤 카테고리 지식이 없이 어트리뷰트 값을 정확하게 추측하는 확률을 나타낸다. 분모 K(전체 클래스 개수)는 만들어지는 클러스터의 전체 개수를 다르게 사용하게 할 수 있게 한다.

개념 클러스터링의 예

COBWEB으로 개념 계층 구조(hierarchy)를 만들어 나가는 절차를 살펴보기 위해 그림 10.5에 있는 계층 구조를 보도록 하자. 이 그림은 표 10.10의 인스턴스에 대해 COBWEB이 만든 것이다. 먼저 이 계층구조에 집어 넣어야 할 새로운 인스턴스가 하나 있다고 해보자. 그 인스턴스는 계층 구조의 루트 노드 *N*으로 들어가고 *N*의 통계는 새롭게 추가된 인스턴스를 반영해서 수정된다. 그 인스턴스가 그 계층의 두 번째 레벨로 내려가면 COBWEB의 평가함수는 네 가지 중의 한 가지를 수행한다. 만약 그 새 인스턴스가 N_1, N_2 또는 N_4 중의 어느 하나와 아주 비슷하다면 그 인스턴스는 그 비슷한 노드로 들어가서 계층 구조의 두 번째 레벨로 진행된다. 두 번째 가능성은 평가 함수에 의해 그 새 인스턴스가 비슷한 것 없이 독특해서 새로운 첫 레벨 노드를 새로 만들만한 가치가 있는 경우이다. 이 경우라면 그 인스턴스는 첫 레벨 개념 노드가 되고 분류 과정은 끝난다.

COBWEB에도 두 가지 다른 선택이 또 있다. 한 경우에서는 시스템은 두 개의 가장 좋은 노드를 하나의 노드로 합치는 것을 고려한다. 그 마지막 가능성은 실제로 이 계층 구조에서 가장 좋은 점수의 노드를 없애 버린다. 이들 마지막 두 선택은 편중된(skewed) 인스

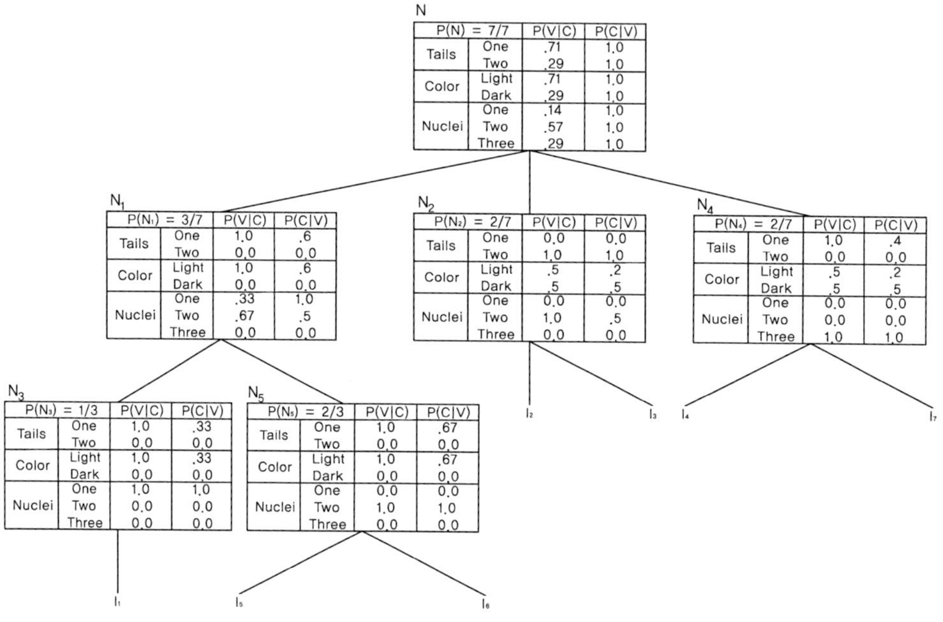

그림 10.5 COBWEB으로 만든 hierarchy

턴스 제시로 인해 발생할 수 있는 비최적(nonoptimal) 계층 구조를 수정하는 데 도움을 준다. 만약 어떤 선택이 되더라도 그 합쳐지는 것 아니면 제거되는 것이며 그 새로운 인스턴스는 그 수정된 계층 구조에 다시 한 번 제시된다. 이 과정은 개념 트리의 각 레벨에서 계속 되어서 그 새 인스턴스가 터미널 노드가 되면 끝난다.

마지막으로, 모든 예측과 예측 점수는 부모 노드의 관점에서 계산된다는 것을 주의하라. 예를 들어, N_5에 나와 있는 *nuclei* = *two*에 대한 예측 점수 1.0은 *nuclei* = *two*를 가진 N_1의 모든 인스턴스가 N_1에서 N_5로의 경로를 따라갔다는 사실을 반영한다.

일반적 고려사항

비록 우리는 여기서 COBWEB만 설명했지만 다른 개념 클러스터링도 여러 가지가 개발된 것이 있다. CLASSIT(Gennari, Langley, and Fisher, 1989)도 개념 클러스터링 시스템인데 COBWEB의 기본 알고리즘을 확장시켜 개념 계층 구조를 만들고 인스턴스를 분류했다. 이들 두 가지 모델은 매우 유사한데, 단지 CLASSIT의 평가 함수는 실수 값 어트리뷰트에 대해서는 COBWEB 범주 유틸리티의 동치 변환이다. 따라서 개별 개념 노드는 어트리뷰트 값 확률보다는 어트리뷰트의 평균과 표준 편차 점수를 저장한다.

COBWEB처럼 CLASSIT도 그 평가 함수가 인간의 분류 계층 구조에서 심리적으로 선호

표 10.10 개념 클러스터링 데이터

	Talils	Color	Nuclei
I_1	One	Light	One
I_2	Two	Light	Two
I_3	Two	Dark	Two
I_4	One	Dark	Three
I_5	One	Light	Two
I_6	One	Light	Two
I_7	One	Light	Three

되는 레벨을 일관되게 결정하는 것으로 보여져 왔기 때문에 매력적이다. 또한 COBWEB과 CLASSIT 모두 각 트리 노드에서 완전한 개념 기술을 하고 있으므로 자신의 행위에 대한 설명을 잘 해줄 수가 있다.

개념 클러스터링 시스템은 또한 여러 단점들도 가지고 있다. 가장 큰 단점은 인스턴스의 순서가 클러스터링 결과에 큰 영향을 미칠 수 있다는 것이다. 인스턴스에 대한 대표성이 없는 순서는 최적의 결과를 내지 못하게 될 수도 있다. COBWEB과 CLASSIT과 같은 클러스터링 시스템은 이러한 문제를 해결하기 위하여 클러스터들을 합치고 나누는 특별한 작업들을 사용한다. 하지만 이러한 방법의 결과들도 항상 성공적인 것은 아니다.

| EM(Expectation Maximization) 알고리즘 |

EM(expectation-maximization) 알고리즘(Dempster, Laird, and Rubin, 1977)은 유한 가우스 혼합(finite Gaussian mixture) 모델을 사용하는 통계적 기법이다. 혼합(mixture)이라는 것은 n개의 확률 분포(probability distribution)로 이루어진 집합을 말하는데, 각 분포(distribution)는 클러스터를 나타낸다. 이 혼합 모델에서는 각 데이터 인스턴스에 어떤 특정 클러스터를 배정하는 대신에 확률 값을 배정하는데, 그 확률은 그것이 어떤 특정 클러스터의 멤버라고 할 때 어떠한 어트리뷰트 값의 집합을 가지게 될 확률이다. 이 혼합 모델에서는 모든 어트리뷰트들이 독립 랜덤 변수라고 가정한다.

EM 알고리즘은 파라미터들이 수렴 값에 도달할 때까지 계속 다시 계산되어진다는 점에서 K-Means와 비슷하다. 간단한 예를 들면, n=2이고 확률 분포(probability distribution)는 정규 분포 그리고 데이터 인스턴스는 하나의 실수 어트리뷰트로 구성되었다고 해보자. 비록 여러 개의 실수 어트리뷰트를 가진 데이터 집합을 사용해도 되지만 여기서는 아주 간단한 예를 보이고, 다음 절에서 보다 일반적인 예를 보이도록 하겠다. 두 개의 클래스, 그리고 하나의 어트리뷰트 경우에서 우리의 알고리즘은 다음과 같은 다섯 개의 파라미터의 값을 결정해야 한다.

- 클러스터 1의 평균과 표준편차
- 클러스터 2의 평균과 표준편차
- 클러스터 1에 대한 표본 확률 P(따라서 클러스터 2의 확률은 1-P)

EM의 일반적인 절차는 다음과 같다.

1. 다섯 개의 파라미터에 대한 초기 값을 추측한다.
2. 정해진 종료기준이 만족될 때까지 다음을 계속한다.
   a. 정규 분포에 대한 확률 밀도 함수(probability density function, 식 10.13)를 사용하여 각 인스턴스의 클러스터 확률을 계산한다. 그러면 두 개의 클러스터를 가진 예에서 우리는 각기 다른 평균과 표준 편차 값을 가진 두 개의 확률 함수 식을 가진다.
   b. 전 과정에서 구한 각 인스턴스에 대해 배정된 확률 값을 사용하여 다섯 개의 파라미터 값을 재추정한다.

클러스터의 성능이 더 이상 향상되지 않을 때까지 알고리즘은 계속 진행된다. 클러스터 성능을 측정하는 한 가지 방법은 데이터가 클러스터링에 의해 만들어진 데이터 집합에서 나왔을 우도(likelihood)를 보는 것이다. 우도가 높을수록 더 좋은 클러스터라고 할 수 있다.

EM 알고리즘의 예

EM에서는 클러스터의 개수를 우리가 정할 수도 있고 혹은 EM이 직접 가장 좋은 클러스터 개수를 결정하게 할 수도 있다. 표 10.11의 EM 알고리즘 어플리케이션에서는 제4장에서 설명되었던 감마선 폭발 데이터 집합에 대해 세 개의 클러스터를 사용하도록 했다. 이 데이터 집합은 모두 여섯 개의 실수 어트리뷰트를 가지고 있다는 것을 기억하라. 우리는 이 실험에서 예측도가 가장 높은 세 개의 어트리뷰트들만 사용하였다.(Mukherjee et al. 1998). 선택된 그 세 개의 어트리뷰트는 표 10.11에 Log Fluence(burst brightness), Log Hr321(burst hardness) 그리고 Log T90(burst length), 이렇게 세 개로 주어져 있다. 이 테이블을 보면 EM이 세 개의 감마선 폭발 클러스터를 확실하게 만든 것을 분명히 알 수 있다. 클러스터 0은 중간 길이와 밝기의 burst를 가진다. 클러스터 1은 가장 긴 폭발을,

표 10.11 Gamma-Ray Burst 데이터에 대한 EM 클러스터링

	Cluster 0	Cluster 1	Cluster 2
# Instances	518	340	321
Log Fluence			
Mean	−5.6670	−4.8131	−6.3657
SD	0.4088	0.5301	0.5812
Log HR321			
Mean	0.0538	0.2949	0.5478
SD	0.3018	0.1939	0.2766
Log T90			
Mean	1.2709	1.7159	−0.3794
SD	0.4906	0.3793	0.4825

클러스터 2는 가장 짧은 그리고 hardest burst를 가진다. 표 10.11에 요약되어 보여진 데이터 이외에도 EM은 최종 likelihood 값을 제공하고 각 데이터 인스턴스와 연관된 클러스터 번호를 알려준다.

일반적인 고려사항

EM은 maximum likelihood 값으로 수렴하는 것을 보장하는 통계적 모델이다. 하지만 그 maximum은 global이 아니라 local maximum일 수도 있다. 이런 이유 때문에 좋은 결과값을 얻기 위하여서는 이 알고리즘을 여러 번 적용해보는 것이 필요할 수도 있다. 평균과 표준 편차의 초기 값도 어떻게 정해지느냐가 최종 결과에 영향을 미칠 수 있기 때문에, 때로는 병합형(agglomerative) 클러스터링과 같은 대안 방법이 초기단계에 적용되기도 한다. 그 초기 기법에 의해 만들어진 클러스터의 평균과 표준 편차 값을 EM은 초기 파라미터 값으로 사용한다.

발견한 것에 대한 '설명'부족은 다른 클러스터링 시스템들과 마찬가지로 EM의 문제점이기도 하다. 이런 이유로 우리가 제안한 것처럼 supervised 모델을 사용해서 unsupervised 클러스터링의 결과를 분석해보는 방법론은 때로는 적절할 수 있다.

10.5 휴리스틱이냐 통계냐?

데이터 마이닝은 통계 분야, 그리고 인공지능의 한 분야라고 할 수 있는 기계 학습(machine learning)에 그 기반을 두고 있다. 이들 분야는 각기 귀납적(inductive) 문제 해결에 대한 나름대로의 규칙과 기법들을 가지고 있다. 통계 기법과 기계 학습 기법간의 기본적인 차이점은 처리되는 데이터에 대한 가정에 대한 것이다. 일반적으로, 통계적 기법은 데이터에 대한 기본적인 분포(distribution)가 있다고 가정한다. 가장 일반적으로 사용되는 분포는 정규 분포이다. 어느 특정 데이터 집합에 적용되었을 때 그러한 기본 가정이 타당한지 아닌지에 따라서 통계적 기법의 안정성은 달라질 수가 있다. 반면에 기계 학습 기법은 데이터에 대한 어떤 가정을 하지 않는다. 이것 이외에도 통계적 기법과 기계 학습 기법간에는 큰 차이점이 있다.

귀납적 기법들을 세 개의 일반적인 범주로 나누어 생각해볼 수 있다. 그 다음에 그 범주적 특징들을 비교해보면 그들 기법들 간의 유사점과 차이점을 더 잘 이해할 수 있을 것이다. 귀납적 문제해결 방법을 다음과 같은 범주로 한번 나누어 보자.

- 쿼리와 시각화 기법
- 기계 학습 기법
- 통계 기법

각 범주를 좀 더 자세히 살펴보도록 하자.

| 쿼리와 시각화 기법 |

쿼리와 시각화 기법은 일반적으로 다음 세 가지 그룹 중 하나에 속한다.

- 쿼리 도구
- OLAP 도구
- 시각화 도구

쿼리/OLAP과 데이터 마이닝 기법(통계 혹은 비통계)과의 가장 큰 차이는 전자는 데이터에 대한 리포팅으로는 매우 훌륭한 도구이기는 하지만 숨겨진 패턴을 찾아 주지는 못한다는 것이다. 이 기법을 사용하려면 우리는 먼저 우리가 무엇을 찾으려고 하는가를 알고 있어야 한다.

시각화 도구는 데이터를 그래픽으로 보여준다. 유용한 시각화로는 계층적 구조, 즉 결정 트리, 막대와 파이 차트, 2차 혹은 3차원 히스토그램, 맵, surface plot 다이어그램과 같은 것들이다. 일반적으로는 데이터 마이닝 단계를 먼저 하고, 발견한 것을 이해하는 데 데이터 시각화를 적용하여 도움을 받을 수 있다. MS 엑셀이나 SPSS와 같은 소프트웨어 패키지는 여러 시각화 도구를 제공해서 우리가 데이터 마이닝 단계의 결과물을 해석할 수 있도록 해준다.

| 기계 학습과 통계적 기법(Machine Learning and Statistical Techniques) |

기계 학습 기법과 통계적 기법간의 차이는 아주 명쾌하게 구분되어질 수 있는 것은 아니다. 많은 기계 학습 기법들이 통계적 기법으로 생각되어지기도 하는데 그 이유는 데이터 집합의 모델을 만들어 내는데 최소한 통계적 추론(inference)을 사용하기 때문이다. 신경망 학습과 같은 경우는 특히 그러하다. 하지만 이들 두 가지 방법은 다음 다섯 가지 관점으로 비교하면 구분될 수 있다.

1. 통계적 기법은 일반적으로 데이터에 대한 기본 분포(distribution)를 가정하고 있지만 기계 학습 기법은 그러하지 아니하다.
2. 기계 학습 기법은 좀 더 인간에게 친숙한 지식 구조를 사용한다. 결정 트리나 생성 규칙과 같은 방법은 우리가 해석하기 매우 쉬운 지식 구조를 사용한다. 신경망은 실제로 인간 두뇌를 간단히 모델링한 것이다. 통계적 기법의 결과는 주로 방정식과 같은 수학적 구조를 가지고 있어서 해석하기가 매우 어렵다.
3. 기계 학습 기법은 유실 혹은 오염된(missing and noisy) 데이터를 잘 다룰 수가 있다. 특히 신경망은 아주 오염된(noisy) 데이터를 가지고 있는 경우에도 좋은 모델을 만들어 낼 수 있다. 통계적 기법은 오염된 데이터 인스턴스는 제거해야 하는 경우가 많다.
4. 대부분의 기계 학습 기법은 결과가 인간이 이해하기 쉬운 형태로 설명되어질 수가 있지만 통계 기법은 그렇지 못하다. 신경망은 예외인데 학습된 것을 인간이 이해하기 쉬운 형태로 보여주지를 못한다.
5. 통계적 기법은 작은 규모 혹은 중간 규모의 데이터 집합은 잘 다루지만 대규모 데이터는 문제가 발생할 수도 있다. 대규모 데이터 집합은 오염된 데이터가 있을 가능성이 높기 때문이기도 하다. 또한, 많은 통계적 방법들은 데이터를 선형(linear) 방식으로 모델링하려는 시도를 하는데, 데이터 집합의 크기가 커질수록 정확한 선형 모

델을 만들게 될 가능성은 희박해진다.

모델의 속도가 통계적 그리고 기계 학습적 방법을 구분하는 요소라고 하는 것은 잘 못 생각하는 것이다. 통계적 기법은 기계 학습 기법에 비하여 계산적 부하가 더 큰 것으로 생각되고 있는데, 계산 복잡도는 기법 자체의 문제이지 그것이 통계적이냐 아니냐와는 큰 상관이 없다. 아마도 가장 크게 잘못 생각하고 있는 것 중의 하나는 데이터 마이닝 기법이 통계적인 것이 아니라면 그 결과의 유의미성을 통계적으로 검증하지 않아야 한다는 생각이다. 사실 데이터 마이닝 작업이 통계적인 것이든 기계 학습 기법인 것이든 상관 없이 그 결과를 분석하는 데 통계적 검증 테스트가 유용하게 사용되는 경우는 많이 있다.

10.6 요약(Chapter Summary)

데이터 마이닝 기법은 다양한 모양과 형태가 있다. 추정과 예측(estimation and prediction) 문제에 사용되는 통계적 기법은 선형 회귀 분석(linear regression)이다. 선형 회귀 분석은 종속 변수(dependent variable)를 하나 이상의 독립 변수(independent variables)들의 선형 조합(linear combination)으로 모델링하는 것이다. 선형 회귀 분석은 종속 변수와 독립 변수들이 거의 선형적인 관계를 가지고 있을 때 적당한 데이터 마이닝 기법이다. MS 엑셀의 LINEST 기능은 다중 선형 회귀 분석을 수행하는 데 쉬운 메커니즘을 제공한다.

선형 회귀 분석은 결과 값이 바이너리(binary)일 때에는 적당하지 않다. 그 이유는 그 종속 변수의 값 제한(value restriction)은 회귀 방정식으로는 찾아지지 않는다는 사실 때문이다. 즉, 선형 회귀 분석이 직선의 함수를 만들어 놓으므로 종속 변수의 값들은 양과 음의 방향 모두로 비유계(unbounded)되어 있다. 두 개의 결과가 나오는 경우에는 로지스틱 회귀 분석이 더 좋은 방법이다. 로지스틱 회귀 분석은 비선형 회귀 기법인데 각 데이터 인스턴스에 조건 확률 값이 사용된다.

베이즈 분류기는 간단하지만 강력한 supervised 분류 기법이다. 이 모델에서는 모든 입력 어트리뷰트들이 모두 같은 중요도를 가지고 있고 서로 독립적이라고 가정한다. 실제는 이들 가정은 아마도 틀릴 경우가 많겠지만 베이즈 분류기는 여전히 실제로 아주 잘 사용이 되고 있다. 베이즈 분류기는 카테고리와 수치 데이터 모두를 사용할 수 있다. 또한 많은 통계적 분류알고리즘과는 달리 베이즈 분류기는 유실(missing) 데이터가 많이 있는 경우에도 사용될 수 있다.

병합형(Agglomerative) 클러스터링은 인기 있는 unsupervised 클러스터링 기법이다. 병합 클러스터링은 먼저 각 인스턴스가 각각 하나의 클러스터를 나타낸다고 가정하면서 시작한다. 알고리즘의 매 iteration마다 가장 유사한 클러스터 쌍을 합친다. 마지막 iteration에서는 모든 데이터 집합의 아이템이 하나의 클러스터로 합쳐진다. 유사도를 계산하는 것과 클러스터를 합치는 것에 대해서는 몇 가지 옵션이 사용된다. 또한 클러스터가 될 데이터가 실수 데이터일 때 인스턴스간 유사도를 정의하는 것은 어려운 일이다. 일반적으로는 유클리디언 거리를 사용한다. 병합형 클러스터링은 주로 다른 클러스터링 기법에 대한 준비 작업(prelude)으로서 많이 사용된다.

개념적 클러스터링도 또한 unsupervised 기법인데, 점진적(incremental) 학습을 이용하여 개념 계층 구조(hierarchy)를 만들어 나가는 방법이다. 개념 계층 구조는 트리 구조의 형태를 취하는데, 그 트리 구조에서 루트는 개념의 가장 상위 일반화(generalization) 레벨을 나타낸다. 개념 클러스터링 시스템이 특히 매력적인 이유는 그것으로 만들어진 트리는 일관되게 인간의 분류 계층 구조에서 심리적으로 선호되는 레벨을 결정하는 것이다. 또한, 개념 클러스터링 시스템은 결과에 대한 '설명'을 가능하게 해줄 수 있다. 하지만 이 시스템에서의 가장 큰 문제점은 인스턴스가 제시되는 순서가 클러스터링의 결과에 유의미한 영향을 미친다는 것이다. 데이터 인스턴스가 대표성 없는 순서로 주어질 때에는 최적의 클러스터링이 되지 않을 수도 있다.

EM(expectation-maximization) 알고리즘은 여러 개의 가우시안 혼합 모델을 이용하는 통계적 기법이다. 혼합 모델(mixture model)에서는 각 개별 데이터 인스턴스는 확률을 가지게 되는데 그 확률은 그 인스턴스가 어느 특정 클러스터의 멤버일 때 어떠한 어트리뷰트 값들을 가지게 될 확률이다. 이 모델은 모든 어트리뷰트가 독립 랜덤 변수라고 가정한다. 이 EM 알고리즘은 파라미터들이 원하는 수렴 값에 도달할 때까지 파라미터가 재계산된다는 점에서 K-Means 절차와 비슷하다. 발견한 것에 대한 '설명'이 부족한 것이 EM의 문제점이라고 말할 수 있으나 많은 다른 클러스터링 알고리즘도 이 점에 있어서는 마찬가지이다. supervised 모델을 적용하여 unsupervised 클러스터링의 결과를 분석하는 것도 EM 알고리즘의 결과를 '설명'하는 데 사용될 수 있는 하나의 기법이 될 수 있다.

10.7 핵심 용어

- **사전 확률(A priori probability)** 가설을 지지할 것인지 기각할 것인지의 증거가 부족한 상태에서, 가설이 참일 확률
- **병합형 클러스터링(Agglomerative clustering)** 각각의 데이터 인스턴스가 각자 초기 클러스터로 시작되는 unsupervised 기법. 유사도가 높은 클러스터들끼리 계속 합쳐 나가면서 최종적으로는 모든 인스턴스들이 하나의 클러스터로 합쳐질 때까지 iteration을 반복하는 알고리즘. 마지막 단계에서 어느 클러스터링이 가장 좋은 결과인지를 결정한다.
- **기본-레벨 노드들(Basic-level nodes)** 인간에 의해서 쉽게 확인되고 이해될 수 있는 개념을 표현하는 개념 계층에 속한 노드들
- **베이즈 분류기(Bayes classifier)** 베이즈(Bayes) 이론을 사용해서 새로운 인스턴스(instance)들을 분류하는 supervised 학습 방법
- **베이즈 이론(Bayes theorem)** 어떤 증거가 주어졌을 때 가설의 확률은, '그 가설이 주어졌을 때 증거의 확률' 곱하기 '그 가설의 확률'을 '그 증거의 확률'로 나눈 것과 같다.
- **베이지안 정보 준거(Bayesian Information Criterion - BIC)** BIC는 어떤 데이터 마이닝 모델에 대하여 이 모델이 다른 모델에 비하여 얼마나 더 좋은지에 대한 확률을 나타내준다.
- **범주 유틸리티(Category utility)** unsupervised 평가 함수로서, 어떤 특정 객체에 대해 만약 그 객체가 주어진 범주 내에 있다고 가정할 때 어트리뷰트-값의 정확한 예측의 기대수(expected number)에서의 gain 값을 측정한다.
- **결정 계수(Coefficient of determination)** 회귀 분석에서 종속 변수에 대한 실제 값과 추정된 값 사이의 상관 관계를 나타낸다.
- **개념 계층(Concept hierarchy)** 추상화 수준에서 개념을 표현하는 노드를 가진 트리 구조. 트리의 상위 레벨로 올라갈수록 일반화 수준이 올라간다. 터미널 노드(Leaf nodes)들은 개별 데이터 인스턴스(instance)들을 나타낸다.
- **개념적 클러스터링(Conceptual clustering)** 입력 인스턴스들로부터 개념 계층을 점진적(incremental)으로 생성하는 unsupervised 클러스터링 방법
- **조건부 확률(Conditional probability)** 가설 H가 주어졌을 때의 증거 E의 조건부 확률. P(E | H)로 표현되며 주어진 H가 참일 때 E도 참일 확률을 나타낸다.

- **점진적 학습(Incremental learning)** Supervised 환경에서의 지원되는 학습의 형태로서, 인스턴스(instance)들이 순차적으로 계속 추가되어 들어가면서 학습된다. 각각의 새로운 인스턴스가 추가되면, 학습 모델은 새로운 인스턴스의 추가를 반영하기 위해서 수정된다.
- **선형 회귀(Linear regression)** 여러 독립 변수들의 선형 조합으로써 수치 종속 변수 값을 모델링하는 통계적인 기법
- **로지스틱 회귀(Logistic regression)** 이진 결과 값을 가지는 문제들에 대해 사용하는 비선형 회귀 기법. 만들어진 회귀 방정식은 결과 어트리뷰트의 값을 0과 1 사이의 값으로 낸다. 그리고 이 출력 값은 클래스 멤버쉽에 대한 확률(즉, 클래스에 속할 확률)을 나타낸다.
- **로지트(Logit)** $P(y=1|x)/[1-P(y=1|x)]$의 자연 로그. $P(y=1|x)$는 특징 벡터 X에 의하여 결정된 선형 회귀 방정식의 값이 1일 조건부 확률이다.
- **혼합(Mixture)** n개의 확률 분포 집합으로서 각 분포는 하나의 클러스터를 나타낸다.
- **모델 트리(Model tree)** 각각의 말단 노드가 선형 회귀 등식을 나타내는 의사결정 트리
- **회귀(Regression)** 수치 결과 값을 예측하기 위해 계산식을 만들어내는 과정
- **회귀 트리(Regression tree)** 말단 노드들이 평균 수치 값들을 나타내는 결정 트리
- **단순 선형 회귀(Simple linear regression)** 단일 독립 변수로 만들어진 회귀 방정식
- **기울기-절편 형식(Slope-intercept form)** a가 직선의 기울기이고 b는 y의 절편일 때 $y = ax + b$ 형식의 선형 방정식

10.8 연습 문제

| 복습 문제 |

❶ 아래 용어들의 차이를 구분하라.

a. 단순과 다중 선형 회귀

b. 선형과 로지스틱 회귀

c. 회귀 트리와 모델 트리

d. 사전(priori)과 조건부(conditional) 확률

❷ 제4장에서 ESX로 unsupervised 클러스터링을 수행하는 알고리즘을 복습하여라. 그 ESX의 알고리즘과 이 장에서 설명된 개념적 클러스터링의 알고리즘을 비교하여라. 알고리즘들이 어떻게 다른가? 혹은 어떻게 같은가?

❸ 개념적 클러스터링과 병합형 클러스터링을 비교 대조하라. 두 방법들 사이의 유사성과 차이점들을 나열하여 보자.

| 데이터 마이닝 문제 |

LAB❶ 이 연습 문제는 LINEST 함수와 심장병 환자의 데이터 집합을 사용한다.

a. 예제 디렉터리에 포함된 CardiologyNumerical.xls 데이터 파일을 불러온다.
b. 새 스프레드시트에 데이터를 복사하고 두 번째와 세 번째 행을 삭제한다.
c. angina, slope, thal과 class 열을 제외한 모든 열들을 삭제한다.
d. LINEST 함수를 사용하여, 처음 200개의 데이터 인스턴스들을 사용하여 종속 변수 class로 선형 회귀 모델을 생성하라.
e. 훈련(training)에 사용되지 않은 2-3개의 인스턴스를 골라서 그것을 앞의 LINEST 함수에 의해서 생성된 회귀 방정식에 수작업으로 적용하여 보자. 이 방정식이 그 인스턴스를 정확하게 분류하는가?

LAB❷ http://members.aol.com/johnp71/logistic.html 웹사이트를 방문하고 앞 질문에서 사용한 데이터를 로지스틱 회귀 방정식에 적용한다. 훈련(training)에 사용되지 않은 2-3개의 인스턴스를 골라서 그 로지스틱 방정식에 수작업으로 적용한다. 이 방정식이 그 인스턴스(instance)들을 올바르게 분류하는가?

❸ ESX를 사용하여 감마선 폭발 데이터 집합을 3개의 클러스터들로 클러스터한다. 3개의 각각의 클러스터들의 특성들을 요약 설명해보자. 당신의 결과를 표 10.10에 있는 요약 통계 내용과 비교하라. 클러스터링들이 얼마나 유사한가? 또한 어떻게 다른가?

| 계산 문제 |

❶ 아래의 데이터는 1996년부터 2001년 동안 1월 1일부터 6월 1일 동안에 NYSE company EMC Corporation의 주식 마감가격(종가)을 보여주고 있다.

1996년 1월	$2.34	1996년 6월	$2.26
1997년 1월	$4.63	1997년 6월	$4.77
1998년 1월	$7.97	1998년 6월	$10.96
1999년 1월	$26.64	1999년 6월	$26.91
2000년 1월	$52.48	2000년 6월	$75.30
2001년 1월	$74.37	2001년 6월	$31.45

a. 2차원 좌표계에 점들을 찍어 보라. x축은 가격을, y축에는 연도를 찍어라. 관계가 선형으로 나타나는가?

b. EMC의 미래 주가를 예측할 수 있는 단순 선형 회귀 방정식을 계산하라. 제10.3절에 있는 방정식을 사용하여 수작업으로 회귀 방정식을 만들거나 혹은 엑셀의 엑셀의 LINEST 함수를 적용하여 보라.

c. 위의 (b)문제에서 만든 방정식을 사용하여 2002년 1월의 EMC 주식의 가격을 계산하여 보라. 2002년 1월 1일에 EMC 주식의 실제 가격은 대략 $14.00이었다. 당신의 예측은 얼마나 정확했는가? 어떤 결론을 내릴 수 있는가?

❷ 앞의 연습 문제를 웹사이트 http://members.aol.com/johmp71/logistic.html에 있는 로지스틱 회귀 구현을 사용하여 풀어보라.

❸ 표 10.4에 있는 데이터를 사용하여 아래의 표를 채워보라. 출력 어트리뷰트는 life insurance promotion(생명보험 프로모션)이다.

	Magazine Promotion		Watch Promotion	Credit Insurance		Sex	
Life Insurance Promotion	Yes	No	Yes	Yes	No	Male	Female
Yes							
No							
Ratio: yes/total							
Ratio: no/yotal							

a. 위의 완성된 테이블과 베이즈 분류기(Bayes classifier)를 사용하여 아래의 인스턴스(instance)에 대한 life insurance promotion의 값을 계산하라:

Magazine Promotion = Yes

Watch Promotion = Yes

Credit Card Insurance = No

Sex = Female

Life Insurance Promotion = ?

b. 고객의 성별을 알지 못한다고 가정할 때, 위의 문제 a번을 풀어보라.

c. 위의 문제 a번에 대하여, 식 (10.12)(k=1, p=0.5일 때)를 사용하여 life insurance promotion 값을 계산하여 보라.

❹ 테이블을 만들어 10.4절에서 설명한 병합형 클러스터링 예를 완성하여 보라. 10.4절에서 보여진 기법들 중의 하나를 선택하여 가장 좋은 클러스터링을 찾아보라. 또는 당신 자신의 방법을 사용하여 찾아보라. 당신이 선택한 것이 왜 최상의 클러스터링인지 이유를 설명하라.

❺ 아래에 있는 어트리뷰트 값들을 가진 새로운 인스턴스 I_8을 그림 10.5 개념 계층에 추가하려고 한다.

Tails = Two

Color = Dark

Nuclei = Two

a. 그 인스턴스(instance)가 일단 그 개념 계층에 들어갔을 때, 루트(root) 노드에 대한 수정된 확률을 계산하라.

b. 그 새로운 인스턴스를 노드 n_2에 추가하고 그것에 영향을 받은 모든 노드들의 수정된 확률 값을 보여라.

c. 그 인스턴스가 노드 n_2의 부분이 되게 하기보다는 그 인스턴스가 첫 번째 레벨에 새로운 노드를 생성한다고 가정하자. 그 새로운 노드를 개념 계층에 추가하고 그것으로 영향받은 모든 노드들에 대하여 수정된 확률 값을 보여라.

Chapter 11
그 외의 특별한 기법들

이 장에서 학습할 내용

- 시계열 분석(time-series analysis) 방법
- 데이터 마이닝 기법을 사용한 웹사이트 방문자의 마우스 클릭 행위 데이터에서 숨겨진 패턴의 발견
- 데이터 마이닝을 이용하여 자동으로 웹사이트를 평가하고 적응(adaptation)적으로 수정을 하는 방법
- 데이터 마이닝을 사용하여 웹 사용자들에게 직접 물어보지 않고도 그들이 관심 있어 하는 정보를 제공해줄 수 있는 방법
- 비구조화된 텍스트에서 유용한 패턴을 추출해내는 일을 하는 텍스트 데이터 마이닝
- 배깅(bagging), 부스팅(boosting) 그리고 인스턴스 전형성(typicality) 등을 통한 supervised 학습자 모델의 성능 향상 방법

이 장에서는 여러 가지 특별한 데이터 마이닝 기법을 살펴볼 것이다. 11.1절에서는 시계열 분석을 소개하고 신경망과 회귀 분석을 사용하여 시계열 문제를 해결하는 것을 보도록 하겠다. 11.2절에서는 데이터 마이닝이 어떻게 웹사이트의 평가, 개별화(personalization), 적응화(adaptation)에 사용되는가를 보게 된다. 11.3절에서는 텍스트 마이닝을 간략히 소개하고, 11.4절에서는 supervised 학습자 모델의 성능 향상에 사용될 수 있는 세 가지 방법을 제시한다. 그 세 가지 방법 중 처음 두 가지는 다중 모델(multi-model) 접근 방법이며 세 번째는 최고의 훈련 데이터를 선택함으로써 향상된 학습자 모델을 만드는 방법이다.

11.1 시계열 분석(Time-Series Analysis)

우리는 시간 차원의 요소를 가진 데이터를 분석해야 하는 경우가 종종 있다. 시간과 관계된 어트리뷰트들을 하나 이상 가지고 있는 예측 문제를 **시계열 문제**(time-series problems)라고 한다. 시계열 분석은 주로 수치(numerical) 결과 값들의 예측, 예를 들어 주식의 미래 가격이라든가 종가(마감 가격) 같은 것을 예측하는 데 사용될 수 있다. 시계열 분석에 적합한 예를 세 가지 정도 더 들어보자.

- 고객이 신용카드 거래를 중단할 것인지를 예측하기 위하여 그 고객의 구매 행위를 시간에 따라서 추적해보는 것
- 자동차 엔진이 고장날 것인지를 예측하는 것
- 어느 NFL(프로미식 축구) 러닝백의 한 주일간 전진 야드 수를 예측하는 것

시간 종속 데이터 분석 일의 대부분은 통계적인 것이고 특히 한 변수의 미래 값을 예측하는 것이 대부분이다. 하지만, 우리는 통계적인 그리고 비통계적인 데이터 마이닝 도구를 사용하여 하나 이상의 변수에 대해 시계열 분석을 할 수 있다. 다행스럽게도 다른 데이터 마이닝 문제에서 사용했던 여러 기법들이 시계열 문제를 해결하는 데 똑같이 사용될 수 있다. 성공 여부는 물론 문제의 난이도에 의하여 좌우되는 것이지만 적절한 관련 어트리뷰트들과 인스턴스를 구할 수 있는지 그리고 이용할 수 있는지에도 많이 좌우된다.

주가 지표(Stock Index) 데이터 집합

주가 지표 데이터 집합은 나스닥(Nasadq)의 시계열적인 평균 주간 시세와 다우존스(Dow Jones)의 2000년도 첫 49주의 산업 평균 인덱스를 나타내는 데이터 집합이다. 증권시장 동향 예측할 수 있는 시계열적 모델을 개발하고 테스트할 때 사용할 수 있는 실제 데이터이므로 흥미롭게 사용할 수 있다. 부록 B를 참고하면, 데이터 집합의 정확한 속성 설명이라든지 원래 데이터 집합의 확장 방법에 대한 더 많은 정보를 얻을 수 있다. 데이터 집합은 iDA 샘플 디렉터리에 있는 NasadqDow.xls에 있다.

표 11.1 나스닥과 다우존스 산업 평균에 대한 주간 종가(평균 마감 가격)

Week	Nasdaq Average	Dow Average	Nasdaq-1 Average	Dow-1 Average	Nasdaq-2 Average	Dow-2 Average
200003	4176.75	11413.28	3968.47	11587.96	3847.25	11224.10
200004	4052.01	10967.60	4176.75	11413.28	3968.47	11587.96
200005	4104.28	10992.38	4052.01	10967.60	4176.75	11413.28
200006	4398.72	10726.28	4104.28	10992.38	4052.01	10967.60
200007	4445.53	10506.68	4398.72	10726.28	4104.28	10992.38
200008	4535.15	10121.31	4445.53	10506.68	4398.72	10726.28
200009	4745.58	10167.38	4535.15	10121.31	4445.53	10506.68
200010	4949.09	9952.52	4745.58	10167.38	4535.15	10121.31
200011	4742.40	10223.11	4949.09	9952.52	4745.58	10167.38
200012	4818.01	10937.36	4742.40	10223.11	4949.09	9952.52

| 선형 회귀 분석(Linear Regression)의 예 |

표 11.1은 나스닥과 다우존스 산업평균의 평균 주간 마감 가격을 시계열로 보여주고 있다. 표의 첫줄은 나스닥과 다우의 평균 마감 가격을 2000년 1월의 세 번째 주(Nasdaq, Dow), 두 번째 주(Nasdaq-1, Dow-1), 그리고 첫 번째 주(Nasdaq-2, Dow-2)에 대하여 보여주고 있다. 특별히, 세 번째 주의 평균 나스닥 마감 가격은 4176.75이다. 두 번째 주에서는 평균 마감 가격이 3968.47이고 첫 번째 주에서는 3847.25이다. Week는 Nasdaq Average와 Dow Average라고 표시된 열과 관계 있다. 즉, 200003의 첫 번째 행의 값은 2000년 week3의 나스닥 평균 마감이 4176.75라는 것을 말한다. 다우존스 평균의 해당 값도 마찬가지로 해석하면 된다.

표는 두 개(즉 2주)의 시간 지체(time lag)를 가진 시계열 분석을 하도록 만들어졌다. 각 데이터 인스턴스는 각 지표에 대한 현재 주(week)의 평균 마감 값과 그 이전의 두 주에 대한 평균 마감 값을 가지고 있다. 이런 방법으로 모든 데이터 인스턴스들은 시간 차원(dimension)이 그 안에 만들어진다. 시간 지체도 우리가 임의적으로 선택할 수 있다. 일반적으로 시간 지체에 대한 것은 실험 설계에 따라서 달라질 수 있다.

일단 시간 차원이 데이터에 포함되어 있으면 그 다음은 미래 결과를 예측하는 모델을 만드는 것이다. 표 11.1의 데이터에서 우리의 목표는 week 200013(즉 2000년 13번째 주)에 대한 나스닥과 다우존스의 종가를 예측하는 것이다. 이것을 위하여서는 그 표에 week 13에 대한 새로운 줄을 추가 기입하여야 한다. week 13에 대해 기입되는 줄은 다음과 같이 된다.

200013	?	?	4818.01	10937.36	4742.40	10223.11

여기서 보면 우리는 지금 두 가지를 예측해야 함을 알 수 있다. 하나는 week 13에 나스닥 평균 마감 가격이고 또 하나는 그 week에 다우존스의 평균 마감 가격을 예측하는 것이다.

좀 더 흥미로운 실험을 위하여 우리는 이 데이터 집합을 2000년의 week 49까지 확장시켰다. 확장된 데이터 집합은 iDA 샘플 디렉터리 아래에 NaddaqDow.xls이라는 이름으로 찾을 수 있다. 부록 B의 요약 부분 뿐만 아니라 'The Stock Index Dataset'이라는 이름의 설명박스에 보면 이 데이터 집합에 대한 좀 더 자세한 설명을 찾아볼 수 있다.

첫 번째 실험에서 선형 회귀 분석(linear regression)을 적용하여 보았다. 나스닥 종가를 출력 어트리뷰트로 정하고 week3 부터 week49 까지를 training으로 사용하였다. 결과로 나온 회귀 방정식은 아래와 같다. 참고로 이 방정식은 다우존스 종가의 어트리뷰트를 포함하지는 않았다.

$$NasdaqAverage = 1.279(Nasdaq{-}1\ Average) - 0.330(Nasdaq{-}2\ Average) + 179.297$$

위의 회귀 방정식은 training 데이터에 대하여 평균 절대 오차(mean absolute error)가 146.85나 된다. 우리가 여기에서 나스닥 인덱스를 추적하여 주식을 언제 사고팔지를 결정하는 데 이 방정식을 사용하려고 하는 것은 그리 바람직해보이진 않는다. 어쨌거나 우리는 그 방정식을 사용하여 week 49의 나스닥 종가를 예측하였다. 그 방정식으로 얻은 week 49의 평균 나스닥 마감 가격은 2707.89였다. 이 값은 실제 마감 값인 2615.75보다 약 92 포인트 정도 높았다.

두 번째 실험에서, 우리는 같은 데이터를 사용하여 week 49의 다우존스 종가를 예측하기 위한 선형 회귀 방정식(linear regression equation)을 만들었다. 결과로 나온 방정식은 다음과 같다.

$$Dow\ Average = 0.932(Dow{-}1\ Average) - 0.303(Dow{-}2\ Average) + 3967.093$$

Training 데이터에 대한 평균 절대 오차는 160.72였고 이것 역시 그리 좋은 결과는 아니다. 하지만 week 49에 적용되었을 때 예측된 다우존스 종가는 실제 주간 종가와 13포인트 내에 있었다. 보다시피 나스닥 방정식은 다우존스 어트리뷰트들을 포함하고 있지 않고, 다우존스 평균 마감 방정식은 나스닥 마감 가격을 나타내는 어트리뷰트들을 포함하고 있지 않다.

표 11.2 나스닥과 다우의 실제 마감 가격과 예측된 종가

	Nasdaq Average Close			Dow Average Close		
Week	Actual	Predicted	Error	Actual	Predicted	Error
45	3258.61	3408.19	−149.58	10854.73	10954.14	−99.41
46	3065.91	3477.37	−411.46	10638.36	10883.32	−244.96
47	2851.70	3544.05	−692.35	10456.68	10793.97	−337.30
48	2713.12	3602.48	−889.36	10494.16	10731.85	−237.69
49	2615.75	3651.73	−1035.98	10560.95	10701.07	−140.12

선형 회귀 분석의 마지막 실험에서는 미래 5주간 나스닥과 다우의 평균 마감 가격을 예측하려고 했다. 먼저, week 44까지의 데이터를 사용하여 week 45의 마감가격을 예측하는 선형 회귀 방정식을 만들었다. 그 다음에, 원래 training 데이터에 예측된 값을 추가했다. 그리고 계속하여 그 수정된 training 집합을 사용하여 week 46의 값을 예측했다. 이 과정을 계속 반복하여 우리는 week 49까지의 미래 평균 종가를 얻어냈다.

이 실험의 결과는 표 11.2에 나타나 있다. 이 표를 보게 되면 나스닥에 대하여서는 예측 정확도가 급격히 감소되지만 다우존스 평균에 대하여서는 상대적으로 안정된 오차율을 보이고 있다. 나스닥 마감 평균을 예측하는 데에는 아마도 비선형 모델을 사용하는 것이 더 좋은 선택일 수가 있다.

| 신경망(Neural Network)의 예 |

선형 회귀 모델을 사용한 실험 결과를 보면 나스닥 주간 평균 마감 가격을 예측하는 데에는 아마도 비선형 모델이 더 적합할 수 있겠다는 생각이 든다. 비선형 모델이 주식 지표 데이터에 대한 예측 정확도를 높일 수 있을 것이라는 가설을 테스트하기 위하여 우리는 iDA 역전파(backpropagation) 신경망 소프트웨어로 여섯 번의 실험을 실시하였다. 우리는 week 3부터 week 48까지의 데이터를 신경망 training에 사용하였고 그 신경망 모델을 나스닥 평균 종가를 예측하는 데 사용하였다.

표 11.3은 그 여섯 실험의 결과를 보여준다. 각 epoch마다 두 번의 실험을 했음을 알 수 있다. 한번은 나스닥 종가를 입력 어트리뷰트로 사용한 신경망을 사용했고, 두 번째 실험은 신경망 training에 다우존스 어트리뷰트를 또한 사용했다. week 49의 실제 나스닥 마감은 2615였음을 상기하라. 선형 회귀 모델과는 달리, 다우존스 입력 속성들을 포함하니까 예측 정확도가 일반적으로 향상되었다. 비록 결과가 단정적이진 않지만 더 실험을 해볼 만한 가치는 충분히 주고 있는 결과이다. 연습 문제에서 이 데이터를 가지고 추가적인 실

표 11.3 Week49의 나스닥 평균 주간 마감 가격의 예측 값

	Training Data Limited to Nasdaq Attributes			Data Includes Dow Jones Attributes		
Epochs	RMS	Predicted Value	Predicted Error	RMS	Predicted Value	Predicted Error
10000	0.084	3359	744	0.035	2693	22
20000	0.045	2598	−17	0.033	2652	37
30000	0.032	2672	57	0.033	2712	97

험을 권장하고 있다.

| 범주형(categorical) 어트리뷰트 예측 |

우리 데이터를 조금 변형시키면 범주형(categorical) 출력만 다룰 수 있는 데이터 마이닝 도구들도 사용하여 시계열 분석을 수행할 수도 있다. 그렇게 하려면 먼저 출력 어트리뷰트를 변형시키고 우리의 목표를 다시 정의해야 한다. 한 가지 예를 생각해보자.

표 11.4는 표 11.1의 데이터에 두 개의 칼럼이 추가되어 있다. 그 중에 Nasdaq Gain/Loss은 이번 주의 평균 값이 지난 주의 평균과 비교하였을 때 이익(gain)이었는지 손해(loss)였는지를 나타내는 칼럼이다. 예를 들어, 첫 번째 표의 레코드는 이익을 나타내고 있는데 이것은 4176.75가 3968.47보다 크기 때문이다. 또 다른 칼럼인 Dow Gain/Loss는 다우존스 산업 평균에 대한 같은 정보를 보여주고 있다. Nasdaq gain/loss 어트리뷰트를 출력으로 사용하여 이 테이블 데이터로 supervised 분류기를 training하면, 두 개의 클래스를 가지는 예측 모델이 만들어질 것이다. 그 만들어진 모델을 사용하여 이익 혹은 손해의 관점에서 미래 결과를 예측할 수 있다. 즉, 우리의 목표는 표 11.4의 데이터를 training에 사용하여, 나스닥이 week 13에 평균 마감 가격 이익 혹은 손해를 결정하려는 것이다. test 인스턴스는 다음과 같은 형태를 가진다.

200013 ? ? 4818.01 10937.36 4742.40 10223.11 Unknown ?

보다시피, 이 인스턴스는 네 개의 유실 값(missing values)을 가지고 있다. '?'로 나타난 값은 유실된 데이터 아이템으로 학습자 모델에 의해 다루어져야 한다. Unknown으로 되어 있는 항목은 분류(classification)의 결과로서 이익 혹은 손해의 값이 될 것이다. 실제의 week 13의 종가가 예측될 수 없으므로 우리는 week 13주 이후로는 모델을 확장할 수 없음을 주의하라.

표 11.4 평균 주간 종가 / 범주형 출력 값

Week	Nasdaq Average Close	Dow Average Close	Nasdaq-1 Average Close	Dow-1 Average Close	Nasdaq-2 Average Close	Dow-2 Average Close	Nasdaq Gain/Loss	Dow Gain/Loss
200003	4176.75	11413.28	3968.47	11587.96	3847.25	11224.10	Gain	Loss
200004	4052.01	10967.60	4176.75	11413.28	3968.47	11587.96	Loss	Loss
200005	4104.28	10992.38	4052.01	10967.60	4176.75	11413.28	Gain	Gain
200006	4398.72	10726.28	4104.28	10992.38	4052.01	10967.60	Gain	Loss
200007	4445.53	10506.68	4398.72	10726.28	4104.28	10992.38	Gain	Loss
200008	4535.15	10121.31	4445.53	10506.68	4398.72	10726.28	Gain	Loss
200009	4745.58	10167.38	4535.15	10121.31	4445.53	10506.68	Gain	Gain
200010	4949.09	9952.52	4745.58	10167.38	4535.15	10121.31	Gain	Loss
200011	4742.40	10223.11	4949.09	9952.52	4745.58	10167.38	Loss	Gain
200012	4818.01	10937.36	4742.40	10223.11	4949.09	9952.516	Loss	Gain

예측하려고 하는 어트리뷰트가 범주형 속성을 가진다면, 수치 출력에서 나타나는 정밀도의 대부분을 잃게 된다. 이 문제를 해결하기 위해서, 출력 어트리뷰트에 대한 값을 조금 더 세분화시켜 나누는 것도 고려해볼 수 있다. 즉, 표 11.4처럼 출력 어트리뷰트들 값을 두 개, 즉 이익/손해로 제한하는 것보다는, 원래 수치 값을 여러 개의 범주 간격으로 변환하면 된다. 예를 들어, 각 이익 혹은 손해에 대하여 세 개의 부분 클래스를 만들 수도 있다. 즉, 한 부클래스는 5% 이하의 이익, 두 번째 부클래스는 5-10%의 이익, 세 번째 부클래스는 10% 이상, 이런 식으로 나눌 수 있다. 손해에 대한 부클래스들도 마찬가지 방법으로 만들 수 있다. 그렇게 하면 두 클래스 구조가 아니라 여섯 클래스 구조가 되게 된다.

마지막으로, 두 클래스 구조를 그대로 두고 로지스틱 회귀 분석을 적용해볼 수도 있다. 그렇게 하면 각 새로운 예측에 대하여 클래스 멤버쉽의 확률을 제공할 수가 있다.

| 일반적 고찰 |

시간이라는 요소는 많은 실세계 문제에서 중요한 역할을 한다. 다음은 시계열 어플리케이션에 대한 모델을 만들 때의 일반적인 고려사항들 중의 일부이다.

- 일단 모델이 만들어지고, 새로운 데이터가 생겨나면 계속 그 모델을 테스트하고 수정해나가야 한다.
- 현재 형태의 데이터로 만들어진 모델이 적절하지 않을 때에는, 데이터 변환을 시켜보

도록 하자. 흔하게 사용되는 변환은 시계열 차이를 사용한다든지 퍼센트 변화 값을 사용한다든지가 있다. 예를 들어, 표 11.1의 데이터를 차이 값으로 표현해볼 수도 있다. week 200003에 대한 나스닥 칼럼 값을 계산하려면 4176.75에서 3968.47을 빼서 208.28을 얻는다. Nasdaq-1에 대해선 3968.47에서 3847.25를 빼면 121.22가 된다. 다우존스 어트리뷰트들에 대한 비슷한 계산을 하면 수정된 테이블의 첫 번째 줄은 다음과 같이 된다.

200003 208.28 −174.68 121.22 363.86 0.00 0.00

- 실제 결과가 아닌 예측 결과를 가진 필드를 포함하고 있는 training 데이터를 가지고 미래 결가를 예측하려고 할 때엔 주의해야 한다.
- 선형 모델이 최적 결과를 주지 못할 때에는 비선형 모델을 사용하여 보라.
- unsupervised 클러스터링을 사용해서 입력 어트리뷰트들 값들이 출력 어트리뷰트들의 의미 있는 범주들로 클러스터하는지 보라. 그렇지 않다면, 그 입력 어트리뷰트들은 변환되거나 교체되어야 한다.

11.2 웹 마이닝

사업의 전체 혹은 일부를 e-커머스(e-commerce)에 의존하고 있는 기업들은 매출을 극대화시킬 수 있도록 그들의 웹사이트를 구성하기를 원한다. 예를 들어, 전자 상거래 웹사이트에서는 고객이 함께 구매하기 쉬운 상품을 같은 곳에 전시해서 최고의 이익을 낼 수 있다. 반대로, 잠재 고객들이 상품을 선택하는 데 불필요한 시간을 낭비하는 웹사이트는 실패하기 쉽다.

결국 웹사이트의 성공은 사용자 커뮤니티 관점에서 어떻게 보여지느냐에 달려 있다고 할 수 있다. 사용자가 웹사이트를 보는 시각을 알 수 있게 해주는 3가지 핵심 요소는 사이트에서 제공되는 상품과 서비스들, 각 페이지 디자인, 전체 사이트 디자인으로 나누어 볼 수 있다(Spiliopoulou, 2000). 웹 페이지 디자인은 사이트 디자인과 관련이 있지만 후자가 웹사이트의 인덱싱 구조의 직관성과 더 직접 관련이 있다고 말할 수 있다.

데이터 마이닝은 최소한 다음 세 가지 작업에서 사용자들의 웹사이트와의 직관적인 상호작용을 향상시키는 데 사용될 수 있다.

- 웹사이트를 평가하여 웹 디자이너의 의도와 고객의 요구가 얼마나 일치하는지를 판단한다(Spiliopoulou, 2000).
- 특정 고객이나 고객 집단들에게 보여지는 상품과 페이지들을 그들에게 맞게 개별화시킨다(Mobasher, Cooley, and Srivastava, 2000).
- 웹사이트의 인덱싱 구조들을 자동으로 조정하여 고객들의 변화하는 요구를 더 효율적으로 만족시킨다(Perkowitz and Etzioni, 2000).

이들의 각각에 대하여 더 자세히 확인해보기 전에 먼저 웹-기반 데이터 마이닝에서 볼 수 있는 몇 가지 이슈들을 먼저 살펴보도록 하자.

| 웹-기반 마이닝: 일반적인 고려 사항들 |

웹-기반 데이터 마이닝에서는 다른 데이터 마이닝 문제들에서 볼 수 없었던 완전히 새로운 독특한 이슈들을 보게 된다. KDD 프로세스 모델의 시각으로 이러한 몇 가지 이슈들을 살펴보도록 하자.

목표 선정

KDD 프로세스 모델의 첫 번째 단계는 목표를 세우는 것임을 상기하라. 다음은 웹 데이터 마이닝 프로젝트에서 나올만한 목표들이다.

- 실제 구매가 일어나기 전에 고객이 보게 되는 페이지의 평균 수를 줄여야 한다.
- 사용자 세션 당 평균 페이지뷰의 수를 증가시킨다.
- 웹 서버 효율성을 증가시킨다.
- 방문자의 평균 체류 시간 비율을 증가시킨다.
- 구매 항목들에 대한 반품 수를 감소시킨다.
- 고객에 대해서 웹 페이지를 개별화한다.
- 웹사이트에서 함께 구매되거나 보게 되는 경향이 있는 판매 상품들을 찾아낸다.

이렇게 목표를 세운다고 해도 웹-기반 마이닝 프로젝트에서는 KDD 프로세스 모델의 2,3,4 단계에서 80%의 시간이 소요된다. 이들 과정을 데이터 전처리 과정에서 좀 더 자세히 살펴보도록 하자.

데이터 전처리

웹에서의 사용자 세션 기록들은 웹 서버 로그파일에 저장된다. 일반적인 웹 서버 로그 파일에는 사용자들이 웹 페이지를 탐색하고 페이지 링크를 따라 가면서 발생하는 **클릭스트림**(Click-Stream) 시퀀스에 대한 정보가 저장된다.

서버 로그 파일에서는 대부분 **확장 공용 로그 파일 형식**(extended common log file format)이라고 불리는 정보를 제공한다. 확장 공용 로그 파일 형식의 항목들은 호스트 주소(host address), 일자/시간(date/time), 요청(request), 상태(status), 크기(bytes), 참조 페이지(referring page), 브라우저 종류(browser type) 순이다. 아래의 User Access Log Entries 설명상자는 http://grb.mnsu.edu 웹사이트에서 기록된 확장 로그 파일의 엔트리를 보여주고 있다. 이 웹사이트는 사용자 친화적 인터페이스로 감마선 폭발 데이터를 가지고 데이터 마이닝 실험을 하는 것을 제공하고 있다. 각 항목들이 서로 다른 호스트 주소를 보여주고 있으며, 모든 엔트리 항목들이 참조 페이지 필드에 grb를 보여주고 있음에 주목해라.

데이터 마이닝을 하려면, 우리는 각 사용자가 특정 웹사이트를 방문해서 만들어 내는 클릭스트림 시퀀스(click-stream sequence)들을 알 수 있게 해주는 공용 로그 파일 항목들에 관심이 있다. 그러므로 데이터 전처리 과정은 웹 서버 로그 파일들로부터 필요한 데이터를 끄집어 내어 데이터 마이닝에 적합한 파일을 생성하는 작업이다.

그림 11.1에서 보듯이 데이터 전처리 과정에서는 **세션 파일**(session file)이 만들어진다. 세션 파일은 작게는 몇 개에서 수천 개의 레코드를 포함하고 있는데 각 레코드는 하나의 사용자 세션의 하나의 인스턴스를 나타낸다. 사용자 **세션**(session)은 한 서버에서 한 사용자에 의한 페이지뷰들의 집합이라고 간단히 말할 수 있다. 하나의 **페이지뷰**(pageview)는 페이지

사용자 접근 로그 엔트리

80.202.8.93 -- [16/Apr/2002:22;43:28-0600] "GET/grbts/images/msu-new-color.gif HTTP/1.1" 200 5006 "http://grb.mnsu.edu/doc/index.html""Mozilla/4.0 (compatible; MSIE 5.0; Windows 2000) Opera 6.01 [nb]"

207.172.11.232 - [16/Apr/2002:23:14:19 - 0600] "GET/images/cofc-logo.gif HTTP/1.0"200 6710 "http://grb.mnsu.edu/" "Mozilla/4.0 (compatible; MSIE 6.0; Windows NT 5.1)"

134.29.41.219 -- [17/Apr/2002:19:23:30 - 0600] "GET /resin-doc/images/resin_powered.gif HTTP/1.1" 200 571 "http://grb.mnsu.edu/" "Mozilla/4.0 (compatible; MSIE 6.0; Windows 98; Q312461)"

파일들(page files)로 이루어지는데 하나의 페이지 파일은 웹 브라우저에서의 한 화면을 이루는 것이다. 각 페이지뷰는 데이터 마이닝 과정 중에 구분을 위해서 URI(uniform resource identifier)로 태그(tag)된다.

세션 파일을 생성하는 것은 다음과 같은 여러 가지 이유 때문에 어려운 작업이다. 첫째, 개인별 서버 세션들을 생성하기 위해서는 로그 파일에 기록된 여러 사용자들 목록에서 각각의 사용자를 구분해낼 수 있어야 하기 때문이다. 호스트 주소들을 가지고 서로 다른 사용자라고 구분하는 것은 별로 도움이 되지 않는데 그것은 동일 호스트로부터 여러 사용자들이 사이트에 접속할 수 있기 때문이다. 호스트 주소와 참조 페이지(referring pages)를 합쳐서 본다면 개별 사용자 세션을 좀 더 쉽게 구분할 수 있을 것이다. 그러나 만약에 사이트가 사용자 쿠키를 허용하도록 설정되었을 때에는 사용자들을 가장 정확하게 구분할 수 있다. 쿠키(cookie)는 사용자 컴퓨터에서 세션 정보를 가지고 있는 데이터 파일이다. 하지만 불행하게도 많은 사용자들은 자신의 컴퓨터에 웹사이트가 쿠키를 설치하는 권한을 주는 것을 꺼려하기 때문에 쿠키에 있는 정보들에 의존할 수는 없다.

세션 파일 생성과 관련된 문제는 개별 사용자 구분 문제만 있는 것은 아니다. 두 번째 문제점은 사용자의 페이지 요청 하나가 여러 종류의 서버로부터의 다중 로그 파일 항목을 만들 때가 있다는 것이다. 이러한 서버들의 대부분은 이미지 혹은 광고 서버들이다. 어플리케이션, 이미지, 광고 서버들이 만들어낸 항목들은 우리가 관심 있는 것이 아니기 때문에 그러한 원치 않는 로그 항목들을 구별하여 세션 파일에 저장되지 않도록 하는 기법이

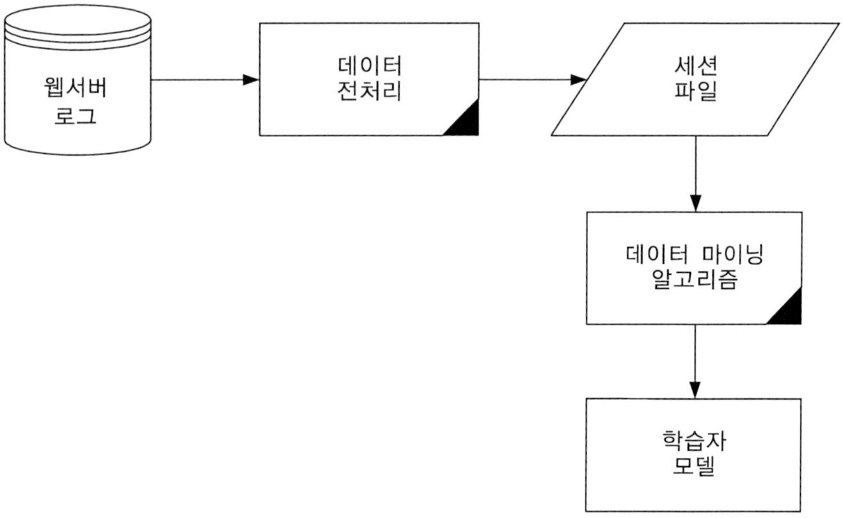

그림 11.1 기본적인 웹 사용성 모델

필요하다. 세션 파일 생성과 관련된 또 다른 잠재적인 문제들은 Edelstein(2001)에 잘 정리되어 있다.

마지막으로 세션 레코드에 새로운 변수(어트리뷰트)를 추가하는 것과 같은 데이터 변환(transformation)이 필요할 수도 있다. 만약에 주기적으로 방문하는 고객의 정보가 있다면, 가장 최근의 거래 시간 뿐만 아니라 이전 방문시의 지출액과 평균 구매액 같은 정보도 유용할 것이다.

데이터 마이닝

생성된 세션 파일의 데이터는 데이터 마이닝에 사용된다. 데이터에 적용하는 알고리즘은 연관 규칙 생성기(association rule generator) 혹은 클러스터링 방법(clustering method)들과 같은 기존의 기법들이 될 것이다. 그러나 데이터 마이닝 프로젝트의 목적에 따라서 웹 페이지 방문의 순차적 정보를 찾기 위해 특별하게 설계된 알고리즘을 사용하는 것이 더 좋은 선택일 수 있다.

결과의 해석과 평가

세션 파일의 인스턴스들은 단일 사용자가 한 세션 동안의 페이지뷰의 행위 패턴을 나타낸다. 여기서 우리는 하나의 간단한 예제를 통하여 연관 규칙 기법(association rule technique)이 어떻게 웹-기반 데이터 마이닝 세션의 결과를 해석하는 데 사용되는지를 보도록 하겠다.

각 P_i를 페이지뷰라고 할 때 4개의 가상 세션 인스턴스들을 고려해보자.

$$I_1 : P_5 \rightarrow P_4 \rightarrow P_{10} \rightarrow P_3 \rightarrow P_{15} \rightarrow P_2 \rightarrow P_1$$
$$I_2 : P_2 \rightarrow P_4 \rightarrow P_{10} \rightarrow P_8 \rightarrow P_{15} \rightarrow P_4 \rightarrow P_{15} \rightarrow P_1$$
$$I_3 : P_4 \rightarrow P_3 \rightarrow P_7 \rightarrow P_{11} \rightarrow P_{14} \rightarrow P_8 \rightarrow P_2 \rightarrow P_{10}$$
$$I_4 : P_1 \rightarrow P_3 \rightarrow P_{10} \rightarrow P_{11} \rightarrow P_4 \rightarrow P_{15} \rightarrow P_9$$

연관 규칙 생성기가 가상 세션 데이터로부터 아래와 같은 규칙을 생성한다고 가정해보자.

IF → P_4 & P_{10}
THEN P_{15} $\{3/4\}$

이 규칙은 단일 세션 레코드안에 있는 세 개의 인스턴스에서 P_4, P_{10}, P_{15}가 함께 발생한다는 것을 보여준다. 또한 4개의 인스턴스에서 P_4, P_{10}이 동시에 모두 나타난다는 것을 보여준다. 그러므로 매번 P_4, P_{10}을 방문한 사용자가 P_{15}도 방문할 확률이 75%인 것을 확신할 수 있다. 그 3개의 페이지뷰 사이에 직접 링크가 없다고 한다면, 이 결과를 가지고 그들 사이에 직접적인 링크를 추가시켜서 웹사이트 인덱싱 구조를 수정해야 할 필요가 있다는 확신을 가지게 될 수 있다. 두 번째 가능성으로는, 만일 이 규칙의 조건부가 시스템의 현재 사용자 행동과 일치한다고 하면, 이 사용자에게 자동으로 P_{15}의 페이지를 추천해줄 수 있게 목록을 만들 수도 있다. 이런 방법으로 그 사용자가 보게 되는 그 페이지들은 그들의 관심에 따라서 개별화될 수 있다.

또한 unsupervised 클러스터링은 세션 파일의 유사한 인스턴스들의 클러스터를 만드는 데에 사용될 수 있다. 다양한 클러스터링 알고리즘들과 유사도 측정(similarity measure)들이 사용될 수 있다. 한 가지 가능한 전략은 병합 클러스터링(agglomerative clustering)을 사용하는 것인데 여기서는 인스턴스 유사도가 각 인스턴스의 짝(pair)이 공통으로 가지고 있는 페이지뷰의 전체 수를 그 인스턴스들 내에 포함된 페이지뷰의 전체 수로 나누어서 계산된다. 이 방법을 설명하기 위해서 아래의 세션 인스턴스를 보도록 하자.

$$I_1 : P_5 \rightarrow P_4 \rightarrow P_{10} \rightarrow P_3 \rightarrow P_{15} \rightarrow P_2 \rightarrow P_1$$
$$I_2 : P_2 \rightarrow P_4 \rightarrow P_{10} \rightarrow P_8 \rightarrow P_{15} \rightarrow P_4 \rightarrow P_{15} \rightarrow P_1$$

여덟 개의 전체 페이지뷰들 중에 인스턴스 I_1와 I_2는 다섯 개를 공유하므로 계산된 $I_1\,I_2$의 유사도는 0.625이다. 이 절의 세 번째 부분에서는 유사한 세션들로 형성한 클러스터들을 사용하여 웹사이트 사용자들에게 보여지는 페이지들을 개별화하는 방법을 보였다.

웹 데이터에서 패턴들을 찾아내는 것뿐만 아니라, 웹사이트에서 발생하는 활동들에 대한 요약 통계 정보가 필요할 때도 있을 것이다. 여러 가지 상업용 혹은 무료 다운로드 가능한 웹 서버 로그 분석기들은 웹사이트 활동에 대한 로그 파일의 요약을 제공해주는 기능을 가지고 있다. 대부분의 로그 분석기들의 결과는 수집된 로그 파일 데이터들을 통합하여 그래프 형식으로 보여준다. 일반적인 로그 분석기는 사용자의 웹사이트 방문 횟수, 방문한 사용자가 장바구니를 채우지만 거래가 성사되지 않는 횟수 혹은 웹사이트의 상품 중에서 가장 많이 팔린 상품과 가장 적게 팔린 상품들과 같은 통계를 보여준다. 다음은 테스트해 볼 수 있는 두 가지의 무료 로그 분석기를 배포하는 웹사이트 주소들이다.

- AWStats: http://awstats.sourforge.net/
- Analog: http://www.analog.cx

■ 결과의 적용

웹-기반 데이터 마이닝 프로젝트의 결과를 이행하는 것에는 여러 가지 가능성들이 존재한다. 아래는 가능한 조치들의 짧은 목록이다:

- 사이트 방문자들이 보게 되는 웹 페이지들을 개별화하기 위하여 사용자 프로파일을 만들어서 사용하는 전략을 구현한다.
- 웹사이트의 인덱싱 구조를 재구조화할 수 있도록 하여 일반적 사용자들이 방문하게 되는 페이지 경로가 더 잘 반영될 수 있도록 한다.
- 등록된 웹사이트 고객들에 대한 온라인 광고 홍보들을 정한다.
- 이메일을 보내어 등록된 고객 중에서 특정 그룹에게 그들이 특히 관심 있어 보일만한 상품을 홍보한다.
- 함께 구매하기 쉬운 상품들을 그룹화하고 적은 관심을 보이는 상품을 제거하여 웹사이트 내용을 수정하고 수요가 높은 상품들에 대한 정보 제공을 늘린다.

마지막으로, 웹사이트를 방문하는 사용자의 관심사들은 계속 변화한다. 행한 조치들의 효과성은 주의 깊게 관찰되어야 하고 필요에 따라서 수정되어야 한다.

| 웹사이트의 평가를 위한 데이터 마이닝 |

웹사이트의 평가는 그 웹사이트가 설계자의 의도대로 실제 사용되고 있는지를 알아보기 위한 것이다. 사이트 고객들 대다수의 페이지 방문경로가 설계자가 예측한 것과 다르다면 사이트는 아마도 내비게이션(navigate)하기 어렵게 느껴질 가능성이 높다. 이런 경우라면, 웹 설계자는 사용자 요구 사항을 더 적절히 반영하기 위해서 웹사이트의 구조 변경을 고려해야만 한다.

웹사이트 평가에서 데이터 마이닝은 사용자 집단의 방문 경로(routes traveled)와 자주 발생하는 패턴들을 알아내는 것과 같은 곳에 사용될 수 있다. 그러나 많은 웹사이트 데이터 마이닝 어플리케이션들과 다르게 웹사이트의 평가는 페이지뷰들의 클러스터 뿐만 아니라 페이지뷰들의 순차성도 다룬다. 이렇게 함으로써 웹 디자이너는 웹사이트의 경로 구조가 사용자들의 내비게이션 습관을 잘 반영하고 있는지를 알아낼 수 있다.

데이터 마이닝 문제가 순차성 발견(sequence identification) 문제 중에 하나가 되기 때문에 웹사이트 평가를 하려면 순차 마이너(sequence miners)라고 불리는 특별한 데이터 마이닝 알고리즘을 사용하기도 한다. 순차 마이너들은 같은 순서로 발생하는 빈발 접속 페이지들을 알아낼 수 있다. Spiliopoulou(2000)가 설명한 WUM은 순차 마이닝 뿐만 아니라 웹 설계자들에게 개별 페이지들간 네비게이션 패턴들을 알기 위해서 SQL 같은 형식으로 질의를 할 수 있도록 해주는 일반적인 웹 로그 마이너이다. WUM의 실행 방법에 대한 예를 보고 싶다면 http://wum.wiwi.hu-berlin.de를 방문하면 된다.

| 개별화를 위한 데이터 마이닝 |

개별화(personalization)의 목적은 웹 사용자들에게 직접 묻지 않고도 그들의 관심 분야를 알아내는 것이다. 개별화는 직접 수동으로 구현할 수도 있고 혹은 데이터 마이닝 방법들의 도움으로 자동적으로 실행되도록 할 수도 있다. 수동 기법들은 사용자들이 웹사이트에 등록하게 하고 설문에 대답하거나 체크 상자를 선택하도록 한다. 사용자마다 성향과 배경이 많이 다르기 때문에 이러한 설문조사로는 웹사이트에서 사용자의 예상되는 행위는 정확하게 알아내기는 어려울 수 있다. 데이터 마이닝을 사용하여 개별화를 자동으로 하게 되면 실제 사용자의 행위를 가지고 사용자 반응 주관성에 이용할 수가 있다.

그림 11.2는 개별화를 자동화하기 위한 일반적인 단계를 보여준다. 이 과정은 이미 저장된 세션 데이터로부터 사용(usage) 프로파일들을 생성하는 것을 포함하고 있다. 이 과정에서 가장 어려운 부분은 데이터 마이닝 과정으로 만들어진 클러스터들을 가지고 사용 프로파일을 만들어 내야 하는 것이다. 웹사이트에서 제공된 서비스를 등록된 사용자만 사용할 수 있게 한다면 프로파일을 만드는 것은 쉬워진다. 이 경우에는 실제 사용자의 브라우징(browsing) 행위에다가 등록할 때 수집된 사용자의 인적사항 정보들을 함께 이용할 수가 있게 된다.

Mobasher(2000)는 WebPersonalizer에서 사용된 기법을 가지고 사용 프로파일을 생성하는 것을 설명하고 있다. WebPersonalizer는 두 가지 프로파일링 기법들을 사용한다. 첫 번째 기법은 연관 규칙을 사용하여 직접적으로 사용 프로파일들을 생성한다. 두 번째 방법은 클러스터를 일반화시켜 사용 프로파일들을 생성하는 것이다. 각 클러스터에 대해서 최소 점수를 만족하는 페이지뷰들만이 사용 프로파일를 구성하는 데 사용된다. 이 점수는 모든 세션 인스턴스들에 걸쳐서 한 클러스터에서 나타나는 한 페이지뷰의 전체 횟수를 그 클러스터안에 있는 세션 인스턴스들의 전체 숫자로 나눈 비율을 말한다. 최소 기준을 충족시

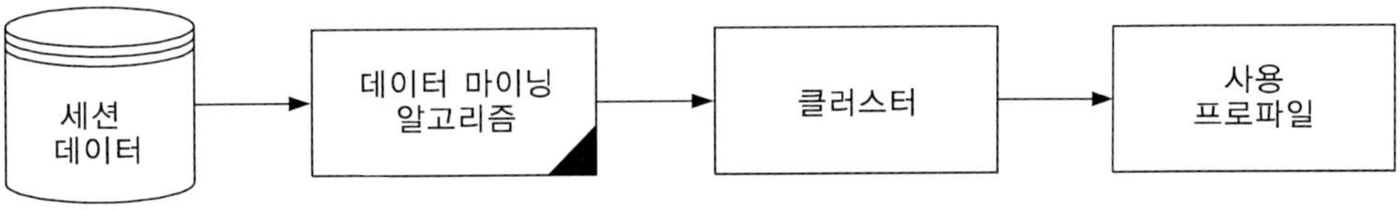

그림 11.2 세션 데이터로부터 사용 프로파일(usage profile) 만들기

그림 11.3 사용 프로파일(usage profile)로부터 만들어진 하이퍼텍스트 링크 추천

키는 페이지뷰들은 그 클러스터를 나타내는 사용 프로파일에 들어간다. 게다가 각 페이지뷰에는 가중치 값이 정해져서 모든 세션 인스턴스에 걸친 발생빈도를 반영할 수 있게 한다. 이 가중치는 개별 사용자들에게 페이지뷰 추천 점수를 계산하는 데 사용된다. 각 사용자에 대해서 최소 기준 점수보다 큰 추천 점수를 가진 페이지뷰들만 사용자가 제공될 후보자가 되는 것이다.

마지막으로, 그림 11.3은 WebPersonalizer의 추천 엔진이 사용 프로파일들을 입력으로 받아서 현재 사용자의 내비게이션 행위를 저장된 프로파일과 비교하여 맞는 것을 찾아내는 것을 보여주고 있다. 그렇게 해서 추천 엔진은 사용자에게 추천 하이퍼텍스트 링크(recommended hypertext links)를 출력시켜 보여준다. e-커머스(e-commerce) 어플리케이션에서는 추천 페이지뷰들의 대다수는 상품과 광고에 대한 연결들일 것이다. WebPersonalizer에 대해서 더 많은 정보를 얻고 싶다면 http://maya.cs.depaul.edu/~mobasher/personalization/ 웹사이트를 방문하면 된다.

| 적응형 웹사이트를 위한 데이터 마이닝 |

새로운 웹사이트를 어떻게 구성할 것인지는 처음에 웹 마스터(Masters)가 결정하게 된다. 그들이 생각하기에 사용자들이 그 새로운 사이트에 어떻게 접속하는지에 대한 것에 대해 믿고 있는 것에 의하여 주로 결정된다. 그러나 웹 설계자가 실제 사용자의 대다수의 요구사항들을 예상할 수 있는 경우는 매우 적다. 초기 설계가 대부분의 사용자들의 요구를 반영한 것이라고 하더라도 사용자들의 요구 사항은 시간에 따라서 계속 변한다. 유용했던 인덱스 링크들이 더 이상 사용되지 않고 웹 사용의 새로운 패턴들이 생겨난다. 경쟁에서 살아남아야 하는 웹사이트는 시간이 변함에 따라서 사이트의 인덱싱 구조의 변경이 필요하게 된다. 새로운 페이지 링크들이 추가되어야 하고 사용되지 않는 링크들은 삭제되어야 한다. 필요한 변경들을 수작업으로 처리해도 되겠지만, 데이터 마이닝을 사용하여 그 과정을 자동화하는 것이 더 좋은 방법이다. 방문자의 접속 패턴들로부터의 학습을 통해서 페이지를 보여주는 방법 뿐만 아니라 웹사이트의 내부 구조를 반자동으로 개선시킬 수 있는 웹사이트를 적응형 웹사이트(adaptive Web sites)라고 말한다.

웹사이트의 내부 구조는 그 중심에 인덱스 페이지들의 집합을 가지고 있다. 인덱스 페이지(index page)는 특정 주제에 대한 페이지 집합으로의 링크를 가지는 웹 페이지를 말한다. 그러므로 웹사이트 내부 구조의 자동 개선 문제는 결국 인덱스 페이지들을 재조합합성하는 문제가 되게 된다. Perkowitz와 Etzioni(2000)은 **인덱스 합성 문제(index synthesis problem)**의 정의를 다음과 같이 내렸다.

> 웹사이트와 방문자 접속 로그가 주어졌을 때, 현재는 연결되지 않았지만 서로 관련된 링크들을 포함한 새로운 인덱스 페이지들을 만드는 것이다(p. 155)

Perkowitz와 Etzioni(2000)은 자동화된 페이지 합성 시스템인 IndexFinder를 설명하고 있는데, 그것은 클러스터링 알고리즘을 사용하여 현재 웹사이트에 대한 후보 인덱스 페이지들을 생성하고 있다. 또한 IndexFinder는 각 후보 페이지에 대하여 규칙-기반의 설명을 제공한다. 웹 마스터는 후보 페이지들을 채택할 것인지 거절할 것인지를 결정해야 한다. 만약 새로운 인덱스 페이지가 하나 채택된다면 IndexFinder는 최종 페이지 양식을 생성하고 그 페이지를 자동으로 그 웹사이트에 추가한다. 웹 마스터는 그 페이지에 제목을 정하고 사이트에서 그 페이지가 위치할 곳을 정한다.

11.3 텍스트 데이터 마이닝

텍스트 데이터 마이닝은 자유로운 형태의 텍스트로부터 유용한 패턴들을 추출하는 것을 말한다. 텍스트 데이터는 구조화되지 않았기 때문에 처음 생각하기에는 이러한 작업이 가능할 것처럼 보이지 않을 수도 있다. 그러나 텍스트 데이터 마이닝은 텍스트의 내용을 완전히 이해하려는 것이 아니라 텍스트 데이터를 분류만하고자 하는 것이기 때문에 그것은 가능한 것이다.

텍스트 데이터 마이닝을 사용하여 해결할 수 있는 일반적인 문제로는 어느 한 문서가 특정 주제에 대한 것인지를 판단하는 것을 들 수 있다. 이 문제는 그 결과가 yes 혹은 no로 답하는 것으로 제한되는 이진 분류(binary classification) 문제라고 생각될 수 있다. 예를 들어, 우리는 주식 시장을 다루고 있는 여러 신문들의 일간 기사를 살펴보기를 원할 수 있다. 다음은 이 문제에 적용될 수 있는 텍스트 데이터 마이닝 알고리즘을 보여 준다:

1. 훈련(Train) 어트리뷰트 사전(dictionary)을 생성하는데, 여기서 어트리뷰트는 주식 시장 주제를 다루는 기사들에 나오는 단어를 나타낸다. 최소 몇 번 이상 나오는 단어들만 선택한다.
2. 필터(Filter) 다른 타입의 기사를 서로 간에 구분시키는 데 별 도움이 안 되는 공통적으로 나오는 단어들을 제거한다.
3. 분류(Classify) 분류될 각 새로운 다큐먼트에 대하여 그들이 어트리뷰트를 가지고 있는지 그리고 그 빈도수는 어떻게 되는지를 체크한다. 만약 어떤 특정 다큐먼트가 선택된 어트리뷰트에 대한 최소 횟수 이상 참조되었다고 한다면 이 다큐먼트를 주식 시장 주제들을 다루는 기사들의 클래스에 속하는 것으로 분류한다.

더 어려운 텍스트 데이터 마이닝 문제들로는 이메일 문서나 전화 녹취록과 같이 자유-형식의 텍스트의 분석이 있다. 이러한 메시지들에서는 본질적으로 텍스트 마이닝 시스템이 철자와 문법이 오류 뿐만 아니라 모호함도 처리해야 한다는 것이다. 녹취록 분석의 경우에는 서비스를 계속 사용하거나 구매를 할 것 같은 고객을 더 잘 이해하기 위한 전화 녹음 기록 문서들을 분석하고자 한다고 생각할 수 있다. 이 분야에서는 데이터의 질적 분석뿐만 아니라 양적인 분석을 수행함으로써 성공적인 결과가 얻게 된 경우들이 있다. 정량 분석은 통화 길이와 통화 발생 시간대에 대한 빈도 분포와 같은 직접적으로 측정 가능한 항목들을 살펴보는 것이다. 정성 분석은 개별 통화 기록을 분류할 목적으로 문서의 내용 자체에 관심을 갖는 것이다.

쓰여진 형태의 텍스트는 정보 공유를 위한 우리들의 가장 일반적인 형식이므로 텍스트 데이터 마이닝은 우리 사회에서 지속적으로 중요한 역할을 하게 될 것이다. 게다가, World Wide Web의 확장으로 인하여 텍스트 데이터 마이닝의 전망은 무궁무진할 것이다. 웹사이트 www.kdnuggets.com을 방문해서 software 메뉴를 클릭하면 여러 가지 텍스트 데이터 마이닝 제품들에 대한 평가판들을 다운로드받을 수 있을 것이다.

11.4 성능 향상

우리는 보통 어떠한 결정을 내릴 때 다른 여러 사람의 의견을 들어서 종합적으로 판단하여 최종 결정을 내릴 때가 있다. 마찬가지로 여러 가지의 데이터 마이닝 모델의 출력을 합쳐서 분류(classification)를 결정을 하는 것도 그럴 듯하다. 하지만 불행하게도 이러한 다중 모델 방법을 분류에 사용하려는 시도는 뒤죽박죽 섞인 결과가 나오게 될 수도 있는데, 이것은 같은 인스턴스라 하더라도 대부분 모델에 따라서 서로 다른 분류 결과를 낼 수 있다는 것을 알면 조금은 이해할 수 있다. 다중 모델 방법이 성공적으로 사용되게 하려면 각 모델이 같은 데이터 마이닝 알고리즘으로 만들어져야 한다. 이번 절에서는 먼저, 같은 즉 동일한 데이터 마이닝 알고리즘을 사용하여 다중 모델 분류기(classifier)를 만드는 두 가지 기법을 설명하도록 하겠다.

다중 모델 분류기에 대한 설명 다음에는, training 인스턴스의 적절한 선택을 통해 성능 향상을 꾀할 수 있는 기법을 설명하겠다. 여기에 소개될 이들 세 가지 기법은 불안정한(unstable) 데이터 마이닝 알고리즘을 사용할 때 가장 좋은 효과를 볼 수 있다. 이들 불안정 알고리즘은 training 데이터에 조금의 변화만 있어도 모델 구조에서는 큰 변화가 야기할 수 있다는 것을 상기하라. 많은 데이터 마이닝 알고리즘들이 이러한 특징을 보이고 있다.

| 배깅(Bagging) |

배깅(bootstrap aggregation)은 Leo Breiman(1996)에 의해 개발된 supervised 학습 방법인데, 어떤 인스턴스를 분류할 때 여러 개의 모델들이 투표를 해서 결정하는 방법이다. 동일한 마이닝 도구를 사용하여 여러 개의 모델을 만들어 내는데, training 인스턴스 풀에서 각기 다른 training 데이터 집합을 골라내어 그것으로 각기 다른 모델이 만들어진다. 조금 자세히 설명하면 다음과 같다.

1. training 인스턴스 풀에서 같은 크기의 training 데이터 집합을 무작위 샘플링하여 여러 개를 만든다. 인스턴스들는 복원 추출(sample with replacement)로 샘플링하기 때문에 같은 인스턴스가 여러 다른 training 집합에 나타날 수도 있다.
2. 각 training 데이터 집합에 데이터 마이닝 알고리즘을 적용하여 각각의 분류 모델(classification model)을 만든다. N개의 training 데이터 집합이 있다면 N개의 분류 모델이 만들어진다.
3. 어떤 인스턴스 I를 분류하려면 각 분류기(classifier)는 그 I에 대하여 한 번의 투표를 한다. 그 I는 가장 많은 투표를 얻은 클래스에 배정이 된다.

배깅은 수치 값을 예측하는 추정(estimation) 문제에도 또한 적용될 수 있다. 새 인스턴스에 대한 추정 값은 각 분류기들의 추정 값의 평균 값으로 하면 된다.

| 부스팅(Boosting) |

Freund와 Schapire(1996)에 의해 소개된 부스팅은 조금 더 복잡하다. 부스팅도 배깅처럼 여러 개의 모델과 투표를 사용하여 인스턴스를 분류하지만, 다음 두 가지 면에서 다르다.

- 각 모델은 이전 모델들의 결과에 의해서 새로 만들어진다. 맨 마지막 모델은 그 이전 모델에 의해 잘못 분류된 인스턴스들을 정확히 분류하려는 역할을 한다. 이것은 주로 개별 인스턴스에게 가중치(weights)를 부여함으로써 이루어진다. 즉 모든 인스턴스는 같은 가중치를 갖고 시작을 하는데, 맨 마지막 모델에 의해서 정확하게 분류된 인스턴스의 가중치는 감소하고 부정확하게 분류된 인스턴스의 가중치는 증가한다.
- 일단 모든 모델이 만들어지면 그 training 데이터에서의 성능에 따라서 각 모델의 가중치가 정해진다. 이로써 더 좋은 성능의 모델이 인스턴스 분류에 더 많은 기여를 하게 한다.

위에서 보다시피 부스팅에 의해 각 모델들은 분류 성능을 서로 간에 상호 보완을 하도록 하고 있다. 하지만 데이터 마이닝 알고리즘 자체가 가중치 있는 training 데이터를 처리하지 못하는 것이라면 문제가 생기는데, 이것은 다음과 같이 해결할 수 있다.

1. 모든 training 데이터에 같은 가중치를 부여하고 첫 번째 분류 모델을 만든다.
2. 잘못 분류된 인스턴스의 가중치를 증가시키고, 정확하게 분류된 인스턴스의 가중치를 감소시킨다.
3. 이전 training 데이터에서 복원 추출(sample with replacement) 방법으로 training 데이터 집합을 새로 만든다. 낮은 가중치를 가진 인스턴스보다는 높은 가중치를 가진 인스턴스를 더 자주 선택되도록 한다. 이렇게 하면 데이터 마이닝 알고리즘이 인스턴스를 자체적으로 사용할 수 없다고 하더라도, 분류하기 어려운 인스턴스는 그 다음 모델에 의해 처리가 될 가능성이 높아지게 된다.
4. 이전 과정을 반복하면서 새로운 모델을 만들어 나간다.

이전 모델의 의해 잘못 분류된 인스턴스가 더 자주 샘플링되기 때문에, 가중치는 여전히 모델을 만드는 과정에서 그 나름대로의 역할을 하게 된다. 하지만 데이터 마이닝 알고리즘은 그 가중치를 실제로 직접 사용하지는 않는다.

| 인스턴스 전형성(Typicality) |

제 4장에서 우리는 인스턴스 I의 전형성을 그 클래스의 다른 멤버들에 대한 I의 평균 유사도(similarity)라고 정의하였다. 어떤 클래스 내에서 전형성이 높은 데이터 인스턴스들을 클래스 프로토타입(prototype)이라고 부르며, 전형성이 낮은 인스턴스들은 이상치(outlier)의 가능성이 있는 것들이라고 언급하였었다. 이번 절에서는 인스턴스 전형성이 supervised 학습자 모델을 만드는 데 어떻게 사용될 수 있는지를 살펴보도록 하자.

우리는 training 인스턴스를 어떻게 선택할 것인가라는 주제에 대한 연구를 여러 데이터 마이닝 알고리즘을 사용하여 진행했다(Roiger and Cornell, 1996). 우리의 실험에 의하면 데이터에서 대표성 있는 training 인스턴스를 선택하고 비대표성 인스턴스가 포함되는 것을 억제함으로써 test 분류 정확도가 크게 향상된다. 우리의 인스턴스 전형성 연구가 아직 초기 단계임에도 이 책에 그 내용을 포함한 것은 ESX가 데이터 마이닝 작업을 수행할 때마다 전형성 점수가 training 집합 인스턴스에 대해 자동으로 계산되기 때문이다. 그래서 독자들의 실험연구에 이 인스턴스 전형성이 사용되길 바란다. 다음 절에서는 제2장에서 설명된 심장병 환자 데이터에 배깅, 부스팅, 그리고 인스턴스 전형성을 적용한 두 가지 실험의 결과를 보이도록 하겠다.

배깅, 부스팅, 그리고 인스턴스 전형성의 실험

우리는 배깅, 부스팅 그리고 전형성이 test 집합 분류 정확도에 미치는 영향을 실험해보기 위하여, 심장병 환자 데이터를 가지고 두 가지 supervised 학습 기법에 대하여 각각 실험을 수행하여 보았다. 우리 실험에서는 배깅, 부스팅 그리고 전형성을 Weka의 C4.5와 베이즈 분류기(classifier)에 적용하여 보았다. 이 모델을 고른 이유는 그 세 가지 기법의 영향을 불안정(unstable)[1] 알고리즘과 안정적(stable) 알고리즘에 대비시켜 보기 위함이다.

심장병 환자 데이터 집합의 각 혼합 형식 인스턴스에 전형성 점수를 부여하는 데에는 ESX에서 사용된 전형성이 사용이 되었다. 첫 번째 실험에서는 가장 비전형적인 심장병 환자 데이터 인스턴스에 비하여 가장 전형적인 인스턴스들로 훈련된 모델을 만들어서 그것이 분류 정확성에 미치는 영향의 정도를 테스트하고자 하였다. 그 실험을 위하여 우리는 전체 303개의 데이터 인스턴스에서 무작위로 153개의 training 인스턴스를 선택했다. 그 데이터를 사용하여 두 개의 training 집합을 만들었는데 하나는 각 클래스(healthy와 sick)별로 가장 전형적인 인스턴스 40개씩을 가지고 있는 것이며, 다른 하나는 가장 비전

1) 어느 알고리즘에 의하여 만들어지는 모델이 training 데이터에 민감하게 변할 때 그 알고리즘은 불안정(unstable) 알고리즘이라고 부른다. 예를 들어, C4.5와 같은 결정 트리 모델은 training 데이터가 약간만 변해도 다른 어트리뷰트가 선택될 수 있으며 결국 트리의 모양도 바뀌게 될 수 있다.

형적인 인스턴스를 가진 것이다. 그 다음에 가장 전형적인 40개 인스턴스를 가진 training 집합을 가지고 세 개의 C4.5 분류기를 만들었다. 첫 분류기는 C4.5로, 두 번째는 배깅(bagging)을 사용한 C4.5로, 세 번째는 부스팅(boosting)을 사용한 C4.5로 만들었다. 비전형적 데이터 인스턴스에 대하여서도 마찬가지 실험절차를 적용하였고, 그래서 전체 6개의 분류기 모델을 사용하였다. 그 6개의 모델은 각각 150개의 test 집합에 적용되었고 그 결과는 표 11.5에 보여진다.

표 11.5의 결과에서 보듯이, 전형성이 높은 데이터 집합과 낮은 데이터 집합으로 만들어진 모델들 간에 큰 분류 정확도 test 성능의 차이를 보여주고 있다. 게다가 배깅과 부스팅이 추가되어도 분류 정확도에 어떠한 성능 향상도 보여주지 못하고 있음을 알 수 있다. 이것은 아마도 실험에 사용된 training 인스턴스의 개수가 작기 때문일 수도 있다. 우리는 같은 실험을 베이즈 분류기에도 적용해봤는데 비슷한 결과를 얻었다.

두 번째 실험에서는, 무작위로 153개의 training 인스턴스를 골라서 세 개의 결정 트리 분류기와 세 개의 베이지안 분류기를 만들었다. 즉, 그 153개의 training 인스턴스는 그냥 결정 트리 분류기, 배깅을 사용한 다중 모델 결정 트리 분류기, 그리고 부스팅을 사용한 다중 모델 결정 트리 분류기를 만드는 데 사용이 되었다. 같은 절차로 세 개의 베이즈 분류기 모델도 만들었다. 추가로 두 개의 모델은 전형성을 사용한 training 집합을 사용하여 만들었다. 전형성을 사용한 training 집합은 모든 153개의 인스턴스를 전형성 점수 순서대로 나열을 한 후에 위에서부터 한 인스턴스씩 번갈아가면서 골라서 만들었다. 여덟 개 모델 모두가 심장병 환자 데이터 전체 집합에 적용되었고 그 분류 정확도는 표 11.6에 나타나 있다. 비록 이들 모델들간에 통계적으로 유의미한 차이는 보여지지 않았지만 흥미로운 결과는 배깅, 부스팅 그리고 전형성으로 만들어진 모델이 결정 트리 모델보다 우수한 성능을 보였지만 베이즈 분류기 성능을 추월하지는 못했다는 것이다. 이 실험 결과만 가지

표 11.5 전형적 그리고 비전형적 훈련 데이터에 대한 테스트 집합 정확도

	Decision Tree	Bagging	Boosting
Most Typical	76.57%	76.89%	76.56%
Least Typical	49.84%	49.17%	48.84%

표 11.6 분류 정확도: 배깅, 부스팅, 전형성

	Single Model	Bagging	Boosting	Typicality
Decision Tree	82.83%	86.47%	88.45%	85.81%
Bayes Classifier	87.79%	86.14%	84.82%	85.81%

고는 결코 어떤 단정을 내릴 수는 없지만 배깅, 부스팅 그리고 전형성이 분류 정확도에 미치는 영향에 대하여 더 연구를 해볼 수 있는 모델을 제공해줄 수는 있다.

전형성(Typicality): 일반적 고려사항

전형성 기반의 학습에 대한 일반적인 고려사항은 다음과 같다.

- 전형성 점수를 계산하려면 하나의 인스턴스는 다른 모든 인스턴스와 비교하여 보아야 한다. 이것은 대규모 데이터 집합에서는 계산 복잡도가 너무 커서 하기 힘들게 된다.
- 전형성 점수는 비휘발성(nonvolatile) 데이터 집합에 대해서는 단 한번만 계산되면 된다. 한번 계산되면, 전형성 점수는 전체 데이터 집합에서 대표성이 있는 training 인스턴스의 부분 집합들을 고르는 데 사용될 수 있다. 이런 방식으로 작은 크기의 샘플을 가시고도 정확한 모델을 만들 수가 있다. 이것은 큰 크기의 데이터에서도 특히 매력적이다.
- 전형성은 인스턴스 품질(quality)의 내부적 척도를 보여주는 것이며, 어떤 데이터 마이닝 모델의 구조를 수정(modification)하지 않고도 함께 사용될 수 있다.
- 전형성은 모델의 출력 값이 범주적(categorical) 그리고 수치적인 경우에도 모두 적용될 수 있다.
- 전형성은 K-nearest neighbor 분류기와 같은 인스턴스-기반 학습 모델에서 가장 적절히 사용될 데이터를 선택하는 데에도 사용될 수 있다.

분류 정확도에 대한 전형성의 효과에 대해서는 공개된 연구결과가 많지 않기 때문에 인스턴스 전형성이 supervised 학습자 모델에서 어떠한 더 많은 역할을 하는지에 대해서는 더 많은 실험이 필요하다.

11.5 요약

시계열 분석(Time-series analysis)은 시간 차원을 포함하고 있는 데이터를 다루는 것이며 주로 수치적 결과를 예측한다. 시계열 분석은 시간을 변수로 사용하여 미래를 예측할 수 있도록 해줄 수 있다는 점에서 유용하다. 선형 그리고 비선형 기법 모두 시계열 문제를 해결하는 데 적용될 수 있다. 만약 선형 모델이 최적 결과를 보여주지 못한다면 비선형 모델을 사용하면 될 것이다. training 데이터에 실제 결과보다는 예측된 결과를 가지는 필드가 여러 개 있을 때에는 그 훈련 데이터를 사용하여 미래의 결과 값을 예측할 때에는 주의를 기울여야 한다.

웹사이트의 성공요인은 전적으로 그 사이트가 사용자 커뮤니티에 의해 어떻게 인식(perceive)되는가에 달려 있다. 데이터 마이닝을 사용하면 사용자들이 방문하는 웹사이트에 대해 가지고 있는 인식(perception)을 알아내는 데 도움을 줄 수 있다. 하지만 웹 기반 데이터 마이닝에서는 다른 데이터 마이닝 어플리케이션에서는 없었던 새로운 문제들을 다루어야 한다. 웹 기반의 사용자 세션의 결과로 우리에게 제공되는 데이터는 모두 웹 서버 로그 파일안에 저장되어 있다. 전형적인 로그파일의 내용은 사용자들이 웹페이지들을 서핑하면서 페이지 링크들을 따라가면서 생기는 클릭스트림 시퀀스를 나타내는 정보들이다. 웹 기반 데이터 마이닝에서 가장 힘든 것은 서버 로그파일을 가지고 유용한 데이터 마이닝 모델을 만들어 내는 데 필요한 정보를 추출해내는 과정이다.

텍스트 데이터 마이닝은 일반적 텍스트에서에 패턴을 추출해내는 것을 포함한다. 텍스트 형태의 데이터를 마이닝하는 기본적인 알고리즘은 발생 빈도수가 높은 단어의 어트리뷰트 사전을 만들고 중요도가 낮은 공통 단어를 제거하고 그 수정된 사전을 이용하여 새로운 다큐먼트를 분류해내는 것이다. 이러한 WWW의 확장은 텍스트 데이터 마이닝 어플리케이션의 밝은 미래를 암시한다.

배깅과 부스팅과 같은 다중 모델 방법은 때로는 모델 성능을 향상시키기도 한다. 인스턴스 전형성도 또한 supervised 학습자 모델의 분류 정확도를 향상시키는 데 사용될 수 있다.

11.6 핵심 용어

- **적응형 웹 사이트(Adaptive Web site)** 접속자의 방문 패턴들을 가지고 학습을 하여서, 정보 제공 방식 뿐만 아니라 내부 구조도 반자동(semiautomatically)으로 향상시킬 수 있는 능력을 가진 웹 사이트
- **배깅(Bagging)** 새 인스턴스(instance)를 분류할 때, 여러 모델들이 동등하게 투표하여 그 인스턴스의 분류 클래스를 결정하는 supervised 학습 방법
- **부스팅(Boosting)** 새 인스턴스의 분류에 여러 모델이 참가하게 하는 supervised 학습 방법. 각 모델은 각각의 가중치를 가지고 그 새 인스턴스의 분류에 적용된다.

- **클릭스트림(Clickstream)** 사용자가 웹페이지들을 찾고 페이지 링크들을 따라갈 때에 그 사용자가 따라간 링크의 순서
- **쿠키(Cookie)** 사용자 컴퓨터에서 세션 정보를 가지고 있는 데이터 파일
- **인덱스 페이지(Index page)** 특정 주제와 관련된 페이지들로의 연결 링크를 가지고 있는 웹 페이지
- **인덱스 합성 문제(Index synthesis problem)** 웹사이트와 그곳으로의 방문자 접속 로그 기록이 주어졌을 때, 관련은 되었지만 현재는 연결되지 않은 페이지들로의 링크들을 가지는 새로운 인덱스 페이지들을 생성하는 문제
- **페이지뷰(Pageview)** 웹 브라우저에서 단일 화면을 이루고 있는 하나 혹은 하나 이상의 페이지 파일들
- **개별화(Personalization)** 사용자들에게 직접 묻지 않고도 그들이 관심 있어 하는 정보를 웹 사용자에게 제공하는 것
- **순차 마이너(Sequence miner)** 같은 순서로 자주 접속되는 웹 페이지들을 발견하는 데 사용되는 특별한 데이터 마이닝 알고리즘
- **세션(Session)** 단일 웹 서버에 단일 사용자들에 의해서 요청되는 페이지뷰들의 집합
- **세션 파일(Session file)** 수 개에서부터 많게는 수천 개의 세션 인스턴스(instance)들을 포함하는 파일
- **시계열 문제(Time-series problem)** 하나 혹은 여러 개의 시간 종속적인 어트리뷰트를 가지는 예측(prediction) 문제
- **확장된 일반 로그 파일 형식(Extended common log file format)** 웹 서버 로그 파일 정보를 저장하는 데 사용되는 일반적인 형식

11.7 연습 문제

| 복습 문제 |

❶ 당신이 관심 있어 하는 상품이나 정보를 서비스하는 여러 웹사이트를 방문해보라. 당신이 방문한 각 사이트에 대해서 아래의 질문에 답하라.

a. 당신이 찾는 정보를 찾는 것이 얼마나 쉬운가?
b. 당신의 관심을 별로 끌지 못하는 정보가 얼마나 많이 보여지는가?
c. 얼마나 많은 광고가 보여지는가? 광고가 당신이 찾는 정보와 관련성이 있는가?

❷ 배깅(bagging)과 부스팅(boosting) 사이에 공통점과 차이점을 나열하라. 배깅으로 만들어진 다중 모델이 부스팅을 이용해서 만들어진 모델 시나리오에 비해서 얼마나 성능을 발휘하는지 말하라. 부스팅이 배깅보다 좋은 성능을 발휘하는 상황을 말하라.

❸ 어느 데이터 집합의 인스턴스(instance)들에 대하여 계산된 전형성 점수(typicality scores)가 변차(variation)가 별로 없다고 가정하자. 배깅과 부스팅이 test 집합의 분류 정확도를 증가시킬 가능성이 높은가? 왜 그렇게 생각하는지 설명하여 보라. 이제, 또 다른 데이터 집합은 변차가 크다고 할 때 그 집합에 대한 전형성 점수(typicality)를 생각해보자. 배깅과 부스팅은 그 집합에 대한 분류 정확도를 증가시킬 것인가? 그 이유는?

❹ 시계열 문제들에 대해서 배깅과 부스팅이 적절한가? 그 이유는?

❺ 배깅과 인스턴스 전형성 사이의 어떠한 유사점을 발견할 수 있는가?

❻ 범주적 데이터만 처리할 수 있는 데이터 마이닝 알고리즘을 가지고 시계열 분석에도 사용할 수 있게 하기 위해서, 주가 지표 데이터 집합의 어트리뷰트에 대하여 사용할 수 있는 데이터 변환 방법을 제안하여 보라.

❼ 자동차 정비에 대해서 사용자의 질문에 답을 할 수 있도록 설계된 웹사이트에 대한 인덱스 페이지 구조를 전체적으로 생각해보라. 초보 사용자가 자동차 정비 문제들에 답을 얻기 위해서 시도해볼 수 있는 경로(path) 몇 가지를 제시하여 보라.

| 데이터 마이닝 문제 |

LAB❶ 샘플 디렉터리에서 NasdaqDow.xls 파일을 불러온다. 그 데이터를 새로운 스프레드시트 파일에 복사하고 Week3에서 Week48 데이터로 엑셀의 LINEST 함수를 사용하여 나스닥(Nasdaq) 주별 평균 종가 가격 예측을 위한 선형 회귀 방정식을 만들어라. 그 회귀 방정식은 다우존스(Dow Jones) 어트리뷰트를 포함하는가? 그 회귀 방정식을 사용하여 Week49에 대한 나스닥 평균 종가를 예측하라. 실제 종가 2615와 비교해서 예측된 평균 종가는 어떠한가?

❷ NasdaqDow.xls에서 제공되는 데이터의 Week3에서 Week48까지의 데이터에 대해 엑셀의 LINEST 함수를 사용하여 다우존스 평균 주별 평균 종가를 예측하는 선형 회귀 방정식을 만들어라. 그 방정식을 사용하여 Week49에 대한 다우존스의 종가를 예측하라.

LAB❸ iDA 역전파 신경망 소프트웨어를 사용하여 데이터 마이닝 문제 1번에 답하라.

❹ 나스닥다우(NasdaqDow) 데이터베이스 Week3에서 Week44 데이터에 iDA 역전파 신경망을 사용하여 Week45의 나스닥 평균 종가를 예측하자. 최소 20,000번의 training epochs를 사용하시오. 그 다음에, 그 Week45 예측 값을 training 데이터에 추가하여 신경망을 만들어서 Week46의 나스닥 평균 종가를 예측하라. Week49까지 이 과정을 반복하시오. Week49의 실제 나스닥 평균 종가 2615와 비교하여 Week49 예측 값은 어떤가?

❺ 표 11.4에서의 표 변환을 Week49까지 완성하시오. ESX와 supervised 학습을 사용하여 Week3부터 Week48까지의 training 데이터를 가지고 분류 모델을 생성하라. ESX는 Week49의 나스닥 이익(Gain) / 손실(Loss)을 정확하게 예측하는가?

❻ 로지스틱 회귀를 사용하여 앞 연습 문제를 반복하라. 이익과 손실 값에 대해 1과 0이 적절히 교체해야 함을 확인하여야 한다.

❼ 진짜 스포츠 팬을 위한 연습 문제이다. 프로 풋볼 러닝백(running back)이 어느 주어진 주(week)에 어떤 성적을 내는지를 판단하는 시계열 모델을 만들어라. 이 문제는 주어진 주의 그 선수의 성적을 그 이전 주들에서의 성적과 관련시킨 어트리뷰트를 가지고 있는 시계열 어플리케이션으로 생각할 수 있다. 미래의 성적을 가장 잘 예측할 수 있게 할 것이라 생각되는 어트리뷰트들과 시간 랙(lag)을 생각해보라. 예를 들면, 그날까지의 연간 러쉬 야드 수, 게임당 평균 러쉬 야드 수, 게임당 평균 캐리 수같은 것들이 생각될 수 있을 것이다. 또한 상대팀에 대한 성적 요소들도 포함될 수 있을 것이다.

❽ 당신이 관심 있어 하는 종목의 주가에 대한 시계열 분석을 수행해보라. Yahoo.com을 방문하여 그 주식에 대한 월별 가격 정보를 구하라. 과거 5년간의 매달 종가를 사용하여 시계열 분석을 하라.

부록 A

iDA 소프트웨어

A.1 소프트웨어 설치

제4장에서 이미 설명한 iDA 소프트웨어 설치 방법을 여기서 다시 정리한다.

| iDA 설치 |

이 소프트웨어는 MS 엑셀의 모든 현재 버전에서 잘 설치가 될 것이지만 만약에 MS 오피스 2000이나 오피스 XP를 사용한다면 아마도 매크로 보안 레벨이 '높음(high)'으로 설정되어 있을 것이다. 이 경우에서는 소프트웨어가 설치되지 않을 수도 있다. 보안 레벨을 확인하고 다시 초기화 하려면 다음과 같이 하면 된다.

- 엑셀을 열고 도구(tools)를 선택
- 매크로로 가서 보안(security)을 선택
- 만약 보안 설정이 높음(high)으로 되어 있으면 설정을 보통(medium)으로 변경하고 '확인'을 클릭
- 엑셀을 닫고 다른 모든 어플리케이션을 닫는다.

다음은 iDA를 설치하는 순서이다.

- 책에 포함된 CD를 당신 컴퓨터의 CD 드라이브에 넣는다.
- '시작'을 누르고 마우스의 왼쪽 버튼으로 실행(run)을 누른다.
- CD 드라이브이 이름과 'installiDA.exe'를 쓴다. 예를 들어 당신의 CD 드라이브가 D라면 d:₩installiDA.exe라고 쓴다.
- 'Enter'를 누른다.
- 'Next'를 선택해서 license agreement를 읽고 'Agree'를 선택한다.

- 'Finish'를 선택하고 'OK'를 누른다.
- "Would you like to enable macro(매크로를 사용하시겠습니까?)"라고 물으면 'yes' 라고 대답한다.
- 마쳤을 때, 스크린에 ReadMe 파일이 뜰 것이고 그 파일을 닫으면 설치가 완료된 것이다.

성공적으로 설치가 끝나면 엑셀 스프레드시트 환경에 iDA라는 드롭다운 메뉴가 추가되어 있을 것이다.

만약 iDA가 설치되지 않고 당신 컴퓨터가 회사 네트워크에 연결되어 있다면, 당신 컴퓨터에서 다음의 디렉터리, 즉 c:₩Program Files₩Microsoft Office₩...₩Library₩ESX가 있는지 확인해보라. 만약 없다면 시스템 관리자에게 연락하여 당신의 사용자 권한을 업그레이드시켜야만 소프트웨어를 설치할 수 있을 것이다.

| Java 설치 |

iDA 신경망(Neural Network) 소프트웨어는 Java 프로그래밍 언어로 쓰여졌다. Java는 컴파일러 언어가 아니라 인터프리터 언어에 가깝다. 이런 이유 때문에 Java 인터프리터는 우리 컴퓨터에 상주하고 있어야 하고 그래야 신경망(neural network) 소프트웨어를 사용할 수 있다. CD는 Java 버전 1.4를 설치하는 프로그램을 포함하고 있다. Java를 설치하려면 설치 CD에 들어 있는 j2sdk_1_4_0-win 아이콘을 더블클릭하면 된다. 만약 설치가 잘 되지 않으면 그 설치 프로그램을 당신 컴퓨터 데스크탑에 복사한 후에 그것으로 다시 설치를 시도해보도록 하자. 또는 www.javasoft.com을 방문하여 Products&APIs를 선택하여 다운로드받으면 최신 버전의 Java를 설치할 수도 있다.

| iDA의 재설치 |

설치 프로그램은 이미 있는 iDA 설치를 체크하지 못하기 때문에 자동으로 이미 있는 버전을 제거하지 못한다. 따라서 만약 iDA의 새버전을 설치하려고 하는데 이미 컴퓨터에 iDA가 설치되어 있다면 반드시 iDA 디렉터리에 있는 제거 프로그램을 사용하여 먼저 제거를 하여야 한다. 또한 제거를 할 때에 samples 디렉터리가 지워지지 않는다면 직접 그 디렉터리를 삭제한 후에 새 버전의 iDA를 설치하여야 한다.

A.2 iDA의 제거

iDA를 제거하려면

1. 윈도우 탐색기로 iDA 디렉터리를 찾는다.
2. Uninstall 아이콘을 더블클릭한다.
3. 어플리케이션을 시스템에서 제거하기를 원하느냐는 질문이 나오면 'Yes'를 선택한다.

만약 샘플 디렉터리에 있는 파일이 수정되었다면, 제거 프로그램은 그 샘플 폴더를 지우지 않는다. 하지만 그 디렉터리도 자동으로 지워지지는 않지만 당신이 원한다면 직접 지울 수는 있다. 만약 당신이 그 소프트웨어를 재설치하려고 하고 그 재설치 이전에 그 수정된 샘플 디렉터리를 직접 수동으로 제거하지 않았다면, 그 설치 프로그램은 있는 샘플 디렉터리를 원래 디렉터리로 바꾸지는 않는다.

마지막으로, 제거 프로그램을 실행해도 우리의 엑셀 스프레드시트에 있는 iDA 드롭다운 메뉴는 없어지지 않는다. 소프트웨어를 재설치하기 전에 그 드롭다운 메뉴 아이템을 지울 필요는 없다. 하지만, 앞으로 iDA를 사용하지 않을 거고 그 iDA 메뉴 아이템을 지우고 싶다면, 다음과 같이 하면 된다.

1. Excel을 시작하고
2. '도구|add-in' 메뉴 아이템을 클릭하고
3. 선택 박스에서 'Ida'의 선택을 취소하고
4. 엑셀을 빠져나온다.

A.3 소프트웨어의 제한점

iDA의 상용 버전은 엑셀 스프레드시트에서 최대 65,536행과 256열의 크기를 지원한다. iDA 입력 포맷은 스프레드시트의 첫 3줄은 개별 어트리뷰트에 대한 정보를 담는 데 사용된다. 따라서 어트리뷰트-값의 포맷에서 최대 65,533개의 인스턴스가 마이닝에 사용될 수 있다.

엑셀에서의 각 열은 하나의 어트리뷰트를 담고 있기 때문에 사용할 수 있는 최대 어트리뷰트의 개수는 256개이다. 어트리뷰트의 이름이나 값의 최대 크기는 250자이다. 또한 RuleMaker는 20개의 클래스까지만 사용할 수 있다. 필수 사항은 아니지만 iDA 소프트웨어 패키지를 사용할 때에는 다른 어플리케이션은 모두 닫고 사용할 것을 권고한다. 몇 백 개개가 넘는 데이터 인스턴스를 사용하는 어플리케이션에서는 더욱 그러하다.

iDA 소프트웨어의 학생 버전은 최대 7000개의 인스턴스(즉, 7003행)를 지원하고 첫 인스톨 후에 180일 동안만 사용가능하다. 학생 버전은 iDA의 역전파 신경망을 저장하는 기능을 제공하지 않는다.

A.4 소프트웨어 사용에 대한 일반적 가이드라인

제공된 iDA는 샘플 디렉터리에 있는 데이터집합에 대하여 모두 테스트된 것이다. 이들 데이터 혹은 다른 데이터에 대하여 마이닝을 할 때 발생할지 모르는 문제를 방지하기 위한 몇 가지 도움말은 다음과 같다.

- 원본 샘플 디렉터리는 가능한 건들지 말자. 그 파일을 복사해서 그 복사한 파일을 가지고 데이터 마이닝 실험을 하도록 하자.
- 가능하다면, 데이터 마이닝 세션이 당신 컴퓨터에서 실행중일 때에는 당신 시스템에서 돌고 있는 프로세스 개수를 최대한 줄이자. 가장 좋은 방법은, 데이터 마이닝 세션을 시작하기 전에 모든 다른 프로세스를 닫도록 하자.
- MS 엑셀 2000과 XP 사용자는 데이터 마이닝을 할 파일의 매크로 보안을 중간(medium) 혹은 낮음(low)로 설정해야만 한다.
- ESX를 사용하여 대용량 데이터 집합에 unsupervised 클러스터링을 수행할 때에는, 가장 좋은 유사도(similarity) 설정을 하려면 quick mine 기능을 사용하자.
- 몇 개의 어트리뷰트를 가진 대용량 데이터 집합에서는 quick mine 기능을 사용하자. 그렇게 함으로써, 나중에 데이터 마이닝 세션을 할 때에 어떤 어트리뷰트가 사용되지 않은 것으로 혹은 보기 전용으로 플래그해야 하는지를 금방 결정할 수 있다.

A.5 문제 해결

이번 절에서는 네 가지의 일반적인 문제와 그 해결책을 이야기한다.

데이터 마이닝 세션이 시작이 안돼요.

데이터 마이닝 세션이 시작되지 않으면, 데이터가 들어 있는 스프레드시트 셀을 한번 클릭한 후에 다시 시도해보자. 그래도 안된다면, 그 스프레드시트 데이터를 새로운 워크북에 복사하고 데이터 마이닝 세션을 새로 시작해보자.

에러 메시지가 "There is a column containing data but there is no attribute name (데이터가 들어 있는 열은 있는데 어트리뷰트 이름이 없음)"이 나옵니다.

스프레드시트의 행렬 크기 제한을 넘어서 있는 데이터 때문에 생긴 에러는 쉽게 해결할 수 있다. 그냥 실제 데이터와 데이터 선언을 가지고 있는 스프레드시트 영역을 하이라이트시킨다. 그 하이라이트된 영역을 새로운 워크북으로 복사-붙이기시킨다.

데이터 마이닝 세션을 돌리면 illegal operation error가 나오거나 엑셀이 닫혀 버립니다.

데이터 마이닝 세션 중에 엑셀이 그냥 닫혀 버리거나 illegal operation 에러가 나온다면, 그것은 데이터 포맷에 대한 에러이다. iDA preprocessor는 대부분의 포맷 에러를 잡을 수 있다. 하지만, 그 preprocessor도 비정상적인 데이터파일 에러를 놓칠 수도 있다. 잡지 못한 에러 때문에 아마도 illegal operation 메시지가 나오거나 데이터 마이닝 세션을 멈춰 버리게 할 수 있다.

이 에러를 찾기 위해서는 먼저 잘못된(illegal) 어트리뷰트 이름이 이 문제를 발생시키지 않았나 확인해봐야 한다. 아마도 어트리뷰트 이름에 캐리지 리턴(carriage return) 문자가 들어 있기 때문일 수도 있다. 잘못된 어트리뷰트 이름이 있는지 확인해보는 간단한 방법은 스프레드시트의 첫 5라인을 새로운 워크북에 카피를 해보는 것이다. 4번째와 5번째 라인이 제대로 된 어트리뷰트 값을 가지고 있는지 확인해보자. 그 다음에, 데이터 마이닝 세션을 시작하라. 만약 그 문제가 또 발생한다면, 스프레드시트의 첫 3라인을 다시 타이핑하고 다시 시도해본다.

만약 잘못된 어트리뷰트 이름이 문제를 일으킨 것이 아니라면, 아마도 문제는 수치적 어트리뷰트에 잘못된 값이 들어가 있기 때문일 가능성이 높다. 이것은 모든 수치 어트리뷰트를 범주형-비사용(categorical-unused)으로 선언하여 테스트해볼 수 있다. 그 다음에 데이터 마이닝 세션을 사작해보자. 만약 세션이 잘 된다면 수치적 어트리뷰트에 잘못된 값이 들어 있다는 것을 의미한다. 그 에러를 찾으려면, 데이터 마이닝 세션을 한 번에 수치 어트리뷰트를 하나씩 집어 넣어보면서 문제를 일으킨 에러를 찾을 때까지 반복한다. 이렇게 하면 어느 어트리뷰트가 잘못된 값을 가지고 있는지를 찾을 수 있다.

마지막 옵션으로는, 데이터의 일부 부분집합을 새로운 워크북에 복사한다. 데이터 집합의 처음 반을 새로운 워크북에 복사하고 마이닝 세션을 해보는 것도 좋은 방법이다. 만약 세션이 성공적으로 돌아간다면, 문제는 데이터 집합의 후반에 있다는 것을 우리는 알 수 있다. 이런 식으로 문제를 일으킨 인스턴스를 찾을 때까지 계속 반복하여 범위를 좁혀 나가본다.

비사용(Unused)으로 선언된 수치 어트리뷰트에 대해서도 요약 통계가 나옵니다.

비사용(unused)으로 선언된 수치 어트리뷰트에 대한 평균과 표준 편차 값도 모든 출력 요약 보고서에 나타난다. 비사용(unused)으로 플래그된 수치 어트리뷰트는 모델을 만들어 나가는 과정에 사용되지 않는다. 비사용(unused) 수치 어트리뷰트가 출력 보고서에 나오지 않게 하려면 그 비사용(unused) 어트리뷰트를 범주형(categorical)으로 신인하면 된다.

A.6 소프트웨어 지원

시간이 허락하는 한, iDA의 개발자들은 비상용 사용자들이 발견한 소프트웨어 문제들에 대해 답변을 할 것이다. 소프트웨어 설치와 소프트웨어 버그에 대한 문제점들은 iDA 지원팀에게 문의하여야 한다. 만약 해결할 수 없는 문제점을 발견한다면 iDA 지원팀에게 이메일 info@infoacumen.com에 연락을 하도록 하자. 또는 홈페이지 www.infoacumen.com을 방문하여 'Contact us'를 클릭하여 소프트웨어 지원팀에 이메일을 보내도 된다. 마지막으로, 비록 당신의 소프트웨어가 첫 설치일로부터 180일간만 유효한 것이긴 하지만, 그 유효기간 동안에는 학생용 소프트웨어도 업그레이드를 할 수 있다. 위의 홈페이지를 주기적으로 방문하여 소프트웨어의 가장 최신 학생 버전을 다운로드받도록 하자.

부록 B

데이터 마이닝에서 사용된 데이터 집합

이 부록에서는 IDA 소프트웨어에 들어 있는 데이터 집합들에 대하여 요약 설명한다. 데이터 집합은 iDA 샘플 디렉터리에 엑셀 파일로 저장되어 있다. 또한, 무료로 다운로드 가능한 여러 웹사이트들도 알려준다.

B.1 iDA 데이터 집합 패키지

DA 소프트웨어 패키지에는 10개의 데이터 집합들이 포함되어 있다. 각각의 데이터 집합에 대한 설명은 아래에 있다.

파일 이름	CardiologyCategorical.xls CardiologyNumerical.xls
도메인	의료
데이터 소스	Dr.Detrano, VA Medical Center, Long Beach, CA
웹사이트	원본 데이터는 아래의 첫 번째 웹사이트에 있다. 수정된 데이터 집합은 두 번째 사이트에서 찾을 수 있다. http://www1.ics.uci.edu/pub/machine-learning-datasets/heart-disease/cleveland.data http://www1.ics.uci.edu/pub/machine-learning-datasets/heart-disease/cleve.mod
설명	이 데이터 집합은 303개의 인스턴스를 가지고 있다. 이 인스턴스들 중에서 165개는 심장병이 없는 환자에 대한 정보가 포함되어 있다. 나머지 138개의 인스턴스들은 심장 마비를 경험한 환자에 대한 정보를 가지고 있다.

속성	원본 데이터 집합은 13개의 수치 어트리뷰트를 가지고 있으며 14번째 어트리뷰트는 환자의 심장 상태를 가리키고 있다. 데이터 집합은 Gennari(Gennari and Fisher, 1989)에 의해서 나중에 수정되었다. 그는 혼합 데이터 타입들을 포함한 도메인에서 사용할 수 있는 데이터 마이닝 도구를 테스트하기 위하여 수치 어트리뷰트 중 7개를 범주(이산)형으로 변경하였다. 원본 데이터는 CardiologyNumerical.xls에 있고 혼합된 데이터 집합의 형태는 Cardiology Categorical.xls에 있다.

파일 이름	CreditCardPromotion.xls CreditCardPromotionNet.xls
도메인	신용카드 프로모션
설명	이 가상 데이터 집합은 신용카드 소지자가 다양한 프로모션 광고에 대한 구매 혹은 거절 정보를 포함하고 있다. 이 데이터 집합은 이 책에서 설명한 많은 데이터 마이닝 기법들을 보여주기 위하여 사용된다.
속성	각 인스턴스는 각 고객의 나이, 수입, 성별, 신용카드 보험, 다양한 신용카드 프로모션 구매 등에 대한 7개의 어트리뷰트 정보들을 포함한다. CreditCard PromotionNet.xls 파일에 있는 그 데이터는 원본 데이터 집합을 수치값으로 변환한 것이다.

파일 이름	CreditScreening.xls
도메인	신용카드 신청 심사
데이터 소스	데이터의 출처는 비공개. Dr. Ross Quinlan은 아래의 웹사이트에 데이터를 올렸다.
웹사이트	http://www1.ics.uci.edu/~mlearn/MLRepository.html
FTP download	ftp://ftp.ics.uci.edu/pub/machine-learning-databases/credit-screening/
설명	파일은 신용카드 신청에 대한 데이터를 포함한다. 모든 어트리뷰트 이름과 값은 데이터의 개인정보 보안 때문에 의미 없는 기호로 바뀌었다. 데이터 집합은 범주형 데이터와 수치 어트리뷰트의 혼합으로 이루어져 있다. 또한 유실값(missing value)을 포함한다. 이 값들은 엑셀 스프레드시트에서 빈칸으로 되어 있다.
속성	각 인스턴스는 15개의 입력 어트리뷰트들과 하나의 출력 어트리뷰트를 가지고 있다. 입력 어트리뷰트들은 임의의 이름들을 가지고 있고 출력 어트리뷰트는 class로 표시된다. 만약 class의 값이 +이면, 각 개인들은 신용카드 신청이 승인을 받을 것이다. Class 값이 -이면 승인이 거절된 것이다.

파일 이름	DeerHunter.xls
도메인	야생동물 관리
데이터 소스	Dr.John Whitehead, Professor of Economics at East Carolina University
웹사이트	유사한 데이터 집합인 배스(농어의 일종)과 송어 낚시꾼 데이터와 마찬가지로 http://personal.ecu.edu/whiteheadj/data/ns/에서 찾을 수 있다. Dr. Whitehead는 또한 로지스틱 회귀 분석에 대한 훌륭한 소개를 http://www.csb.uncwil.edu/people/whiteheadj/logit/에서 하고 있다.
설명	데이터 집합은 6059명의 사슴 사냥꾼에게 1991년(내년)에는 금년도 사냥 여행에서보다 더 많은 비용을 지불할 의사가 있는지를 설문 조사한 정보를 가지고 있다. 비록 각 인스턴스에서는 하나의 인상액만 있지만, 전체적으로는 약 $9에서 $953 정도의 범위에서 10 가지의 인상액이 가능하다. 원본 데이터는 US.Fish and Whildlife Service에서 수행한 설문조사의 일부이다. 우리는 Dr. John Whitehead로부터 깨끗한 형태의 데이터 파일을 얻을 수 있었다.
속성	잘 정리된 데이터 집합은 20개의 입력 어트리뷰트와 하나의 출력 어트리뷰트를 가지고 있는데, 출력 어트리뷰트는 앞서 말한 질문에 긍정적인 대답을 하였는지를 나타낸다. 어트리뷰트에 대한 설명은 데이터가 들어 있는 엑셀 파일에서 제공된다. Wtname 어트리뷰트는 설문조사의 가중치 변수이고 사용되지 말아야 한다.

파일 이름	Grb4u.xls
도메인	천문학
데이터 소스	Fourth Catalog of the Burst and Transient Source Experiment(BATSE) On board the Compton Gamma Ray Observatory
설명	감마선 폭발은 태양계 밖에서 온 짧은 감마 광선의 빛이다. 이러한 사건이 1000건 이상 기록되었다. 데이터 집합 안에 있는 감마선 폭발 데이터는 BATSE 4B 카달로그에 있다. 이들 감마선 폭발은 NASA's Compton Gamma Ray Observatory에서 이관된 BATSE에 의해서 1991년 4월에서 1993년 3월 사이에 관찰되었다.
웹사이트	http://www.batse.msfc.nasa.gov/batse/grb/catalog/
속성	이 감마선 폭발에는 많은 어트리뷰트들이 측정되었지만, 이 데이터 집합은 7개의 어트리뷰트만 사용한다. 어트리뷰트 'burst'는 burst 번호, T90과 50은 폭발 기간, P256과 fluence는 폭발 밝기 그리고 HR321과 HR32는 폭발 강도를 나타내는 수치이다. BATSE 웹 사이트를 방문하면 이들 어트리뷰트에 대한 추가 정보를 볼 수 있다.

파일 이름	NasdaqDow.xls
도메인	금융
데이터 소스	웹사이트들은 다운로드 가능한 스프레드시트 형식으로 Nasdaq와 Dow Jones 종가 데이터를 제공해준다. 일별, 주별, 월별로 요약되어 있을 뿐 아니라 시작 날짜와 마지막 날짜를 선택할 수 있는 옵션들을 제공해준다.
웹사이트	http://chart.yahoo.com/d?s=^IXIC http://chart.yahoo.com/d?s=^DJI
설명	나스닥과 다우존스의 산업지수에 대한 평균 주별 종가(마감가격)들을 시계열(time-series)로 표현한 데이터이다. 표의 첫 줄은 2000년 3번째 주의 나스닥 주간 평균 종가가 4176.753임을 보여준다.
속성	'Week'는 연도와 당 해의 몇 주인지를 나타낸다. 2000년의 셋째주는 200003으로 표시된다. NasdaqAv.Close와 DowAv.Close는 각각 현재 주의 평균 종가를 표시해준다. NasdaqAv.Close-1과 DowAv.Close-1은 전주의 평균 종가이다. 마찬가지로NasdaqAv. Close-2와 DowAv.Close-2는 두 주전의 평균 종가이다.

파일 이름	SpineData.xls
도메인	의료
데이터 소스	도시지역의 척추 클리닉
설명	데이터 집합은 척추 수술을 경험한 환자들에 대한 정보를 가지고 있다.
속성	데이터 집합은 31개의 어트리뷰트를 가지고 있다. 몇몇 어트리뷰트들은 환자의 현재 건강 상태와 관련되어 있다. 그 외의 어트리뷰트들은 환자의 일반적인 특징(성별, 키, 몸무게 등등)에 대한 정보를 제공한다.

파일 이름	Sonar.xls(supervised) Sonaru.xls(unsupervised)
도메인	LandSat(지구 자원 관측 위성) 이미지 데이터
데이터 소스	Civco(1991)
설명	데이터 집합은 지구 표면에 대한 디지털 위성 사진을 픽셀로 표현하고 있다. 훈련과 테스트 데이터는 어느 ground truth가 설치되었는지에 대한 300 픽셀 데이터로 구성된다. 이 데이터는 15개의 카테고리들로 분류된다: Urban, Agriculture 1, Agriculture 2, Turf/Grass, Southern Deciduous, Northern Deciduous, Conifereus, Shallow Water, Deep Water, Marsh, Shrub, Swamp, Wooded Swamp, Dark Barren, Barren 1, and Barren 2. 각 카테고리는 대략 20개의 인스턴스들이 있다.

속성	각 픽셀은 6개의 수치 값으로 표현되는데, 그것은 전자기(electromagnetic) 스펙트럼의 다음과 같은 6개의 띠(band)안에 있는 다중 스펙트럼 반사율(multispectral reflectance) 값이다. Blue(0.45–0.52m), green(0.52–0.60m), red(0.63–0.69), near infrared(0.76–0.90m) 그리고 two middle infrared(1.55–1.75와 2.08–2.35m).

파일 이름	Titanic.xls
도메인	대참사(Large-Scale Tragedy)
데이터 소스	Dawson(1995)
웹사이트	http://www.amstar.org/publication/jse/jse_data_archive.html
설명	데이터 집합은 2201개의 인스턴스들을 포함한다. 각 인스턴스는 Titanic에 승선한 각각의 승객들과 승무원들에 대한 어트리뷰트를 보여주고 있다.
속성	입력 어트리뷰트는 각 개인의 클래스, 성별, 나이를 포함한다. 출력 어트리뷰트은 승객이나 승무원이 살아 남았는지 아닌지를 나타낸다..

파일 이름	UsTemperatures.xls
도메인	날씨
데이터 소스	Peixoto(1990)
웹사이트	http://lib.stat.cmu.edu/DASL/Datafiles/
설명	데이터 집합은 미국의 56개 도시들의 1월 평균 최저 기온을 화씨로 나타내고 있다. 이 데이터는 1931년에서 1960년까지 수집되었다. 1월의 일간 최저 기온들은 일간 기온을 모두 더해서 31로 나누어 계산된다. 그리고나서 각 연도의 평균들은 30년 기간 기준으로 평균이 계산된다.
속성	각 인스턴스는 한 어트리뷰트에 도시와 주의 약자가, 또한 어트리뷰트에 1931년부터 1960년까지의 평균 최저 기온(화씨)을, 또한 어트리뷰트에 도시의 위도를, 그리고 또 하나의 어트리뷰트에는 경도를 나타내고 있다.

B.2 데이터 마이닝을 위한 데이터 집합이 있는 웹사이트들

인터넷에는 데이터 마이닝을 위한 데이터 집합들이 풍부하게 있다. 이 절에서 언급하는 사이트들로부터 웹에서 우리가 관심 있어 하는 데이터를 즐겁게 찾을 수 있을 것이다. 웹사이트에 있는 데이터 파일들의 대다수는 iDAV 형식이 아니다. 실제로 대부분의 데이터 집합은 3개의 파일들로 구성되어 있을 것이다. 첫 번째 파일에는 데이터가, 두 번째 파일에는 데이터와 관련된 어트리뷰트의 이름이, 세 번째 파일은 데이터에 대한 설명이 들어 있을 것이다. 그들 데이터는 iDAV 형식으로 변환 작업을 해야 한다. 또한 유실된 속성 값들은 일반적으로 데이터 집합 안에 물음표로 표시되어 있다. 그 물음표로 표시된 유실 데이터를 공백으로 변경했는지를 확인해야만 한다.

| DASL |

DASL("다즐"이라고 발음)은 기본적인 통계 방법들을 설명하는 100개 이상의 데이터 집합들을 가지고 있는 웹사이트이다. 그 중에 몇몇은 데이터 마이닝에 적합한 데이터 집합들이다. 많은 데이터 집합들이 아주 작은, 예를 들어 2개 정도의 어트리뷰트들과 100개 이하의 인스턴스를 가진다. 데이터는 간편하게 탭으로 구분되어 있다. DASL의 웹 주소는 http://lib.stat.cmu.edu/DASL/Datafiles/이다.

StatLib라는 통계 데이터와 소프트웨어 배포 사이트는 DASL 웹 사이트의 상위 디렉터리에 있다. StatLib는 여러 추가적인 흥미 있는 데이터 집합들에 대한 링크를 가지고 있다. StatLib 웹사이트는 http://lib.stat.cmu.edu/이다.

| MLnet Online Information Service |

MLnet Online Information Service(MLnet OiS)는 데이터 마이닝, 지식 발견, 지식 획득과 사례-기반 추론에 대한 유용한 정보를 가지고 있다. MLnet 라이브러리의 웹 주소는 http://www.mlnet.org/이다.

http://www.mlnet.org/cgi-bin/mlnetois.pl/?File=datasets.html 링크는 데이터 마이닝에서 사용할 수 있는 다운로드 가능한 데이터 집합의 목록을 보여준다. 여러 가지 재미 있는 데이터 파일들이 들어 있는데, 예를 들어 데이터베이스 마케팅과 방문기록 분석, 텍스트 관련 데이터 마이닝에 대한 데이터 집합을 포함하고 있다.

여러 가지 무료 그리고 상용 데이터 마이닝 소프트웨어 도구들은 http://www.mlnet.

org/cgi-bin/mlnetois.pl/?File=software.html에서 찾아 볼 수 있다.

| KDNuggets |

KDNuggets는 데이터 마이닝과 지식 발견 분야에 대한 대표적인 정보 저장소이다. 이 사이트에는 회사, 소프트웨어, 출판, 강좌, 데이터 집합, 그리고 그 외의 많은 데이터 마이닝 정보가 포함되어 있다. KDNuggets의 홈페이지는 http://www.kdnuggets.com이다. 아래의 KDNuggets 사이트는 여러 도메인들로부터 인기 있는 데이터 집합에 대한 링크를 제공한다: http://www.kdnuggets.com/datasets/index.html

| UCI Machine Learning Repository |

UCI 기계 학습 저장소는 다양한 도메인에 대한 풍부한 데이터를 가지고 있다. UCI 홈페이지 주소는 http://www1.ics.uci.edu/~mlearn/MLRepository.html이다. UCI 라이브러리에서 다운로드 가능한 데이터 집합들의 FTP 아카이브 사이트는 ftp://ftp.ics.uci.edu/pub/machine-learning-databases/이다. 아래의 주소에 가면 다운로드 가능한 데이터 집합 각각에 대한 요약 설명을 볼 수 있다: http://www1.ics.uci.edu/~mlearn/MLSummary.html

| JSE Data Archive |

Journal of Statistics Education(통계 교육 저널)은 통계에 대한 교육과 학습에 관한 국제인 저널이다. 저널의 웹사이트는 http://www.amstat.org/publications/jse/toc.html 이다. 이 웹사이트에는 데이터 마이닝 어플리케이션에 관한 여러 흥미 있는 데이터를 가지고 있는 데이터 아카이브를 지원하고 있다. 데이터 아카이브의 주소는 http://www.amstat.org/publications/jse/jse_data_archive.html이다.

Bibliography 참고문헌

Agrawal, R., Imielinski, T., and Swami, A. (1993). Mining Association Rules Between Sets of Items in Large Databases. In P. Buneman and S. Jajordia, eds., *Proceedings of the ACM Sigmoid International Conference on Management of Data*, New York: ACM.

Baltazar, H. (1997). Tracking Telephone Fraud Fast. *Computerworld,* 31, 11, 75.

Baltazar, H. (2000). NBA Coaches' Latest Weapon: Data Mining. *PC Week,* March 6, 69.

Brachman, R. J., Khabaza, T., Kloesgen, W., Pieatetsky-Shapiro, G., and Simoudis, E. (1996). Mining Business Databases. *Communications of the ACM,* 39, 11, 42–48.

Breiman, L. (1996). Bagging Predictors. *Machine Learning,* 24, 2, 123–140.

Breiman, L., Friedman, J., Olshen, R., and Stone, C. (1984). *Classification and Regression Trees.* Monterey, CA: Wadsworth International Group.

Buchanan, B., Sutherland, G., and Feigenbaum, E. (1969). Heuristic DENDRAL: A Program for Generating Explanatory Hypotheses in Organic Chemistry. In B. Meltzer, D. Michie, and M. Swann, eds. *Machine Intelligence* (vol. 4). Edinburgh, Scotland: Edinburgh University Press, 209-254.

Case, S., Azarmi, N., Thint, M., and Ohtani, T. (2001). Enhancing E-Communities with Agent-Based Systems. *Computer,* July, 64–69.

Chester, M. (1993). *Neural Networks—A Tutorial.* Upper Saddle River, NJ: PTR Prentice Hall.

Civco, D. L. (1991). Landsat TM Land Use and Land Cover Mapping Using an Artificial Neural Network. In *Proceedings of the 1991 Annual Meeting of the American Society for Photogrammetry and Remote Sensing.* Baltimore, MD., 3, 66–77.

Cox, E. (2000). Free-Form Text Data Mining Integrating Fuzzy Systems, Self-Organizing Neural Nets and Rule-Based Knowledge Bases. *PC AI,* September–October, 22–26.

Dasgupta, A., and Raftery, A. E. (1998). Detecting Features in Spatial Point Processes with Clutter via Model-based Clustering. *Journal of the American Statistical Association,* 93, 441, 294-302.

Dawson, R. (1995). The "Unusual Episode" Data Revisited. *Journal of Statistics Education*, 3, 3.

Dempster, A. P., Laird, N. M., and Rubin, D. B. (1977). Maximum-Likelihood from Incomplete Data via the EM Algorithm (with Discussion). *Journal of the Royal Statistical Society*, Series B, 39, 1, 1–38.

Dixon, W. J. (1983). *Introduction to Statistical Analysis,* 4th ed. New York: McGraw-Hill.

Duda, R., Gaschnig, J., and Hart, P. (1979). Model Design in the PROSPECTOR Consultant System for Mineral Exploration. In D. Michie, ed., *Expert Systems in the Microelectronic Age.* Edinburgh, Scotland: Edinburgh University Press, 153–167.

Durfee, E. H. (2001). Scaling Up Agent Coordination Strategies. *Computer,* July, 39–46.

Dwinnell, W. (1999). Text Mining Dealing with Unstructured Data. *PC AI,* May–June, 20–23.

Edelstein, H. A. (2001). Pan for Gold in the Clickstream. *Information Week*, March 12.

Fayyad, U., Haussler, D., and Stolorz, P. (1996). Mining Scientific Data. *Communications of the ACM,* 39, 11, 51–57.

Fisher, D. (1987). Knowledge Acquisition via Incremental Conceptual Clustering. *Machine Learning,* 2, 2, 139–172.

Freund, Y., and Schapire, R. E. (1996). Experiments with a new boosting algorithm. In Saitta, L., ed., *Proc. Thirteenth International Conference on Machine Learning.* San Francisco, CA: Morgan Kaufmann, 148–156.

Gardner, S. R. (1998). Building the Data Warehouse. *Communications of the ACM,* 41, 9, 52–60.

Gennari, J. H., Langley, P., and Fisher, D. (1989). Models of Incremental Concept Formation. *Artificial Intelligence*, 40, (1-3), 11–61.

Giarratano, J., and Riley, G. (1989). *Expert Systems: Principles and Programming.* New York: PWS-Kent.

Gill, H. S., and Rao, P. C. (1996). *The Official Guide to Data Warehousing.* Indianapolis, IN: Que Publishing.

Giovinazzo, W. A. (2000). *Object-Oriented Data Warehouse Design (Building a Star Schema).* Upper Saddle River, NJ: Prentice Hall.

Granstein, L. (1999). Looking for Patterns. *Wall Street Journal,* June 21.

Haag, S., Cummings, M., and McCubbrey, D. (2002). *Management Information Systems for the Information Age,* 3rd ed. Boston: McGraw-Hill.

Holland, J. H. (1986). Escaping Brittleness: The Possibilities of General Purpose

Learning Algorithms Applied to Parallel Rule-Based Systems. In R. S. Michalski, J. G. Carbonell, and T. M. Mitchell, eds. *Machine Learning: An Artificial Intelligence Approach* (vol. 2). San Mateo, CA: Morgan Kaufmann, 593-623.

Hosmer, D. W., and Lemeshow, S. (1989). *Applied Logistic Regression.* New York: John Wiley & Sons.

Huntsberger, D.V. (1967). *Elements of Statistical Inference.* Boston, MA: Allyn and Bacon.

Inmon, W. (1996). *Building the Data Warehouse.* New York: John Wiley & Sons.

Jain, A. K., Mao, J., and Mohiuddin, K. M. (1996). Artificial Neural Networks: A Tutorial. *Computer,* March, 31–44.

Kass, G.V. (1980). An exploratory technique for investigating large quantities of categorical data. *Applied Statistics,* 29, 119–127.

Kimball, R., Reeves, L., Ross, M., and Thornthwaite, W. (1998). *The Data Warehouse Lifecycle Toolkit: Expert Methods for Designing, Developing, and Deploying Data Warehouses.* New York: John Wiley & Sons.

Kohonen, T. (1982). Clustering, Taxonomy, and Topological Maps of Patterns. In M. Lang, ed. *Proceedings of the Sixth International Conference on Pattern Recognition,* Silver Spring, MD: IEEE Computer Society Press, 114–125.

Lashkari, Y., Metral, M., and Maes, P. (1994). Collaborative Interface Agents. In *Proceedings of the Twelfth National Conference on Artificial Intelligence*, Menlo Park, CA: American Association of Artificial Intelligence, 444–450.

Lewis, M. (1998). Designing for Human-Agent Interaction. *AI Magazine,* 19, 2, 67–78.

Lloyd, S. P. (1982). Least Squares Quantization in PCM. *IEEE Transactions on Information Theory*, 28, 2, 129–137.

Long, S. L. (1989). *Regression Models for Categorical and Limited Dependent Variables.* Thousand Oaks, CA: Sage Publications Inc.

Maclin, R., and Opitz, D. (1997). An Empirical Evaluation of Bagging and Boosting, *Fourteenth National Conference on Artificial Intelligence,* Providence, RI: AAAI Press.

Maiers, J., and Sherif, Y. S. (1985). Application of Fuzzy Set Theory. *IEEE Transactions on Systems, Man, and Cybernetics,* SMC-15, 1, 41–48.

Mamdani, E. H., and Asssilian, S. (1975). An Experiment in Linguistic Synthesis with a Fuzzy Logic Controller. *International Journal of Man-Machine Studies,* 7, 1, 1–13.

Manganaris, S. (2000). Estimating Intrinsic Customer Value. *DB2 Magazine,* 5, 3, 44–50.

McCarthy, V. (1997). Strike It Rich! *Datamation,* 43, 2, 44–50.

McCulloch, W. S., and Pitts, W. (1943). A Logical Calculus of the Ideas Imminent in Nervous Activity. *Bulletin of Mathematical Biophysics,* 5, 115–137.

Mena, J. (2000). Bringing Them Back. *Intelligent Enterprise,* 3, 11, 39–42.

Merril, D. M., and Tennyson, R. D. (1977). *Teaching Concepts: An Instructional Design Guide.* Englewood Cliffs, NJ: Educational Technology Publications.

Mitchell, T. M. (1997). Does Machine Learning Really Work? *AI Magazine,* 18, 3, 11–20.

Mobasher, B., Cooley, R., and Srivastava, J. (2000). Automatic Personalization Based on Web Usage Mining. *Communications of the ACM,* 43, 8, 142–151.

Mukherjee, S., Feigelson, E. D., Babu, G. J., Murtagh, F., Fraley, C., and Rafter, A. (1998). Three Types of Gamma Ray Bursts. *Astrophysical Journal,* 508, 1, 314–327.

Payne, T., and Edwards, P. (1997). Interface Agents that Learn: An Investigation of Learning Issues in a Mail Agent Interface. *Applied Artificial Intelligence,* 11, 1, 1–32.

Peixoto, J. L. (1990). A property of well-formulated polynomial regression models. *American Statistician,* 44, 26–30.

Perkowitz, M., and Etzioni, O. (2000). Adaptive Web Sites. *Communications of the ACM,* 43, 8, 152–158.

Quinlan, J. R. (1994). Comparing Connectionist and Symbolic Learning Methods. In Hanson, S. J., G. A. Drastall, and R. L. Rivest, eds., *Computational Learning Theory and Natural Learning Systems*, Cambridge, MA: MIT Press, 445–456.

Quinlan, J. R. (1986). Induction of Decision Trees. *Machine Learning*, 1, 1, 81–106.

Quinlan, J. R. (1993). *Programs for Machine Learning.* San Mateo, CA: Morgan Kaufmann.

Rich, E., and Knight, K. (1991). *Artificial Intelligence,* 2nd ed. New York: McGraw-Hill.

Roiger, R. J., and Cornell, L. D. (1996). Selecting Training Instances for Supervised Classification. In *Proceedings ISAI/IFIS, IEEE-TAB Products Group*, November, 150–155.

Roiger, R. J., and Cornell, L. D. (1992). An Induction-Based Model for Classification of Landsat Data. *International Archives of Photogrammetry and Remote Sensing*, 29, 3, 651–655.

Senator, T. E., Goldbert, H. G., Wooten, J., Cottini, M. A., Khan, A. F. U., Klinger, C. D., Llamas, W. M., Marrone, M. P., and Wong, R. W. H. (1995). The Financial Crimes Enforcement Network AI System (FAIS): Identifying Potential Money Laundering from Reports of Large Cash Transactions. *AI Magazine*, 16, 4, 21–39.

Shannon, C. E. (1950). Programming a Computer for Playing Chess. *Philosophical*

Magazine, 41, 4, 256–275.

Shavlik, J., Mooney, J., and Towell, G. (1990). Symbolic and Neural Learning Algorithms: An Experimental Comparison (Revised). Tech. Rept. No. 955, Computer Sciences Department, University of Wisconsin, Madison, WI.

Shortliffe, E. H. (1976). *MYCIN: Computer-Based Medical Consultations.* New York: Elsevier Press.

Spiliopoulou, M. (2000). Web Usage Mining for Web Site Evaluation. *Communications of the ACM* , 43, 8, 127–134.

Summers, E. (1990). ES: A Public Domain Expert System. *BYTE,* October, 289.

Sycara, K. P. (1998). The Many Faces of Agents. *AI Magazine,* 19, 2, 11–12.

Turing, A. M. (1950). Computing Machinery and Intelligence. *Mind* 59, 433–460.

Vafaie, H., and DeJong, K. (1992). Genetic Algorithms as a Tool for Feature Selection in Machine Learning. In *Proc. International Conference on Tools with Artificial Intelligence.* Arlington, VA. IEEE Computer Society Press, 200–205.

Weiss, S. M., and Indurkhya, N. (1998). *Predictive Data Mining: A Practical Guide.* San Francisco, CA: Morgan Kaufmann.

Widrow, B., Rumelhart, D. E., and Lehr, M. A. (1994). Neural Networks: Applications in Industry, Business and Science. *Communications of the ACM,* 37, 3, 93–105.

Widrow, B., and Lehr, M. A. (1995). Perceptrons, Adalines, and Backpropagation. In M. A. Arbib, ed., *The Handbook of Brain Theory and Neural Networks.* Cambridge, MA: MIT Press, 719–724.

Winston, P. H. (1992). *Artificial Intelligence,* 3rd ed. Reading, MA: Addison-Wesley.

Witten, I. H., and Frank, E. (2000). *Data Mining: Practical Machine Learning Tools and Techniques with Java Implementations.* San Francisco, CA: Morgan Kaufmann.

Zadeh, L. (1965). Fuzzy Sets. *Information and Control* 8, 3, 338–353.

Index
찾아보기

ㄹ

ㅁ

ㅂ

ㅅ

ucloud office 부록 CD 다운로드 안내

http://office.ucloud.com

ID : pptsm@ucloud.com
PW : hp2274

⇒ My ucloud ⇨ 게스트폴더 ⇨ 해당 도서 폴더 검색 ⇨
폴더 PW : ISBN(978 혹은 89를 제외한)뒤 8자리 번호를 입력

역자약력

김현철 (고려대학교 사범대학 컴퓨터교육과 교수)

김현철은 고려대학교 전산과학과를 졸업하고, 미조리 주립대학에서 전산학 석사, 그리고 플로리다대학교에서 전산정보학 박사를 받았으며 신경망 학습과 데이터마이닝 알고리즘에 대한 연구를 하였습니다. 미국 GTE와 삼성 SDS에서 근무한 후 1999년부터 고려대학교 사범대학 컴퓨터교육과의 교수로 재직하고 있습니다.

정가 20,000원

데이터 마이닝: 가볍게 따라하기

2007년 10월 20일 초판 인쇄
2007년 10월 30일 초판 발행

저 자 : Richard J. Roiger
Michael W. Geatz
역 자 : 김현철
발행자 : 우명찬 · 송준
발행처 : **홍릉과학출판사**
주 소 : 서울시 강북구 수유5동 455-60
142-885
등 록 : 1976년 10월 21일 제5-66호
전 화 : 999-2274~5, 996-8341, 903-7037
팩 스 : 905-6729
e-mail : hongpub@hongpub.co.kr
http://www.hongpub.co.kr

역자와의 협의하에 인지생략